"十三五"国家重点图书出版规划项目
核能与核技术出版工程（第二期）
国家科学技术学术著作出版基金资助出版
总主编 杨福家

原子核物理新进展

Recent Progress in Nuclear Physics

马余刚 等 编著

上海交通大学出版社
SHANGHAI JIAO TONG UNIVERSITY PRESS

内容提要

本书为"十三五"国家重点图书出版规划项目"核能与核技术出版工程"之一。主要内容包括原子核基本性质与核反应概述,核物质状态方程与对称能,中能重离子碰撞的多重碎裂、液气相变与黏滞系数,放射性核束引起的奇特核反应研究,原子核结构,原子核团簇研究进展,超重核研究进展,核天体物理学进展,相对论重离子碰撞进展,激光核物理,电子强子散射实验研究进展,机器学习在核物理中的应用等。本书可供核物理研究人员、核物理相关专业教师、学生及其他关心基础科学进展的人士阅读与参考。

图书在版编目(CIP)数据

原子核物理新进展/马余刚等编著.—上海:上海交通大学出版社,2020(2021重印)
(核能与核技术出版工程)
ISBN 978-7-313-24080-4

Ⅰ.①原… Ⅱ.①马… Ⅲ.①核物理学-研究 Ⅳ.①O571

中国版本图书馆 CIP 数据核字(2020)第 222303 号

原子核物理新进展
YUANZIHE WULI XIN JINZHAN

编　著:马余刚 等
出版发行:上海交通大学出版社　　　　　　　　地　　址:上海市番禺路 951 号
邮政编码:200030　　　　　　　　　　　　　　电　　话:021-64071208
印　制:苏州市越洋印刷有限公司　　　　　　　经　　销:全国新华书店
开　本:710mm×1000mm　1/16　　　　　　　印　　张:30.25
字　数:510 千字
版　次:2020 年 12 月第 1 版　　　　　　　　　印　　次:2021 年 4 月第 2 次印刷
书　号:ISBN 978-7-313-24080-4
定　价:218.00 元

核能与核技术出版工程

丛书编委会

总主编
杨福家（复旦大学，教授、中国科学院院士）

编　委（按姓氏笔画排序）
于俊崇（中国核动力研究设计院，研究员、中国工程院院士）
马余刚（复旦大学现代物理研究所，教授、中国科学院院士）
马栩泉（清华大学核能技术设计研究院，教授）
王大中（清华大学，教授、中国科学院院士）
韦悦周（广西大学资源环境与材料学院，教授）
申　森（上海核工程研究设计院，研究员级高工）
朱国英（复旦大学放射医学研究所，研究员）
华跃进（浙江大学农业与生物技术学院，教授）
许道礼（中国科学院上海应用物理研究所，研究员）
孙　扬（上海交通大学物理与天文学院，教授）
苏著亭（中国原子能科学研究院，研究员级高工）
肖国青（中国科学院近代物理研究所，研究员）
吴国忠（中国科学院上海应用物理研究所，研究员）
沈文庆（中国科学院上海高等研究院，研究员、中国科学院院士）
陆书玉（上海市环境科学学会，教授）
周邦新（上海大学材料研究所，研究员、中国工程院院士）
郑明光（国家电力投资集团公司，研究员级高工）
赵振堂（中国科学院上海高等研究院，研究员、中国工程院院士）
胡思得（中国工程物理研究院，研究员、中国工程院院士）
徐　铼（中国原子能科学研究院，研究员、中国工程院院士）
徐步进（浙江大学农业与生物技术学院，教授）
徐洪杰（中国科学院上海应用物理研究所，研究员）
黄　钢（上海健康医学院，教授）
曹学武（上海交通大学机械与动力工程学院，教授）
程　旭（上海交通大学核科学与工程学院，教授）
潘健生（上海交通大学材料科学与工程学院，教授、中国工程院院士）

总　序

　　1896 年法国物理学家贝可勒尔对天然放射性现象的发现,标志着原子核物理学的开始,直接导致了居里夫妇镭的发现,为后来核科学的发展开辟了道路。1942 年人类历史上第一个核反应堆在芝加哥的建成被认为是原子核科学技术应用的开端,至今已经历了 70 多年的发展历程。核技术应用包括军用与民用两个方面,其中民用核技术又分为民用动力核技术(核电)与民用非动力核技术(即核技术在理、工、农、医方面的应用)。在核技术应用发展史上发生的两次核爆炸与三次重大核电站事故,成为人们长期挥之不去的阴影。然而全球能源匮乏以及生态环境恶化问题日益严峻,迫切需要开发新能源,调整能源结构。核能作为清洁、高效、安全的绿色能源,还具有储量最丰富、能量密集度高、低碳无污染等优点,受到了各国政府的极大重视。发展安全核能已成为当前各国解决能源不足和应对气候变化的重要战略。我国《国家中长期科学和技术发展规划纲要(2006—2020 年)》明确指出"大力发展核能技术,形成核电系统技术自主开发能力",并设立国家科技重大专项"大型先进压水堆及高温气冷堆核电站"。同时,"钍基熔盐堆"核能系统被列为国家首项科技先导项目,投资 25 亿元,在中国科学院上海应用物理研究所启动,以创建具有自主知识产权的中国核电技术品牌。

　　从世界范围来看,核能应用范围正不断扩大。国际原子能机构最新数据显示:截至 2018 年 8 月,核能发电量美国排名第一,中国排名第四;不过在核能发电的占比方面,截至 2017 年 12 月,法国占比约为 71.6%,排名第一,中国仅约 3.9%,排名几乎最后。但是中国在建、拟建的反应堆数比任何国家都多,相比而言,未来中国核电有很大的发展空间。截至 2018 年 8 月,中国投入商业运行的核电机组共 42 台,总装机容量约为 3 833 万千瓦。值此核电发展的历史机遇期,中国应大力推广自主开发的第三代以及第四代的"快堆""高温气冷堆""钍基熔盐堆"核电技术,努力使中国核电走出去,带动中国由核电大国向核电强国跨越。

随着先进核技术的应用发展,核能将成为逐步代替化石能源的重要能源。受控核聚变技术有望从实验室走向实用,为人类提供取之不尽的干净能源;威力巨大的核爆炸将为工程建设、改造环境和开发资源服务;核动力将在交通运输及星际航行等方面发挥更大的作用。核技术几乎在国民经济的所有领域得到应用。原子核结构的揭示,核能、核技术的开发利用,是20世纪人类征服自然的重大突破,具有划时代的意义。然而,日本大海啸导致的福岛核电站危机,使得发展安全级别更高的核能系统更加急迫,核能技术与核安全成为先进核电技术产业化追求的核心目标,在国家核心利益中的地位愈加显著。

在21世纪的尖端科学中,核科学技术作为战略性高科技,已成为标志国家经济发展实力和国防力量的关键学科之一。通过学科间的交叉、融合,核科学技术已形成了多个分支学科并得到了广泛应用,诸如核物理与原子物理、核天体物理、核反应堆工程技术、加速器工程技术、辐射工艺与辐射加工、同步辐射技术、放射化学、放射性同位素及示踪技术、辐射生物等,以及核技术在农学、医学、环境、国防安全等领域的应用。随着核科学技术的稳步发展,我国已经形成了较为完整的核工业体系。核科学技术已走进各行各业,为人类造福。

无论是科学研究方面,还是产业化进程方面,我国的核能与核技术研究与应用都积累了丰富的成果和宝贵的经验,应该系统整理、总结一下。另外,在大力发展核电的新时期,也急需一套系统而实用的、汇集前沿成果的技术丛书作指导。在此鼓舞下,上海交通大学出版社联合上海市核学会,召集了国内核领域的权威专家组成高水平编委会,经过多次策划、研讨,召开编委会商讨大纲、遴选书目,最终编写了这套"核能与核技术出版工程"丛书。本丛书的出版旨在培养核科技人才;推动核科学研究和学科发展;为核技术应用提供决策参考和智力支持;为核科学研究与交流搭建一个学术平台,鼓励创新与科学精神的传承。

本丛书的编委及作者都是活跃在核科学前沿领域的优秀学者,如核反应堆工程及核安全专家王大中院士、核武器专家胡思得院士、实验核物理专家沈文庆院士、核动力专家于俊崇院士、核材料专家周邦新院士、核电设备专家潘健生院士,还有"国家杰出青年"科学家、"973"项目首席科学家、"国家千人计划"特聘教授等一批有影响力的科研工作者。他们都来自各大高校及研究单位，如清华大学、复旦大学、上海交通大学、浙江大学、上海大学、中国科学院上海应用物理研究所、中国科学院近代物理研究所、中国原子能科学研究院、中国核动力研究设计院、中国工程物理研究院、上海核工程研究设计院、上海市辐射环境监督站等。本丛书是他们最新研究成果的荟萃，其中多项研究成果获国家级或省部级大奖，代表了国内甚至国际先进水平。丛书涵盖军用核技术、民用动力核技术、民用非动力核技术及其在理、工、农、医方面的应用。内容系统而全面且极具实用性与指导性，例如，《应用核物理》就阐述了当今国内外核物理研究与应用的全貌，有助于读者对核物理的应用领域及实验技术有全面的了解；其他图书也都力求做到了这一点，极具可读性。

由于良好的立意和高品质的学术成果，本丛书第一期于 2013 年成功入选"十二五"国家重点图书出版规划项目，同时也得到上海市新闻出版局的高度肯定，入选了"上海高校服务国家重大战略出版工程"。第一期（12 本）已于2016 年初全部出版，在业内引起了良好反响，国际著名出版集团 Elsevier 对本丛书很感兴趣，在 2016 年 5 月的美国书展上，就"核能与核技术出版工程（英文版）"与上海交通大学出版社签订了版权输出框架协议。丛书第二期于 2016年初成功入选了"十三五"国家重点图书出版规划项目。

在丛书出版的过程中，我们本着追求卓越的精神，力争把丛书从内容到形式做到最好。希望这套丛书的出版能为我国大力发展核能技术提供上游的思想、理论、方法，能为核科技人才的培养与科创中心建设贡献一份力量，能搭建一个不断汇集核能与核技术科研成果的平台，推动我国核科学事业不断向前发展。

2018 年 8 月

前　言

  我们的宇宙已经存在了 100 多亿年,但也只是在近 100 年,随着核物理等学科的发展,人们才开始拥有相关理论知识和实验技术来认识和了解物质的起源、演化和结构。目前已知物质世界 99% 以上的质量组成来自原子核内的粒子及其相互作用,其结构和性质决定宇宙的命运。最近 20 年,随着兰州重离子加速器冷却储存环(Heavy Ion Research Facility at Lanzhou-Cooler Storage Ring,HIRFL - CSR)和放射性次级束流线(Radioactive Ion Beam Line in Lanzhou,RIBLL)及日本理化学研究所放射性核束装置(Big RIKEN Projectile-fragment Separator,Big RIPS)、美国相对论重离子对撞机(Relativistic Heavy Ion Collider,RHIC)和欧洲核子研究中心(European Organization for Nuclear Research,CERN)的大型强子对撞机(Large Hadron Collider,LHC)等大型实验设备的建成和投入使用,人们对强相互作用的性质和呈现有了更新、更深入的认识,核物理已从建立于传统的 β 稳定线之上的知识与理论得到了重大的发展。一方面,同位旋自由度的扩展催生了放射性核束物理,沿着质子滴线、中子滴线出现了许多新现象、新规律等,也给理论发展提供了新的数据。另一方面,随着温度和密度自由度的扩展,高能重离子碰撞中产生了新的物质形态,即夸克 - 胶子等离子体(quark-gluon plasma,QGP),它的性质在近 10 年才逐渐被人们所揭示。强相互作用的性质在中低能碰撞和高能碰撞中呈现了丰富的信息。21 世纪以来,核物理在全球范围得到了极大的发展,因此有必要总结介绍这方面的最新进展,以供核物理相关专业研究人员、教师和学生借鉴和参考。

  本书涵盖了核物理近期发展的重要前沿领域,例如,较软的核物质状态方程的确定;对称能研究的新热点;原子核的 α 团簇结构研究的发展;原子核稳定性的极限探索(包括原子核的滴线位置、超重元素的合成等);迄今为止最重反物质原子核和首个反物质超核的发现,反物质相互作用的测量;夸克-胶子等离子体的实验探针及近乎理想流体性质的发现等。另外,本书还介绍了一些新的学科生长点,如电子强子对撞研究、激光核物理的催生、机器学习在核物理中的应用等。应该说,核物理的许多最新重要进展都在书中有所呈现。

在写作上,本书结构层次清晰,语言力求浅显易懂,深入浅出地介绍核物理基础前沿领域的重要成果,使有一定物理基础的人员阅读后,不至于对类似CERN 报道的"LHC 会诱发微小黑洞进而吞没地球"产生恐慌。

今天的基础科学就是明天的技术和应用。核物理是一门实践科学,其本身的研究推动了人们对物质结构的新认识,同时它还为核医学、辐照、核能与武器军工等提供重要的理论基础。其实验所涉及的探测技术、电子学技术、数据获取和处理技术也与目前最先进的材料、电子和计算机直接相关,可以促进并带动相关应用领域产业的发展,关系到重大国计民生和国家的长治久安。希望本书能对核技术应用也有一定的参考价值。

本书由马余刚主持撰写,各章的主要撰写人员如下:第 1 章,马余刚、张国强;第 2 章,徐骏;第 3 章,马余刚、邓先概;第 4 章,方德清、马余刚;第 5 章,张国强;第 6 章,曹喜光;第 7 章,曹喜光;第 8 章,安振东、刘焕玲;第 9 章,马国亮、马余刚、张松;第 10 章,张国强;第 11 章,李薇;第 12 章,王睿;第 13 章,马余刚。另外,黄勃松、刘鹏、何万兵、周晨升等也贡献了部分文字或参与校稿等工作。

由于作者科研工作方向及水平的限制,阐述中难免存在不恰当、不贴切的地方,参考文献也可能不太全面,敬请读者不吝指正。

马余刚

2020 年 6 月

目　录

第 1 章
原子核基本性质与核反应概述

原子核的基本组成是中子和质子,中子不带电,质子带有一个正电荷。尽管现代物理学的认识已经深入到夸克与轻子层次,例如中子和质子均是由三个夸克组成的,但由于夸克禁闭,故人类无法观测到自由的夸克。因此从可测量的角度来说,质子和中子是最基本的重子。夸克之间的强相互作用使得三个夸克禁闭在核子中,而核子之间的强相互作用又导致了丰富多彩的原子核图像,以及原子核结构与反应的各种现象和规律。

原子核物理研究的核心是强相互作用制约的量子复杂多体系统。相对于电弱相互作用,人类对于强相互作用的了解还远远不够。传统上,从能量和物质构成的层次来看,核物理一般分成原子核(核子)层次、强子层次和夸克-胶子层次。核物理的研究通常是在极端条件下进行的,被研究的核与粒子尺寸小到 $10^{-17} \sim 10^{-15}$ m,其运动速度接近光速,目前加速的重离子的每核子能量范围可以从兆电子伏特到太电子伏特量级。原子核层次的研究主体是核结构与动力学,强子层次和夸克-胶子层次的研究主体则是强子物理和高能核物理。在现代核物理研究中,这些层次密切关联,并且与粒子物理和核天体物理有广泛的交叉。微观世界的原子核和基本粒子的物理规律与宏观宇宙的起源、演化密切相关,也是研究原子、分子、大分子体系及生命科学的基础,并不断地产生新的交叉前沿。

原子核物理作为研究原子核性质与运动规律的一门科学,它既具有基础性,又有广泛的应用性。相比其他学科,它有两个显著的特点。一是它的大科学性质,即核物理的发展与世界范围内大型核科学装置的建造和运行密切相关,相互促进。二是它与国家重大需求密切相关,特别是与国家安全、能源需求、生命健康等有密切关联。这两个特点决定了核物理研究的地位与作用。

目前,原子核物理的主要研究方向包括以下几个方面。

(1) 原子核稳定性极限的核结构与有效相互作用。研究远离稳定线和滴线区奇特核结构和新效应、超重核的合成、长程和短程核力性质等。这方面的实验研究通常利用中低能加速器或放射性核束装置来实现。

（2）核物质相图与夸克物质。研究高能核-核碰撞中强相互作用相变与新物质形态的实现，探索夸克-胶子等离子体的新奇性质。这方面的实验研究通常利用相对论重离子对撞机来实现。

（3）强子结构。研究夸克禁闭、部分子分布、核子自旋等。这方面的实验研究通常利用轻子对撞机或轻子-离子对撞机来实现。

（4）核天体物理。研究与元素生成、恒星演化、早期宇宙和致密星体相关的各种核反应等。这方面的实验研究通常利用低能放射性核束装置来实现，需要很好的本底控制。

（5）核的基本对称性。基于核与强子结构和动力学，研究标准模型、量子电动力学（quantum electrodynamics，QED）、电荷-宇称（charge-parity，CP）对称性破坏和中微子相关的对称性。例如，原子核的双贝塔（β）衰变和双电子俘获、电偶极矩（electric dipole moment，EDM）测量、反物质原子核性质的精确测量等。这方面的实验研究通常利用具有超低本底条件与稀有事件探测能力的装置来实现。

另外，在光与原子核的相互作用研究方面，大量新的热点不断涌现，成为核物理研究的新前沿。高能光子与原子核相互作用的研究一直受到普遍关注，激光等离子体物理也正在与核物理逐步交叉融合。基于高品质伽马光可以研究光核反应和核结构。利用高功率激光可以诱发类似恒星内部的等离子体环境，研究天体核反应合成与截面。高功率激光还可以加速质子和离子，有助于将加速器微型化，成为研究核反应的有效工具。

1.1 核相互作用

原子核是一个强相互作用束缚下的多体体系，处理这样一个体系面临着两大困难，一是核力的复杂性，二是核多体问题的求解。如何处理这两个要素，是发展原子核理论模型的出发点。

核力通常是指核内核子之间的强相互作用，又称为核子-核子相互作用，或者是剩余强相互作用。在强相互作用下，中子、质子受到同样的核力影响。虽然质子带有一个正电荷，质子之间会产生库仑排斥相互作用，但是在核内的短程力程内，它的强相互吸引作用远远大于库仑排斥作用，因此核内的核子能够束缚在一起，组成一个原子核。

通常,在 1 费米(1 fm＝10^{-15} m)的间距内,核子-核子之间显示出强吸引力,但随着间距增加到 2.5 fm 左右,核力迅速衰减。在更小的间距如 0.7 fm 内,核力是排斥的,核子之间的距离不能无限靠近,存在所谓的"排斥芯"。这个排斥芯也决定了原子核的物理尺寸不可能太小。唯象上说,核力的大小还依赖于核子的自旋,它具有张量力的部分,也可能依赖于核子之间的相对动量的大小。

核力的复杂性主要源于核子间的核力不是基本相互作用,即使是真空中核子-核子之间的裸相互作用,尤其是其短程部分的性质,也还没有研究清楚。目前,核力的描述有各种理论方法和相应的模型假设。对核力的定量描述部分依靠一些经验性的方程,例如对核子间势能的描述。通常,势能方程的一些参数是唯象的,即通过拟合实验数据得到。人们可以利用核子间的势来描述核子-核子之间的相互作用。一旦相互作用势得到确定,就可以发展各种多体理论来研究核子系统的性质。

从核力研究发展历史的角度来看,核力理论方法主要从交换介子描述发展到以量子色动力学(quantum chromodynamics,QCD)为基础的有效场描述。另外,唯象描述直接从现有已知核力的各种物理对称性或者已有的理论基础出发,给出了能拟合实验数据的核力经验描述。

1935 年,汤川秀树借鉴电磁相互作用,提出了单 π 介子交换模型,是核力理论的开端。后人进一步通过多 π 交换,或交换更重的同位旋或自旋矢量或标量介子,给出了目前核力的交换介子理论;通过拟合核子-核子散射以及氘核或者其他轻原子核性质的实验数据,获得同位旋和自旋的各项系数,最后给出核子-核子相互作用势的定量公式。直到 20 世纪 90 年代,核力的交换介子理论基本发展完善,丰富了人们对核力的认识。如图 1-1 所示,核力的长程部分主要通过交换单个 π 介子实现,核力的中程部分通过交换 σ 介子实现,核力的短程部分则通过交换 ω 和 ρ 介子实现。其中,π 和 ρ 介子传递张量力,而 ω 和 σ 介子则传递自旋-轨道耦合相互作用。包括 Bonn、Nijmegen、Paris 等一批基于介子交换理论的高精度核力模型,目前在核结构及核反应计算中发挥着重要作用。

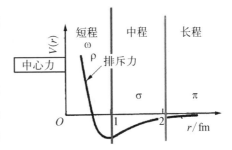

图 1-1　各种介子的核力作用范围示意图[1]

短程范围:<1 fm,以交换 ω 和 ρ 介子为主;
中程范围:1~2 fm,以交换 σ 介子为主;
长程范围:>2 fm,以交换 π 介子为主。

原则上,20 世纪 80 年代建立起来的 QCD 是强相互作用的基础,因此有必要从 QCD 基本自由度出发来描述强子物理。方法学上,如果将 QCD 中胶子和夸克禁闭在强子内,核力则像电中性分子间的范德瓦耳斯力一样,来源于强子内的胶子和夸克(色味中性)相互作用的剩余相互作用,然后便有可能将这些强子自由度的理论模型与 QCD 关联起来。与传递光子的长程电磁相互作用不一样,在 QCD 中传递强相互作用的胶子质量也为零,但夸克却禁闭在强子内,夸克间的强相互作用距离是有限的。这导致很难使用胶子交换机制描述核力,于是转而使用介子(夸克对)交换机制描述核子之间的剩余相互作用,这样的交换介子理论也可严格建立在 QCD 的基础上。另外,QCD 本身也有能标问题,其耦合常数是随能量变化的。微扰 QCD 是描述强相互作用的一种常用近似方法,在较小相互作用的尺度内(远小于 1 fm)成立,此时强相互作用耦合常数较小,微扰 QCD 方法的核力可以按耦合常数展开,并在一定的精度范围内截断,这很适合描述夸克层次的物理,或者动量传递较大的强相互作用过程。但是,当相互作用尺度较大(1 fm 以上的原子核体系)时,强相互作用的耦合常数变大,微扰展开变得不适合,微扰 QCD 不再适用,因此,需要发展非微扰 QCD 的方法来描述能量较低的原子核体系。20 世纪 90 年代发展起来的手征有效场论给 QCD 在核力应用方面指明了方向,并且在第一性原理描述轻核的尝试中取得了成功,成为目前核结构研究领域的新方向。

核力的唯象描述采取了实用主义的办法,从现有已知核力的各种物理对称性或者已有的理论基础出发,直接假定核力的形式,引入各种唯象的参数,可较好地拟合核子-核子散射实验数据,称为现实核力。随着更多更精确的核子-核子散射实验数据的相继发表及核力理论尤其是场论描述的发展,核力的唯象描述也在不断更新发展,其预言能力与精度也不断提高,所描述的核力称为现代核力。目前广泛采用的现代核力势包括巴黎势、阿贡 AV18 势、CD -玻恩势和 Nijmegen 势。

1.2 原子核的基本性质

经过一个世纪的探索,目前,人类已经发现了 118 种元素,300 多个稳定的同位素,以及 3 400 多个放射性核素[2-3],对原子核的性质有了基本的认识。随着 118 号元素 ^{294}Og 的发现[4],化学元素周期表第七周期稀有元素处的空缺得以填满,超重元素岛探索取得阶段性进展。另外,随着世界各国新放射性核素装置的建设和运行,具有奇特结构的极端丰质子和极端丰中子核素不断被发现,大大丰富了原子核结构的研究领域。这里我们对原子核的基本性质做一个简单介绍,包括原子核的质量、半径、自旋宇称等。

　　原子核的质量或者结合能反映了原子核内部多体强相互作用的情况,是原子核最基本的性质。原子核的结合能可以使用能量守恒公式定义为原子核的质量与组分自由核子(质子和中子)的总质量之差:

$$E_\text{B}(A, Z) = Nm_\text{n} + Zm_\text{p} - m(A, Z) \qquad (1-1)$$

式中, $A = N + Z$ 为质量数, N 为中子数, Z 为质子数; $m_\text{n} = 939.56$ MeV 和 $m_\text{p} = 938.27$ MeV 分别为自由中子和自由质子的质量; $m(A, Z)$ 为原子核的质量,可以从实验中获取[2-3]。目前最为精确的测量方法为潘宁阱(Penning trap)方法,通过电磁阱,将原子核束缚在其中做周期运动,把质量的测量转换为时间或者周期的测量,其相对质量精度可以达到 $\dfrac{\delta m}{m} \sim 7 \times 10^{-11}$ [5]。

图 1-2 显示了截至 2016 年,所有能测量到的原子核的每核子结合能情况,插图显示了氢到氟元素范围内轻核的结合能。原子核的结合能是各种原子核结构理论的出发点,是检验核相互作用与多体理论的最基本最重要的实验数据。另外,重离子加速器的冷却储存环也是原子核质量精确测量的重要装置。国

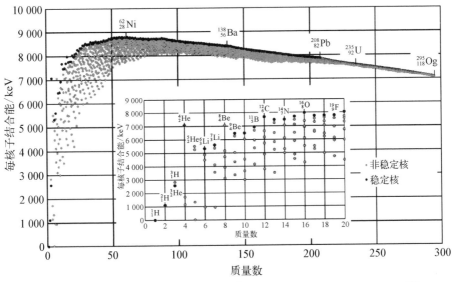

图 1-2　根据 2016 年原子质量评价[2-3]得到的所有核素的每核子结合能[6]

内兰州重离子加速器的冷却储存环(cooler storage ring，CSR)是目前国际上仅有的两台 GeV/nucleon[①] 能区的多功能重离子储存环之一，近年来在高精度测量短寿命原子核质量方面发挥了重要作用。基于该装置，实验人员精确测量了 50 余种短寿命原子核质量，在核结构与核天体研究方面取得了一些重要成果。

原子核的尺寸或者分布也是原子核的重要物理指标。稳定原子核基态有个特点，就是原子核的体积几乎与核子数目成正比。假设原子核为球形核，可以使用经验公式来描述原子核的尺寸：

$$R = r_0 A^{1/3} \tag{1-2}$$

式中，R 为原子核半径，A 为核子数，$r_0 = 1.2$ fm，刚好是核子相互作用的力程。这反映了原子核内核子分布的饱和性，即原子核内的密度几乎是一个常数，这是由于核力作用具有短程性，即原子核内的核子只与其周边相邻的几个有限核子相互作用。按照式(1-2)计算，原子核的核子密度约为 0.14 fm^{-3}，实际上，质量数大于 40 的原子核的中心区域的密度约为 0.15 fm^{-3}。另外，由于存在有限核表面，核子分布往往在原子核表面有一定的弥散。利用电子对原子核的弹性散射实验可以研究原子核内部的电荷分布情况。图 1-3 给出了几个典型原子核的电荷实验分布函数[7]，轻核的电荷基本在中心区域，当原子核足够大时，原子核的中心有个饱和电荷分布，其电荷密度为 0.07~0.08 fm^{-3}，并且有一个较大的平台从中心处一直延伸到 4 fm。

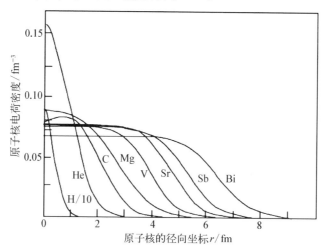

图 1-3　电子-原子核弹性散射得到的原子核内部的电荷分布[7]

---

① 1 GeV/nucleon 表示每核子能量为 1 GeV。

　　有些奇异原子核内的核子分布比较奇特,比如为了满足能量最低原理,中子一般会被排斥到核的外围,比质子有一个更弥散的分布。对于比较轻的原子核则往往形成"晕"的结构,中子的空间分布有较大的弥散,比如^{11}Li[8],其中子分布半径与^{208}Pb 居然差不多,这样的原子核参与的反应截面会增大很多。对于中重原子核,一般会存在中子皮,比如^{208}Pb,目前其中子皮的数值约为0.16 fm[9]。有意思的是,这个现象背后的物理机制与天上中子星的质量半径关系背后的物理机制居然是一样的,也就是说可以把中子星看成一个半径约为 10 km 的大原子核,都是同位旋自由度在起主要作用[10-11]。

　　除了同位旋外,原子核的自旋宇称是原子核量子性质的最主要体现,反映着原子核体系内部各种相互作用和对称性。原子核可以用一组符号 J^P 来表示,J 表示原子核的自旋或者角动量量子数,P 表示原子核的宇称量子数,这两个量子数在强相互作用下严格守恒。原子核的角动量可以由其组分中子和质子的自旋和轨道角动量矢量求和得到,如果原子核刚好有价核子(或者未配对的核子),则原子核的自旋和宇称可以由价核子来确定。原子核自旋角动量为

$$L = \sqrt{(J+1)J}\, \hbar \tag{1-3}$$

式中,$\hbar$ 为约化普朗克常数($\hbar = 1.054\,572\,6 \times 10^{-34}$ J·s)。假设原子核的转动惯量为 I,则角动量对应能量为

$$E_J = \frac{L^2}{2I} = \frac{(J+1)J\hbar^2}{2I} \tag{1-4}$$

对于偶偶核,也就是质子数 Z 为偶数、中子数 N 也为偶数的原子核有对称性要求,$J = 0, 2, 4, \cdots$,对应着一系列的转动激发态,称为转动带。这些激发态可以激发或者退激,退激时会级联地发出一系列对应的特征 γ 射线,其特征能量为

$$E_J - E_{J-1} = \frac{J}{I}\hbar^2 \tag{1-5}$$

通过测量这些特征 γ 射线,以及对应的角动量量子数 J 可以得到原子核的转动惯量,这样可以与理论计算的转动惯量进行比较。原子核的宇称由原子核的轨道角动量来确定,在没有 β 衰变的情况下,原子核内的宇称严格守恒。

　　原子核的这些性质是各种原子核理论与实验相互联系的纽带,代表目前人类对原子核的认知水平。当然原子核还有形变及磁矩、电矩等其他物理量,

反映着原子核的某些性质,这些物理量在后续相关章节还会专门介绍,原子核其他相关物理量可以参考相关原子核物理教材[12]。

1.3 核反应概述

核反应是指一定能量的入射粒子与靶核发生碰撞引起的各种变化及现象。入射粒子可以是质子、中子、氘、氚、氦核(α 粒子)等轻粒子,以及比 α 粒子重的粒子。除此之外,用电子、光子作为入射粒子也能引起核反应。

入射粒子的能量可以低至 1 eV,也可以高达太电子伏特(TeV)的量级。人们通常把入射能量低于 100 MeV/nucleon 的核反应称为低能核反应,在这个能区,核反应末态出射的粒子不是很多,一般只有几个。入射能量为 100 MeV/nucleon~1 GeV/nucleon 的核反应称为中能核反应,此时入射弹核可以把靶核打散裂成多个碎片,当入射能量高于 300 MeV/nucleon 时,可以产生 π 介子。入射能量高于 1 GeV/nucleon 的核反应称为高能核反应,在这个能区,除 π 介子外,还可以产生一些基本粒子。

由于核反应涉及不同的弹核与靶核的组合及不同的能量范围,因此人们可以通过不同的选择来研究原子核在不同条件下的结构与性质,因此核反应在核物理研究中具有广泛的应用。

比 α 粒子重的粒子通常称为重离子,相应的核反应称为重离子核反应,由于它有轻离子核反应所没有的一些特征,对其研究在核物理学中占据重要的地位。20 世纪 50 年代,人们已经开始对重离子核反应进行研究。早期的重离子加速器仅能加速质量较轻的重离子,能量很低,束流很弱。因此,人们首先对重离子能量从库仑位垒(约 1 MeV/nucleon)到约 10 MeV/nucleon 的低能区核反应机制进行了大量研究。1973 年重离子深度非弹性碰撞机制的发现为核反应中微观弛豫过程的研究提供了实验途径;在核结构研究中高自旋回弯现象的发现证实了高速旋转核性质的变化。随着加速器技术的进步,重离子核物理的研究重点逐渐向中能区($10 \sim 10^3$ MeV/nucleon)和高能区(大于 10^3 MeV/nucleon)转移[13]。1972 年劳伦斯伯克利国家实验室将重离子成功加速到 10^3 MeV/nucleon 量级,开始了高能重离子碰撞的研究。随后科学家在费米实验室发现了与低能核反应机制有显著不同的核多重碎裂现象。20 世纪 80 年代至 90 年代,一些中能区重离子加速器相继建成并投入运行,用来开展中能重离子碰撞研究。目前,世界上各大实验室仍将中能重离子碰撞作为核反应研究的主要手段之一,并将继续升级或扩建相应的实验设备。

在重离子碰撞中,入射能量 E_i 决定了弹核核子的德布罗意波长 λ_i:

$$\lambda_i \propto \frac{1}{E_i} \tag{1-6}$$

而 λ_i 决定了弹核核子作为探针对靶核的敏感范围。E_i 较低时,λ_i 大于核内的核子-核子平均距离 r_{nn},弹核核子只能"看到"整个靶核,因此低能区重离子碰撞的核反应以一体平均场相互作用为主。反应机制按碰撞参数 b 由大到小可以粗略地分为三种:直接相互作用(包括准弹性散射和转移反应)、深度非弹性散射和复合核反应。

在高能区,E_i 很大,此时 λ_i 远小于 r_{nn},平均场效应已不复存在,核子间的碰撞占据主导地位。对于大的碰撞参数 b(即周边碰撞的情况),以碎裂过程为主;对于很小的碰撞参数 b(即中心碰撞的情况),碰撞会导致星裂。在星裂过程中,弹核与靶核的动能沉积在碰撞点,形成一种高温高密的核物质状态,这团高温高密的物质称为火球;接着火球膨胀降温,直到密度大大低于正常核物质状态,最后裂成许多小碎块向外发射。

对于中能区,在质心系下弹核和靶核的德布罗意波长与原子核的特征长度相当或更短,相对运动速度与原子核内核子的费米速度 v_F 在同一数量级,在诸多效应的相干下,总的反应机制变得相当复杂。从作用时间上看,中能重离子碰撞的弹核-靶核相互作用时间与原子核内禀自由度的弛豫时间 τ 可以比拟,因而出现许多非平衡现象。这一能区的核反应既具有低能时的平均场效应,也具有高能时的核子-核子碰撞效应,支配核反应的相互作用由一体耗散向两体耗散过渡。在中能区中心碰撞表现为非完全熔合反应和多重碎裂反应,周边碰撞表现为碎裂反应。中能区是从低能到高能区的过渡区间,中能重离子碰撞反应机制相当复杂,可以观测到许多物理现象,也是人们研究核反应、理解核结构和验证核知识的重要领域[14]。

值得一提的是,核反应有广泛的应用价值。如利用核反应可以产生各种放射性同位素,其中一个重要应用就是用于生产放射性核素试剂或标记药物;又如利用核反应可以对材料、生物样品进行粒子束分析及活化分析;也可以通过放射性辐照对种子、花卉等进行改良。这些核技术在材料科学及生命科学研究中起到了重要作用。

1.4 核物质相图

描述夸克和胶子之间强相互作用的非阿贝尔规范理论是量子色动力学（QCD）。它的一个重要性质是渐近自由，即耦合常数随能量尺度的增大而趋于一个较小值。因此，在高能量密度下，量子色动力学物质从一个具有禁闭的强子状态转变为一个具有一定自由度的夸克和胶子的新状态是一种自然的预测。关于有限温度和重子数密度下的 QCD 现象学是核物质科学探索前沿领域之一。处于平衡态的 QCD 物质有两个重要的性质参数，即温度 T 和重子数密度 n_B。由于 QCD 的本征能量标度 $\Lambda_{QCD} \sim 200$ MeV，因此可以想象 QCD 相变应该发生在微观温度 kT[①] 也在 200 MeV 附近或重子数密度 n_B 在 $1\ \mathrm{fm}^{-3}$ 附近。与 QCD 相变相关的实验主要有两大类，一个是与致密星体相关的观测，另一个是正在进行中的相对论重离子碰撞实验。

在自然界中，如中子星等致密星体物质的内部是实现低温下致密 QCD 物质的可能场所。事实上，在中子星的观测中，人们已经在不断地努力提取高密 QCD 状态方程的信息。当重子密度非常高时，弱耦合 QCD 分析表明，QCD 基态形成夸克库珀对的凝聚，即色超导。由于夸克不仅有自旋，而且还有颜色和味道量子数，夸克配对模式比金属超导体中的电子配对模式复杂得多。

在实验上，相对论重离子碰撞为我们提供了一个创造高温高密 QCD 物质并研究其性质的绝佳机会。特别是，科学家利用布鲁克海文国家实验室（Brookhaven National Laboratory，BNL）的相对论重离子对撞机（RHIC）和欧洲核子研究中心的大型强子对撞机（LHC）进行了一系列实验，通过高能重离子碰撞产生了热的 QCD 物质（简称夸克-胶子等离子体或 QGP）。在将来的设施中，如德国重离子研究中心（Gesellschaft für Schwerionenforschung，GSI）的反质子与离子研究装置（Facility for Anti-proton and Ion Research，FAIR）、俄罗斯的基于 Nuclotron 的离子对撞机设施（Nuclotron-based Ion Collider Facility，NICA）、中国的新一代重离子加速器——强流重离子加速器装置（High Intensity Heavy-ion Accelerator Facility，HIAF）可以探索更大范围的 QCD 相图的信息。

---

① 这里的微观温度 kT 中 k 为玻耳兹曼常数，kT 的量纲与能量相同。本书中凡单位与能量相同的温度皆指微观温度。

在热力学状态下,任何物质都会以某种特定的相存在,而描述不同热力学条件下的物质相的分布图称为相图。相图中最重要的组成部分是平衡线或相界线,它们表示多个相在平衡时可以共存的条件,而相变沿平衡线发生。自然界中最简单的相图是水的压强-温度相图,它是温度和压强在平面上的热力学状态图(见图 1-4),横轴和纵轴分别对应于温度和压强,在压强-温度空间中,固态、液态和气态三相之间存在平衡线或相界线。在图中右上角,液体和气体之间的相边界并不是无限延伸的,它终止于一个称为临界点的点。这反映了一个事实:在极高的温度和压强下,液态和气态变得不可区分。水的临界点出现在 $T_c =$ 647.096 K(373.946℃)、$P_c =$ 22.064 MPa(217.77 atm)和 $\rho_c =$ 356 kg/m³ 左右。

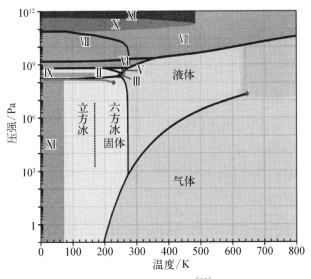

图 1-4　水的相图[15]

类似普通物质的相图,QCD 物质相图是在温度 T 和重子化学势 μ_B 平面上的热力学状态图,图 1-5[16]给出了一种常见的推测的 QCD 物质相图。原子核实际上是一种由真空包围的核物质液滴,存在于重子化学势($\mu_B =$ 310 MeV)中,温度 T 接近于零。如果增加夸克密度(即增加 μ_B),保持低温,原子核就会变成一个越来越压缩的核物质,沿着这条路径可达到中子星的内部状态。如果加热核物质,而不引入正反夸克不对称性,这就相当于沿着温度轴垂直向上移动。起初,夸克仍然是受限的,即处于一种强子气体相,然后在气体微观温度上升到 150 MeV 附近会产生从强子气体到夸克-胶子等离子体的相变,即产生了一种由夸克、反夸克和胶子组成的等离子体,可认为这是宇宙大爆炸后约百万分之一秒时的宇宙状态。QCD 物质相变由 QCD 相互作用的基本对称性质决定：自发手征对称性破缺和退禁闭[17-18]。本书将在随后的相对论重离子碰撞章节对其进行详细论述。

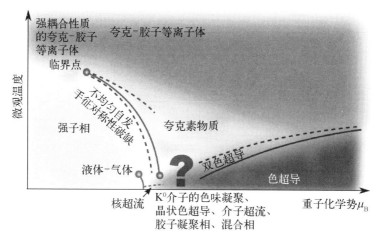

图 1-5 QCD 物质相图

参考文献

［1］ Machleidt R, Holinde K, Elster Ch. The bonn meson-exchange model for the nucleon-nucleon interaction [J]. Physics Reports, 1987, 149: 1-89.

［2］ Huang W J, Audi G, Wang M, et al. The AME 2016 atomic mass evaluation (Ⅰ). Evaluation of input data; and adjustment procedures [J]. Chinese Physics C, 2017, 41: 030002.

［3］ Wang M, Audi G, Kondev F G, et al. The AME 2016 atomic mass evaluation (Ⅱ). Tables, graphs and references [J]. Chinese Physics C, 2017, 41: 030003.

［4］ Oganessian Yu Ts, Utyonkov V K, Lobanov Yu V, et al. Synthesis of the isotopes of elements 118 and 116 in the ^{249}Cf and ^{245}Cm+^{48}Ca fusion reactions [J]. Physical Review C, 2006, 74: 044602.

［5］ Rainville S, Thompson J K, Pritchard D E. An ion balance for ultra-high-precision atomic mass measurements [J]. Science, 2004, 303: 334-338.

［6］ 数据来源: https://upload.wikimedia.org/wikipedia/commons/e/e2/Nuclear_binding_energy_RK01.png.

［7］ Hofstadter R. Nuclear and nucleon scattering of high-energy electrons [J]. Annual Review of Nuclear Science, 1957, 7: 231-316.

［8］ Tanihata I, Hamagaki H, Hashimoto O, et al. Measurements of interaction cross sections and nuclear radii in the light p-shell region [J]. Physical Review Letters, 1985, 55: 2676-2679.

［9］ Abrahamyan S, Ahmed Z, Albataineh H, et al. Measurement of the neutron radius of ^{208}Pb through parity violation in electron scattering [J]. Physical Review Letters, 2012, 108(11): 112502.

［10］ Horowitz C J, Piekarewicz J. Neutron star structure and the neutron radius of ^{208}Pb [J]. Physical Review Letters, 2001, 86(25): 5647 - 5650.

［11］ Li B A, Chen L W, Ko C M. Recent progress and new challenges in isospin physics with heavy-ion reactions [J]. Physics Reports, 2008, 464(4 - 6): 113 - 281.

［12］ 卢希庭. 原子核物理 [M]. 北京: 原子能出版社, 2000.

［13］ Gregoire C, Scheuter F. Incomplete linear momentum transfer in nuclear reactions: An interplay between one-body and two-body dissipation [J]. Physics Letters B, 1984, 146: 21.

［14］ 丁大钊, 陈永寿, 张焕乔. 原子核物理进展[M]. 上海: 上海科学技术出版社, 1997.

［15］ Braun-Munzinger P, Wambach J. The phase diagram of strongly-interacting matter [J]. Reviews of Modern Physics, 2009, 81(3): 1031 - 1050.

［16］ Fukushima K, Hatsuda T. The phase diagram of dense QCD [J]. Reports on Progress in Physics, 2011, 74(1): 014001.

［17］ Luo X F, Xu N. Search for the QCD critical point with fluctuations of conserved quantities in relativistic heavy-ion collisions at RHIC: an overview [J]. Nuclear Science and Techniques, 2017, 28: 112.

［18］ Stephanov M A. QCD phase diagram and the critical point [J]. International Journal of Modern Physics A, 2005, 20(19): 4387 - 4392.

第 2 章

核物质状态方程与对称能

本章将从基本概念出发,介绍核物质这一理想模型,并讨论目前对对称核物质状态方程与对称能的约束;另外,在平均场近似下,介绍核子单粒子势的动量相关性及其与核物质状态方程的联系;最后,简单介绍相关的唯象核相互作用模型及输运模型。

2.1 概述

本节将从范德瓦耳斯气体状态方程的概念出发,引出核物质状态方程及相关物理量的定义,并讨论如何以原子核的液滴模型为基础获取核物质状态方程中的经验物理量。

2.1.1 范德瓦耳斯方程

粒子微观相互作用通常体现在宏观体系的状态方程上。比如,对于无相互作用的理想气体,其状态方程为

$$pV = nRT = NkT \qquad (2-1)$$

式中,p 是压强;V 是体系的体积;n 是气体分子的摩尔数;R 是普适气体常数;N 是气体分子的个数;k 是玻耳兹曼常数;T 是体系的温度。理想气体的状态方程反映了在一定的温度下,体系的压强与体积的关系。

如果在理想气体的基础上,考虑气体分子间的引力和气体分子的有效体积,就得到了范德瓦耳斯气体方程:

$$\left(p + a\frac{n^2}{V^2}\right)(V - nb) = nRT \qquad (2-2)$$

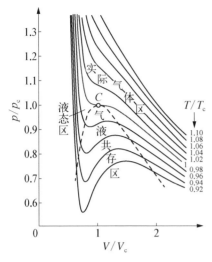

图 2 - 1   范德瓦耳斯气体方程及其液气相变曲线

式中，a 是气体分子间的引力参数；b 是每摩尔分子所占的有效体积，这样有效地体现了相互作用的长程吸引性和短程排斥性。

图 2 - 1 给出了范德瓦耳斯气体方程的等温示意图。其中 p_c、V_c 和 T_c 分别为临界点 C 的压强、体积和温度。在高温情况下，气体分子的相互作用较弱，体系接近于理想气体。在低温情况下，气体分子间的相互作用加强，在温度低于临界温度 T_c 时，单一组分的体系将变得不稳定，会发生液气相变。由此可见，状态方程对理解体系的性质至关重要。

2.1.2   核物质状态方程

研究核子之间的相互作用是核物理的基本问题，而核物质的状态方程则是微观核子相互作用的宏观体现。所谓核物质，指的是具有均匀中子和质子分布的无限大体系，是一个理想模型，它可能存在于中低能重离子碰撞的反应过程中，或者宇宙中致密星体的内部。这里所说的核物质一般不考虑体系边界处的表面效应及质子间的库仑相互作用。具有中子数密度 ρ_n 和质子数密度 ρ_p 的核物质，平均每核子的结合能可以近似表示为

$$E(\rho, \delta) = E_0(\rho) + E_{sym}(\rho)\delta^2 + E_{sym}^{(4)}(\rho)\delta^4 + O(\delta^6) \qquad (2-3)$$

式中，$\rho = \rho_n + \rho_p$ 为总核子数密度；$\delta = (\rho_n - \rho_p)/\rho$ 通常称为中子丰度或同位旋不对称度。对于对称核物质，$\delta = 0$；对于纯中子物质，$\delta = 1$。注意在式(2-3)中没有 δ 的奇数次项，原因是我们认为核相互作用具有较好的电荷无关性，即质子-质子和中子-中子相互作用一般认为是相同的，如果将整个体系的中子质子(简称中质子)对换，则结合能不变。$E_0(\rho)$ 是对称核物质的结合能，$E_{sym}(\rho)$ 则称为对称能。本章主要讨论对对称核物质结合能 $E_0(\rho)$ 和对称能 $E_{sym}(\rho)$ 的约束。考虑到体系压强与平均每核子结合能的关系：

$$p = -\frac{dE}{dV}, \quad \rho = \frac{N}{V} \qquad (2-4)$$

如果知道了 $E(\rho, \delta)$，也就得到了核物质的状态方程，因此以下泛称 $E_0(\rho)$ 和 $E(\rho, \delta)$ 的表达式为对称核物质与非对称核物质的状态方程。δ 的高阶项系数诸如四阶对称能 $E_{\text{sym}}^{(4)}(\rho)$ 相比 $E_{\text{sym}}(\rho)$ 很小，在大多数情况下不重要。所以，式(2-3)通常只展开到 δ 的平方项，这称为非对称核物质状态方程关于同位旋不对称度的抛物线近似。因此，只要知道了 $E_0(\rho)$ 和 $E_{\text{sym}}(\rho)$，也就知道了具有任意同位旋不对称度的非对称核物质状态方程。

值得一提的是，式(2-3)对零温下和有限温度下的核物质都适用。对于核物质来说，由于结合能一般在兆电子伏特(MeV)量级，所以温度也必须在兆电子伏特量级才有意义，1 MeV 对应温度约为 10^{10} K。在中低能重离子碰撞中，体系温度可对应几十兆电子伏特，而在稳定的致密星体中，核物质可以认为是零温的。目前，人们总是从零温下的对称核物质状态方程及对称能出发，与相关实验或观测结果相比较，从而约束 $E_0(\rho)$ 和 $E_{\text{sym}}(\rho)$。而相应的实验体系可能是零温的，也可能是有限温度的。对称核物质的状态方程及对称能的温度依赖性至今仍是一个悬而未决的问题。

2.1.3　液滴模型及饱和密度处的约束

对称核物质的状态方程与对称能在饱和密度处的大小由液滴模型给出。所谓液滴模型，一般是指忽略壳效应，把原子核看成是由核子构成的液滴，该液滴由核力把所有的核子束缚在一起。基于该模型，具有质量数 A 和质子数 Z 的原子核的结合能可以表示为下面的半经典公式：

$$E_{\text{B}} = a_{\text{V}} A + a_{\text{s}} A^{2/3} + a_{\text{c}} \frac{Z^2}{A^{1/3}} + a_{\text{A}} \frac{(A - 2Z)^2}{A} + \delta(A, Z) \quad (2-5)$$

式(2-5)也称为 Bethe-Weizsäcker 质量公式，a_{V}、a_{s}、a_{c} 和 a_{A} 分别为体积项、表面项、库仑项和非对称项的系数，$\delta(A, Z)$ 为对相互作用。由原子核半径经验公式 $R = r_0 A^{1/3}$ 可知质量数 A 正比于半径 R 的三次方，式(2-5)变得容易理解。

第一项正比于 R^3，是体积项。由于核力的短程性，原子核中的核子不是与所有其他核子相互作用，而是只与邻近核子作用，故配对数并非是 $A(A-1)/2$，而是近似正比于 A。通过拟合重原子核结合能，可得 $a_{\text{V}} \approx -16$ MeV。因为原子核中心的密度为饱和密度 $\rho_0 = 0.16$ fm^{-3}，由此我们可以知道对称核物质在饱和密度处平均每核子的结合能 $E_0(\rho_0) \approx -16$ MeV。

第二项正比于 R^2，是表面项。作为第一项的修正，第二项的来源是由于原子核表面的核子相对于中心核子受到较少核子的相互作用。a_s 的拟合值约为 18 MeV。

第三项正比于质子数 Z 的平方，反比于半径，是库仑项。它来源于质子之间的库仑排斥作用。电磁相互作用远比强相互作用弱，a_c 的拟合值为 1 MeV 左右。

第四项正比于原子核的同位旋不对称度 $(N-Z)/A$ 的平方与核子数 A 的乘积（N 为中子数，原子核的同位旋不对称度与前面核物质的同位旋不对称度定义类似），源于对称能的贡献，即一般中子与质子数相同的原子核总是比丰中子原子核结合得更紧密。基于式（2-5），a_A 的拟合值约为 23 MeV，这是由于没有考虑表面对称能的效应，所以得到的对称能是原子核平均密度 $\bar{\rho} \approx 0.11$ fm^{-3} 处的对称能。如果在式（2-5）的第二项中考虑表面对称能的贡献[1]，则得到核物质对称能在饱和密度处的值 $E_{sym}(\rho_0)$ 约为 30 MeV。

第五项是对项，来源于核子的所谓"对"相互作用。核子数为偶数的原子核一般总是比核子数为奇数的原子核结合得更紧密，不同自旋态的核子倾向于配对使得体系更加稳定。

由液滴模型我们已经知道对称核物质在饱和密度处的结合能约为 -16 MeV，对称能在饱和密度处的大小约为 30 MeV，但其中包括了动能和势能两部分的贡献。如果把核物质看成理想的非相对论费米子体系，则动能对非对称核物质结合能的贡献为

$$E_k = \sum \frac{d}{\rho} \int \frac{p^2}{2m} \frac{\mathrm{d}^3 p}{(2\pi)^3} \tag{2-6}$$

式中，$d=2$ 为自旋简并度；$\mathrm{d}^3 p$ 表示三重动量积分；m 为核子的质量[这里暂不区分中子(n)与质子(p)质量的差别]。零温下式（2-6）的积分上限是费米动量 p_f^q [$p_f^q = (3\pi^2 \rho_q)^{1/3}$ 是同位旋为 q(q=n, p)的核子的费米动量]，饱和密度处对称核物质的费米动量约为 260 MeV/c①。将式（2-6）按核物质的同位旋不对称度 $\delta = (\rho_n - \rho_p)/\rho$ 展开可得动能对对称核物质结合能及对称能的贡献分别为

$$E_k^0 = \frac{p_f^5}{5m\pi^2\rho}, \quad E_k^{sym} = \frac{p_f^5}{9m\pi^2\rho} \tag{2-7}$$

---

① MeV/c 或 GeV/c 代表能量除以光速，核物理中常用其表示动量的单位。

式中，$p_f = (3\pi^2 \rho / 2)^{1/3}$ 是对称核物质的费米动量；E_k^0 和 E_k^{sym} 均正比于核子数密度 ρ 的 2/3 次方。在饱和密度处，可以得到 $E_k^0(\rho_0) \approx 22 \text{ MeV}$，$E_k^{sym}(\rho_0) \approx 12 \text{ MeV}$，对应知道势能部分的贡献分别为 $E_p^0(\rho_0) \approx -38 \text{ MeV}$，$E_p^{sym}(\rho_0) \approx 18 \text{ MeV}$。

2.2 对称核物质状态方程的约束

由 2.1 节我们知道，只要知道了对称核物质的状态方程和对称能 $E_{sym}(\rho)$，就可以基于抛物线近似得到具有任意同位旋不对称度的非对称核物质的状态方程，由液滴模型已经得到两者在饱和密度处的大小。本节将讨论在远离饱和密度处对称核物质的状态方程的研究进展，下一节讨论对称能在亚饱和密度及过饱和密度条件下的研究进展。

2.2.1 对称核物质的不可压缩系数

在饱和密度 ρ_0 附近，对称核物质的状态方程可以展开为

$$E_0(\rho) = E_0(\rho_0) + L_0 \chi + \frac{K_0}{2!} \chi^2 + \frac{J_0}{3!} \chi^3 + O(\chi^4) \qquad (2-8)$$

式中，$\chi = (\rho - \rho_0)/3\rho_0$ 是无量纲量。由液滴模型知道 $E_0(\rho_0) = -16 \text{ MeV}$，其他参数由泰勒展开公式可得

$$L_0 = 3\rho_0 \frac{dE_0}{d\rho}\bigg|_{\rho=\rho_0} \qquad (2-9)$$

$$K_0 = 9\rho_0^2 \frac{d^2 E_0}{d\rho^2}\bigg|_{\rho=\rho_0} \qquad (2-10)$$

$$J_0 = 27\rho_0^3 \frac{d^3 E_0}{d\rho^3}\bigg|_{\rho=\rho_0} \qquad (2-11)$$

更高阶项在极高密度下才重要，那时核物质已经发生强子-夸克相变。L_0 正比于饱和密度处的压强，由于原子核在饱和密度处趋于稳定，故压强为 0，可知 $L_0 = 0$。K_0 正比于压强对核子数密度的导数，称为对称核物质的不可压缩系数。如果 K_0 值较大，说明核物质不容易压缩，称为较"硬"的状态方程，反之则

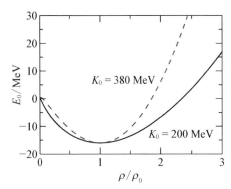

图 2‑2　软的($K_0 = 200\ \text{MeV}$)和硬的($K_0 = 380\ \text{MeV}$)对称核物质每核子结合能随约化密度的变化(亦即状态方程)

称为较"软"的状态方程。图 2‑2 给出了软的状态方程和硬的状态方程示例。对称核物质结合能在饱和密度处取极小值,而在亚饱和密度和过饱和密度处均不如饱和密度处束缚得紧密,对称核物质的不可压缩系数 K_0 则对应饱和密度处曲线的曲率。

核物质不可压缩系数目前主要由原子核巨单极共振(giant monopole resonance,GMR)实验得到。所谓巨单极共振指的是原子核沿其径向的呼吸振动模式,此时核子间的相互作用充当回复力。如果把原子核看作弹簧振子,不可压缩系数则类似于弹簧的倔强系数,故巨单极共振能谱峰值能量 E_{GMR} 与原子核的不可压缩系数 K_A 有如下关系[2]:

$$K_A \sim m\langle R_{\text{rms}}^2 \rangle E_{\text{GMR}}^2 \qquad (2\text{-}12)$$

式中,m 为核子质量;R_{rms} 为原子核的均方根半径。由液滴模型知道[2],质量数为 A 的原子核的不可压缩系数可以表示为

$$K_A = K_{\text{vol}} + K_{\text{surf}}A^{-1/3} + K_{\text{curv}}A^{-2/3} + K_\tau\left(\frac{N-Z}{A}\right)^2 +$$

$$K_{\text{Coul}}\frac{Z^2}{A^{4/3}} + \cdots \qquad (2\text{-}13)$$

式中,N 和 Z 分别为原子核的中子数和质子数,第一、二、三、四、五项的系数分别代表体积、表面、曲率、同位旋、库仑项的贡献。一般认为 $K_{\text{vol}} \approx K_0$。式(2‑13)中非常不确定的是同位旋相关的贡献 K_τ 项,该项又可以细分为体积与表面同位旋依赖项,前者与对称能的密度依赖性相关。在核物质不可压缩系数的早期研究中[3],科学家利用 α 粒子轰击 ^{40}Ca、^{90}Zr、^{116}Sn、^{144}Sm、^{208}Pb 核,激发这些核的巨单极共振,并将有效核相互作用得到的巨共振能谱峰位与实验结果相比较,得到对称核物质的不可压缩系数范围 $K_0 = (231\pm5)\ \text{MeV}$。综合到目前关于原子核巨单极共振的研究工作,大家认为不可压缩系数取值范围为 $K_0 = (230\pm30)\ \text{MeV}$,对应较软的状态方程。

2.2.2　集体流与状态方程

重离子碰撞中的集体流是核物质状态方程的敏感探针。图 2 - 3[4] 是金-金碰撞的密度演化示意图,其中 z 方向是束流方向,x 方向则为垂直于束流两核中心错开的方向。在非对心碰撞中,观察 $x\text{-}O\text{-}z$ 平面的演化,可以发现反应过程中弹核和靶核的参与者部分核子会分别向 $+x$ 和 $-x$ 方向挤出,此即定向流,也称为一阶集体流。定向流一般可用 x 方向平均每核子的动量 $\langle p_x/A \rangle$ 与快度 y(近似为沿束流方向的速度)的关系来描述,其斜率参数定义为

$$F = \frac{\mathrm{d}\langle p_x/A \rangle}{\mathrm{d}(y/y_{\mathrm{cm}})}\bigg|_{y=0} \qquad (2-14)$$

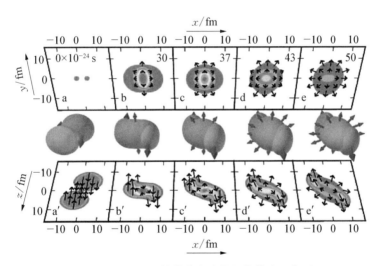

图 2 - 3　金-金碰撞的密度演化和集体流示意图

式中,y_{cm} 为弹核在反应质心系的快度。斜率参数 F 实际上反映了定向流的挤出强度。图 2 - 4(a)[4] 给出了斜率参数 F 随束流能量的变化关系。其中 cascade 指只有核子-核子散射,没有核势能的贡献;Plastic Ball 代表弹性球散射模型结果,其余为实验结果。可以看到,随着核物质不可压缩系数 K 的增加,由于反应中的参与者热密核物质压强变大,定向流的斜率参数也更大。随着束流能量的提高,反应中心的密度也逐渐增大。

二阶集体流也称为椭圆流,定义为

$$\langle \cos 2\phi \rangle = \left\langle \frac{p_x^2 - p_y^2}{p_x^2 + p_y^2} \right\rangle \qquad (2-15)$$

式中,横向方位角 $\phi = \arctan(p_y/p_x)$。由定义可见,如果向 x 方向运动的粒子比向 y 方向运动的粒子多,则椭圆流为正值,反之则椭圆流为负值。观察图 2-3 中 x-O-y 投影平面的密度演化,可以发现在重离子反应过程中参与者热密核物质的形状类似椭球形,这种形状的热密核物质膨胀后原则上更多粒子将倾向于往椭球的短轴方向(即 x 方向)运动。然而,由于旁观者核物质的存在阻碍了参与者热密核物质的膨胀,导致更多粒子被旁观者核物质向 y 方向(垂直于反应平面 x-O-z)挤出,结果椭圆流为负值。图 2-4(b)[4] 给出了椭圆流随束流能量的变化关系。可见,随着核物质状态方程变硬,参与者热密核物质的膨胀越显著,挤出效应也越明显,使得椭圆流更负。当束流能量超过 5 GeV/nucleon 时,旁观者核物质很快穿过,无法阻碍参与者核物质的膨胀,故更多粒子在反应平面内运动,椭圆流为正值。

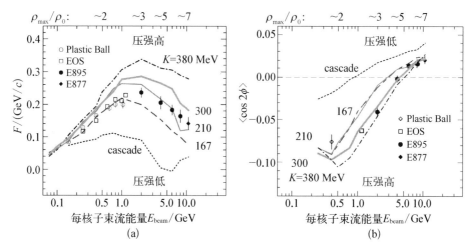

图 2-4 重离子碰撞中定向流斜率参数(a)和椭圆流(b)随束流能量的变化关系

综合上述定向流与椭圆流的结果,与实验数据做比较,可以发现对称核物质在 2~5 倍饱和密度范围内的状态方程被约束在图 2-5[4] 的阴影区域内。其他曲线则为自由费米气体(Fermi gas)及相对论平均场(RMF:NL3)等理论模型给出的结果。计算过程中并没有考虑超子的产生和可能发生的强子-夸克相变,新粒子或新物态的产生一般会使状态方程变软。集体流的研究告诉我们,即使产生了新的自由度,该强作用核物质的状态方程也应该在阴影区域的约束范围之内。由于金-金碰撞体系是丰中子体系,上面这一约束的不确定性很大程度上还来自核物质对称能的不确定性。

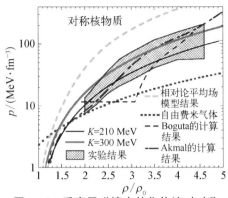

图 2-5 重离子碰撞中的集体流对对称核物质状态方程的约束

2.2.3 K 介子产生与状态方程

重离子反应中的粒子产生是核物质状态方程的又一敏感探针。对于 K 介子的产生,其典型的反应有

$$B + B \rightarrow B + Y + K^+$$

$$\pi + B \rightarrow Y + K^+$$

式中,B 代表重子,Y 代表超子。由于 K^+ 介子中有一个反奇异夸克,故总是伴随着一个超子的产生,使得重离子反应中奇异夸克数守恒。一般来说,核物质的状态方程越硬,要压缩核物质就越困难,故在重离子反应中能达到的密度就越低,反而不利于粒子的产生。此外,产生的粒子在核介质中受到核子的势能相互作用,由于反应前后能量必须守恒,所以粒子在核介质中的吸引势越强,产生的粒子数就会越多,这就是所谓"阈下"粒子产生的机制。

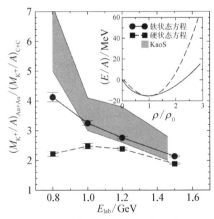

图 2-6 重离子碰撞中 K 介子的产生对对称核物质状态方程的约束

为了消除 K 介子在核介质中势能相互作用的不确定性,文献[5]巧妙地计算了金-金碰撞和碳-碳碰撞中平均每核子所产生的 K 介子数(M_{K^+}/A)之比,该比值对于 K 介子与核子的相互作用不敏感,只对于核物质的状态方程敏感。从图 2-6[5] 可以看出,软的状态方程给出的 K 介子产

额比更高。与 KaoS 合作体实验数据相比较,软的核物质状态能更好地解释实验。这是在 1～3 倍饱和密度范围内给对称核物质状态方程的又一约束。

2.3 对称能密度依赖性的研究

由 2.2 节的讨论可以知道,虽然人们对于对称核物质的性质已经理解得比较清楚,但对同位旋矢量部分状态方程的贡献,即对称能,仍然不清楚。对称能描述丰中子核物质和对称核物质的能量差,由于系统总是希望占据能量最低的状态,所以在很多情况下对称能决定了体系的同位旋不对称度。低密度下不同种同位旋核子之间的吸引力比同种同位旋核子之间的更强,高密度下同种同位旋核子之间的排斥力比不同种同位旋核子之间的更强,这是对称能势能部分贡献的微观本质,而对称能的动能部分贡献则来自同位旋不对称核物质中中子与质子的费米能级的差异。十几年来对称能的密度依赖性一直是核物理领域的一个热门课题,它对理解放射性核素的性质、中低能重离子碰撞中的动力学演化及核天体物理中的许多相关问题都十分重要。在饱和密度附近,对称能可做以下展开:

$$E_{sym}(\rho) = E_{sym}(\rho_0) + L\chi + \frac{K_{sym}}{2!}\chi^2 + O(\chi^3) \qquad (2-16)$$

式中,$\chi = (\rho - \rho_0)/3\rho_0$ 是无量纲量。由液滴模型知道 $E_{sym}(\rho_0) = 30 \text{ MeV}$,其他参数由泰勒展开公式可得

$$L = 3\rho_0 \frac{\mathrm{d}E_{sym}}{\mathrm{d}\rho}\bigg|_{\rho=\rho_0} \qquad (2-17)$$

$$K_{sym} = 9\rho_0^2 \frac{\mathrm{d}^2 E_{sym}}{\mathrm{d}\rho^2}\bigg|_{\rho=\rho_0} \qquad (2-18)$$

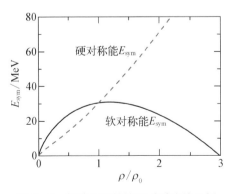

L 和 K_{sym} 分别称为对称能的斜率参数和曲率参数,对描述离饱和密度不太远时亚饱和密度($\rho < \rho_0$)和过饱和密度($\rho > \rho_0$)的对称能十分重要。图 2-7 给出了两种不同的对称能。实线在亚饱和密度处较大,过饱和密度处较小,对应 L 值较小,称为软的对称能;虚线在亚饱和密度处较小,过饱和密度处较大,对应 L 值较大,称为硬的对称能。

图 2-7 软的和硬的核物质对称能示例

具有同位旋不对称度 δ 的非对称核物质不可压缩系数则可以表示为

$$K_{\text{sat}} = K_0 + \left(K_{\text{sym}} - 6L - \frac{J_0}{K_0}\right)\delta^2 + O(\delta^4) \qquad (2-19)$$

式中,J_0 由式(2-11)决定,为对称核物质结合能对密度的三阶导数。可见,对称能的密度依赖性直接决定了非对称核物质的状态方程。因此,十几年来人们对亚饱和密度和过饱和密度对称能开展了一系列的研究。

2.3.1　亚饱和密度对称能的研究

对称能在饱和密度以下的行为通常可以通过研究原子核的结构性质及中低能核反应的产物来获知,下面介绍亚饱和密度对称能的主要探针。

2.3.1.1　丰中子原子核的中子皮厚度

原子核的径向密度分布近似为 Woods-Saxon 分布。由于亚饱和区域对称能随密度增大而增加,为使系统整体能量最低,原子核中心高密度区域中子丰度会较小,边缘低密度区域中子丰度会很高,此即中子皮。中子皮的厚度定义为中子密度分布的均方根半径与质子密度分布的均方根半径之差。由于对称能的斜率参数 L 近似正比于纯中子核物质饱和密度处的压强,对称能越硬,原子核对中子向外的压强就越大,因此中子皮越厚。

图 2-8[6] 给出了 ^{208}Pb 原子核中子皮厚度与对称能的关系,其中不同的点代表不同的理论计算,实心符号代表 Skyrme 相互作用及其非相对论和相对论协变形式的扩展,花色符号代表不同有效场理论的计算结果。可见中子皮厚度随着对称能的增加几乎成线性增长。因为中子皮厚度与对称能的关联十分清晰且模型依赖性不大,故而人们一直在追求对铅和锡等元素中子皮的精确测量。由于原子核的电荷分布已经可以通过

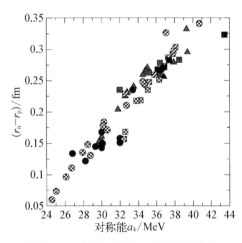

图 2-8　中子皮厚度与对称能的关系

电子散射实验测量得十分精确,故对中子皮厚度的测量主要是对中子密度分布均方根半径的测量。

2.3.1.2 原子核的巨偶极共振和矮共振

同位旋矢量巨偶极共振(giant dipole resonance,GDR)是原子核中的中子和质子中心位置之间的振动模式,而矮共振(pygmy dipole resonance,PDR)是原子核中心高密低中子丰度区域相对于边缘中子皮之间的振动模式。由于对称能越大,丰中子部分能量越高,对称能在振动中起了回复力的作用。一般来说,对称能越软,对应亚饱和密度对称能越大,振动频谱的峰值越高。

由于巨偶极共振和矮共振能够通过轫致辐射激发光子,因此可以通过测量退激发光子得到其共振谱。图 2-9[7] 给出了矮共振与巨偶极共振的强度比及中子皮厚度与对称能的关系。可见与中子皮厚度类似,矮共振与巨偶极共振的强度比也随对称能线性增加,是亚饱和密度对称能的又一实验探针。

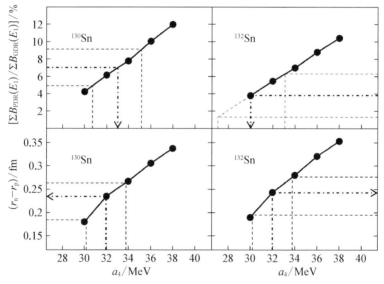

图 2-9 矮共振与巨偶极共振的强度比(上图)及中子皮厚度(下图)与对称能的关系

2.3.1.3 中低能核反应的亚稳态中质子比及$(T/^3He)$核产额比

在丰中子体系中,对称能使得中子受到比质子更强的排斥相互作用。因此,在中低能重离子碰撞中,中子更容易离开中心高密核物质,且自由中子的能量更高。一般来说,在碰撞能量不太高时,对称能越软,即亚饱和密度对称能越大,亚稳态中子与质子数之比(简称中质子比)越高。另外,由于氚(T)核比 ^3He 核更丰中子,当中质子比高时更容易产生前者。

图 2-10(a)[8] 给出了每核子束流能量为 40 MeV 的 Sn+Sn 反应后中质

子比的动能谱，其中 F_1、F_2、F_3 分别代表对称能由硬到软的三套参数。可见在该能量下，对称能越软，中质子比越大，特别是对高动能核子及丰中子体系。图 2 - 10(b)[9] 给出了每核子束流能量为 80 MeV 的 Ca＋Ca 反应后 T 核与 ^{3}He 核产额比 $Y(T)/Y(^3He)$ 的动能谱，其中轻碎片的产生由动力学组合模

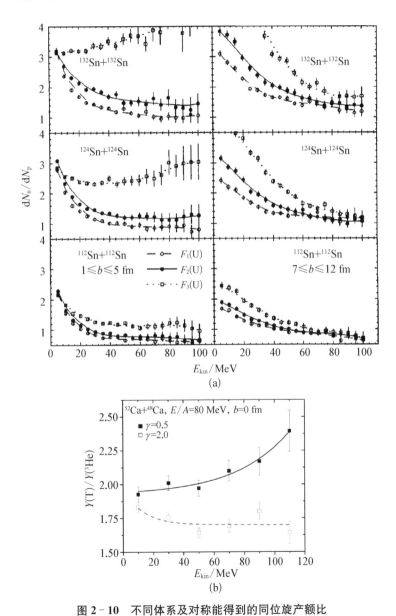

图 2 - 10　不同体系及对称能得到的同位旋产额比

（a）中质子之比的动能谱；（b）T 核和 ^{3}He 核产额比的动能谱

型描述[9]。对称能的密度依赖性参数化为 $E_{sym}(\rho)=E_{sym}(\rho_0)(\rho/\rho_0)^{\gamma}$，当 $\gamma=0.5$，即对称能较软时，T 核与 ^{3}He 核的产额比较大，在高动能时尤为显著。

2.3.1.4 中低能核反应的中质子集体流

由于在丰中子体系中，一方面，对称能给中子排斥相互作用，而给质子吸引相互作用。另一方面，质子受到库仑相互作用，相对于中子来说又更排斥。所以对称能和库仑力在中低能重离子碰撞中的贡献相反，但后者已经了解得十分清楚。由于两者不完全抵消，所以中子与质子的集体流不同。

单单对于质子来说，不同对称能也会给出不同的集体流。图 2‑11(a)[10] 给出了不同对称能参数下的质子横向流。可见 $\gamma=2$ 时对称能较硬，亚饱和密度对称能较小，质子受到的吸引相互作用较弱，故横向流较大。如果不考虑对称能和库仑力的作用，质子横向流变小，反映出该体系质子的库仑相互作用比对称能稍强。图 2‑11(b)[10] 给出不同对称能参数下质子的椭圆流，在高横向动量处，由上述分析知道 $\gamma=2$ 时质子受到的吸引相互作用较弱，故考虑误差之后椭圆流依然比 $\gamma=0.5$ 时的大。

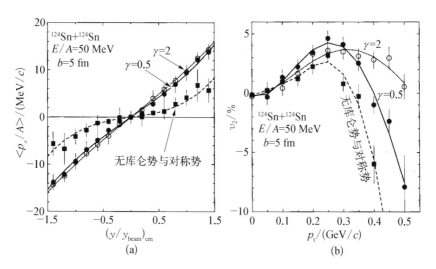

图 2‑11 质子定向流的快度依赖性(a)及质子椭圆流的横向动量依赖性(b)

图(a)的横坐标变量下标 cm 代表质心系；y_{beam} 是质心系内束流的快度；$(y/y_{beam})_{cm}$ 是质心系内的约化快度。

2.3.1.5 中低能核反应产物的同位旋标度

人们发现，在中低能核反应中轻碎片产额的中质子数满足同位旋标度的统计规律。图 2 - 12[11] 给出了 ^{124}Sn$+^{124}$Sn 和 ^{112}Sn$+^{112}$Sn 反应产物的同位旋标度示例,即同位素或同中子异位素的产额比满足指数关系:

$$R_{12}(N, Z) = Y_2(N, Z)/Y_1(N, Z) \propto \exp(\alpha N + \beta Z) \quad (2-20)$$

式中,N 为产物的中子数;Z 为产物的质子数;Y_1 和 Y_2 分别为 ^{124}Sn$+^{124}$Sn 和 ^{112}Sn$+^{112}$Sn 反应产额;α 和 β 为同位旋标度参数。在中低能核反应中,

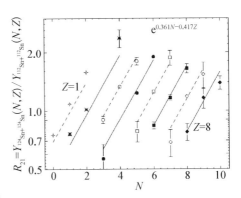

图 2 - 12　反应产物的同位旋标度示例(其中 N 为中子数,Z 为质子数)

不同中子丰度原子核的产生与各碎片的能量有关,从而也与对称能相关。由统计分析可以得到 α 与对称能 E_{sym} 的关系为

$$\alpha = \frac{4E_{\mathrm{sym}}(\rho, T)}{T}\left[\left(\frac{Z_1}{A_1}\right)^2 - \left(\frac{Z_2}{A_2}\right)^2\right] \quad (2-21)$$

式中,Z_1 和 Z_2 分别为 ^{124}Sn$+^{124}$Sn 和 ^{112}Sn$+^{112}$Sn 反应产物的质子数;A_1 和 A_2 则分别为对应产物的质量数。如果能够获取核反应的温度 T,就可以获取对称能的信息,而前者通常可以由轻碎片产额比或动量分布获取。

2.3.1.6　中低能核反应的同位旋弥散

当弹核与靶核中子丰度不同时,碰撞过程中会产生同位旋输运现象,弹核和靶核的同位旋不对称度将趋于一致,此即同位旋弥散。对称能的密度依赖性影响着不同中子丰度处体系的能量,直接影响到末态同位旋的混合程度。比如,为了研究 ^{112}Sn$+^{124}$Sn 和 ^{124}Sn$+^{112}$Sn 反应的同位旋弥散现象,可以定义同位旋弥散系数:

$$R_i = \frac{2x - x_{124+124} - x_{112+112}}{x_{124+124} - x_{112+112}} \quad (2-22)$$

式中,x 为任意同位旋敏感参量,可以是同位旋标度参数 α,或是反应余核的平均同位旋不对称度。由上面同位旋弥散系数的定义可知,对于 ^{124}Sn$+^{124}$Sn 反应,$R_i = 1$,而对于 ^{112}Sn$+^{112}$Sn 反应,$R_i = -1$。图 2 - 13[12] 给出了同位旋弥散系数随反应时间的变化。上半图对称能势能部分的参数形式(ρ^2)为

$E_{sym}^p(\rho)=12.1(\rho/\rho_0)^2$，给出的末态同位旋弥散系数较大。下半图对称能势能部分的参数形式（skm）为 $E_{sym}^p(\rho)=38.5(\rho/\rho_0)-21.0(\rho/\rho_0)^2$，给出的末态同位旋弥散系数较小。相较于前者，后者对称能较软，反应中弹核与靶核同位旋混合得更完全。

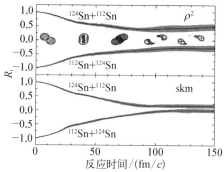

图 2-13 同位旋弥散系数随时间的演化

注：fm/c 代表长度（费米）除以光速，是核物理中常用的时间单位；ρ^2 与 skm 代表不同的对称能形式。

2.3.2 过饱和密度对称能的研究

过饱和密度对称能的研究一般依靠中高能重离子碰撞及致密星体的观测。重离子碰撞中亚饱和密度对称能的研究一般要求反应能量在核子费米能量量级（约 30 MeV），而过饱和密度对称能的研究一般要求反应能量在 200 MeV 以上。目前过饱和密度对称能的探针主要有中高能核反应的中质子集体流、π^-/π^+ 和 K^0/K^+ 比率及致密星体的相关观测等。

2.3.2.1 中高能核反应的中质子集体流

在中高能核反应中，由于对称能的存在，在丰中子介质中中子受到比质子更排斥的相互作用，造成中质子集体流的差异。图 2-14(a)[13] 给出了不同反应能量下中质子的差分流，差分流定义为

$$F_{np}(y)=\frac{1}{N(y)}\sum_{i=1}^{N(y)}p_{x_i}\tau_i \qquad (2-23)$$

式中，y 为核子快度；$N(y)$ 是快度为 y 的核子数；中子同位旋指标 $\tau_i=1$，质子同位旋指标 $\tau_i=-1$。定义差分流的好处是把同位旋标量部分对定向流的贡献大致消除了，只留下对称能对中质子定向流之差的贡献。图 2-14(a)中曲线 1 对应较硬的对称能，曲线 2 对应较软的对称能。在束流能量为 400 MeV 或 1 GeV 时，核反应中心的核子密度会超过饱和密度，此时曲线 1 的对称能较大，故曲线 1 对应的中质子差分流也较大。图 2-14(b)[14] 将每核子束流能量为 400 MeV 的 ^{197}Au+^{197}Au 反应后的中子(n)及氢同位素(h)椭圆流(v_2)的实验数据作为每核子的横向动量 p_t/A 的函数与理论计算相比较。在理论计算中，由于 400 MeV 时挤出效应显著，椭圆流为负，较硬的对称能给中子更排斥的相互作用，更强的挤出效应使得中子的椭圆流更负。氢同位素中存在质子，其强相互作用不如中

子排斥性强,然而存在库仑相互作用。当对称能较硬时,两者效应大致抵消,故中子的椭圆流和氢同位素类似;当对称能较软时,库仑相互作用比对称能效应大,使得质子受到更排斥的相互作用,挤出效应更强,椭圆流的绝对值更大。

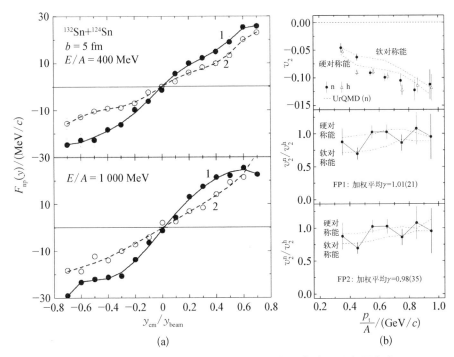

图 2-14 不同束流能量下的中质子差分流(a)与中子及氢同位素椭圆流的实验理论比较(b)

2.3.2.2　中高能核反应的 π^-/π^+ 和 K^0/K^+ 比率

中高能重离子碰撞中不同同位旋态的介子产额比可作为过饱和密度对称能的探针。对于 π 介子,其产生的反应道主要为

$$N+N \rightarrow N+\Delta,\ \Delta \rightarrow N+\pi$$

式中,N 代表核子;Δ 为 N 的高激发共振态;π 介子大部分由 Δ 衰变而来。考虑上面反应道的同位旋依赖性,中子-中子碰撞产生 Δ^-,质子-质子碰撞产生 Δ^{++},而 Δ^- 衰变为 π^- 介子,Δ^{++} 衰变为 π^+ 介子,故高密度核物质越丰中子,一般 π^-/π^+ 产额比越大。图 2-15(a)[13] 给出了不同束流能量下 π^-/π^+ 产额比随时间的演化,其中"like"指包含了未衰变成 π 介子的 Δ 共振态的贡献。初始时刻的 π^-/π^+ 产额比很大,对应中子皮的碰撞。较硬的对称能 a 反而给出较小的 π^-/π^+ 产额比,原因是对称能如果较硬,反应过程中系统为了使得整体

能量最低,会使高密度相中子丰度较低,低密度相中子丰度较高,由于 π 介子主要在高密度相产生,故得到上面的结论。对于 K 介子,其相关反应道更多,考虑同位旋依赖性,典型的反应道有

$$n + \pi^- \rightarrow \Sigma^- + K^0, \quad p + \pi^+ \rightarrow \Sigma^+ + K^+$$

故高密度丰中子介质容易产生更多 K^0 介子,中子丰度越高,原则上 K^0/K^+ 产额比越大。图 2-15(b)[15] 给出了 π^-/π^+ 和 K^0/K^+ 产额比的束流能量依赖性,其中 DDF 和 NL 等为相对论平均场模型的不同参数,对应不同的对称能。

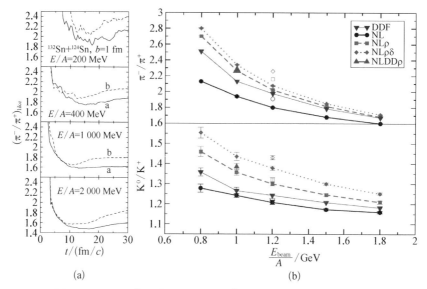

(a)　　　　　(b)

图 2-15　不同束流能量下的 π^-/π^+ 产额比随时间的演化(a)及
π^-/π^+ 和 K^0/K^+ 产额比的束流能量依赖性(b)

值得一提的是,利用理论模型研究粒子产额比还有许多不确定因素。比如,π 介子与核介质的相互作用仍然不十分清楚。此外,考虑到阈效应,介子在核介质中的势会直接影响到其产额,如果考虑到 π 介子与 K 介子势的同位旋效应则会影响 π^-/π^+ 和 K^0/K^+ 产额比。目前,不同理论模型通过介子产额比来预言高密度对称能,获得截然不同甚至定性上相反的结论,因此有必要在模型中考虑介子的介质效应与阈效应,从而更精确地确定过饱和密度的对称能。

2.3.2.3　致密星体的相关观测

目前致密星体的探测主要采用 X 射线、引力波、引力透镜等手段。作为一类典型的致密星体,中子星是由中子、质子、电子和 μ 子构成的电弱平衡体系,对称能直接决定各组分的比率和中子星物质的状态方程,通过解 Tolman-

Oppenheimer-Volkoff 方程即可得到中子星的质量半径关系。一般对称能越硬，中子星半径越大。此外，对于早期刚形成的热中子星，也称前中子星，其冷却主要通过放出中微子这一途径，对称能通过影响前中子星的组分和状态方程来影响中微子的对流，从而影响前中子星的冷却过程。图 2-16[16] 给出了前中子星的中微子发射率随时间的演化，其中 GM3 对应较硬的对称能，IU-FSU 对应较软的对称能，它们对应的中微子发射率及前中子星的冷却过程不同。小插图则给出了不同时间段积分后中微子的发射数目，不同的点代表了不同前中子星的质量。可见中微子发射数并不敏感于前中子星的质量，是过饱和密度对称能的良好探针。

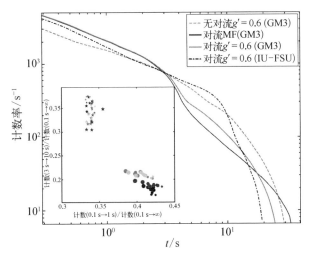

图 2-16　前中子星中微子发射率随时间的演化

在本节的最后，有必要交代一下对称能密度依赖性的研究现状。应该说，对于亚饱和密度对称能的研究已经比较充分，目前业内人士普遍认为对称能的斜率参数大致约束在 $L = (50 \pm 20)\,\text{MeV}$ 这样一个比较小的范围，对应中等偏软的对称能。然而，对于过饱和密度的对称能目前仍然不十分清楚，这将成为近期的研究热点。对于更多关于对称能及同位旋物理相关的讨论，建议读者查阅文献[17]。

2.4　单粒子势及其动量相关性

在处理多体问题中，一种常用的方法就是把参考粒子与其他粒子的相互作用等效地看作该粒子在背景介质产生的势场中运动，这就是所谓的平均场近似。

在核介质中,核子受到其他粒子等效的平均场势,也称为单粒子势。原则上,核子的单粒子势不仅与介质的属性(包括密度、温度、中子丰度)相关,还与其本身的属性(包括同位旋和动量)相关,其中单粒子势的动量相关性正逐步引起人们的重视。微观的核单粒子势与宏观的核物质状态方程既有区别又有联系,前者是后者的微观机制,并且决定了单个粒子的动力学方程。本节将就以上这些问题展开讨论。

2.4.1 单粒子势与核物质状态方程的联系

我们知道,能量密度为 ε 的核物质,平均每个核子的结合能为 $E = \varepsilon/\rho$,式中,ρ 为核子数密度。能量密度包括动能密度和势能密度两部分:

$$\varepsilon = \varepsilon_k + \varepsilon_p \tag{2-24}$$

式中,动能密度在非相对论情况下可以由动量 p 积分得到:

$$\varepsilon_k = d \sum_\tau \int \frac{p^2}{2m} \frac{d^3 p}{(2\pi)^3} \tag{2-25}$$

式中,$d = 2$ 为自旋简并度;τ 为同位旋指标;m 为核子的质量。核子相互作用的信息则包含在势能密度的泛函形式中。考虑到核子的单粒子势是每增加一个核子所引起的体系势能的变化,前者可以由势能密度对密度求变分得到:

$$U_\tau = \frac{\delta \varepsilon_p}{\delta \rho_\tau} \tag{2-26}$$

式中考虑了同位旋效应。在 2.1 节我们已经知道由液滴模型可得饱和密度处对称能约为 30 MeV,而动能贡献仅为 13 MeV,故势能部分一定对对称能有贡献。类似于结合能 E 可以做同位旋不对称度 $\delta = (\rho_n - \rho_p)/\rho$ 的偶次项展开,单粒子势也可以写成 δ 的多项式形式:

$$U_\tau = U_0 \pm U_{sym}\delta + U_{sym}^{(2)}\delta^2 + O(\delta^3) \tag{2-27}$$

式中,U_0 为同位旋标量势;U_{sym} 为对称势;$U_{sym}^{(2)}$ 为二阶对称势。在高密度下,U_0 是排斥的,在低密度下,U_0 是吸引的。注意对称势前中子取正号,质子取负号,反映出在丰中子介质中($\delta > 0$)中子的单粒子势更排斥,质子的单粒子势更吸引。一般来说,对称核物质状态方程越硬,U_0 在高密度处越排斥。对称能越硬,U_{sym} 在高密度处值越大。

原则上说,知道了核物质的状态方程密度泛函形式,也就知道了核子的单粒子势,反之亦然。根据 Hugenholtz-van Hove(HVH)定理,核物质的对称能

及其斜率参数可以严格表示为[18]

$$E_{sym}(\rho) = \frac{1}{2}U_{sym}(\rho, p_F) + \frac{1}{6}\frac{\partial[t(p) + U_0(\rho, p)]}{\partial p}\bigg|_{p=p_F} \cdot p_F$$

$$(2-28)$$

$$L(\rho) = \frac{3}{2}U_{sym}(\rho, p_F) + 3U_{sym}^{(2)}(\rho, p_F) + \frac{\partial U_{sym}}{\partial p}\bigg|_{p=p_F} \cdot p_F +$$

$$\frac{1}{6}\frac{\partial[t(p) + U_0(\rho, p)]}{\partial p}\bigg|_{p=p_F} \cdot p_F +$$

$$\frac{1}{6}\frac{\partial^2[t(p) + U_0(\rho, p)]}{\partial p^2}\bigg|_{p=p_F} \cdot p_F^2$$

$$(2-29)$$

式中，$t(p) = p^2/2m$ 为单个核子的动能，p_F 为费米动量。可见，对称能不仅与对称势相关，还与同位旋标量势的动量依赖性有关。对称能的斜率参数不仅与同位旋标量势及对称势相关，还包含了二阶对称势的贡献。

2.4.2　单粒子势的动量相关性发展回顾

单粒子势的动量相关性已经逐渐引起人们的重视。人们对于平均场势动量相关性的认识有一个逐步深入的过程。在早期的输运模型计算中，一般只考虑最简单形式的平均场势[19]：

$$U(\rho) = A\left(\frac{\rho}{\rho_0}\right) + B\left(\frac{\rho}{\rho_0}\right)^\sigma$$

$$(2-30)$$

式中，参数 A 为负值，对应项代表长程吸引势；B 为正值，对应项代表短程排斥势；参数 σ 大于 1，代表短程排斥势来源于多体相互作用。后来人们发现，基于 Brueckner 理论，单粒子势应该是动量相关的，其动量相关性来自长程相互作用的交换项，在低动量时单粒子势应该更吸引，在高动量时吸引性较弱。于是，得到下面形式的单粒子势[20]：

$$U(\rho, p) = A\left(\frac{\rho}{\rho_0}\right) + B\left(\frac{\rho}{\rho_0}\right)^\sigma + \frac{C(\rho/\rho_0)}{1 + (p - \langle p' \rangle)^2/\Lambda^2} + C\frac{\rho}{\rho_0}\left\langle\frac{1}{1 + (p'/\Lambda)^2}\right\rangle$$

$$(2-31)$$

式中，后两项为动量相关项，参数 C 描述动量相关项的强度，参数 Λ 描述动量相关性，$\langle\ \rangle$ 指对局域核子取动量平均。值得一提的是，引入动量相关项之后,在相同的核物质不可压缩系数下,核子的定向流大幅度增强。进一步研究发现,用 Yukawa 形式的动量相关项能更好地描述核子的平均场势[21-22]:

$$U(\rho, p) = A\left(\frac{\rho}{\rho_0}\right) + B\left(\frac{\rho}{\rho_0}\right)^\sigma + 2\frac{C}{\rho_0}\int \mathrm{d}^3 p' \frac{f(r, p')}{1+(p-p')^2/\Lambda^2} \quad (2-32)$$

式中,$f(r, p')$ 为局域相空间分布函数,式(2 - 32)中的动量相关项可以由 Yukawa 势 $\exp(-\mu r)/r$ 做傅里叶变换得到。上面的动量相关势并不区分同位旋。原则上,中质子的平均场势应该具有不同的动量相关性。将上面的单粒子势推广到具有同位旋不对称度 δ 的非对称核物质,则有[23]

$$U(\rho, \delta, p, \tau) = A_u\frac{\rho_{\tau'}}{\rho_0} + A_l\frac{\rho_\tau}{\rho_0} + B\left(\frac{\rho}{\rho_0}\right)^\sigma (1-x\delta^2) - x\frac{B}{\sigma+1}\frac{\rho^{\sigma+1}}{\rho_0^\sigma}\frac{\mathrm{d}\delta^2}{\mathrm{d}\rho_\tau} +$$

$$\frac{2C_l}{\rho_0}\int \mathrm{d}^3 p' \frac{f_\tau(r, p')}{1+(p-p')^2/\Lambda^2} + \frac{2C_u}{\rho_0}\int \mathrm{d}^3 p' \frac{f_{\tau'}(r, p')}{1+(p-p')^2/\Lambda^2}$$

$$(2-33)$$

式中,$\tau \neq \tau'$ 为同位旋指标;x 是引入的对称能参数,通过调节 x 可以方便地改变对称能的密度依赖性。上面的单粒子势在 Hartree-Fock 框架下对应以下有效核两体相互作用[24]:

$$v(\boldsymbol{r}_1, \boldsymbol{r}_2) = \frac{1}{6}t_3(1+x_3 P_\sigma)\rho^\alpha\left(\frac{\boldsymbol{r}_1+\boldsymbol{r}_2}{2}\right)\delta(\boldsymbol{r}_1-\boldsymbol{r}_2) +$$

$$(W+BP_\sigma-HP_\tau-MP_\sigma P_\tau)\frac{\mathrm{e}^{-\mu|\boldsymbol{r}_1-\boldsymbol{r}_2|}}{|\boldsymbol{r}_1-\boldsymbol{r}_2|} \quad (2-34)$$

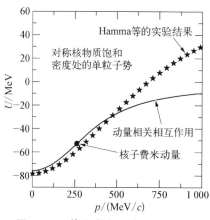

图 2 - 17　饱和密度处动量相关势与
实验获取的光学势比较

式中,P_σ 和 P_τ 分别为自旋及同位旋交换算符,第一项为接触项,代表多体相互作用,第二项为长程项,其交换项的贡献即单粒子势的动量相关部分。单粒子势与有效核两体相互作用的参数有着对应关系[24]。

值得一提的是,目前单粒子势的动量相关性一般从质子与原子核散射的实验数据中间接获取[25-26]。图 2 - 17 将上述理论上的单粒子势与实验光学势结果做比较,发现在动量小于 $500\,\mathrm{MeV}/c$ 时已经符合得很好,但在大动量处仍有偏差。因此,上述动量相关的单粒子势仍有改进的余地。

2.4.3 核子的有效质量

在非相对论情况下,如果单粒子势是动量相关的,那么同位旋为 τ 的核子的单粒子能量可以大致写成

$$\varepsilon_\tau = \frac{p^2}{2m} + U_\tau(p) \sim \frac{p^2}{2m_\tau^*} + U_\tau^{\mathrm{MID}} \qquad (2-35)$$

式中,U_τ^{MID} 为动量无关势。核子的有效质量定义为

$$\frac{m_\tau^*}{m} = \left[1 + \frac{m}{p}\frac{\mathrm{d}U_\tau(p)}{\mathrm{d}p}\right]^{-1} \qquad (2-36)$$

由于单粒子势随着动量增加而增加,所以式(2-36)总是小于 1,即动量相关的单粒子势使得核子在核介质中似乎变轻了。如果单粒子势既依赖于核子动量 p,也依赖于核子的单粒子能量 ε_τ,那么可以分别定义核子的 p-有效质量和 E-有效质量

$$\frac{\widetilde{m}_\tau^*}{m} = \left[1 + \frac{m}{p}\frac{\partial U_\tau(p,\varepsilon_\tau(p))}{\partial p}\right]^{-1} \qquad (2-37)$$

$$\frac{\overline{m}_\tau^*}{m} = 1 - \frac{\partial U_\tau(p,\varepsilon_\tau(p))}{\partial \varepsilon_\tau} \qquad (2-38)$$

容易得到上面三种定义的核子有效质量满足关系

$$\frac{m_\tau^*}{m} = \frac{\widetilde{m}_\tau^*}{m} \cdot \frac{\overline{m}_\tau^*}{m} \qquad (2-39)$$

具有费米动量的核子,有效质量 m_τ^*/m 在对称核物质中饱和密度处大约为 0.7。

在相对论情况下,核子运动方程为狄拉克方程,核子的相互作用由其自能决定,可以定义核子的狄拉克有效质量为

$$m_{\mathrm{Dirac},\tau}^* = m + \Sigma_\tau^s \qquad (2-40)$$

式中,Σ_τ^s 为核子的标量自能。狄拉克有效质量没有非相对论情况的对应量,

如果对狄拉克方程做非相对论展开,则狄拉克有效质量与等效薛定谔方程中的自旋轨道耦合势相关。核子的狄拉克有效质量被约束在 $0.55m \sim 0.6m$ 范围内。朗道有效质量为

$$m^*_{\text{Landau}, \tau} = p \frac{\mathrm{d}p}{\mathrm{d}E_\tau} \qquad (2-41)$$

在非相对论情况下对应着体系在能级 E_τ 处的态密度 $\mathrm{d}p/\mathrm{d}E_\tau$。在相对论情况下,核子的朗道有效质量定义为

$$m^*_{\text{Landau}, \tau} = (E_\tau - \Sigma^0_\tau)\left(1 - \frac{\mathrm{d}\Sigma^0_\tau}{\mathrm{d}E_\tau}\right) - (m + \Sigma^s_\tau)\frac{\mathrm{d}\Sigma^s_\tau}{\mathrm{d}E_\tau} \qquad (2-42)$$

式中,Σ^0_τ 为核子矢量自能的零分量。目前,核子的朗道有效质量约束在 $m^*_{\text{Landau}}/m = 0.8 \pm 0.1$ 的范围内。要将相对论情况下的核子有效质量与非相对论结果比较,必须将狄拉克方程做非相对论展开,由薛定谔等效势定义核子的洛伦兹有效质量为

$$m^*_{\text{Lorentz}, \tau} = m\left(1 - \frac{\mathrm{d}U_{\text{SEP}, \tau}}{\mathrm{d}E_\tau}\right)$$

$$= (E_\tau - \Sigma^0_\tau)\left(1 - \frac{\mathrm{d}\Sigma^0_\tau}{\mathrm{d}E_\tau}\right) - (m + \Sigma^s_\tau)\frac{\mathrm{d}\Sigma^s_\tau}{\mathrm{d}E_\tau} + m - E_\tau$$

$$= m^*_{\text{Landau}, \tau} + m - E_\tau \qquad (2-43)$$

中子质子(简称中质子)的有效质量劈裂是核物理研究的热门课题之一。由于中质子的有效质量决定了其在中能重离子反应中的发射率,高动量中质子的产额比是中质子有效质量劈裂的敏感实验探针。对于狄拉克有效质量,引入同位旋矢量的 δ 介子后,基于相对论平均场模型得到中子的有效质量小于质子的有效质量,而在描述微观核力的 Dirac-Brueckner-Hartree-Fock 模型里中质子的有效质量劈裂依赖于具体计算方法。对于洛伦兹有效质量,Brueckner 理论和大部分 Skyrme-Hartree-Fock 模型给出中子有效质量大于质子有效质量的结论,而小部分 Skyrme-Hartree-Fock 模型及大部分相对论平均场模型得出相反的结论。通过简单分析可知,中质子有效质量劈裂依赖于核对称势的动量相关性。图 2 - 18[27] 比较了不同中质子有效质量劈裂所对应的对称势。可见,当中子有效质量大于质子时,对称势随核子动能的增加而减小,反之则对称势随核子动能的增加而增大。与 Lane 势即实验上提取的饱和密度处核子对称势的能量依赖性比较,前者在趋势上似乎更符合。

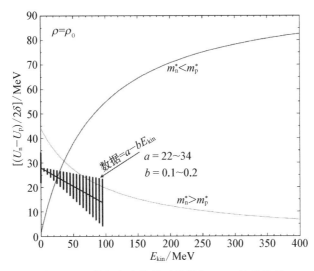

图 2-18　饱和密度处的对称势与 Lane 势的比较

2.5　相关理论模型简介

在本节中,我们将介绍一些相关的理论模型,包括有效核相互作用模型和输运模型。我们知道,强相互作用的基本理论是量子色动力学(QCD),只有在零化学势情况下才能用格点 QCD 严格求解。鉴于该理论的复杂性,人们发展出一系列唯象的有效核相互作用模型,通过调节有限个参数,与实验结果比较,得出有效核力的信息。此外,重离子碰撞是研究核相互作用的主要实验手段,为了描述其动力学过程,需要构造输运模型,将有效核力作为可调参数,与核反应结果做比较,才能获取核力的相关信息。

2.5.1　唯象有效相互作用模型

本节将介绍两个典型的唯象有效核相互作用模型: Skyrme-Hartree-Fock 模型和相对论平均场模型。Skyrme-Hartree-Fock 模型是非相对论模型,从有效的零程 Skyrme 两体相互作用出发,利用 Hartree-Fock 计算框架得到核体系的哈密顿量和平均场势。相对论平均场模型是相对论模型,从有效拉格朗日量出发,基于欧拉方程和平均场近似,得到各场量的运动方程。两个模型都已广泛应用于基态原子核的结构、中能重离子碰撞及致密星体的研究中。

2.5.1.1 Skyrme-Hartree-Fock 模型

Skyrme 相互作用早在 20 世纪 50 年代就被提出[28]，之后应用于原子核基态结构性质的研究中[29]。Skyrme-Hartree-Fock 模型有多种泛函形式，这里讨论比较常用的一种，从位于 r_1 和 r_2 的两核子的有效相互作用出发[30]：

$$v(r_1, r_2) = t_0(1 + x_0 P_\sigma)\delta(r) + \frac{1}{2}t_1(1 + x_1 P_\sigma)[k'^2\delta(r) + \delta(r)k^2] +$$

$$t_2(1 + x_2 P_\sigma)k' \cdot \delta(r)k + \frac{1}{6}t_3(1 + x_3 P_\sigma)\rho^\sigma\left(\frac{r_1 + r_2}{2}\right)\delta(r) +$$

$$iW_0 \sigma \cdot [k' \times \delta(r)k] \tag{2-44}$$

式中，$r = r_1 - r_2$ 为两核子相对空间坐标；$k = \frac{1}{2i}(\nabla_1 - \nabla_2)$ 为两核子相对动量算符；k' 为其复共轭算符；$P_\sigma = (1 + \sigma_1 \cdot \sigma_2)/2$ 为自旋交换算符，$\sigma = \sigma_1 + \sigma_2$ 为自旋矩阵算符，其中 σ_1 和 σ_2 分别为两核子自旋泡利矩阵。第一项为中心项，第二、三项为非局域项，分别对应 s 分波和 p 分波，第四项为密度依赖项，对应有效多体相互作用，最后一项代表自旋-轨道相互作用。

如果把体系中核子的基态波函数近似为 Slater 行列式，则体系的总能量近似可以写为

$$E = \sum_i \left\langle i \left| \frac{p^2}{2m} \right| i \right\rangle + \frac{1}{2}\sum_{i,j}\langle ij | v(r_1, r_2)(1 - P_\sigma P_\tau P_r) | ij \rangle = \int H(r)\mathrm{d}^3 r \tag{2-45}$$

式中，P_τ 和 P_r 分别为同位旋和空间坐标交换算符，第二项中的 $\frac{1}{2}$ 表示粒子 i 和粒子 j 的组合不重复计算。势能计算中的第一项为直接项（Hartree 项），第二项为交换项（Fock 项）。通过 Hartree-Fock 计算方法，如果不考虑时间反演不对称项，可以得到势能密度为

$$H_0 = \frac{1}{4}t_0[(2 + x_0)\rho^2 - (2x_0 + 1)(\rho_p^2 + \rho_n^2)] \tag{2-46}$$

$$H_3 = \frac{1}{24}t_3\rho^\sigma[(2 + x_3)\rho^2 - (2x_3 + 1)(\rho_p^2 + \rho_n^2)] \tag{2-47}$$

$$H_{eff} = \frac{1}{8}\big[t_1(2+x_1)+t_2(2+x_2)\big]\tau\rho + \frac{1}{8}\big[t_2(2x_2+1)-$$

$$t_1(2x_1+1)\big](\tau_p\rho_p + \tau_n\rho_n) \tag{2-48}$$

$$H_{fin} = \frac{1}{32}\big[3t_1(2+x_1)-t_2(2+x_2)\big](\nabla\rho)^2 - \frac{1}{32}\big[3t_1(2x_1+1)+$$

$$t_2(2x_2+1)\big]\big[(\nabla\rho_n)^2+(\nabla\rho_p)^2\big] \tag{2-49}$$

$$H_{so} = \frac{1}{2}W_0(\boldsymbol{J}\cdot\nabla\rho + \boldsymbol{J}_p\cdot\nabla\rho_p + \boldsymbol{J}_n\cdot\nabla\rho_n) \tag{2-50}$$

$$H_{sg} = -\frac{1}{16}(t_1x_1+t_2x_2)\boldsymbol{J}^2 + \frac{1}{16}(t_1-t_2)(\boldsymbol{J}_p^2+\boldsymbol{J}_n^2) \tag{2-51}$$

H_0、H_3、H_{eff}、H_{fin}、H_{so}、H_{sg} 分别为直接项、密度依赖项、有效质量项、非局域项、自旋轨道项和自旋流密度项。用核子波函数 ϕ_i 表示各密度为

$$\rho_\tau = \sum_i |\phi_{\tau,i}|^2 \tag{2-52}$$

$$\tau_\tau = \sum_i |\nabla\phi_{\tau,i}|^2 \tag{2-53}$$

$$\boldsymbol{J}_\tau = \sum_{i,s,s'} \phi_{\tau,i}^* \nabla\phi_{\tau,i} \times \langle s'|\boldsymbol{\sigma}|s\rangle \tag{2-54}$$

ρ_τ、τ_τ、$\boldsymbol{J}_\tau$ 分别为核子数密度、动能密度、自旋流密度,其中 τ 和 s 分别为同位旋和自旋指标。基于变分方法

$$\frac{\delta}{\delta\phi_{\tau,i}}\Big(E - \sum_i e_i \int |\phi_{\tau,i}|^2 \mathrm{d}^3r\Big) = 0 \tag{2-55}$$

即可得到核子波函数满足的薛定谔方程

$$\Big[-\nabla\cdot\frac{\hbar^2}{2m_\tau^*(\boldsymbol{r})}\nabla + U_\tau(\boldsymbol{r}) + \boldsymbol{W}_\tau(\boldsymbol{r})\cdot(-\mathrm{i})(\nabla\times\boldsymbol{\sigma})\Big]\phi_{\tau,i} = e_i\phi_{\tau,i}$$

$$\tag{2-56}$$

式中,m_τ^*、U_τ 和 $\boldsymbol{W}_\tau$ 分别为核子有效质量、单粒子势和自旋轨道势的形状因子。

Skyrme-Hartree-Fock 模型已经广泛应用于核物质的状态方程及原子核的基态性质研究中。通过求解径向薛定谔方程,可以研究球形核的密度分布

及能级。如果考虑时间反演不对称项,还可以研究形变核的性质。该模型对于核子的有效质量及有限核表面的密度梯度系数等参量也给出较好的描述。值得一提的是,上述的 Skyrme 泛函形式有 10 个参数,可以分别对应核物质的 10 个宏观参量。在文献[31]中,作者找出了 10 个 Skyrme 参数和 10 个核物质宏观参量的一一对应关系,可以通过改变 Skyrme 参数,在不影响其他宏观参量的情况下独立研究单一感兴趣的宏观量,诸如核物质不可压缩系数、对称能等。表 2-1 给出了目前这些宏观参量的经验值及对应的 Skyrme 参数,称为(modified Skyrme-like)MSL0 参数。

表 2-1 MSL0 参数及其对应的核物质宏观量

MSL0 参数	数 值	核物质宏观量	数 值
t_0 /MeV·fm^3	−2 118.06	饱和密度 ρ_0/fm^{-3}	0.16
t_1 /MeV·fm^5	395.196	饱和密度处结合能 E_0/MeV	−16.0
t_2 /MeV·fm^5	−63.953 1	不可压缩系数 K_0/MeV	230.0
t_3 /MeV·fm$^{3+3\sigma}$	12 857.7	同位旋标量有效质量 $m_{s,0}^*/m$	0.80
x_0	−0.070 949 6	同位旋矢量有效质量 $m_{v,0}^*/m$	0.70
x_1	−0.332 282	饱和密度处对称能 E_{sym}/MeV	30.0
x_2	1.358 30	对称能斜率参数 L/MeV	60.0
x_3	−0.228 181	同位旋标量密度梯度系数 G_s/MeV·fm^5	132.0
σ	0.235 879	同位旋矢量密度梯度系数 G_v/MeV·fm^5	5.0
W_0 /MeV·fm^5	133.3	饱和密度处朗道参数 G_0'	0.42

2.5.1.2 相对论平均场模型

相对论平均场模型又称介子交换模型或 σ-ω 模型,是在 20 世纪 70 年代由 Walecka 提出的[32-33],所以又称 Walecka 模型。它的基本思想是核子相互作用可以通过交换 σ 介子和 ω 介子实现,前者提供标量相互作用,后者提供矢量相互作用。在之后的改进中,不断引入 ρ 介子[34]等其他新的介子,使模型能研究对称能等其他相关问题。我们暂不考虑电磁相互作用与 δ 介子,则体系拉格朗日量可以写为

$$L = \overline{\psi}(x)\left[\gamma^{\mu}(\mathrm{i}\partial_{\mu} - g_{\omega}\boldsymbol{V}_{\mu}(x)) - \frac{g_{\rho}}{2}\boldsymbol{\tau}\cdot\boldsymbol{b}_{\mu}(x) - (M - g_{\sigma}\phi(x))\right]\psi(x) +$$

$$\frac{1}{2}\partial_{\mu}\phi\partial^{\mu}\phi(x) - \frac{1}{2}m_{\sigma}^{2}\phi^{2}(x) - \frac{\kappa}{3!}(g_{\sigma}\phi(x))^{3} - \frac{\lambda}{4!}(g_{\sigma}\phi(x))^{4} -$$

$$\frac{1}{4}\boldsymbol{V}^{\mu\nu}\boldsymbol{V}_{\mu\nu} + \frac{1}{2}m_{\omega}^{2}\boldsymbol{V}^{\mu}(x)\boldsymbol{V}_{\mu}(x) + \frac{\zeta}{4!}(g_{\omega}^{2}\boldsymbol{V}^{\mu}(x)\boldsymbol{V}_{\mu}(x))^{2} - \frac{1}{4}\boldsymbol{b}^{\mu\nu}\boldsymbol{b}_{\mu\nu} +$$

$$\frac{1}{2}m_{\rho}^{2}\boldsymbol{b}^{\mu}(x)\cdot\boldsymbol{b}_{\mu}(x) + \Lambda_{\omega}(g_{\omega}^{2}\boldsymbol{V}^{\mu}(x)\boldsymbol{V}_{\mu}(x))(g_{\rho}^{2}\boldsymbol{b}^{\mu}(x)\cdot\boldsymbol{b}_{\mu}(x)) \quad (2-57)$$

式中,张量场定义为

$$\boldsymbol{V}_{\mu\nu} = \partial_{\mu}\boldsymbol{V}_{\nu}(x) - \partial_{\nu}\boldsymbol{V}_{\mu}(x)$$

$$\boldsymbol{b}_{\mu\nu} = \partial_{\mu}\boldsymbol{b}_{\nu}(x) - \partial_{\nu}\boldsymbol{b}_{\mu}(x) \quad (2-58)$$

在上面的拉氏量中,$\psi(x)$ 为核子场,包括中子和质子;$\phi(x)$ 为标量 σ 介子场;$\boldsymbol{V}^{\mu}$ 为矢量 ω 介子场;$\boldsymbol{b}_{\mu} = (b_{1}, b_{2}, b_{3})$ 为三同位旋态矢量 ρ 介子场;g_{σ}、g_{ω} 和 g_{ρ} 分别为上述三种介子与核子的耦合系数;m_{σ}、m_{ω} 和 m_{ρ} 分别为上述三种介子的质量;M 为核子质量;κ、λ、ζ 和 Λ_{ω} 为参数;$\boldsymbol{\tau} = (\tau_{1}, \tau_{2}, \tau_{3})$ 为同位旋算符,用 2×2 泡利矩阵可以表示为

$$\boldsymbol{\tau} = \begin{pmatrix} \boldsymbol{\sigma} & 0 \\ 0 & \boldsymbol{\sigma} \end{pmatrix}$$

利用欧拉方程

$$\partial_{\nu}\left[\frac{\partial L}{\partial(\partial_{\nu}\phi_{\alpha})}\right] - \frac{\partial L}{\partial\phi_{\alpha}} = 0 \quad (2-59)$$

可以得到各场量的运动方程为

$$\partial_{\mu}\partial^{\mu}\phi + m_{\sigma}^{2}\phi + \frac{\kappa}{2!}g_{\sigma}^{3}\phi^{2} + \frac{\lambda}{3!}g_{\sigma}^{4}\phi^{3} = g_{\sigma}\overline{\psi}\psi \quad (2-60)$$

$$\partial_{\mu}\boldsymbol{V}^{\mu\nu} + m_{\omega}^{2}\boldsymbol{V}^{\nu} + \frac{\zeta}{3!}g_{\omega}^{4}\boldsymbol{V}_{\nu}^{2}\boldsymbol{V}^{\nu} + 2\Lambda_{\omega}g_{\omega}^{2}\boldsymbol{V}^{\nu}g_{\rho}^{2}\boldsymbol{b}^{\mu}\cdot\boldsymbol{b}_{\mu} = g_{\omega}\overline{\psi}\gamma^{\nu}\psi \quad (2-61)$$

$$\partial_{\mu}\boldsymbol{b}^{\mu\nu} + m_{\rho}^{2}\boldsymbol{b}^{\nu} + 2\Lambda_{\omega}g_{\omega}^{2}\boldsymbol{V}^{\nu}\boldsymbol{V}_{\nu}g_{\rho}^{2}\boldsymbol{b}^{\nu} = \frac{g_{\rho}}{2}\overline{\psi}\gamma^{\nu}\boldsymbol{\tau}\psi \quad (2-62)$$

$$\left[\gamma^{\mu}\left(\mathrm{i}\partial_{\mu} - g_{\omega}\boldsymbol{V}_{\mu} - \frac{g_{\rho}}{2}\boldsymbol{\tau}\cdot\boldsymbol{b}_{\mu} - (M - g_{\sigma}\phi))\right)\right]\psi = 0 \quad (2-63)$$

上面的场量都是时空坐标 x 的函数。基于相对论平均场近似,即假定体系的基态是均匀、稳定、球对称的,那么上述场量可以用其基态的期望值表示

$$\phi(x) \rightarrow \langle \phi(x) \rangle = \phi_0 \tag{2-64}$$

$$\boldsymbol{V}^\mu(x) \rightarrow \langle \boldsymbol{V}^\mu(x) \rangle = g^{\mu 0} V_0 \tag{2-65}$$

$$\boldsymbol{b}^\mu(x) \rightarrow \langle b_a^\mu(x) \rangle = \boldsymbol{g}^{\mu 0} \delta_{a3} b_0 \tag{2-66}$$

$$\overline{\psi}(x)\psi(x) \rightarrow \langle \overline{\psi}\psi \rangle \tag{2-67}$$

$$\overline{\psi}(x)\gamma^\mu \psi(x) \rightarrow \langle \overline{\psi}\gamma^0 \psi \rangle \tag{2-68}$$

$$\overline{\psi}(x)\gamma^\mu \tau_a \psi(x) \rightarrow \langle \overline{\psi}\gamma^0 \tau_3 \psi \rangle \tag{2-69}$$

式中,$g^{\mu\nu}$ 为度规张量。在相对论平均场近似下,运动方程可以写为

$$\boldsymbol{g}_\sigma \phi_0 = \frac{\boldsymbol{g}_\sigma^2}{m_\sigma^2} \left[\langle \overline{\psi}\psi \rangle - \frac{\kappa}{2}(\boldsymbol{g}_\sigma \phi_0)^2 - \frac{\lambda}{6}(\boldsymbol{g}_\sigma \phi_0)^3 \right] \tag{2-70}$$

$$\boldsymbol{g}_\omega V_0 = \frac{\boldsymbol{g}_\omega^2}{m_\omega^2} \left[\langle \psi^+ \psi \rangle - \frac{\zeta}{6}(\boldsymbol{g}_\omega V_0)^3 - 2\Lambda_\omega(\boldsymbol{g}_\omega V_0)(\boldsymbol{g}_\rho b_0)^2 \right] \tag{2-71}$$

$$\boldsymbol{g}_\rho b_0 = \frac{\boldsymbol{g}_\rho^2}{m_\rho^2} \left[\frac{1}{2}\langle \psi^+ \tau_3 \psi \rangle - 2\Lambda_\omega(\boldsymbol{g}_\omega V_0)^2(\boldsymbol{g}_\rho b_0) \right] \tag{2-72}$$

$$0 = \left[\mathrm{i}\gamma^\mu \partial_\mu - \boldsymbol{g}_\omega \gamma^0 V_0 - \frac{\boldsymbol{g}_\rho}{2}\tau_3 \gamma^0 b_0 - (M - \boldsymbol{g}_\sigma \phi) \right] \psi \tag{2-73}$$

在平均场近似下,体系的拉氏量可以写为

$$L_{\mathrm{RMF}} = \overline{\psi}(x) \left[\gamma^\mu (\mathrm{i}\partial_\mu - \boldsymbol{g}_\omega V_0(x)) - \frac{\boldsymbol{g}_\rho}{2}\tau_3 b_0 - (M - \boldsymbol{g}_\sigma \phi_0) \right] \psi(x) -$$

$$\frac{1}{2}m_\sigma^2 \phi_0^2 - \frac{\kappa}{3!}(\boldsymbol{g}_\sigma \phi_0)^3 - \frac{\lambda}{4!}(\boldsymbol{g}_\sigma \phi_0)^4 + \frac{1}{2}m_\omega^2 V_0^2 + \frac{\zeta}{4!}(\boldsymbol{g}_\omega V_0)^4 +$$

$$\frac{1}{2}m_\rho^2 b_0^2 + \Lambda(\boldsymbol{g}_\omega V_0)^2(\boldsymbol{g}_\rho b_0)^2 \tag{2-74}$$

由体系的能量密度张量 $\boldsymbol{T}^{\mu\nu}$,体系的能量密度和压强可以写为

$$\varepsilon = \langle T^{00} \rangle = \langle \mathrm{i}\overline{\psi}\gamma_0 \partial_0 \psi \rangle - \langle L_{\mathrm{int}} \rangle \tag{2-75}$$

$$P = \frac{1}{3}\langle T^{ii} \rangle = \frac{1}{3}\langle \mathrm{i}\overline{\psi}\gamma^i \partial_i \psi \rangle + \langle L_{\mathrm{int}} \rangle \tag{2-76}$$

其中

$$\langle L_{\mathrm{int}} \rangle = -\frac{1}{2}m_\sigma^2 \phi_0^2 - \frac{\kappa}{3!}(\boldsymbol{g}_\sigma \phi_0)^3 - \frac{\lambda}{4!}(\boldsymbol{g}_\sigma \phi_0)^4 + \frac{1}{2}m_\omega^2 V_0^2 +$$

$$\frac{\zeta}{4!}(\boldsymbol{g}_\omega V_0)^4 + \frac{1}{2}m_\rho^2 b_0^2 + \Lambda(\boldsymbol{g}_\omega V_0)^2 (\boldsymbol{g}_\rho b_0)^2 \tag{2-77}$$

是拉氏量中的相互作用部分。计算上述期望值并化简,得到相对论平均场模型的状态方程表达式:

$$\varepsilon = \frac{1}{2}m_\sigma^2 \phi_0^2 + \frac{\kappa}{3!}(\boldsymbol{g}_\sigma \phi_0)^3 + \frac{\lambda}{4!}(\boldsymbol{g}_\sigma \phi_0)^4 - \frac{1}{2}m_\omega^2 V_0^2 - \frac{\zeta}{4!}(\boldsymbol{g}_\omega V_0)^4 -$$

$$\frac{1}{2}m_\rho^2 \boldsymbol{b}_0^2 - \Lambda_\omega(\boldsymbol{g}_\omega V_0)^2 (\boldsymbol{g}_\rho \boldsymbol{b}_0)^2 + \boldsymbol{g}_\omega V_0(\rho_n + \rho_p) + \frac{1}{2}\boldsymbol{g}_\rho \boldsymbol{b}_0(\rho_p - \rho_n) +$$

$$\frac{1}{\pi^2}\int_0^{k_p} \mathrm{d}k k^2 \sqrt{k^2 + m^{*2}} + \frac{1}{\pi^2}\int_0^{k_n} \mathrm{d}k k^2 \sqrt{k^2 + m^{*2}} \tag{2-78}$$

$$P = -\frac{1}{2}m_\sigma^2 \phi_0^2 - \frac{\kappa}{3!}(\boldsymbol{g}_\sigma \phi_0)^3 - \frac{\lambda}{4!}(\boldsymbol{g}_\sigma \phi_0)^4 + \frac{1}{2}m_\omega^2 V_0^2 + \frac{\zeta}{4!}(\boldsymbol{g}_\omega V_0)^4 +$$

$$\frac{1}{2}m_\rho^2 \boldsymbol{b}_0^2 + \Lambda_\omega(\boldsymbol{g}_\omega V_0)^2 (\boldsymbol{g}_\rho \boldsymbol{b}_0)^2 + \frac{1}{3\pi^2}\int_0^{k_p} \mathrm{d}k \frac{k^4}{\sqrt{k^2 + m^{*2}}} +$$

$$\frac{1}{3\pi^2}\int_0^{k_n} \mathrm{d}k \frac{k^4}{\sqrt{k^2 + m^{*2}}} \tag{2-79}$$

式中,k_p 和 k_n 分别为质子和中子的费米动量;m^* 为核子的有效质量:

$$m^* = M - g_\sigma \phi_0 \tag{2-80}$$

2.5.2　输运模型

　　输运模型通常给定弹核和靶核的初始密度和动量分布,数值求解核子动力学方程,包括核子长程势场相互作用和短程核核碰撞,并考虑了泡利阻塞和粒子的产生等,模拟整个中低能重离子碰撞过程。其中应用比较广泛的典型模型有玻耳兹曼-乌伦-乌伦贝克(Boltzmann-Uehling-Uhlenbeck,BUU)系列模型和量子分子动力学系列模型。前者的理论框架是 Boltzmann-Uehling-

Uhlenbeck 方程,即在 Boltzmann 方程的基础上引入了泡利阻塞项,利用试验粒子方法,求解单粒子在平均场中的演化问题。后者利用准经典处理方法,用高斯波包描述核子波函数,通过体系的总哈密顿量,得到正则动力学演化方程。

2.5.2.1 BUU 模型

BUU 系列模型的理论基础是 Boltzmann-Uehling-Uhlenbeck 方程[35]

$$
\frac{\partial f}{\partial t} + \boldsymbol{v} \cdot \nabla_r f - \nabla_r U \cdot \nabla_p f = -\frac{1}{(2\pi)^6} \int \mathrm{d}^3 p_2 \mathrm{d}^3 p_{2'} \mathrm{d}\Omega \frac{\mathrm{d}\sigma}{\mathrm{d}\Omega} v_{12} \times
$$
$$
[f f_2 (1 - f_{1'})(1 - f_{2'}) -
$$
$$
f_{1'} f_{2'} (1 - f)(1 - f_2)] \times
$$
$$
(2\pi)^3 \delta^{(3)} (\boldsymbol{p} + \boldsymbol{p}_2 - \boldsymbol{p}_{1'} - \boldsymbol{p}_{2'}) \qquad (2-81)
$$

式中,等式的左边是拖曳项,描述相空间分布函数为 f 的粒子在平均场势 U 中以速度 v 如何运动;右边是碰撞项,分布函数为 f 和 f_2 的粒子发生散射后变为 $f_{1'}$ 和 $f_{2'}$;$\mathrm{d}\Omega$ 为空间立体角;$\mathrm{d}\sigma/\mathrm{d}\Omega$ 为微分散射截面;$v_{12} = |\boldsymbol{v}_1 - \boldsymbol{v}_2|$ 为两粒子相对速度大小;因子 $(1 - f)$ 描述散射过程中的泡利阻塞效应;δ 函数表示碰撞前后动量守恒。

BUU 模型中,核子的初始分布一般用 Woods-Saxon 分布或用 Skyrme-Hartree-Fock 模型得出的原子核基态密度分布。BUU 方程求解的是单体问题,有了初始粒子的分布,如果知道了单粒子势 U 和散射截面 $\mathrm{d}\sigma/\mathrm{d}\Omega$,原则上就可以通过每个粒子的运动方程描述整个体系的演化:

$$
\frac{\mathrm{d}\boldsymbol{r}}{\mathrm{d}t} = \boldsymbol{v} = \frac{\boldsymbol{p}}{m} \qquad (2-82)
$$

$$
\frac{\mathrm{d}\boldsymbol{p}}{\mathrm{d}t} = -\nabla_r U \qquad (2-83)
$$

如果单粒子势是动量相关的,则运动方程变为

$$
\frac{\mathrm{d}\boldsymbol{r}}{\mathrm{d}t} = \frac{\boldsymbol{p}}{m} + \nabla_p U \qquad (2-84)
$$

$$
\frac{\mathrm{d}\boldsymbol{p}}{\mathrm{d}t} = -\nabla_r U \qquad (2-85)
$$

散射截面 $\mathrm{d}\sigma/\mathrm{d}\Omega$ 一般是两粒子质心系能量的函数,实验数据可以给出真空中的散射截面,而介质中的散射截面有不同理论研究,仍有较大不确定性。其碰

撞过程在两核子质心系中进行,具体处理方法参见文献[35]的附录 B。

值得一提的是,试验粒子方法[36]是 BUU 模型的重要研究方法。从量子力学角度而言,核子应该用波函数来描述,而经典的 BUU 模型将核子当作点粒子处理。为了从量子角度将核子分布概率化,该模型将空间格点化,用 N 个试验粒子计算相空间分布函数或局域密度,而每个粒子对密度的贡献是 $1/N$。于是,核子的相空间分布函数和局域数密度可以写成

$$f(\boldsymbol{r},\ \boldsymbol{p})=\frac{1}{N}\sum_i \delta(\boldsymbol{r}-\boldsymbol{r}_i)\delta(\boldsymbol{p}-\boldsymbol{p}_i) \tag{2-86}$$

$$\rho(\boldsymbol{r})=\frac{1}{N}\sum_i \delta(\boldsymbol{r}-\boldsymbol{r}_i) \tag{2-87}$$

N 越大,相空间分布函数的统计涨落就越小,但另一方面也抑制了真实的空间涨落和核子的结团效应。

目前,BUU 模型还在不断发展中,研究者将不同的物理及细节处理引入该模型,用以研究不同的物理问题和实验现象,适合不同的碰撞能量。现有的 BUU 系列模型有 Isospin-dependent BUU (IBUU)、Relativistic Vlasov-Uehling-Uhlenbeck (RVUU)、Relativistic BUU (RBUU)、Giessen BUU (GiBUU)、Isospin-dependent Boltzmann Langevin (IBL)、Stochastic mean-field (SMF)等。IBUU 模型侧重研究同位旋效应,RVUU 和 RBUU 模型是在相对论平均场框架下的 BUU 模型,GiBUU 模型中包含了更多非弹性散射道,IBL 和 SMF 模型则是在平均场框架下引入了随机力,用以改善 BUU 模型对涨落的处理。

2.5.2.2　量子分子动力学模型

量子分子动力学(quantum molecular dynamics,QMD)模型也是半经典的输运模型[37-39],该模型中每个核子的波函数表示为

$$\phi_i(\boldsymbol{r})=\frac{1}{(2\pi L)^{3/4}}\exp\left[-\frac{(\boldsymbol{r}-\boldsymbol{r}_i)^2}{4L}+\frac{\mathrm{i}\boldsymbol{p}_i\cdot\boldsymbol{r}}{\hbar}\right] \tag{2-88}$$

式中,$\boldsymbol{r}_i$ 和 $\boldsymbol{p}_i$ 分别是第 i 个核子在坐标和动量空间中的波包中心。对波函数做 Wigner 变换,可以得到第 i 个核子的半经典相空间分布函数为

$$f_i(\boldsymbol{r},\ \boldsymbol{p})=\frac{1}{(\pi\hbar)^3}\exp\left[-\frac{(\boldsymbol{r}-\boldsymbol{r}_i)^2}{2\sigma_r^2}-\frac{(\boldsymbol{p}-\boldsymbol{p}_i)^2}{2\sigma_p^2}\right] \tag{2-89}$$

式中，σ_r 和 σ_p 分别是核子在坐标空间和动量空间的波包宽度，它们满足

$$L = \sigma_r^2, \ \sigma_r \sigma_p = \frac{\hbar}{2} \tag{2-90}$$

核体系的相空间分布函数和密度分布则为

$$f(\boldsymbol{r}, \ \boldsymbol{p}) = \sum_i f_i(\boldsymbol{r}, \ \boldsymbol{p}) \tag{2-91}$$

$$\rho(\boldsymbol{r}) = \int f(\boldsymbol{r}, \ \boldsymbol{p}) \mathrm{d}^3 p = \frac{1}{(2\pi \sigma_r^2)^{3/2}} \sum_i \exp\left[-\frac{(\boldsymbol{r} - \boldsymbol{r}_i)^2}{2\sigma_r^2} \right] \tag{2-92}$$

在 QMD 模型中，核子之间的相互作用势一般包括 Skyrme 势、Yukawa 势、中质子不对称势、动量相关势、泡利势和库仑势[40]：

$$V_{ij} = V_{\mathrm{Sky}} + V_{\mathrm{Yuk}} + V_{\mathrm{sys}} + V_{\mathrm{md}} + V_{\mathrm{Pau}} + V_{\mathrm{Coul}} \tag{2-93}$$

$$V_{\mathrm{Sky}} = t_0 \delta(\boldsymbol{r} - \boldsymbol{r}') + t_3 \delta(\boldsymbol{r} - \boldsymbol{r}') \delta(\boldsymbol{r} - \boldsymbol{r}'') \tag{2-94}$$

$$V_{\mathrm{Yuk}} = \frac{c_y \exp(-\gamma \mid \boldsymbol{r} - \boldsymbol{r}' \mid)}{\mid \boldsymbol{r} - \boldsymbol{r}' \mid} \tag{2-95}$$

$$V_{\mathrm{sys}} = c_s t_i t_j \delta(\boldsymbol{r} - \boldsymbol{r}') \tag{2-96}$$

$$V_{\mathrm{md}} = t_4 \ln^2 [t_5 (\boldsymbol{p} - \boldsymbol{p}')^2 + 1] \delta(\boldsymbol{r} - \boldsymbol{r}') \tag{2-97}$$

$$V_{\mathrm{Pau}} = c_p \left(\frac{\hbar}{p_0 q_0} \right)^3 \exp\left[-\frac{(\boldsymbol{r} - \boldsymbol{r}')^2}{2q_0^2} \right] \exp\left[-\frac{(\boldsymbol{p} - \boldsymbol{p}')^2}{2p_0^2} \right] \tag{2-98}$$

$$V_{\mathrm{Coul}} = \frac{e^2}{\mid \boldsymbol{r} - \boldsymbol{r}' \mid} \tag{2-99}$$

式中，t_0、t_3、t_4、t_5、c_y、γ、c_s、c_p、p_0、q_0 是参数，质子同位旋指标 $t_i = 1$，中子同位旋指标 $t_i = -1$。体系的总哈密顿量可以写成

$$H = \sum_i \frac{p_i^2}{2m} + \frac{1}{2} \sum_i \sum_j U_{ij} + \frac{1}{3} \sum_i \sum_j \sum_k U_{ijk} \tag{2-100}$$

$$U_{ij} = \int \rho(\boldsymbol{r}_i) V(\boldsymbol{r}_i, \ \boldsymbol{r}_j) \rho(\boldsymbol{r}_j) \mathrm{d}^3 r_i \mathrm{d}^3 r_j \tag{2-101}$$

$$U_{ijk} = \int \rho(\boldsymbol{r}_i) \rho(\boldsymbol{r}_j) \rho(\boldsymbol{r}_k) V(\boldsymbol{r}_i, \ \boldsymbol{r}_j, \ \boldsymbol{r}_k) \mathrm{d}^3 r_i \mathrm{d}^3 r_j \mathrm{d}^3 r_k \tag{2-102}$$

每个核子的运动方程则由经典的正则方程决定：

$$\frac{\mathrm{d}\boldsymbol{r}_i}{\mathrm{d}t} = \frac{\partial H}{\partial \boldsymbol{p}_i} \qquad (2-103)$$

$$\frac{\mathrm{d}\boldsymbol{p}_i}{\mathrm{d}t} = -\frac{\partial H}{\partial \boldsymbol{r}_i} \qquad (2-104)$$

QMD 模型的初始化核子分布一般要进行稳定性抽样,并且使原子核的电荷半径与结合能接近实验值。该模型核子–核子散射过程的处理与 BUU 系列模型类似。

目前,QMD 模型已扩展成许多版本,按不同单位有 CIAE-ImQMD、GXNU-ImQMD、LQMD、SINAP-QMD、BNU-QMD、Tübingen-QMD 等,单位分别为中国原子能科学研究院、广西师范大学、中国科学院近代物理研究所、中国科学院上海应用物理研究所、北京师范大学、德国 Tübingen 研究所。QMD 模型按不同物理和适用能量又扩展为 Anti-symmetrized Molecular Dynamics（AMD）、Fermionic Molecular Dynamics（FMD）、Constrained Molecular Dynamics（CoMD）、Relativistic QMD（RQMD）、Ultra-relativistic QMD（UrQMD）等版本,其中 AMD 和 FMD 模型在 QMD 模型的框架下引入了核子波函数的反对称化,CoMD 模型则引入了相空间的约束,RQMD 和 UrQMD 则适用于较高能量下的相对论重离子碰撞。

核力的研究是核物理的基本研究课题。相较于其他领域,核物理的研究难点在于以下两点:① 核子间的基本相互作用并不清楚;② 多体问题没有严格解。本章介绍了一些常用的核相互作用模型及输运模型,将这些模型中的有效核力作为参数,与实验相比较,可以获取核物质状态方程、对称能及单粒子势的一些信息。然而,由于绝大部分研究并不是从第一性原理出发的,所以研究结论不可避免地具有模型依赖性。比如,Skyrme-Hartree-Fock 模型和相对论平均场模型在研究核子有效质量方面就经常给出不同的结论,而不同的输运模型即使对于同一套核力参数也经常给出完全不同甚至定性上相反的结论。对于核物质状态方程,特别是对称能,不同的观测量也经常给出不同的约束。可喜的是,不同模型的比较正逐渐引起学者的重视,人们对于核物质状态方程及对称能的认识也在逐渐趋于一致,核物理实验和理论工作者正在共同携手,进一步获取构成我们世界的核子间核力的信息。

参考文献

[1]　Pomorski K, Dudek J. Nuclear liquid-drop model and surface-curvature effects [J].

Physical Review C, 2003, 67(4): 044316(13).

［2］ Blaizot J P. Nuclear compressibilities [J]. Physics Reports, 1980, 64(4): 171 – 248.

［3］ Youngboold D H, Clark H L, Lui Y W. Incompressibility of nuclear matter from the giant monopole resonance [J]. Physical Review Letters, 1999, 82(4): 691 – 694.

［4］ Danielewicz P, Lacey R, Lynch W G. Determination of the equation of state of dense matter [J]. Science, 2002, 298: 1592 – 1596.

［5］ Fuchs C, Faessler A, Zabrodin E. Probing the nuclear equation of state by K^+ production in heavy-ion collisions [J]. Physical Review Letters, 2001, 86(10): 1974 – 1977.

［6］ Furnstahl R J. Neutron radii in mean-field models [J]. Nuclear Physics A, 2002, 706: 85 – 110.

［7］ Klimkiewicz A, Paar N, Adrich P, et al. Nuclear symmetry energy and neutron skin from pygmy dipole resonances [J]. Physical Review C, 2007, 76(5): 051603(4).

［8］ Li B A, Ko C M, Ren Z Z. Equation of state of asymmetric nuclear matter and collisions of neutron-rich nuclei [J]. Physical Review Letters, 1997, 78(9): 1644 – 1647.

［9］ Chen L W, Ko C M, Li B A. Light clusters production as a probe to nuclear symmetry energy [J]. Physical Review C, 2003, 68(1): 017601(4).

［10］ Li B A, Sustich A T, Zhang B. Proton differential elliptic flow and the isospin dependence of the nuclear equation of state [J]. Physical Review C, 2001, 64(5): 054604(6).

［11］ Tsang M B, Gelbke C K, Liu X D, et al. Isoscaling in statistical models [J]. Physical Review C, 2001, 64(5): 054615(8).

［12］ Tsang M B, Liu T X, Shi L, et al. Isospin diffusion and the nuclear symmetry energy in heavy ion reactions [J]. Physical Review Letters, 2004, 92(6): 062701 (4).

［13］ Li B A. High density behavior of nuclear symmetry energy and high energy heavy-ion collisions [J]. Nuclear Physics A, 2002, 708: 365 – 390.

［14］ Russotto P, Wu P Z, Zoric M, et al. Symmetry energy from elliptic flow in $^{197}Au+^{197}Au$ [J]. Physics Letters B, 2011, 697: 471 – 476.

［15］ Ferini G, Gaitanos T, Colonna M, et al. Isospin effects on subthreshold kaon production at intermediate energies [J]. Physical Review Letters, 2006, 97(20): 202301(4).

［16］ Roberts L F, Shen G, Cirigliano V, et al. Protoneutron star cooling with convection: the effect of the symmetry energy [J]. Physical Review Letters, 2012, 108(6): 061103(5).

［17］ Li B A, Chen L W, Ko C M. Recent progress and new challenges in isospin physics with heavy-ion reactions [J]. Physics Reports, 2008, 464: 113 – 281.

[18] Chen R, Cai B J, Chen L W, et al. Single nuclear potential decomposition of the nuclear symmetry energy [J]. Physical Review C, 2012, 85(2): 024305(15).

[19] Bertsch G F, Kruse H, Gupta S Das. Boltzmann equation for heavy ion collisions [J]. Physical Review C, 1984, 29(2): 673 – 675.

[20] Gale C, Bertsch G F, Gupta S Das. Heavy-ion collision theory with momentum-dependent interactions [J]. Physical Review C, 1987, 35(5): 1666 – 1671.

[21] Welke G M, Prakash M, Kuo T T S, et al. Azimuthal distributions in heavy-ion collisions and the nuclear equation of state [J]. Physical Review C, 1988, 38(5): 2101 – 2107.

[22] Gale C, Welke G M, Prakash M, et al. Transverse momentum, nuclear equation of state, and momentum-dependent interactions in heavy-ion collisions [J]. Physical Review C, 1990, 41(4): 1545 – 1552.

[23] Das C B, Gupta S Das, Gale C, et al. Momentum dependence of symmetry potential in asymmetric nuclear matter for transport model calculations [J]. Physical Review C, 2003, 67(3): 034611(7).

[24] Xu J, Ko C M. Density matrix expansion for the isospin- and momentum-dependent MDI interaction [J]. Physical Review C, 2010, 82(4): 044311(10).

[25] Hamma S, Clark B C, Cooper E D, et al. Global Dirac optical potentials for elastic proton scattering from heavy nuclei [J]. Physical Review C, 1990, 41(6): 2737 – 2755.

[26] Cooper E D, Hamma S, Clark B C, et al. Global Dirac phenomenology for proton-nucleus elastic scattering [J]. Physical Review C, 1993, 47(1): 297 – 311.

[27] Li B A. Constrain the neutron-proton effective mass splitting in neutron-rich matter [J]. Physical Review C, 2004, 69(6): 064602(4).

[28] Skyrme T H R. The effective nuclear potential [J]. Nuclear Physics, 1959, 9: 615 – 634.

[29] Vautherin D, Brink D M. Hartree-Fock calculations with Skyrme's interaction: I spherical nuclei [J]. Physical Review C, 1972, 5(3): 626 – 647.

[30] Chabanat E, Bonche E, Haensel E, et al. A Skyrme parametrization from subnuclear to neutron star densities [J]. Nuclear Physics A, 1997, 627: 710 – 746.

[31] Chen L W, Ko C M, Li B A, et al. Density slope of the nuclear symmetry energy from the neutron skin thickness of heavy nuclei [J]. Physical Review C, 2010, 82(2): 024321(7).

[32] Walecka J D. A theory of highly condensed matter [J]. Annals of Physics, 1974, 83: 491 – 529.

[33] Serot B D, Walecka J D. The relativistic nuclear many-body problem [J]. Advances in Nuclear Physics, 1986, 16: 1 – 488.

[34] Müller H, Serot B D. Relativistic mean-field theory and the high-density nuclear equation of state [J]. Nuclear Physics A, 1996, 606: 508 – 537.

[35] Bertsch G F, Das Gupta S. A guide to microscopic models for intermediate energy

heavy ion collisions [J]. Physics Reports, 1988, 160(4): 189 - 233.

[36] Wong C Y. Dynamics of nuclear fluid VIII: time-dependent Hartree-Fock approximation from a classical point of view [J]. Physical Review C, 1982, 25(3): 1460 - 1475.

[37] Hartnack C, Li Z, Neise L, et al. Quantum molecular dynamics — a microscopic model from UNILAC to CERN energies [J]. Nuclear Physics A, 1989, 495: 303c - 319c.

[38] Aichelin J. "Quantum" molecular dynamics — a dynamical microscopic n-body approach to investigate fragment formation and the nuclear equation of state in heavy ion collisions [J]. Physics Reports, 1991, 202: 233 - 360.

[39] Hartnack C, Puri Rajeev K, Aichelin J, et al. Modelling the many-body dynamics of heavy ion collisions: present status and future perspective [J]. The European Physical Journal A, 1998, 1: 151 - 169.

[40] 王宁. 量子分子动力学模型的发展及其在低能重离子反应中的应用[D]. 北京: 中国原子能科学研究院, 2003.

第 3 章

中能重离子碰撞的多重碎裂、液气相变与黏滞系数

本章总结了中能重离子核反应的一般特征及热核反应与衰变过程的动力学、热力学性质,尤其是综合了作者在中能重离子核反应方面的研究热点,如对多重碎裂和液气相变的理论与实验等方面的系统性工作做了较为完整概要的介绍,对近期的研究热点-黏滞系数也进行了系统的介绍。

3.1 概述

重离子碰撞研究可以追溯到 20 世纪 50—60 年代。不过那时所加速的是质量很小的重离子,而且能量很低。在 20 世纪 70 年代,重离子加速器能加速的原子核可以重到 ^{238}U 核,而且能量可以达每核子几个吉电子伏特。自此,重离子反应的实验和理论研究一直是核物理的十分重要的前沿领域,取得了很多突破性的研究进展,比如发现库仑位垒附近的深部非弹性散射机制、发现重离子碰撞的多重碎裂机制等。

粗略地说,重离子反应分为低能、中能、高能及极端相对论能区。当然随着重离子反应实验手段的不断推进,特别是加速器能量的进一步提高,划分上述四个能区的界限也在不断发生变化。中高能重离子反应是目前唯一能在实验室产生的用以研究高温、高密度核物质性质的手段,同时可以研究核物质的相图与相结构。研究各种不同温度和密度下的核物质性质,特别是所谓的状态方程,不仅对核物理及粒子物理具有十分重要的意义,而且也是研究天体物理,如早期宇宙的动力学演化、超新星爆炸动力学及中子星稳定性的重要前提。确定核物质状态方程,特别是其不可压缩系数和对称能系数的高密行为,是目前中能重离子核反应的热点之一。从天体观测来说,

近年来的中子星合并和引力波研究也给核物质状态方程研究提供了全新的线索。

通常,中高能重离子反应过程可以按照反应的进程划为四个阶段:第一阶段即初始阶段,弹核和靶核相互接近,弹核和靶核均处于基态,它们的性质是已知的;第二阶段为压缩阶段,在中心区域形成高温高密度核物质,其密度可以高达$(2\sim4)\rho_0$,这一阶段核物质的性质是人们非常希望知道的;第三阶段即膨胀阶段,被压缩的核物质迅速向外扩展,核物质的密度下降到饱和密度ρ_0以下,此时有可能会发生原子核的多重碎裂和液气相变,这一阶段也是研究人员特别感兴趣的;最后阶段是实验可观测阶段。人们试图通过初始条件及实验的可观测量推断出感兴趣的中间阶段核物质的性质,从而获得在广泛密度和温度范围内的核物质状态方程。

研究温度密度演化的核物质的性质不仅需要一个合理可靠的微观理论,而且还必须寻找一系列对反应中间阶段核物质性质敏感的观测量。对于中低能重离子核的碰撞,关键是要寻找对于原子核多重碎裂和液气相变敏感的观测量。本章着重讨论与热核形成及衰变密切相关的多重碎裂与液气相变现象及其理论基础,同时讨论与核物质输运性质相关的重要参数——黏滞系数。

3.2　重离子反应的一般特征

重离子反应是一个非常复杂的动力学过程,不同能区的重离子反应有不同的特点,其内在表现为在不同能量下的不同的动力学机制。而正是由于多样性的特点,人们可以从中获得丰富的物理信息。

3.2.1　重离子核反应动力学

寻找一个恰当和合理的描述重离子反应动力学演化的微观理论是重离子反应研究的重要课题之一。低能重离子碰撞以通过单体耗散由非平衡态向平衡态过渡为主要特点,平均场和泡利不相容原理起主要作用,由于泡利不相容原理的限制,两体碰撞基本上可以忽略。时间相关的 Hartree-Fock 理论及其半经典的 Vlasov 方程是研究低能重离子反应的微观理论。在高能重离子碰撞中,由于相空间的增大,泡利阻塞效应明显减小,两体碰撞起主要作用,平均场和泡利阻塞可以忽略,研究这一能区的重离子反应动力学演化的主要理论之一为核内级联模型。中能区重离子反应机制兼有低能和高能的特征,是平均场、泡利阻塞及两体碰撞多个因素交织的过程。任何一个描述动力学行为的微观机制必须包括这三方面的因素。在中能重离子反应中用得非常广泛的和比较成功的模型是玻耳兹曼-乌伦-乌伦贝克(BUU)模型[1]和量子分子动力学(QMD)模型[2]。

为了既能得到平滑变化的平均场又能描述像多重碎裂这样涉及多体关联的物理现象,人们提出了量子分子动力学模型[2],如果忽略量子效应,QMD 模型就退化为经典物理中常用的分子动力学方法。为了能更好地描述介质中的核子-核子散射过程,人们已经成功地从 Reid 势出发,通过解 Bethe-Goldstone方程,先得到介质中的等效相互作用,再从中得到介质中的核子-核子散射截面。我们称之为 G 矩阵截面。

当入射能量很大时,相对论效应变得非常明显并反映在一些敏感的可观测量上。相对论效应可以分为运动学和动力学两部分,在 BUU 和 QMD 模型中,运动学是相对论化的,但对动力学的处理是非相对论性的。这样的理论不满足洛伦兹协变的要求。通过与量子强子动力学模型的联系,BUU 模型推广为相对论版本的 RBUU。另外借助于彭加勒不变约束哈密顿动力学,QMD 模型推广到洛伦兹协变的形式——RQMD。

考虑到以前章节中已经讨论到 BUU 模型和 QMD 模型,在此我们不再叙述。读者也可以参考 Bertsch 和 Das Gupta 关于 BUU 模型的评述性工作[1]及Aichelin 关于 QMD 模型的评述性工作[2]。

3.2.2　研究重离子核反应的意义

研究重离子核反应将大大推进人们对核物质性质的认识。在核结构方面,借助于重离子核反应可以获得很高自旋的核态、远离 β 稳定线的核素和双核分子态,并持续地合成新的超铀元素,近来人们已经合成电荷数高达 118的超重元素。通过中高能重离子核反应,人们可以研究原子核或核子中的新的亚核子自由度。通过极端相对论重离子碰撞,可以产生能模拟宇宙大爆炸几个微秒时刻的退禁闭的夸克-胶子等离子体新物质形态[3-5]。而在低能区域,人们可以在实验室中研究在恒星和天体演化过程早期才能实现的核合成过程[6]。

就中低能核反应而论,重离子核反应也开辟了新的研究课题,即低能深度非弹性碰撞和全熔合反应与中能的多重碎裂反应及高能时的星裂反应,对于核反应的理论及量子多体系统的非平衡理论的发展,均有十分重要的意义。

3.3 热核的形成、衰变及动力学效应

重离子反应在压缩阶段会形成热核,而在膨胀的过程中则会出现热核的衰变。这个过程有很多动力学和热力学效应,比如粒子的发射和液气相变等。

3.3.1 热核的概念

热核是指在核反应中具有相当激发程度的原子核系统。为了更好地理解热核,首先要了解一下低能核反应的复合核理论。复合核模型的基本图像如下:

(1) 弹核与靶核形成复合核,经过多次碰撞达到统计平衡,轰击能越高,激发能越高。

(2) 激发能和统计涨落的存在可使复合核通过粒子和碎片发射进行衰变。

(3) 一旦复合核形成,就忘记了其形成的历史,使复合核的衰变只与复合核的状态有关,而与复合核的形成无关。

在中能重离子碰撞过程中,复合核的概念已不再适用,取而代之的是具有更高激发能和更大角动量的热核的概念。它们可能有不同的反应机制。由于轰击能较高,相互作用时间与核子的弛豫时间可以比拟,非平衡发射和非平衡裂变显得更为重要。系统衰变过程与系统核反应中的演变过程有关。

热核的稳定性、热核的最大激发能和液气相变、入射道动力学性质与核内部性质,以及热核相对于压缩、转动和形变的稳定性极限等都是中低能重离子碰撞的重要研究课题。要研究这些问题,需要使原子核处于一个合适的温度和压强的条件下。中能重离子碰撞是研究这些热核性质的极佳工具。

3.3.2 热核的性质和衰变

热核具有高的激发能、高的角动量。高的角动量会使离心力的作用突出,形变增加,转动惯量发生变化等。热核的寿命比复合核短。在这样短的时间

内,中能重离子反应产生的热核不可能达到完全热平衡。实验中观测到的偏离麦克斯韦分布的发射粒子的能谱及不再是各向同性的角分布是非平衡态贡献存在的依据。

尽管如此,温度仍是人们用来标志热核激发程度的一个重要物理量。原则上,温度的概念意味着原子核已达到内部自由度的弛豫热平衡。判断系统是否达到热平衡的方法如下:例如考察质子、α(^{4}He)粒子的能量随时间演化,如果在某一时刻后基本保持不变,且其角分布由非各向同性变成各向同性,即系统已达到热平衡。但通常情况是热核没有达到热平衡,此时所谓的热核温度是一个等效温度或局域温度。现在人们一般用发射碎片同位素产额比、发射碎片态布居、发射粒子能谱的斜率,以及动量矩的涨落等方法来提取核温度。但这些方法也都有一定的局限性。

热核的衰变方式主要有发射 γ 光子、质子、中子、氦 - 4 粒子等轻粒子和多重碎裂。但它们的发射机制不尽相同,例如有非平衡发射、平衡发射及液 - 气相变造成的瞬时发射等。

热核可以通过基态原子核(原子核液相)的碰撞产生适当的有限温度密度核物质,然后通过力学或化学不稳定性跃迁到低密度的激发状态(气相),这种现象类似于宏观水的液气相变,是目前中能重离子碰撞物理中的一个重要课题[7]。寻找类似水的相变的热力学探针来标志核的液气相变的产生与否尤其是一个关键的课题[8-11]。目前人们通常认为液气相变可能来自两种不稳定性,即力学不稳定性和化学不稳定性[12]。

实验分析表明:热核的形成也有动力学效应的制约。热核的能量储存强烈地依赖于弹核与靶核的组合,而不完全是由系统的内部性质决定。用 BUU 模型计算激发能的能量演化后发现以某一能量入射时,存在一个极大激发能,此时原子核不再稳定。

另外,热核的形成和衰变性质还与弹核与靶核组合的同位旋组分有很大关系,即存在化学组分效应的影响。

3.4　热核的多重碎裂与液气相变

多重碎裂是近几年来中能重离子物理研究中的一个热点,是一种新发现的反应机制,也是探索核反应动力学演化的一个重要探针。在低能下,碎片发射是一个少见的现象,在高能时反应很激烈,会产生星裂反应。而在中能区,人们观测到了反应中多碎片的发射过程。在中能区的一些实验结果中,大多报道以某一能量入射时观测到多碎片事件,即认为存在多重碎裂现象[13],甚至通过间接的方法如对碎片发射时间的快慢及饱和、事件形状分析及一些碎片间相对发射角的关联等的研究,深化了对多重碎裂现象的认识。目前已有不少理论来处理中能区的多重碎裂现象,但大多是集中于定量和定性地讨论在某一能量时某一反应道的多重碎裂事件。激发函数预言的成功与否对理论本身是一个考验。另外由于动力学理论包含状态方程及介质中核子-核子相互作用截面等方面的信息,通过理论和实验数据的拟合,可以使我们对核态方程及介质中核子-核子相互作用截面等有更深入的了解。

目前处理多重碎裂的理论模型基本上可以分为统计的[14-15]和动力学的[2,16-17]两类。前者包括从标准的跟随统计两体衰变模型到瞬发的多重碎裂统计模型。后者的变化更为丰富,从核的破裂模型到亚稳定、不稳定理论,但描写中等质量碎片(intermediate mass fragment,IMF)产额和单举分布不理想。

QMD 方法是一种动力学方法。它通过核子-核子碰撞体现了核子的关联信息,能够描述核反应中导致碎片形成的涨落,这是对一体平均场理论如 BUU 模型最主要的改进。然而一些学者认为 QMD 的后期阶段对碎片的处理还存在一些困难。再者,通常 QMD 方法形成的碎片激发能比较高,还可以进一步退激,而 QMD 本身没有体现这类蒸发过程。所以人们发展了一些混合模型,能较好地拟合实验碎片分布,例如动力学膨胀后加蒸发模型、动力学过程后加统计衰变等。在以往多重碎裂的研究中,人们还把多重碎裂与系统所忍受的最大激发能量及重余核的质量关联起来讨论。但比较简单的观测量是中等质量碎片的多重性,通过它与激发能或束流能量的关系,可以探知核反应发生多重碎裂甚至液气相变的信息。

3.4.1 液气相变的理论考虑

核物质是一个由无穷多个核子组成,而且还不存在库仑相互作用的理想多体系统。对于有限核来说,库仑排斥总是存在的,因此当体系质量数大约为 260 时,原子核就很难稳定存在。然而从已知核外推,人们知道核物质的饱和密度为 0.16 fm^{-3},结合能大约是每核子 16 MeV。人们通常用理想的核物质状态方程来检验核物质的液气相变能否发生,以及确定相变发生时的温度和密度值。

Skyrme 作用势是 Hartree-Fock 计算的一个好的近似。图 3-1 显示了与 Skyrme 有效相互作用对应的核物质状态方程的等温线[18]。图中自下而上显示了 10 MeV、12 MeV、14 MeV、15 MeV、15.64 MeV 和 17 MeV 的等温线。压强通过有限温度费米气体模型的动能推导得到。这个图与范德瓦耳斯状态方程的图非常类似。在这套状态方程下,系统显示的液气相变的临界温度对应的能量是 15.64 MeV,其中压强对密度的偏导数小于零的不稳定区域也能清楚地观测到。另外,通过麦克斯韦构建(Maxwell construction)能获得液气相变的共存线。

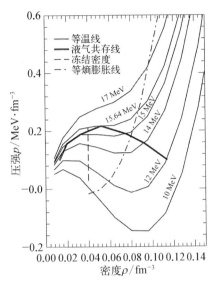

图 3-1　具有不可压缩系数 $K = 201$ MeV 的 Skyrme 作用势的核物质状态方程[18]

如果考虑到库仑作用和原子核的有限尺度,前述的 15.64 MeV 对应的临界温度就会下降[19]。例如,包含库仑作用的平均场的 Thomas-Fermi 理论预言,^{150}Sm 原子核的相变温度在 10 MeV 附近。如果不考虑库仑作用但考虑同位旋自由度,相变温度则在 13 MeV 左右。因此,有限原子核液气相变的实验研究对于检验理论模型的正确性具有重要意义。

除了平均场理论描述核物质的液气相变外,还有许多其他的统计模型也研究了液气相变。比如,渗透模型[20-21]、统计多重碎裂模型[22]、格点气体模型和分子动力学模型[9,23-25]及 Fisher 的小液滴模型[26-27]等。这些模型都预言了原子核的液气相变可以在一定的温度和密度下发生,说明了原子核可以从基态液滴的整体有限核跃迁到多碎片产生与核子气体的状态。这种相变过程发生的时间较短,明显有别于原子核的蒸发和衰变的过程。具体理论描述不在这里展开,有兴趣的读者可研读参考文献中提及的综述性文章[28-29]。

有了以上理论铺垫,我们下面介绍具体的有限原子核体系的液气相变,侧重于液气相变的信号分析。

3.4.2　单源的选取

由于核反应是随着时间演化的,即使反应中发生了多重碎裂或液气相变也是瞬态的。为了研究这种相变,合适的源的选取是十分重要的。在高能重离子碰撞中,源的选取相对比较容易,因为反应机制偏向于参与者-旁观者模型,即此时选择参与者作为源或者选取旁观者作为源都是相对简单的,主要可以采用快度的窗口来选取。但对于中低能重离子碰撞,由于核子-核子相互作用与平均场的作用都比较重要,因此源的划分比较困难,需要选择较好的方法,特别是在

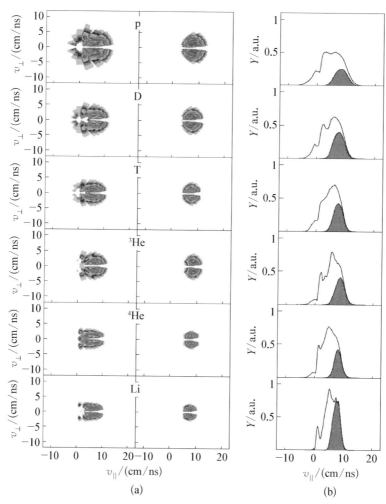

图 3-2　类氙核产生的轻粒子分布[10]

(a) 速度分布等高度图(原始分布与重构类弹源后分布);(b) 平行束流方向的分布(灰色区是类弹轻粒子的速度分布)

注:$v_\perp$ 为横向速度;p、D、T、^{3}He、^{4}He、Li 对应为质子、氘、氚、氦-3、氦-4、锂;Y 为产额;$v_\parallel$ 为平行速度。

逐事件处理时。马余刚等人在处理费米能区的重离子反应时,发展了一种新的弹核源的重构方法[10]。他们首先通过对轻粒子能谱的三源拟合(类弹、中速度源、类靶)获得各自的比分,然后在逐事件处理时,根据前面获得的各自源的比例进行粒子的抽样与指派,这样就重构了发射源。图 3 - 2 显示了马余刚等人在美国得克萨斯农工大学的 NIMROD 探测器上开展的 47 MeV/nucleon 氩核引起的反应实验中重构获得的类弹源的轻粒子速度分布,可以看到在重构前轻粒子的分布是多组分的(最左边),经过重构后单源的分布特征明显(中间栏)。右边显示的是平行速度分布图,灰色区域为重构的单源分布。通过这样的办法,类弹源的电荷分布、质量分布、激发能、温度、涨落等都可以逐个进行研究,从而获知核反应过程中是否发生了液气相变。

3.4.3　反应产物的电荷分布

这种碎裂机制的演化还可以从碎片电荷分布中的中等质量碎片区域的幂指数拟合参数(τ_{eff})和排除逐事件最大碎片后的碎片电荷分布的指数拟合参数(λ_{eff})等得到进一步支持。图 3 - 3 显示了马余刚等人在美国得克萨斯农工大学实验得到的 47 MeV/nucleon 类氩核的碎片电荷分布和去除最大碎片后的碎片电荷分布。在图 3 - 3(a)中,低激发能时轻粒子区和大质量区的区别明显,反映了类熔合的蒸发机制,大质量区表现出典型的液相;而当激发能很高时,重碎片区碎片消失,只剩下从轻到中等的质量碎片,类似于只剩下核气体状态。排斥逐事件的最大碎片后,碎片电荷分布显示了较好的指数规律[见图 3 - 3(b)]。图 3 - 4 是对应图 3 - 3(a)的幂指数(τ_{eff})拟合和对应图 3 - 3(b)的指数(λ_{eff})拟合参数随系统激发能的演化[26]。从图 3 - 4 可以清楚地看到,在每核子激发能 $E = 5.6$ MeV 附近,这些物理量有一个显著的最低值拐点,暗示了系统在此激发能区域发生了液气相变过程。这个显著的拐点也与液相和气相混合的平衡统计模型的预言相一致[27]。Fisher 的小液滴模型认为通常情况下,碎片的质量分布可以用

$$Y(A) = Y_0 A^{-\tau} X^{A^{2/3}} Y^A \qquad (3-1)$$

来描述,式中的 Y_0、τ、X、Y 是参数。然而,当在临界点满足 $X=1$、$Y=1$ 时,碎片的质量分布可以用 $Y(A) = A^{-\tau_{eff}}$ 来描述,而且它的值在 2.2 附近。马余刚等人的实验结果也正是在这个 τ_{eff} 值附近。

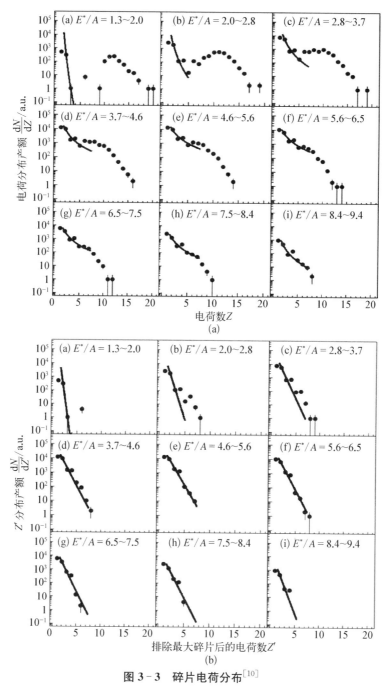

图 3-3　碎片电荷分布[10]

注: 不同激发能区间的准弹核电荷分布(a)与排除最大碎片后的电荷分布(b);其中黑实线是对中等质量碎片分布的幂指数拟合(a)与指数拟合(b);E^{*}/A 指每核子激发能。

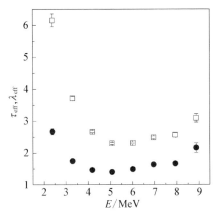

图 3 - 4　拟合参数随系统每核子激发能的变化关系[26]

注：空心点与实心点分别代表 τ_{eff} 与 λ_{eff}。

3.4.4　多重碎裂现象

中等质量碎片通常是指电荷数大于等于 3，但又小于类弹余核电荷数的碎片。Ogilvie 等研究了每核子 600 MeV 的金核＋碳/铝/铜靶核反应引起的弹核碎裂反应的碎片分布，发现电荷数 $Z = (3, 15)$ 区间的中等质量碎片（IMF）随着每核子系统储存能量（等价于激发能）的关系在 6 MeV/nucleon 存在一个最高点[30]，而这个最高点与 IMF 电荷分布的幂指数拟合的 τ 参数的最低点是

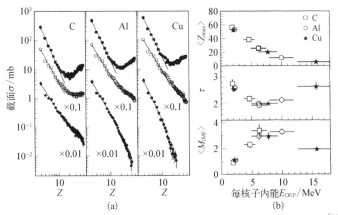

图 3 - 5　每核子 600 MeV 的金核与碳、铝、铜核碰撞下的相关结果[30]

(a) 不同电荷数（$3 \leqslant Z \leqslant 15$）的粒子在不同碰撞参数范围（实心方块：周边碰撞；空心方块：半对心碰撞；实心圆：中心碰撞）下的产生截面与指数拟合；(b) 最大碎片的电荷数 $\langle Z_{max} \rangle$、幂指数（τ）及中等质量碎片多重数 $\langle M_{IMF} \rangle$ 与每核子沉积能量的依赖关系（同类型的三个点从左至右分别对应周边、半对心和中心碰撞）

一致的(见图 3-5)。这说明此时已经触发了多重碎裂,与液气相变点是一致的。

3.4.5 逐事件最大涨落

为了研究碎裂过程中的关联和涨落的大小,Campi 发展了一种矩分析方法来研究与碎片质量的关联[21,31],即通常所谓的 Campi 散点图。该散点图定义为每一事件的最大碎片质量对数与事件中不包含这个碎片质量的二极矩 S_2 的对数的关联,其中质量二极矩 S_2 的定义为

$$S_2 = \frac{\sum\limits_{Z_i \neq Z_{max}} Z_i^2 \cdot n_i(Z_i)}{\sum\limits_{Z_i \neq Z_{max}} Z_i \cdot n_i(Z_i)} \qquad (3-2)$$

式中,Z_i 为第 i 个碎片的质量,n_i 为它的多重性。为了研究碎片的质量关联,我们首先要获得每一个事件的最大碎片质量及其他碎片的质量和多重性。另外,也要获得反应过程中的带电粒子的多重性。

图 3-6 是马余刚等人[10]在美国得克萨斯农工大学研究 47 MeV/nucleon 的 Ar+Ni 实验准弹核碎裂的 Campi 散点图。图 3-6(a)~(d)显示了在激发能

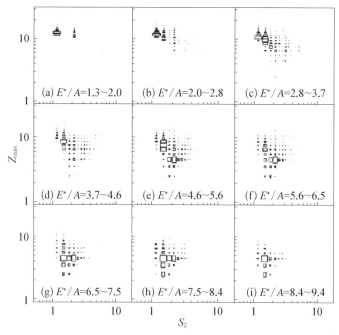

图 3-6 47 MeV/nucleon 的 Ar+Ni 反应在不同激发能时的散点图[10]

为 5 MeV/nucleon 以下主要是液态分支,散点图仅存在斜率为负的分支,即此时反应的最大余核多为质量数很大的碎片,反应机制多为蒸发过程,即对应于核的液态;而在 6.5 MeV/nucleon 以上的散点图仅存在斜率为正的分支,即此时反应的最大余核多为质量数较小的碎片,反应机制多为完全碎裂过程,类似于核物质的气化过程,对应于核的气态;而在图(e)和(f),即 5.6 MeV/nucleon 激发能附近时的散点图同时存在着斜率为正的和负的分支,即此时可能对应于核的液气相变过程,此时碎片分布存在着最大的涨落。

这种逐事件最大的涨落是相变发生时的普遍现象。图 3-7 显示了逐事件最大碎片的归一化涨落 NVZ($NVZ = \sigma_{Z_{max}}^2 / \langle Z_{max} \rangle$)和系统总动能的归一化涨落 NVE_k[$NVE_k = \sigma_{E_{kin}^{tot}/A}^2 / \langle E_{kin}^{tot}/A \rangle$]。从图 3-7 中可以看到,在每核子激发能为 5.6 MeV 附近,系统的涨落显示了最大值,说明最大涨落发生在图 3-4 中同样的激发能区域,也暗示了相变临界点的存在。

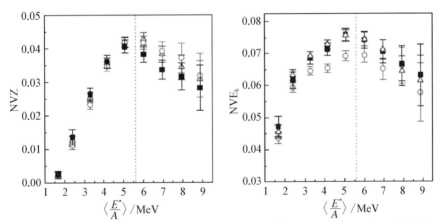

图 3-7　逐事件最大碎片的归一化涨落 $NVZ(NVZ = \sigma_{Z_{max}}^2 / \langle Z_{max} \rangle)$ 和系统总动能的归一化涨落 $NVE_k[NVE_k = \sigma_{E_{kin}^{tot}/A}^2 / \langle E_{kin}^{tot}/A \rangle]$ 与每核子激发能 E^*/A 的关系[10]

3.4.6　核的 Zipf 图和 Zipf 定律

当相变发生时,碎片的分布可能会产生特殊的排布。马余刚早先通过格点气体模型(lattice gas model, LGM)首次定义了核碎片的 Zipf 图,即核的碎片可以用碎片的等级大小来排列[10,32]。Zipf 是一位德国的语言学家。他最初发现一本书中词汇出现的频率与词汇的难易程度有关,在大量的统计后发现词的出现频次与词的难度成反比,因此这个规律称为 Zipf 定律[33]。在原子核碎裂反应的研究中,马余刚定义了最大碎片的等级数(rank)是 1,次大的碎片等级数为 2,以此类推,这样平均许多事件数后,可以获得碎片等级数所对应的平均碎片质量或电荷数($\langle Z_{rank} \rangle$)。 在 LGM 模型中发现在原子核发生液气相变时碎片的等级分布服从 $\langle Z_{rank} \rangle$ 反比于 rank,马余刚定义此为原子核的 Zipf 定律。原子核的 Zipf 定律反映了原子核发生相变时,碎片的大小不是均等的,而是从大到小有特殊的统计规律(见图 3-8)。

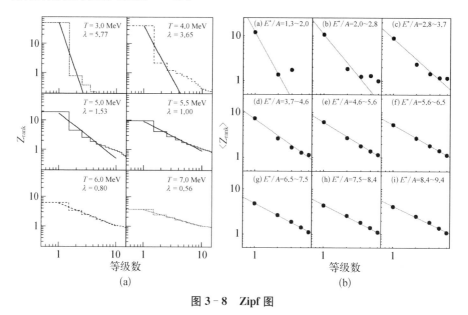

图 3-8 Zipf 图

(a) LGM 模型下的 Zipf 图[32];(b) 类氙核实验的 Zipf 图[10]

图 3-8(a)显示的是用格点气体模型获得的碎片等级分布,可以用 $Z_{rank} \sim rank^{-\lambda}$ 拟合,其中 λ 是 Zipf 指数。在图 3-8(a)中当 $T = 5.5$ MeV 时,系统的 $\lambda = 1$,刚好 Zipf 定律此时成立。进一步,马余刚等人在美国得克萨斯农工大学的 NIMROD 实验中的确也观测到了准弹核在激发能为 5.6 MeV/nucleon 时核的 Zipf 图满足 Zipf 定律[见图 3-8(b)]。这个拟合的 Zipf 图的指数显示在图 3-9 中,即

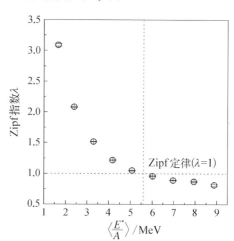

图 3-9 Zipf 参数随激发能的变化关系[10]

Zipf 参数随激发能的变化,两个虚线的交叉处说明其满足 Zipf 定律。

3.4.7　信息熵

在前面的描述中,我们知道碎片的电荷分布与等级分布、中等质量碎片多重性、碎片逐事件涨落等观测量在多重碎裂或液气相变研究中具有重要的作用。此外,在相变过程中,熵也是一个重要的物理量。为此,马余刚首次将信息熵的概念引入核物理研究中。信息熵最早是由香农(Shannon)提出的,因此也称为 Shannon 熵,它可以表达为

$$H = \sum p_i \ln p_i \tag{3-3}$$

式中,p_i 是归一化的概率,即满足 $\sum_i p_i = 1$。原始地,信息熵可以理解为包括在一串文字里的信息的大小。在一些学科中,人们通过信息熵最大化的选取来寻找最小无偏畸分布,这在解决经济学、工程问题方面甚至在量子现象中都有许多应用。在高能粒子产生过程中,多粒子的产生过程也满足最大随机性规律,即熵最大化。在不同的物理条件下,信息熵能够用不同的随机变量来刻画。马余刚认识到重离子碰撞中粒子多重性的重要性,首次提出了多重性信息熵的定义,即把式(3-3)中的 p_i 定义为产生 i 个总粒子多重数的事件概率,也就是说 $\{p_i\}$ 是归一化的多重性概率分布。这个定义强调的是事件空间,而不是相空间。

利用以上多重性信息熵定义,马余刚计算了格点气体模型的氙同位素系统的信息熵随温度的变化规律[26,34]。图 3-10 显示了利用格点气体模型计算的不同的氙同位素在 $0.39\rho_0$ 冻结

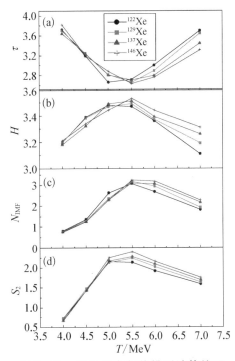

图 3-10　利用格点气体模型计算的不同的氙同位素在 $0.39\rho_0$ 冻结密度时的相变观测量 τ 指数、信息熵 H、中等质量碎片多重数 N_{IMF} 及碎片的二阶矩 S_2 的拐点温度随同位旋的变化[26]

密度时的相变观测量中等质量碎片的幂指数(τ 指数)、信息熵 H、中等质量碎片多重数及碎片的二阶矩的拐点温度随同位旋的变化。显然,信息熵与其他探针的拐点发生在同一温度处,说明了信息熵也是一个很好的相变观测量。

马余刚提出多重性信息熵之后,它便被推广应用到高能重离子碰撞中[35],也被应用到碎片产生中[36-37]。更多的内容,请参看马春旺与马余刚的综述文章[38]。

3.4.8 量热曲线

在水的液气相变研究时,量热曲线是最重要的探针。在核物理的研究中,我们也可以借用量热曲线的概念进行相变研究。量热曲线通常指的是体系的温度随内能的变化规律。当我们选取了合适的类弹源后,需要得到系统的激发能和温度。激发能可以通过构建后的逐事件发射源的质量亏损,加上发射源质心系下的所有末态产物的总动能之和来获得[8],而温度的获得相对比较复杂些。目前,比较常用的方法有轻粒子的能谱测量法,即假定轻粒子的能谱满足麦克斯韦分布形式,从而提取出斜率对应的温度。图 3 - 11 给出了NIMROD 实验中类弹核发射源中的氘、氚的能谱并用麦克斯韦分布拟合,从而得到温度[10]。但这种方法得到的温度通常存在对粒子大小的依赖性,而这可能与系统的膨胀径向流有关。另一种方法是采用 Albergo 同位素比,此时假定系统达到了热平衡和化学平衡,因此同位素之间的分布与温度有关[39]。近期,碎片的动量四阶矩的分析方法也能给出比较合理的温度[40]。图 3 - 12(a)显示了 ALADIN 实验组对金核的量热曲线测量,图中的温度是用 Albergo 同位素温度获得的。从图 3 - 12 中看到,量热曲线在低激发能时,满足费米系统的低温近似,此时系统以蒸发为主。在 2~10 MeV 区间存在一个温度的平台,类似于水的潜热区间,此时可能对应于核的液气共存。随后在高激发能时系统的温度又线性上升,显示的是汽化行为。粗看起来,这个量热曲线非常清楚地显示了一级液气相变的证据。这个工作发表后尽管有很多不同的批评意见,比如温度的测量方法的适用性、瞬态系统的选择、系综的选择等[41],但是该工作的发表迅速引起了人们对原子核液气相变研究的高度重视与兴趣。

对于原子核尺寸小一些的系统来说,核的量热曲线有所不同。马余刚等人在类氩核的研究中发现轻系统的量热曲线更像是随激发能的一个平滑过渡。图 3 - 12(b)显示了 $A \sim 36$ 系统的量热曲线。图中的三种符号说明了不

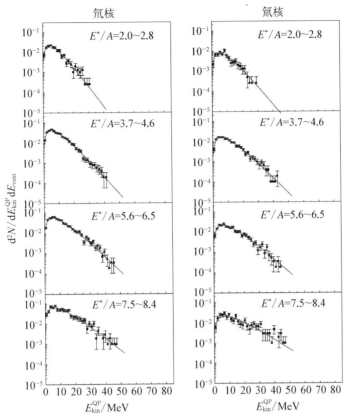

图 3-11　A～36 类弹源质心系的氘氚核的动能谱与温度拟合图[10]

注：E_{kin}^{QP} 表示弹核质心系动能；纵坐标表示每事件、每单位能量的计数。

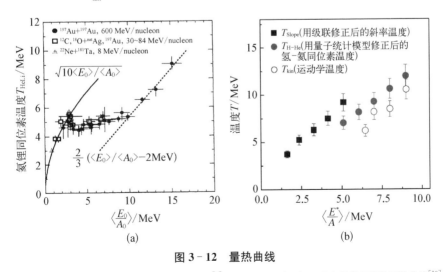

图 3-12　量热曲线

(a) 600 MeV/nucleon 反应的类金核的量热曲线[7]；(b) 47 MeV/nucleon 反应的类氙核的量热曲线[10]

同的温度测量方法,尽管大小上有所差别,但趋势都是单调上升的。这个量热曲线的测量还是很重要的,因为我们可以通过诸如涨落的办法首先确定临界激发能的位置,然后对应找出临界的温度。从前面的涨落分析和电荷分布我们知道体系最大的涨落激发能位置在 5.6 MeV 附近,所以对应的微观温度为 (8.3 ± 0.5)MeV,这个温度就是类氩 $A \sim 36$ 系统的临界温度。

3.4.9 临界指数

在体系的量热曲线和临界温度已知的情况下,我们可以参考统计物理的办法进一步获得可能的临界指数。EOS 合作组对每核子 1 GeV 的金核反应进行了测量,通过前面提到的 Campi 碎片质量矩获得了临界点,然后借用统计物理的方法获取了 γ、β、τ 指数。他们的实验结果满足液气相变的临界指数普适类[42]。马余刚等人在前述的类氩核的轻系统中也进行了系统研究,τ 指数在前面的电荷分布中可以提取,也可以通过碎片的三阶矩和一阶矩提取,其值是 $\tau=2.31\pm0.03$。用 $Z_{\max} \sim (1-T/T_c)^{\beta}$ 和 $M_2 \sim (1-T/T_c)^{-\gamma}$ 可获取 β/γ 指数(见图 3-13)。然后另一指数 σ 可以通过关系式 $\sigma=1/(\beta+\gamma)$ 获得。表 3-1 显示了类氩核的临界指数与液气相变普适类指数、三维渗透相变指数的比较,从表 3-1 明显看出,实验数据倾向液气普适类。

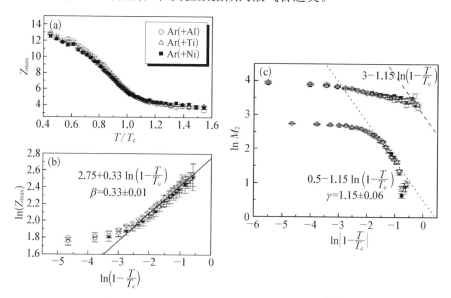

图 3-13 约化温度与 $Z_{\max}$ 和 M_2 的关系图[10]

(a)、(b) 通过 $Z_{\max}$ 提取类氩核的 β 指数;(c) 通过 M_2 提取类氩核的 γ 指数

表 3-1　类氙核的临界指数与不同相变普适类指数的比较[10]

指　　　数	三维渗透相变	液气相变	本　工　作
τ	2.18	2.21	2.22±0.46 2.31±0.03 2.13±0.10
β	0.41	0.33	0.33±0.01
γ	1.8	1.23	1.15±0.06
σ	0.45	0.64	0.68±0.04

3.4.10　液气共存线的构建

在 EOS 合作组的多重碎裂实验数据中，能够构建核液气相的共存曲线。Elliott 等利用碎片的质量和多重数来确定临界温度处的临界密度 ρ_c[43]：

$$\frac{\rho}{\rho_c}=\frac{\sum A_{n_A}(T)}{\sum A_{n_A}(T_c)} \qquad (3-4)$$

式中，ρ 是体系的密度，A 是碎片质量，n_A 是多重性，T 是温度，T_c 是临界温度。方程(3-4)可以给出低温相共存曲面的密度，如图 3-14 所示。利用 Guggenheim 经验标度关系：

$$\frac{\rho_{l,v}}{\rho_c}=1+b_1\left(1-\frac{T}{T_c}\right)\pm b_2\left(1-\frac{T}{T_c}\right)^{\beta} \qquad (3-5)$$

就有可能得到高密度区域(液态分支)的共存曲线。式中 b_1、b_2 是拟合参数，β 是临界指数，b_2 对于液态分支(ρ_l)取正值，对于气态分支(ρ_v)取负值。利用 Fisher 公式，可以得到以下标度关系：

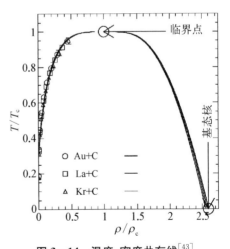

图 3-14　温度-密度共存线[43]

注：点是临界点以外的气相计算结果；线是利用 Guggenheim 经验标度关系得到的液气共存曲线。

$$\beta=\frac{\tau-2}{\sigma} \qquad (3-6)$$

这里 β 取 0.3。利用这个 β 值和 Guggenheim 经验标度关系，EOS 合作组获得了气态分支的 ρ_v，这样最后获得了图 3-14 的 T/T_c 与 ρ/ρ_c 的共存曲线。图 3-14 中 ρ_c 的值可以通过下面的途径获得：假定基态的核密度是 ρ_0，并且 $T=0$，那么利用这个曲线可以估计 $\rho_c \sim \rho_0/3$。详细的过程可参考文献[43]与[44]。

3.4.11　核物质的临界温度

以上讨论的是有限原子核系统，例如轻系统的类氩核或重一些的类金核，但当讨论核物质时，通常指的是无限核物质。在这种情况下，人们需要把有限系统的结果进行合理外推。在不同质量区间获得极限温度（T_{limit}）后，利用有限尺寸标度性可以外推 β 稳定线附近核物质的临界微观温度（简称临界温度，用 T_c 表示）。图 3-15 显示了 Natowitz 等人从 5 个质量区间外推得到的 T_c 值在 (16.6 ± 0.86) MeV 附近[45-46]。近来根据第一性原理，利用两核子、三核子手征相互作用获得的对称核物质的液气相变的临界温度也为 (16 ± 2) MeV[47]，这个计算值与 Natowitz 等人的实验外推也是吻合的，也与 3.4.1 节的 Skyrme 作用的临界温度接近（见图 3-1）。

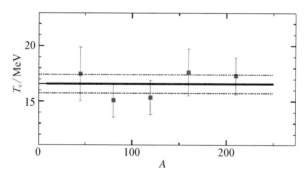

图 3-15　从有限的极限温度外推得到的
无限核物质的临界温度[45]

刘焕玲、马余刚等利用与同位旋相关的量子分子动力学模型研究了液气相变不同探针与源尺寸的依赖关系[48]。他们通过模拟不同密度、不同尺寸的热核退激发过程，探讨了不同的液气相变探针：总碎片质量对温度的微分（dM/dT）、二阶动量矩参数（M_2）、中等质量碎片多重数（N_{IMF}）、Fisher 幂指数（τ）和马氏 Zipf 指数（ξ）与温度之间的演化关系。通过比较不同探针得到的有限系统相关的相变温度（T_A）与系统大小之间的关系，他们发现中等质量碎片多重数、Fisher 幂指数和马氏 Zipf 指数计算得到的液气相变温度与源尺寸有

较强的依赖性，表明用这些探针可以提取核物质的临界温度。利用有限尺寸标度律 $|T_c - T_A| \sim A^{-1/3\nu}$（这里的 ν 值是与相变的关联长度有关的临界指数）可以从有限核的相变温度 T_A 推出核物质的临界温度 T_c。对于三维渗透相变，$\nu = 0.9$，对于三维伊辛（Ising）相变和液气相变类，$\nu = 0.6$[49]。他们分别从中等质量碎片探针、电荷分布拟合的幂指数探针、马氏 Zipf 定律探针的系统尺寸依赖性外推得到无限核物质的液气相变临界微观温度是 (13.32 ± 1.22)MeV，这个值与前面提到的值也比较接近（见图 3-16）。另外，临界指数 $\nu = 0.37 \pm 0.07$，这个指数值更接近于液气相变普适类，而不是渗透相变类[10,32]。

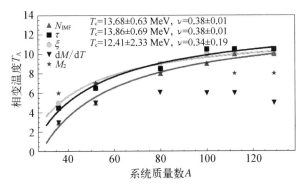

图 3-16　由单源 IQMD 模型得到的有限热核的相变温度与热核尺寸的关系[48]

注：IQMD 为同位旋相关的量子分子动力学（isospin dependent quantum molecular dynamics, IQMD）

3.4.12　相变的同位旋效应

由于我们处理的原子核是具有中子、质子的两分量有限尺寸体系，因此同位旋也可能是影响原子核相变的一个因素。一些模拟表明，随着体系 N/Z 的变化，液气相变的临界温度可能会发生一定的偏移。马余刚等人利用格点气体模型分析了 ^{122,129,137,146}Xe 同位素的相变温度，发现相变温度在实验室可观测的 N/Z 自由度下变化不是十分明显[34]。图 3-10 显示了利用格点气体模型计算的不同的氙同位素在 $0.39\rho_0$ 的冻结密度时的相变观测量 τ 指数、信息熵、中等质量碎片多重数及碎片二阶矩的拐点温度随同位旋的变化，看来 N/Z 的影响有限。近来，统计多重碎裂模型（SMM）的计算也表明 N/Z 对相变温度的影响是十分有限的[50]。但近来美国得克萨斯农工大学的实验数据似乎表明弹核的 N/Z 自由度对碎片质量分布的幂指数和临界激发能是有影响的[51]。但从数据的统计来看,误差比较大。因此,我们期待有进一步更多的高质量实验数据来讨论这个问题。

以上我们对热核的多重碎裂与液气相变的一些进展做了介绍。当然有更多的工作这里没法一一提及,好在目前对于原子核的多重碎裂和液气相变已有不少综述文献,读者有兴趣的话建议阅读参考文献[1,2,15 - 16,18,26 - 29,52 - 53]。

3.5 黏滞系数

黏滞系数是研究层流间相互运动时引入的参量。它也是刻画物质的一个比较常见的输运性质,与我们常说的物质的黏稠性问题相关。在流体力学中,黏滞系数包括体黏滞系数(bulk viscosity or second coefficient of viscosity)和剪切黏滞系数(shear viscosity)。黏滞系数在中子星旋转模式中扮演着很重要的角色,而在相对论重离子碰撞中产生的夸克-胶子等离子体(QGP)的剪切黏滞系数(η)与熵密度比值却很小,是接近理想的流体[54-55]。特别是 Kovtun-Son-Starinets(KSS)等人在超对称规范理论中发现黏滞系数与熵密度比(η/s)存在一个下限,即 $1/4\pi$[56]。通过研究核物质包括 QGP 的黏滞系数,不仅有助于我们了解核物质本身,同时也对于我们理解中子星、宇宙早期的性质等天体问题有很大的帮助。在过去 20 多年的时间里,黏滞系数在高能重离子碰撞中有较多的研究[57],而在中低能重离子碰撞中研究得较为有限。本节主要介绍在中低能核物理中剪切黏滞系数的分析方法及剪切黏滞系数与液气相变的关系。

3.5.1 剪切黏滞系数的分析方法

在非相对论下所研究的核物质对象主要是无限大的核物质和有限的原子核。对于无限大核物质的研究,可以通过近似的方法来求解剪切黏滞系数,比如格林-库伯(Green-Kubo)公式[58-59]、玻耳兹曼方程求解法[60]、Chapman-Enskog 近似、弛豫时间近似[61-62]等。

格林-库伯公式是由线性响应理论(linear response theory)给出的[59],它可以写成

$$\eta = \frac{V}{k_b T} \int_{t_0}^{\infty} C(t) \mathrm{d}t \qquad (3-7)$$

式中,T 和 V 分别表示体系的温度和体积;t_0 表示体系平衡的时间起点;$C(t)$ 则是压力张量的自关联函数:

$$C(t) = \langle \boldsymbol{P}_{\alpha\beta}(t)\boldsymbol{P}_{\alpha\beta}(t_0)\rangle;\alpha , \beta = x , y , z \qquad (3-8)$$

式中,$\langle \ \rangle$ 表示系综的平均(可以处理为事件间的平均)。其中压力张量(动量流密度张量) $\boldsymbol{P}_{\alpha\beta}(t)$ 可以由局域的压力张量 $\boldsymbol{\pi}_{\alpha\beta}(\boldsymbol{r} , t)$ 给出:

$$\boldsymbol{P}_{\alpha\beta}(t) = \frac{1}{V}\int \mathrm{d}^3\boldsymbol{r}\boldsymbol{\pi}_{\alpha\beta}(\boldsymbol{r} , t) \qquad (3-9)$$

一般而言,格林-库伯公式的分析方法依赖于相关的输运模型。在输运模型中利用周期性边界条件产生平衡态的无限大核物质,这样再利用其提取其中的剪切黏滞系数[59,63]。不同的框架给出的动量流密度张量或局域的密度张量形式有所不同。在文献[58,63]中,由于不考虑势能作用,给出了下面的形式(考虑相对论):

$$\boldsymbol{P}_{\alpha\beta} = \int \mathrm{d}^3\boldsymbol{p} \frac{p_{\alpha}p_{\beta}}{E}f(\boldsymbol{r} , \boldsymbol{p}) = \frac{1}{V}\frac{1}{A}\sum_{i}^{A}\frac{p_{i\alpha}p_{i\beta}}{E_i} \qquad (3-10)$$

而在量子分子动力学模型框架下,可以给出近似的局域压力张量表达式:

$$\boldsymbol{\pi}_{\alpha\beta}(\boldsymbol{r} , t) = \sum_{i}^{A}\frac{p_{i\alpha}p_{i\beta}}{m_i}\rho_i(\boldsymbol{r} , t) + \frac{1}{2}\sum_{i}^{A}\sum_{i\neq j}^{A}F_{ij\alpha}R_{ij\beta}\rho_j(\boldsymbol{r} , t) +$$

$$\frac{1}{6}\sum_{i=1}^{A}\sum_{i\neq j}^{A}\sum_{i\neq j\neq k}^{A}(F_{ijk\alpha}R_{ik\beta} + F_{jik\alpha}R_{jk\beta})\rho_k(\boldsymbol{r} , t) + \cdots \qquad (3-11)$$

式中,A 为体系的粒子数目,而 $R_{ij} = R_j - R_i$ 为两粒子的相对距离;$\rho_i(\boldsymbol{r} , t)$ 表示第 i 个粒子处的局域密度。式(3-11)右边第一项为动量项,第二项为两体力相关项,第三项为三体力相关项。

玻耳兹曼方程求解法则是通过解玻耳兹曼方程给出核物质的输运系数表达式。早在 1984 年,Danielewicz 就完成了对称核物质的黏滞系数的计算工作[60],给出了黏滞系数的表达式:

$$\eta = \frac{5T}{9}\frac{\left[\int \mathrm{d}^3 p p^2 f(p)\right]^2}{\int \mathrm{d}^3 p_1 \mathrm{d}^3 p_2 \mathrm{d}\Omega v_{12} q_{12}^4 \sin^2\theta \frac{\mathrm{d}\sigma_{NN}}{\mathrm{d}\Omega}f_1(p_1)f_2(p_2)[1-f_3(p_3)][1-f_4(p_4)]}$$

$$(3-12)$$

通过数值求解式(3-12),可以给出对称核物质在不同密度下剪切黏滞系数随微观温度的变化情况,如图3-17所示。从图中可以看到,对于低密度的对称核物质(气态),剪切黏滞系数随着温度的增加而增加,这与经典的气体类似。随着密度的增加,在低温度区域,黏滞系数随着温度的增加而减少,之后随着温度的增加出现拐点,这与经典的液体行为相似,比如水的黏滞系数。而在之后的工作中,他们改进了算法,计算了非对称核物质的剪切黏滞系数。

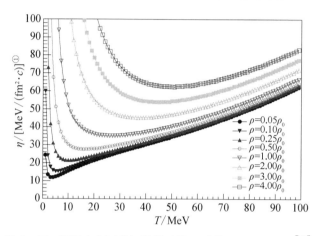

图3-17 不同密度下剪切黏滞系数 η 随微观温度的变化[59]

Chapman-Enskog (CE) 近似与弛豫时间近似(relaxation time approximation, RTA)是两种比较类似的方法。两者也是从玻耳兹曼方程出发,但是处理的方式有所不同。CE 和 RTA 方法是对碰撞积分的近似,CE 方法相比 RTA 方法而言,可以得到高阶的近似,提高了计算精度。在 CE 近似下,可以给出剪切黏滞系数的形式[61]为

$$\eta = -\frac{1}{10}c\int C\langle p_\alpha p_\beta\rangle\langle p^\alpha p^\beta\rangle f^0\,\mathrm{d}\omega \tag{3-13}$$

式中,C 为标量函数,c 为光速。而在 RTA 近似下,剪切黏滞系数的形式[58]为

$$\eta = \frac{1}{15T}\int \frac{\mathrm{d}^3 p}{(2\pi)^3}\frac{|p_a|^4}{E_a^2}\frac{1}{\omega_a(E_a)}f_a^{\mathrm{eq}} \tag{3-14}$$

式中,f_a^{eq} 表示第 a 类粒子在平衡态时的分布函数。RTA 方法虽然精度不能

---

① MeV/(fm² · c)是核物理、粒子物理中剪切黏滞系数的通用单位,其中 c 表示光速。

任意调整,但是因为其简单,同样被广泛使用。

前面提到的几种方法都是需要在平衡条件下计算的。而且除了 Green-Kubo 方法,其他几种并不涉及动力学的模拟过程。而接下来要提到的这种方法,则是基于输运模型的计算。它就是在经典分子动力学模拟中常用到的方法,即 SLLOD 算法[59],这是一种非平衡态的计算方法。上面提到,对于无限大的核物质可以在输运模型的框架下利用周期性边界条件来实现。在此基础上,SLLOD 算法主要是在输运模型中引入一个二维平面的黏度计流场,即增加剪切速率:

$$\dot{\gamma} = \frac{\partial v_x}{\partial y} \qquad (3-15)$$

这样,可以由压力张量与剪切速率的比值给出黏滞系数:

$$\eta = -\frac{\langle P_{xy} \rangle}{\dot{\gamma}} \qquad (3-16)$$

由于外场的加入,体系运动的动力学方程改写成[59]

$$\frac{\mathrm{d}\boldsymbol{r}_i}{\mathrm{d}t} = \frac{\boldsymbol{p}_i}{m_i} + \dot{\gamma} y \hat{\boldsymbol{x}}$$

$$\frac{\mathrm{d}\boldsymbol{p}_i}{\mathrm{d}t} = \boldsymbol{F}_i - \dot{\gamma} p_{yi} \hat{\boldsymbol{x}} - \alpha \boldsymbol{p}_i \qquad (3-17)$$

式中,$\hat{\boldsymbol{x}}$ 表示 x 轴的单位向量,因子 α 是为了保证体系满足动量守恒。其表达式为

$$\alpha = -\frac{\sum_i \left(\boldsymbol{F}_i \cdot \dfrac{\boldsymbol{p}_i}{m_i} - \dot{\gamma} \dfrac{p_{xi} p_{yi}}{m_i} \right)}{\sum_i \dfrac{p_i^2}{m_i}} \qquad (3-18)$$

图 3-18 给出了不同剪切速率下的黏滞系数。但是从图中也可以看出,在剪切速率很大时,剪切黏滞系数会下

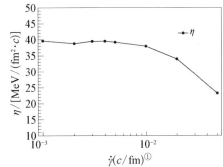

图 3-18　剪切黏滞系数 η 随剪切速率 $\dot{\gamma}$ 的变化[59]

———————————

① $c/\mathrm{fm} = \dfrac{1}{\mathrm{fm}/c}$,$c$ 表光速,fm/c 是核物理中常用的时间单位,其值为 10^{-23} s。

降,因此在选取剪切速率时,数值不能过大。

上面介绍的是分析无限大核物质的方法,而对于有限核则不能完全依照上面的方法来分析。对于原子核的黏滞系数,在一些工作中则是通过 Green-Kubo 公式,给出巨偶极共振宽度(GDR width)与黏滞系数的关系,再由实验给出的巨偶极共振宽度数据[64-65]或者由输运模型提供的数据,进而给出原子核的黏滞系数。另外,在一些工作中,对单核退激发过程,通常采用平均自由程的方法来求解黏滞系数[66]:

$$\eta = \rho m v \lambda \qquad (3-19)$$

式中,ρ、m、v 分别为核子密度、质量与速度,λ 为核子的平均自由程。从式(3-19)可以看出,平均自由程的方法是对低密度下气体的近似处理,而对于描述高密度的核物质是不自洽的。对于有限核的中低能重离子碰撞,由于反应过程包含压缩和膨胀,是一个相对复杂的非平衡过程。但另一方面,正是在这样的压缩膨胀过程中,物质所形成的状态信息比较丰富,给出不同温度和密度的情况,提取其中的黏滞系数显得十分有意义。在重离子碰撞方面,除了上面提到 GDR 宽度的方法,实验上的测量是有限的。在理论分析方面,一些工作[67-68]通过假定在碰撞反应后期体系满足平衡,采用格林-库伯的方法提取黏滞系数。而另外一些工作[69-71]则是通过提取反应过程的温度和密度,使用参数化的公式定性分析重离子反应过程中的黏滞系数。而这里涉及的温度是在假设局域平衡的前提下提取的,虽然分析方法都有局限性,但总的来说在一定程度上给出了有限核物质的黏滞系数的相关信息,尤其在核物质液气相变方面的研究比较突出。

3.5.2 剪切黏滞系数与液气相变

关于核物质液气相变的研究,在前面几节中已经提到很多。而这里要提到的是关于剪切黏滞系数与熵密度比值和液气相变的关系。人们通过研究发现,许多物质的剪切黏滞系数与熵密度的比值在临界温度处出现极小值的现象,如图 3-19 所示[72]。因此,人们就考虑利用剪切黏滞系数与熵密度比值来作为核物质液气相变的探针。

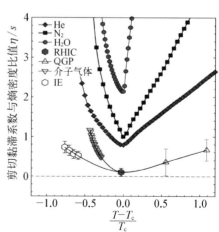

图 3-19 黏滞系数和熵密度比值与约化温度的关系[72]

　　李韶欣、马余刚等在 BUU 模型的框架下,利用格林-库伯方法研究在
100 MeV/nucleon 的金-金中心碰撞中的剪切黏滞系数与熵密度比及其与温
度的依赖性和核态方程的相关性[67]。他们发现 η/s 值在 70 MeV/nucleon
的碰撞能量以下,硬的核态方程(核物质具有大的不可压缩系数)给出了明
显大的值,而到 80 MeV/nucleon 以上时,核态方程的敏感性趋近消失,如
图 3-20 所示。更有意思的是,η/s 值在每核子入射能为 100 MeV 时趋于
0.5,即 $1/4\pi$ 的 6 倍左右,也就是说与高能的夸克-胶子等离子体物质的 η/s
差异不大。这可能暗示着中能核反应产生的热核也具有很好的类理想流体
的属性。

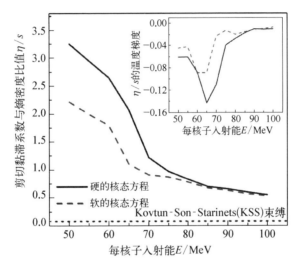

图 3-20　在金-金中心碰撞,选取半径为 **5 fm** 的中心球形
区域的 **η/s** 随束流能的变化关系[67]

　　方德清、马余刚等[66]在利用 IQMD 模型研究单核退激发的工作中,通过
平均自由程的方法提取剪切黏滞系数。他们发现剪切黏滞系数和熵密度的比
值与温度的关系中,出现了极小值,如图 3-21 所示,这可能是出现原子核液
气相变的信号。他们同时利用中等质量碎片与温度的关系来印证这样的猜
测。这与文献[73]中给出的结论是相同的。

　　此外,邓先概、马余刚等利用由 Veselsky 和马余刚发展起来的范德瓦耳
斯型 BUU(VdWBUU)模型对重离子碰撞的热力学性质进行模拟并提取了
剪切黏滞系数[71]。在此工作中,他们发现在重离子的碰撞过程中出现了类
似水的液态和气态的信息,如图 3-22 所示。由图可以看到,在碰撞前期,

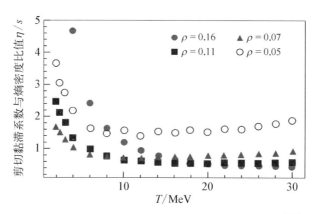

图 3 - 21　剪切黏滞系数和熵密度比值与温度的关系[66]

剪切黏滞系数随着温度的升高而减小;而在碰撞后期即在膨胀阶段,黏滞系数随着温度的降低而减小。通过类比经典的物质,也说明在重离子碰撞过程中存在液相和气相的行为,这与本章的液气相变的其他信号也是自洽的。

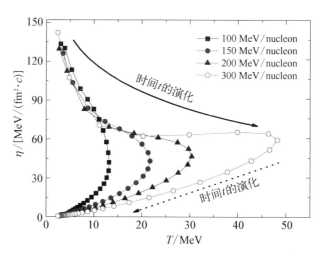

图 3 - 22　不同碰撞能量下剪切黏滞系数与温度的关系[71]

在无限大核物质的研究方面,徐骏等[62]利用弛豫时间近似的方法,研究了丰中子核物质的剪切黏滞系数等性质,发现剪切黏滞系数与熵密度比值依赖于核子物质的相变。相变会导致剪切黏滞系数与熵密度比值出现谷值,如图 3 - 23 所示[62]。

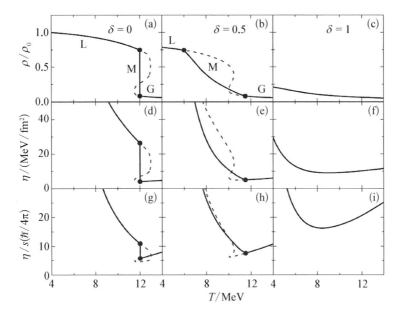

图 3-23　在不同的同位旋不对称度下约化密度、剪切黏滞系数和剪切黏滞系数与熵密度比值随温度的依赖关系(压强为 $p=0.1\ \mathrm{MeV/fm^3}$)[62]

注：ρ 为核子密度；ρ_0 为饱和密度；η 为剪切黏滞系数；η/s 为剪切黏滞系数与熵密度比值；T 为温度；δ 为核物质不对称度；L 表示液相；G 表示气相；M 表示混合相。

3.5.3　剪切黏滞系数的实验探针

目前虽然在理论上已经有了对 η/s 的定量与定性分析，而如何在实验上提取它的定量大小是一个很大的挑战。一种途径就是通过理论预言与实验建立起一个桥梁。周铖龙、马余刚等在 IQMD 的框架下，通过同时分析费米能区的金-金碰撞的椭圆流与黏滞系数，建立了它们之间的关系。图 3-24 显示了剪切黏滞系数与椭圆流的关系。椭圆流的定义式如下：

$$v_2 = \langle \cos(2\phi) \rangle = \left\langle \frac{p_x^2 - p_y^2}{p_x^2 + p_y^2} \right\rangle \qquad (3-20)$$

式中，v_2 表示椭圆流，无量纲；ϕ 表示粒子的方位角；p_x、p_y 表示横向动量的 x 和 y 分量(z 轴定义为束流方向)。

图 3-24(a)是碰撞参数归一化后的椭圆流 v_2/b (b 为碰撞参数)与剪切黏滞系数的关系，图 3-24(b)是剪切黏滞系数与熵密度比的关系。可以看到如果我们从实验测得了 v_2/b 的值，有可能推得 η/s 值[70]。

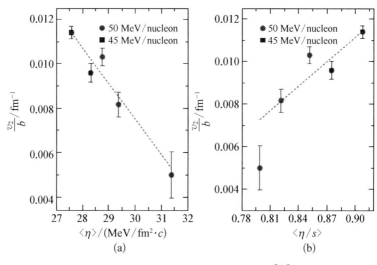

图 3 - 24　椭圆流与黏滞系数的关系[70]

(a) 剪切黏滞系数；(b) 约化黏滞系数 η/s

注：v_2/b 为椭圆流与碰撞参数的比值；η/s 为剪切黏滞系数与熵密度的比值。

　　另外，前面提及的巨共振也可能是研究剪切黏滞系数的一个有用探针。郭崇强、马余刚等在扩展的量子分子动力学（extended quantum molecular

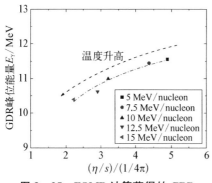

图 3 - 25　EQMD 计算获得的 GDR 峰位与 η/s 的关系[68]

dynamics，EQMD）的框架下[68]，研究了 $5\sim15$ MeV/nucleon 的 ^{40}Ca$+^{100}$Mo 的熔合系统的 GDR 光谱与黏滞系数的定量关系。通过 Green-Kubo 模型获得剪切黏滞系数，用费米气体模型得到温度，同时用独立的方法得到 GDR 的峰位 E_γ。这样就建立了 E_γ 与 η/s 的定量关系，如图 3 - 25 所示。图中显示 E_γ 与 η/s 存在着单调的关系，即随着温度的增大，GDR 的峰位趋于减小，η/s 也有所减小。在典型的 GDR 峰位 11 MeV 附近，获得的 η/s 值是 $1/4\pi$ 的 $3\sim5$ 倍。因此这个值与高能重离子碰撞产生的夸克物质的 η/s 也非常接近。

　　Mondal 等从 GDR 的实验中提取质量数 A 从 30 到 208 的有限核的 η/s 值，如图 3 - 26 所示[74]。通过熔合蒸发反应布居 GDR 的伽马射线，提取了剪切黏滞系数，通过能级密度参数提取了熵密度，通过同时测量熔合蒸发的中子能谱和复合核的角动量提取了核温度。他们发现，剪切黏滞系数和熵密度都随着温度的增加而增加,导致 η/s 随温度变化不很显著。同时发现 η/s 值对系统的中子质子比(N/Z)不敏感。他们得到的 η/s 值的大小是 $1/4\pi$ 的 $2.5\sim6.5$ 倍,说明了与高温夸克-胶子等离子体的理想流体的 η/s 差不了太多。这与之前马余刚等人从一系列的中能重离子碰撞研究工作中提取的 η/s 十分接近[66-71],而且得到了同样的结论,说明 η/s 值接近 $1/4\pi$ 不仅仅是高温 QGP 流体的唯一特性,而且是强作用量子多体系统的普适特性。

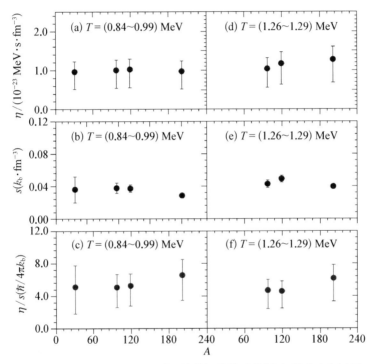

图 3 - 26　在核温度 1 MeV 附近的剪切黏滞系数(上)、熵密度(中)及 η/s 值(下)与系统质量数的关系[74]

　　进一步在热核区域,刘焕玲、马余刚等利用同位旋相关的量子分子动力学模型(IQMD)研究了 $15\sim100$ MeV/nucleon 的 $^{129}\mathrm{Xe}+^{119}\mathrm{Sn}$ 产生的热核的性质,如图 3 - 27 所示[75]。图中 * 号表示从 IQMD 模型输出的介质中核子-核子截面计算中得到的结果,η 是用平均自由程计算方法获得的。为了选取准平衡的热核系统,他们选取了中心在(-3 fm, 3 fm)的立方体范围来研究热核的热力学与输运性质,包括温度、密度、化学势、黏滞系数及熵密度等,特别是提取了碰撞体系在最高压缩密度时的核子平均自由程和介质中的核子-核子截面。当束流能量在 40 MeV/nucleon 以上时,从 IQMD 模型提取的物理量与

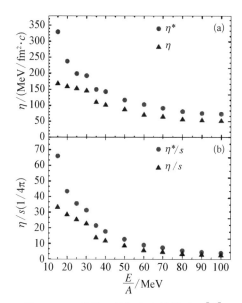

图 3－27　黏滞系数与束流能的关系[75]

(a) 剪切黏滞系数；(b) 剪切黏滞系数与熵密度的比

实验抽取的值非常接近，说明模型能够较好地描述^{129}Xe＋^{119}Sn 产生的热核系统。进一步，他们从与实验的比较中，推得了剪切黏滞系数与束流能量的依赖性，发现在 100 MeV/nucleon 的束流能时，η/s 值是 KSS 束缚值（$1/4\pi$）的 3 倍左右。这也进一步说明了热核的剪切黏滞系数和熵密度比与极端高温的夸克-胶子等离子体的值相差无几，这与前面提到的许多工作也是自洽的。

核物质的剪切黏滞系数是流体系统的一个重要输运系数，是核物理的一个重要的研究课题。目前，在中低能重离子碰撞中剪切黏滞系数的研究相对还比较少，实验研究更是稀少；在高能重离子碰撞中剪切黏滞系数则是一个很热的研究课题，因为它与夸克-胶子等离子体性质紧密相关。从实验提取的角度来看，用得比较多的是利用含剪切黏滞系数的流体动力学模型得到的椭圆流与实验的椭圆流数据进行比较，通过两者的拟合程度提取定量的 η/s。从目前得到的数值来看，夸克-胶子等离子体的 η/s 是 KSS 束缚值（$1/4\pi$）的 2～3 倍，与我们前面叙述的中低能重离子中的 GDR 光谱和热核得到的 η/s 差不了太多，从而说明小的 η/s 可能表明它是强作用量子多体系统的重要特征。

总之，剪切黏滞系数是核的基本输运系数，对它的研究特别是实验测量还很少。另外，有关核物质中的体黏滞系数的研究更是有限，因此，今后应该在黏滞系数的研究方面做进一步的探索。

参考文献

[1]　Bertsch G F, Das Gupta S. A guide to microscopic models for intermediate energy heavy-ion collisions [J]. Physics Reports，1988，160(4)：189－233.

[2]　Aichelin J. "Quantum" molecular dynamics — a dynamical microscopic n-body approach to investigate fragment formation and the nuclear equation of state in heavy ion collisions [J]. Physics Reports，1991，202：233－360.

[3]　Adams J, Aggarwal M M, Ahammed Z, et al. (STAR Collaboration).

Experimental and theoretical challenges in the search for the quark-gluon plasma: The STAR Collaboration's critical assessment of the evidence from RHIC collisions [J]. Nuclear Physics A, 2005, 757(1－2): 102－183.

[4] Adcox K, Adler S S, Afanasiev S, et al. (PHENIX Collaboration). Formation of dense partonic matter in relativistic nucleus-nucleus collisions at RHIC: experimental evaluation by the PHENIX Collaboration [J]. Nuclear Physics A, 2005, 757(1－2): 184－283.

[5] Chen J, Keane D, Ma Y G, et al. Antinuclei in heavy-ion collisions [J]. Physics Reports, 2018, 760: 1－39.

[6] Burbidge E M, Burbidge G R, Fowler W A, et al. Synthesis of the elements in stars [J]. Reviews of Modern Physics, 1957, 29(4): 547－650.

[7] Pochodzalla J, Mohlenkamp T, Rubehn T, et al. Probing the nuclear liquid-gas phase transition [J]. Physical Review Letters, 1995, 75(6): 1040－1043.

[8] Ma Y G, Siwek A, Peter J, et al. Surveying the nuclear caloric curve [J]. Physics Letters B, 1997, 390(1－4): 41－48.

[9] Ma Y G. Application of information theory in nuclear liquid gas phase transition [J]. Physical Review Letters, 1999, 83(18): 3617－3620.

[10] Ma Y G, Natowitz J B, Wada R, et al. Critical behavior in light nuclear systems: experimental aspects [J]. Physical Review C, 2005, 71 (5): 054606.

[11] Ma Y G, Wada R, Hagel K, et al. Towards the critical behavior for the light nuclei by NIMROD detector [J]. Nuclear Physics A, 2005, 749: 106－109.

[12] Bertsch G, Siemens P J. Nuclear fragmentation [J]. Physics Letters B, 1983, 126 (1－2): 9－12.

[13] Bowman D R, Peaslee G F, de Souza R T, et al. Multifragment disintegration of the ^{129}Xe$+^{197}$Au system at $E/A = 50$ MeV [J]. Physical Review Letters, 1991, 67 (12): 1527－1530.

[14] Randrup J, Koonin S E. The disassembly of nuclear matter [J]. Nuclear Physics A, 1981, 356 (1): 223－234.

[15] Gross D H E. Microcanonical thermodynamics and statistical fragmentation of dissipative systems. The topological structure of the N-body phase space [J]. Physics Reports,1997, 279(3－4): 119－201.

[16] Ono A, Horiuchi H, Maruyama T, et al. Antisymmetrized version of molecular dynamics with two-nucleon collisions and its application to heavy ion reactions [J]. Progress of Theoretical Physics, 1992, 87(5): 1185－1206.

[17] Ma Y G, Shen W Q. Onset of multifragmentation in intermediate energy light asymmetrical collisions [J]. Physical Review C, 1995, 51(2): 710－715.

[18] Das Gupta S, Mekjian A Z, Tsang M B. Liquid-gas phase transition in nuclear multifragmentation [J]. Advance in Nuclear Physics, 2001, 26: 89－166.

[19] Gulminelli F, Chomaz Ph, Raduta A H, et al. Influence of the Coulomb Interaction on the liquid-gas phase transition and nuclear multifragmentation [J]. Physical

Review Letters, 2003, 91(20): 202701.

[20] Bauer W, Dean D R, Mosel U, et al. New approach to fragmentation reactions: the nuclear lattice model [J]. Physics Letters B, 1985, 150(1 - 3): 53 - 56.

[21] Campi X. Multifragmentation: nuclei break up like percolation clusters [J]. Journal of Physics A: Mathematical and General, 1986, 19(15): L917 - L921.

[22] Bondorf J P, Donangelo R, Mishustin I N, et al. Statistical multifragmentation of nuclei: (I). Formulation of the model [J]. Nuclear Physics A, 1985, 443(2): 321 - 347.

[23] Das Gupta S, Pan J C. Lattice gas model for fragmentation: From argon on scandium to gold on gold [J]. Physical Review C, 1996, 53(3): 1319 - 1324.

[24] Ma Y G. Cluster emission and phase transition behaviours in nuclear disassembly [J]. Journal of Physics G: Nuclear and Particle Physics, 2004, 27(12): 2455 - 2470.

[25] Ma Y G, Han D D, Shen W Q, et al. Statistical nature of cluster emission in nuclear liquid-vapour phase coexistence [J]. Journal of Physics G: Nuclear and Particle Physics, 2001, 30(2): 13 - 26.

[26] Ma Y G, Shen W Q. Recent progress of nuclear liquid gas phase transition [J]. Nuclear Science and Techniques, 2004, 15(1): 4 - 29.

[27] Fisher M E. The theory of equilibrium critical phenomena [J]. Reports on Progress in Physics, 1967, 30: 615.

[28] Choma P, Colonna M, Randrup J. Nuclear spinodal fragmentation [J]. Physics Reports, 2004, 389(5 - 6): 263 - 440.

[29] Borderie B, Frankland J D. Liquid-gas phase transition in nuclei [J]. Progress in Particle and Nuclear Physics, 2019, 105: 82 - 138.

[30] Ogilvie C A, Adloff J C, Begemann-Blaich M, et al. Rise and fall of multifragment emission [J]. Physical Review Letters, 1991, 67(10): 1214 - 1217.

[31] Campi X. Signals of a phase transition in nuclear multifragmentation [J]. Physics Letters B, 1988, 20(3 - 4): 351 - 354.

[32] Ma Y G. Zipf's law in the liquid gas phase transition of nuclei [J]. European Physical Journal A, 1999, 6: 367 - 371.

[33] Zipf G K. Human behavior and the principle of least effort [M]. Cambridge: Addisson-Wesley Publishing, 1949.

[34] Ma Y G, Su Q M, Shen W Q, et al. Isospin influences on particle emission and critical phenomena in nuclear dissociation [J]. Physical Review C, 1999, 60 (2): 024607.

[35] Ma G L, Ma Y G, Wang K, et al. Δ-scaling and information entropy in ultra-relativistic nucleus-nucleus collisions [J]. Chinese Physics Letters, 2003, 20 (7): 1013 - 1016.

[36] Ma C W, Wei H L, Wang S S, et al. Isobaric yield ratio difference and Shannon information entropy [J]. Physics Letters B, 2015, 742: 19 - 22.

[37] Ma C W, Song Y D, Qiao C Y, et al. A scaling phenomenon in the difference of

Shannon information uncertainty of fragments in heavy-ion collisions [J]. Journal of Physics G: Nuclear and Particle Physics, 2016, 43: 045102.

[38] Ma C W, Ma Y G. Shannon information entropy in heavy-ion collisions [J]. Progress in Particle and Nuclear Physics, 2018, 99: 120 - 158.

[39] Albergo S, Costa S, Costanzo E, et al. Temperature and free-nucleon densities of nuclear matter exploding into light clusters in heavy-ion collisions [J]. Nuovo Cimento A, 1985, 89(1): 1 - 28.

[40] Wuenschel S, Bonasera A, May L W, et al. Measuring the temperature of hot nuclear fragments [J]. Nuclear Physics A, 2010, 843(1 - 4): 1 - 13.

[41] Moretto L G, Ghetti R, Phair L, et al. Comment on "probing the nuclear liquid gas phase transition" [J]. Physical Review Letters, 1996, 76 (15): 2822.

[42] Gilkes M L, Albergo S, Bieser F, et al. (EOS Collaboration). Determination of critical exponents from the multifragmentation of gold nuclei [J]. Physical Review Letters, 1994, 73(12): 1590 - 1593.

[43] Elliott J B, Moretto L G, Phair L, et al. Constructing the phase diagram of finite neutral nuclear matter [J]. Physical Review C, 2003, 67(2): 024609.

[44] McIntosh A B, Mabiala J, Bonasera A, et al. How much cooler would it be with some more neutrons? Exploring the asymmetry dependence of the nuclear caloric curve and the liquid-gas phase transition [J]. The European Physical Journal A, 2014, 50(35): 1 - 10.

[45] Natowitz J B, Hagel K, Ma Y G, et al. Limiting temperatures and the equation of state of nuclear matter [J]. Physical Review Letters, 2002, 89 (21): 212701.

[46] Natowitz J B, Wada R, Hagel K, et al. Caloric curves and critical behavior in nuclei [J]. Physical Review C, 2002, 65(3): 034618.

[47] Carbone A, Polls A, Rios A. Microscopic predictions of the nuclear matter liquid-gas phase transition [J]. Physical Review C, 2018, 98 (2): 025804.

[48] Liu H L, Ma Y G, Fang D Q. Finite-size scaling phenomenon of nuclear liquid-gas phase transition probes [J]. Physical Review C, 2019, 99 (5): 054614.

[49] Müller W F J, Bassini R, Begemann-Blaich M, et al. Determination of critical exponents in nuclear systems [R]. GSI-Preprint - 96 - 29, July 1996, arXiv: nuclex/9607002.

[50] Lin W, Ren P, Zheng H, et al. Solidarity of signal of measures for the liquid-gas phase transition in the statistical multifragmentation model [J]. Physical Review C, 2019, 99 (5): 054616.

[51] Jandel M, Wuenschel S, Shetty D V, et al. Signatures of critical behavior in the multifragmentation of nuclei with charge $Z=12 - 15$ and the N/Z dependence [J]. Physical Review C, 2006, 74(5): 054608.

[52] 马余刚,张虎勇,沈文庆. 中能重离子核反应的碎裂、集体流和其同位旋效应 [J]. 物理学进展,2002, 22(1): 99 - 129.

[53] Ma Y G. Moment analysis and Zipf law [J]. The European Physical Journal A,

2006, 30: 227 - 242.

[54] Romatschke P, Romatschke U. Viscosity Information from relativistic nuclear collisions: how perfect is the fluid observed at RHIC? [J]. Physical Review Letters, 2007, 99(2): 172301.

[55] Song H C, Heinz U. Multiplicity scaling in ideal and viscous hydrodynamics [J]. Physical Review C, 2008, 78: 024902.

[56] Kovtun P, Son T D, Starinets A O. Viscosity in strongly interacting quantum field theories from black hole physics [J]. Physical Review Letters, 2005, 94: 111601.

[57] Heinz U, Snellings R. Collective flow and viscosity in relativistic heavy-ion collisions [J]. Annual Review of Nuclear and Particle Science, 2013, 63: 123 - 151.

[58] Plumari S, Puglisi A, Scardina F, et al. Shear viscosity of a strongly interacting system: Green-Kubo correlator versus Chapman-Enskog and relaxation-time approximations [J]. Physical Review C, 2012, 86: 054902.

[59] 邓先概. 中能重离子碰撞中输运性质以及电磁场效应研究[D]. 北京: 中国科学院大学, 2019.

[60] Danielewicz P. Transport properties of excited nuclear matter and the shock-wave profile [J]. Physics Letters B, 1984, 146(3 - 4): 168 - 175.

[61] Wiranata A, Prakash M. Shear viscosities from the Chapman-Enskog and the relaxation time approaches [J]. Physical Review C, 2012, 85: 054908.

[62] Xu J, Chen L W, Ko C M, et al. Shear viscosity of neutron-rich nucleonic matter near its liquid-gas phase transition [J]. Physics Letters B, 2013, 727: 244 - 248.

[63] Muronga A. Shear viscosity coefficient from microscopic models [J]. Physical Review C, 2004, 69: 044901.

[64] Dang N D. Shear-viscosity to entropy-density ratio from giant dipole resonances in hot nuclei [J]. Physical Review C, 2011, 84: 034309.

[65] Auerbach N, Shlomo S. η/s Ratio in finite nuclei [J]. Physical Review Letters, 2009, 103: 172501.

[66] Fang D Q, Ma Y G, Zhou C L. Shear viscosity of hot nuclear matter by the mean free path method [J]. Physical Review C, 2014, 89: 047601.

[67] Li S X, Fang D Q, Ma Y G, et al. Shear viscosity to entropy density ratio in the Boltzmann-Uehling-Uhlenbeck model [J]. Physical Review C, 2011, 84: 024607.

[68] Guo C Q, Ma Y G, He W B, et al. Iso-vector dipole resonance and shear viscosity in low energy heavy-ion collision [J]. Physical Review C, 2017, 95: 054622.

[69] Zhou C L, Ma Y G, Fang D Q, et al. Thermodynamic properties and shear viscosity over entropy-density ratio of the nuclear fireball in a quantum-molecular dynamics model [J]. Physical Review C, 2013, 88: 024604.

[70] Zhou C L, Ma Y G, Fang D Q, et al. Correlation between elliptic flow and shear viscosity in intermediate energy heavy-ion collisions [J]. Physical Review C, 2014, 90: 057601.

[71] Deng X G, Ma Y G, Veselsky. Thermal and transport properties in central heavy-

ion reactions around a few hundred MeV/nucleon [J]. Physical Review C, 2016, 94: 044622.

[72] Lacey R A, Ajitanand N N, Alexander J M, et al. Has the QCD critical point been signaled by observations at the BNL relativistic havy ion collider? [J]. Physical Review Letters, 2007, 98: 092301.

[73] Zhang F, Li C, Wen P W, et al. Shear-viscosity-to-entropy-density ratio and phase transition in multifragmentation of quasiprojectile [J]. The European Physical Journal A, 2016, 52: 281.

[74] Mondal D, Pandit D, Mukhopadhyay S, et al. Experimental determination of η/s for finite nuclear matter [J]. Physical Review Letters, 2017, 118: 192501.

[75] Liu H L, Ma Y G, Bonasera A, et al. Mean free path and shear viscosity in central ^{129}Xe $+$ ^{119}Sn collisions below 100 MeV/nucleon [J]. Physical Review C, 2017, 96: 064604.

第 4 章

放射性核束引起的
奇特核反应研究

　　放射性核束物理是研究弱束缚原子核的结构与反应的学科，是当前国际核物理最重要的前沿领域之一。与稳定核相比，远离稳定线的弱束缚核性质发生了极大的变化，出现了以新的结构自由度和新的有效相互作用为表征的新现象与新物理，如晕结构、能级反转、新幻数、连续态耦合、新激发模式、团簇结构等，这对传统的核理论提出了挑战。近几十年来，世界各国纷纷投资升级或建造放射性束流线，这为研究弱束缚核提供了有利的实验条件。本章主要介绍放射性核束的产生方法、研究核反应总截面的主要理论方法、研究奇特核反应的各种实验方法及极端不稳定原子核的奇特衰变模式等内容。

4.1　产生放射性核束的实验装置

　　对远离 β 稳定线的奇特核的结构开展实验研究，首先需要通过加速器装置产生并分离出品质足够好、流强足够高的放射性束流，这是开展放射性核束物理实验研究的基础。本节将对产生放射性束流的装置进行介绍：首先介绍放射性束流的产生和分离方法，其次以兰州重离子加速器（HIRFL）研究装置的放射性次级束流线（RIBLL）为例介绍弹核碎裂型放射性束流装置，然后介绍各国新一代放射性束流装置的发展。

4.1.1　产生放射性核束的两种主要方法

　　20 世纪 80 年代以来，放射性核束（radioactive nuclear beam，RNB）的获得和利用使放射性束物理成为核物理研究的前沿领域之一。各种类型的放射性束流装置纷纷在世界各大核物理国家实验室建成并投入运行。如法国国家重离子加速器(GANIL)的 LISE,美国密歇根州立大学的 A1200,日本理化学研究所的 RIPS 和德国重离子研究中心(GSI)的 FRS 等。在我国,中国原子能科学研究院在 HI‑13 上产生了低能放射性次级束。中国科学院近代物理研究所于 1997 年建成了国内第一条中能重离子放射性次级束流线(RIBLL),这为国内开展放射性束物理研究提供了必要的实验平台。产生放射性束的装置主要有弹核碎裂(projectile fragmentation,PF)型装置和在线同位素分离(isotope separation on line,ISOL)型装置两种,如图 4‑1 所示。PF 型装置将中高能(25~1 000 MeV/nucleon)重离子打薄靶引起的周边反应产物(主要是弹核碎裂反应产生的类弹碎片)经过电磁分离器的质量、电荷、动量选择得到放射性离子束(radioactive ion beam,RIB)。由于放射性次级束是在初级反应后即时获得的,能量可高达每核子几十至几百兆电子伏特。而 ISOL 型装置用中高能的强流轻粒子束打厚靶,通过各种核反应(低能时为熔合蒸发、转移和电

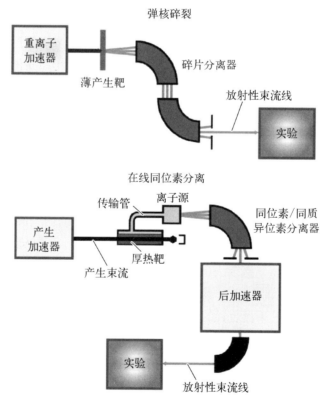

图 4‑1 弹核碎裂法和在线同位素分离法
产生放射性次级束的示意图[1]

荷交换反应,高能时为散裂、多重碎裂和裂变反应)产生放射性核,或用中能重离子打薄靶产生放射性核,再用离子源和在线同位素分离系统选出感兴趣的品种,转变成低能离子,最后注入适当的后加速器获得加速的放射性束,能量从零到库仑位垒之上,为 10~20 MeV/nucleon。相对于 ISOL 型装置,PF 型装置的一个重要优势是可以提供寿命短至 μs 级的放射性束流。由于在线同位素分离需要一定的时间,用 ISOL 方法一般只能获得寿命长于 500 ms 的放射性束。但它的一个突出优点是可产生流强高(10^{11} ~ 10^{12} pps[①])和品质好的放射性束流。

　　由于利用已有的中、高能重离子加速器产生 RNB 技术难度低、投资少而奏效快,因此目前正在使用的次级束装置大多是 PF 型的,如前面提到的LISE、A1200、RIPS、FRS 及兰州重离子加速器国家实验室的 RIBLL 等。

4.1.2　弹核碎裂反应和飞行中同位素分离

　　如前所述,PF 型装置首先通过弹核碎裂反应产生混杂在一起的多种放射性核素,再通过飞行中同位素分离(in-flight isotope separation)选取所需品种的放射性束流来进行实验。

　　弹核碎裂反应是核-核碰撞中常见的反应类型。研究发现弹核碎裂反应所产生的弹核碎片集中在一个前向的窄圆锥内,且碎片速度 v_{frag} 接近弹核速度 v_{proj}。在弹核静止坐标系下,典型的碎片动量分布呈各向同性高斯分布,与弹核和碎片有关,但与靶核质量数和束流能量无明显关系。E. M. Friedlander用参加者-旁观者模型(participant-spectator model)对碎裂反应过程进行了解释[2],如图 4-2 所示[3],其中 b 为碰撞参数,v_{proj} 为弹核速度,v_{frag} 为弹核碎片速度。参加者-旁观者模型认为在足够高能量(约 100 MeV/nucleon 及以上)的周边碰撞情况下,只有弹核与靶核相互重叠的部分(即图 4-2 中虚线之间的部分)参与到弹核碎裂反应中,称为参加者;弹核和靶核余下的部分称为旁观者。碰撞后,参加者形成一个火球并逐渐冷却成轻粒子向四周发射,而弹核的旁观者部分(即类弹碎片)以几乎不变的速度 $v_{frag} \approx v_{proj}$ 飞走。A. S. Goldhaber 基于费米气体模型中核子的费米动量给出了一个碎片动量分布与碎片质量的关系[4]:

$$\langle p_f^2 \rangle = \frac{A_f(A_p - A_f)}{A_f - 1} \langle p_p^2 \rangle \tag{4-1}$$

---

① pps 表示每秒的粒子数。

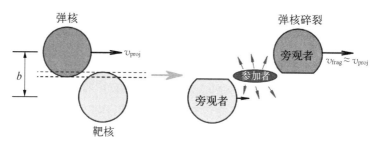

**图 4 - 2　实验室坐标系下描述弹核碎裂反应过程的
参加者-旁观者模型示意图[3]**

式中,$\langle p_p^2 \rangle$ 和 $\langle p_f^2 \rangle$ 分别为弹核和碎片动量分布的均方值,A_p 和 A_f 分别为弹核和碎片的质量数。因此如果弹核的动量分布是宽度为 σ_0 的高斯分布,则碎片的动量分布也是高斯分布,其宽度 σ_f 为

$$\sigma_f^2 = \frac{A_f(A_p - A_f)}{A_f - 1}\sigma_0^2 \qquad (4-2)$$

通过与实验值的比较,可以确定 $\sigma_0 = 90\ \mathrm{MeV}/c$。

　　飞行中同位素分离是一种基于磁刚度选择和粒子能损选择的分离方式,其原理如图 4 - 3 所示,图中粗实线为入射到产生靶上的初级束,粗虚线为穿过产生靶以后剩余的初级束;在产生靶的下游,细实线为所需要的放射性次级束,点画线为经过分离后被狭缝阻挡掉的杂质束。初级束轰击产生靶,在产生靶下游有混杂在一起的放射性束流(包括所需要的放射性次级束和杂质束)及

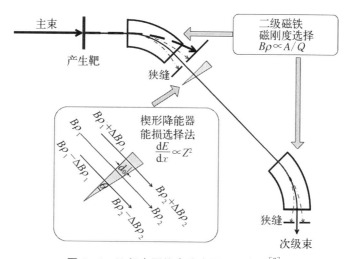

图 4 - 3　飞行中同位素分离原理示意图[2]

剩余的初级束。经过第一块二级磁铁和位于第一焦点上的狭缝对束流磁刚度 $B\rho$ 的选择后,剩余初级束打在狭缝外侧,杂质束中 A/Q 偏离第一块二级磁铁磁场设置的部分被狭缝阻挡。通过第一处狭缝的混合束流经过靠近第一处狭缝的降能器之后损失部分能量,再经过第二块二级磁铁和位于第二焦点上的狭缝的磁刚度选择后得到所需的放射性次级束。为了使束流经过降能器后仍然保持消色差焦平面的位置,使所需放射性束流能够有效地被选择和传输,降能器的形状需要特别设计。

如图 4 - 3 中插图所示,设粒子在进入降能器前和穿过降能器后的磁刚度分别为 $B\rho_1$ 和 $B\rho_2$,则降能器应满足色散匹配条件:

$$\frac{\Delta B\rho_1}{B\rho_1} = \frac{\Delta B\rho_2}{B\rho_2} \qquad (4-3)$$

根据 Bethe-Bloch 公式,能量为 E、原子序数为 Z、质量数为 A 的带电粒子在靶物质中的射程 R 可以写成:

$$R = k\frac{A}{Z^2}E^\eta \qquad (4-4)$$

式中,k 和 η 为常数,与靶材料的物质种类有关。因此,粒子穿过降能器后的磁刚度 $B\rho_2$ 可以写为

$$B\rho_2 = B\rho_1\left[1 - \frac{d(x)}{k}\frac{A^{2\eta-1}}{Z^{2\eta-1}}(B\rho_1)^{-2\eta}\right]^{-\frac{1}{2\eta}} \qquad (4-5)$$

式中,x 为粒子在降能器上的靶点横坐标,$d(x)$ 为该位置上降能器的厚度。如果降能器处在装置的色散焦平面上,则 $B\rho_1$ 与 x 成线性关系:

$$B\rho_1(x) = B\rho_1(0)\left(1 + \frac{x}{D_0}\right) \qquad (4-6)$$

式中,D_0 为装置的色散,$B\rho_1(0)$ 为装置中心轨道的磁刚度。将式(4-6)代入式(4-5),可以得到:

$$B\rho_2(x) = B\rho_1(0)\left(1 + \frac{x}{D_0}\right)\left[1 - \frac{d(x)}{k}\frac{A^{2\eta-1}}{Z^{2\eta-1}}(B\rho_1)^{-2\eta}\right]^{-\frac{1}{2\eta}} \qquad (4-7)$$

从中可以看出,当 $d(x)(B\rho_1)^{-2\eta}$ 与 x 无关时,可以得到 $B\rho_2(x) \propto$

$\left(1+\dfrac{x}{D_0}\right)\propto B\rho_1(x)$，就可以满足色散匹配条件公式(4-3)。因此，降能器的剖面形状应为

$$d(x)=d(0)\left(1+\frac{x}{D_0}\right)^{2\eta} \qquad (4-8)$$

其1阶展开为楔形：

$$d(x)=d(0)\left(1+\frac{2\eta}{D_0}x\right) \qquad (4-9)$$

由于楔形(即消色差型)降能器形状仅由系统的色散和降能器的物质种类决定，因此不同的束流均可以满足色散匹配条件，这是楔形降能器的最大特点。

下面通过介绍 RIBLL 的结构和工作方式来了解 PF 型放射性次级束装置产生 RNB 的原理。如图 4-4 所示，RIBLL 是双消色差(坐标和动量)的放射性束流装置[5]。其结构为 $Q_{01}Q_{02}D_0-T_0-Q_1Q_2D_1Q_3Q_4-C_1-Q_5Q_6D_2Q_7Q_8-T_1-Q_9Q_{10}D_3Q_{11}Q_{12}-C_2-Q_{13}Q_{14}D_4\ Q_{15}Q_{16}-T_2$ 模式。Q_i 为四极透镜，D_i 为二极透镜，T_i 表示聚焦点，而 C_i 表示色散点。RIBLL 采用 $B\rho$-ΔE-$B\rho$-TOF 方法实现对 RIB 的鉴别和分离，这是一种离子光学和反应运动学联合分离方式。由 HIRFL 提供的中能稳定重离子束流(初级束)轰击 T_0 处的初级靶产生弹核碎裂反应。初级束、弹核碎片和前方向发射的其他反应产物同时进入 RIBLL。二极磁铁 D_1 按设定的 $B\rho$ 值选择一组 A/Z 相同的放射性核素通过，即按关系式

$$B\rho=\frac{Av}{Z}\frac{U}{c^2} \qquad (4-10)$$

选择 RIB。式中，A 是核素的质量数，Z 是核电荷数，v 为核子速度，$U=931.502\times10^6$ eV，c 为光速。因为 v 接近弹核速度，$B\rho$ 基本上正比于 A/Z。

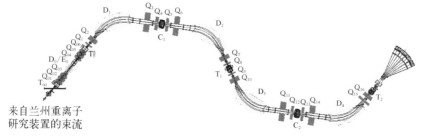

图 4-4　兰州重离子放射性束流装置示意图

通过 D_1 的离子,在色散点 C_1 穿过精心设计的消色差楔形降能器,不同质子序数的粒子损失不同的能量。消色差楔形降能器选择符合下面关系式

$$\frac{dE}{dx} \propto \frac{Z^2}{\beta^2} \qquad (4-11)$$

的离子,式中,$\beta = v/c$。然后,二极磁铁 D_2 按设定的 $B\rho_2$ 值对被降能器选择过的离子再进行一次选择。

对于较轻的弹核碎裂产生的 RIB,经过这样两次光学选择,可以得到很纯的放射性核素。但对于重弹核碎裂的 RIB,由于动量离散,电荷没有全剥离和次级反应产物存在等影响,这样的选择通常只能得到伴随有邻近核素污染的放射性核素。根据反应运动学特点,以事件方式记录经过光学选择的离子的飞行时间,就可以用软件由计算机清楚地鉴别和分离想要的任何 RIB 事件。根据实验设计的不同要求,RIBLL 可以提供多种运行模式。

(1) 高分辨模式:在高分辨模式中,RIB 在 T_0—T_1 段被 RIBLL 的 D_1、D_2 和 C_1 的降能器两次选择,进入 T_1—T_2 段又被 D_3、D_4 和 C_2 的降能器两次选择。结果 RIB 的强度降低,纯度提高。在 T_1 和 T_2 处分别安放 RIB 飞行时间探测器(time of flight detector,TOF),测量粒子在 T_1—T_2 段路程的飞行时间,就可以利用离子光学和反应运动学联合分离技术,得到最好分辨的 RIB。RIB 与位于 T_2 处的次极靶发生反应,反应产物被 T_2 之后的探测器测量。

(2) 中分辨高流强模式:在这种模式中,RIBLL 的前后两段处于不同的工作状态。T_0—T_1 段与模式(1)功能相同,RIB 在这段被 D_1、D_2 和 C_1 的降能器两次选择。T_1—T_2 段仅作为传输段,让 T_0—T_1 段选择的 RIB 通过,不再使用降能器选择。结果 RIB 强度得以保持,分辨折中。RIB 粒子的 TOF 测量与模式(1)相同,因此仍然可以采用离子光学和反应运动学联合分离技术,改善分离质量。同样,RIB 在 T_2 的次极靶上发生反应,反应产物在 T_2 以后被测量。

(3) RIB+磁谱仪模式:在这种模式中,T_0—T_1 段与模式(1)和(2)功能相同。次极靶放置在 T_1、T_1—T_2 段以磁谱仪方式工作。通过设置不同的 $B\rho$,实现选择不同的次极反应产物。RIB 的 TOF 测量在 T_0—T_1 段完成。

4.1.3　新一代放射性核束加速器

进入 21 世纪,为了产生更高流强、更好品质、更接近滴线的放射性束流,

美国、日本、德国等国家分别提出建造新一代放射性束流装置的计划。日本的放射性束流工厂(RI Beam Factory, RIBF)在 2007 年起已开始运行,美国的稀有同位素装置(Facility for Rare Isotope Beams, FRIB)正在建造之中,德国正在建造反质子与离子研究装置(FAIR),其中包括一条新一代的放射性束流线。中国也在建造强流重离子加速器装置(HIAF)并提出了建造北京在线同位素分离器(BISOL)装置的计划。新一代的装置采用强流加速器、超导磁铁等新技术把放射性束流装置的性能提高到前所未有的程度。本节将重点介绍 RIBF 及 RIBF 上的 BigRIPS 放射性束流装置。

为了发展放射性束物理这一极具潜力的核物理学科方向,日本理化学研究所(RIKEN)于 1997 年启动 RIBF 的建设计划[6]。该计划框架下新一代的放射性束装置将具备提供世界上流强最高、覆盖全部质量区间(可以重至铀同位素)、每核子数百兆电子伏特的放射性束流。RIBF 在 RIKEN 原有的 RARF 装置基础上,建造了占地面积数倍于 RARF 的新装置,包括新的重离子加速器(fRC、IRC 和 SRC)、新的放射性束流线(BigRIPS)及相应的离子源、束流传输线等设备,用于放射性核质量测量的同步稀有放射性束储存环(isochronous rare-RI ring),以及用电子散射研究稳定核或远离稳定线核内部电荷分布的自约束放射性离子靶装置(Self-Confining Radioactive Ion Target,SCRIT)。整个 RIBF 装置如图 4-5 所示。

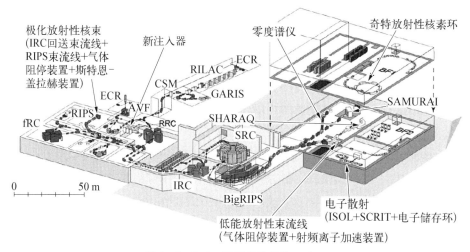

图 4-5　RIBF 装置的总结构示意图

RIBF 级联重离子加速系统如图 4-6 所示。其中,RILAC、CSM 和 RRC

是原有的装置,RRC 升级到 $K=540$ MeV。fRC 为固定频率环形加速器,$K=570$ MeV;IRC 为中级环形加速器,$K=980$ MeV;SRC 为超导环形加速器, $K=2\,500$ MeV。

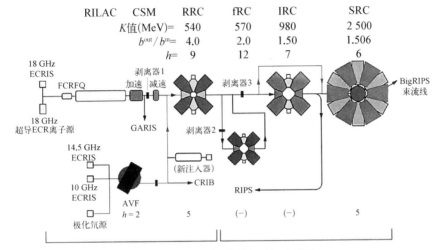

图 4 - 6　RIBF 级联重离子加速系统

RIBF 级联重离子加速系统有多个运行模式。在运行模式 1 下,放射性离子束经过 RILAC＋RRC＋fRC＋IRC＋SRC 加速序列后,被加速到固定能量 (350 MeV/nucleon);经过 IRC 加速后能量为 115 MeV/nucleon 的束流可以传输至 RIPS 装置。在运行模式 2 下,放射性离子束经过 RILAC＋RRC＋IRC＋SRC 加速序列后,被加速到可变能量。在运行模式 3 下,极化 ${}^{2}_{1}$H 束经过 AVF＋IRC＋SRC 加速序列后,束流能量达到 880 MeV。

RARF 原有的环形加速器 RRC 性能如图 4 - 7(a)所示;RIBF 级联重离子加速系统的性能如图 4 - 7(b)所示。可以看出,RIBF 计划大幅度提升了 RIKEN 加速器系统的能力,这必将对放射性次级束物理实验研究起到极大的推动作用。2006 年 12 月,RIBF 的级联加速系统首次出束,将 Al^{10+} 加速到 345 MeV/nucleon。

BigRIPS 是整个 RIBF 的关键装置[7],也是对 RIPS 放射性束流线的升级。BigRIPS 装置的结构如图 4 - 8 所示。从 SRC 传输到 BigRIPS 的产生靶的重离子束具有很高的流强和功率,例如对于 350 MeV/nucleon、约 1 pμA(此处单位为粒子微安培)的 ^{136}Xe 和 ^{238}U,束流功率分别高达 45 kW 和 84 kW。此时产生靶上的热负载将高达 20～30 kW,热功率密度更将高达 40 GW/m²,

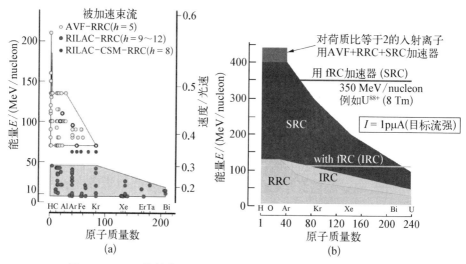

图 4-7　RRC 的性能(a)及 RIBF 级联重离子加速系统的性能(b)

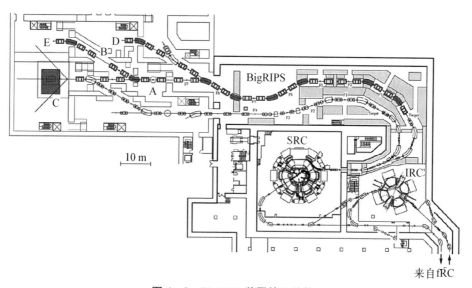

图 4-8　BigRIPS 装置的总结构

普通的固定靶已经无法承受,因此 BigRIPS 的产生靶设计成水冷转盘靶。冷却转盘靶是工程设计上解决高热负载简单而有效的主要方法。BigRIPS 除去利用常用的弹核碎裂法外,还可以利用重放射性核(如铀同位素)的飞行中裂变法来产生放射性束流。飞行中裂变有很大的中-重质量丰中子核素产生截面,因此可以显著提升该区间放射性束流的强度。但是飞行中裂变方法存在一个固有的缺点,即与 PF 方法相比放射性束流角度和动量发散要大很多。根据反应动力学的估计,对于能量为 350 MeV/nucleon 的重离子裂变过程,裂变碎片的角度和动量发散分别为 100 mrad 和 10% 左右。BigRIPS 装置在设计之初就考虑了飞行中裂变这一产生中重质量放射性束流的先进方法,采用了大磁隙的超导四极磁铁对束流进行聚焦,并采用了最大磁刚度高达 9 Tm 的偏转磁铁。这些使得 BigRIPS 具有足够大的角度/动量接收度,可以满足飞行中裂变方法的需求。

　　BigRIPS 是双级串列分离装置,它们的前级均由两块常温下工作的弯铁加上配置在每块弯铁前后的 3 单元聚焦磁铁组(quadrupole triplet)构成,其中的聚焦磁铁组使用超导四极磁铁。在 BigRIPS 的 F1 焦平面上有一块消色差楔形降能器,与安装在消色差焦平面 F2 后的超导 3 单元聚焦磁铁组 STQ5 和 STQ6 共同完成一级同位素分离。BigRIPS 的后级由 4 个常温下工作的弯铁加上配置在每块弯铁前后的 3 单元聚焦磁铁组构成,F4、F5 和 F6 均为动量色散焦平面,后级最后一个焦平面 F7 为双消色差焦平面。由于在 RIBF 能区(每核子数百兆电子伏特),用能损方法已经不能很好地从同位素中分离出单个核素来,因此 BigRIPS 采用放射性束流标记(RI beam tagging)法来进一步提高放射性束流的纯度。放射性束流标记法如图 4 - 9 所示。经 BigRIPS 前级初步分离的放射性同位素内包含了各种中子数不同的放射性核,被形象地称为“鸡尾酒束”(cocktail beam)。在从 F3 到 F7 的 BigRIPS 后级分离器中插入一系列探测器,分别测量鸡尾酒束内每一个事件的飞行时间 TOF、磁刚度 $B\rho$ 和能损 ΔE,通过在线/离线分析,利用每一事件的 TOF - $B\rho$ - ΔE 关联对鸡尾酒束进行粒子鉴别,从而间接地提高放射性束流的纯度。这就是放射性束流标记法的思路。

　　RIBF 及 BigRIPS 装置立足于成熟的弹核碎裂法,也考虑到利用飞行中衰

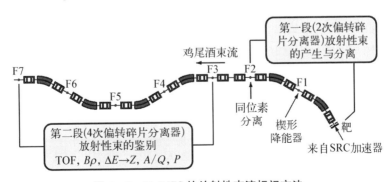

图 4 - 9　BigRIPS 的放射性束流标记方法

变法来产生高品质放射性束流。在解决了一系列工程技术上的问题后,装置可以适应飞行中裂变这一新方法的要求,从而为整个放射性束实验物理提供了新的强有力的实验平台。

4.2　核反应总截面的主要理论研究方法

随着加速器技术的发展,人们把更多的注意力集中于重离子核反应的理论和实验研究上。核反应总截面是描述重离子核-核碰撞发生各种反应概率的总和,与弹核和靶核的半径大小、碰撞能量等多个因素有关。理论上计算核反应总截面较常用的方法有 Kox 参数化[8]和 Shen 参数化[9]公式、基于量子力学半经典近似的 Glauber 模型[10]、基于 BUU 等微观输运理论的方法[11-12]。Glauber 模型和输运理论方法中都必须输入核物质的密度分布,因此利用这些模型去拟合核反应总截面的实验测量值,可以提取出核物质的密度分布,继而得到核物质的均方根半径。这些计算核反应总截面的方法被广泛地应用于远离稳定线核引起的反应中,研究晕或皮结构对核反应的影响,从而探讨其形成原因及特性。

4.2.1　参数化公式

根据强吸收模型,核反应总截面 σ_R 可以写成

$$\sigma_R = 10\pi R_{int}^2 (1 - B/E_{cm}) \qquad (4-12)$$

式中,R_{int} 是弹核和靶核的相互作用半径(单位为 fm),B 是弹和靶系统的库仑(单位为 MeV)势垒,E_{cm} 是入射弹核在质心系的能量(单位为 MeV),σ_R 单位为 mb。

4.2.1.1　Kox 公式

不同的参数化公式给出了 R_{int} 和 B 的不同解析表达式。考虑到中能区核-核碰撞的透明性和质量不对称性,Kox 等人的公式(称为 Kox 公式)能很好地拟合中能区的大量实验数据,其表达形式如下[8]:

$$B = \frac{Z_T Z_P e^2}{r_C(A_T^{1/3} + A_P^{1/3})}$$

$$R_{int} = R_{vol} + R_{surf} \qquad (4-13)$$

式中,$r_C = 1.3$ fm,Z_P 与 Z_T 分别是弹核和靶核的核电荷数,A_P 与 A_T 分别是

弹核和靶核的质量数。R_{vol} 和 R_{surf} 称为相互作用半径的体积部分和表面部分：

$$R_{vol} = r_0 (A_T^{1/3} + A_P^{1/3})$$

$$R_{surf} = r_0 \left[1.85 \frac{A_T^{1/3} A_P^{1/3}}{A_T^{1/3} + A_P^{1/3}} - C(E) \right] + \frac{\alpha (A_T - 2Z_T) Z_P}{A_T A_P} \quad (4-14)$$

式中，$r_0 = 1.1$ fm 和 $\alpha = 5$ 是一对较好的参数，$C(E)$ 是一个与系统无关的量，通过拟合大量实验数据得到，它仔细地考虑了核表面的透明度与能量的依赖关系，如图 4-10 实线所示[8]。

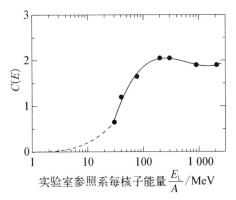

图 4-10　半经验参数 $C(E)$ 作为能量的函数[9]

4.2.1.2　Shen 公式

在低能区，4.2.1.1 节中的参数化公式不能很好地拟合实验数据，而且也没有给出低于 30 MeV/nucleon 的 $C(E)$ 值。沈文庆等人进一步改善了以上参数化公式（称为 Shen 公式）[9]，使它能同时更好地拟合从低能到中能范围内的实验数据，如下式所示：

$$B = \frac{1.44 Z_T Z_P}{r} - b \frac{R_T R_P}{R_T + R_P}$$

$$R = r_0 \left[A_T^{1/3} + A_P^{1/3} + 1.85 \frac{A_T^{1/3} A_P^{1/3}}{A_T^{1/3} + A_P^{1/3}} - C(E) \right] +$$

$$\alpha \frac{(A_T - 2Z_T) Z_P}{A_T A_P} + \beta E_{cm}^{-1/3} \frac{A_T^{1/3} A_P^{1/3}}{A_T^{1/3} + A_P^{1/3}} \quad (4-15)$$

式中，$r = (R_T + R_P + 3.2)$fm，$b = 1$ MeV·fm^{-1}，$R_i = 1.12 A_i^{1/3} - 0.94 A_i^{1/3}$，

$(i = \mathrm{T}, \mathrm{P})$。

式(4-15)中同时将 $C(E)$ 外推到了低能区,如图4-10中虚线所示。$C(E)$ 随着能量的增大急剧上升,到 $200\sim300$ MeV/nucleon 时达到饱和。这也说明了在低能区,核的表面透明度很小,平均场占据了重要的地位;到了中能区,核的表面透明度急剧上升,核子-核子碰撞成为主要的反应机制。

图4-11中给出了几个不同反应系统的 σ_{R} 的能量依赖曲线,可以看到,利用同一套参数($\alpha = 1$ fm,$\beta = 0.176$ MeV$^{1/3}$ · fm,$R_0 = 1.1$ fm)就可以很好地拟合不同的反应系统。

计算 σ_{R} 的参数化公式是通过拟合大量现有的实验数据得到的,因此能够很好地描述 β 稳定线附近核的 σ_{R} 的变化规律。但对于离 β 稳定线很远的核,由于同位旋效应对 σ_{R} 的影响,参数化公式的计算值一般比实验值低。但总的说来用参数化公式算出的 σ_{R} 具有一定的可靠性,从而能用来预言核反应总截面值。同时,人们常通过调节参数化公式中的核半径参数 r_0 来拟合实验的 σ_{R},从而提取 r_0,而 r_0 的大小反映了核半径的大小。研究表明,对于有晕或皮结构的核,从实验中提取出的 r_0 将比从正常核提取的结果大得多,图4-12显示了核反应总截面测量实验中提取出的 r_0^2 [13],对正常核 r_0^2 约为1.2,而对有奇特结构的核,r_0^2 都有不同程度的增

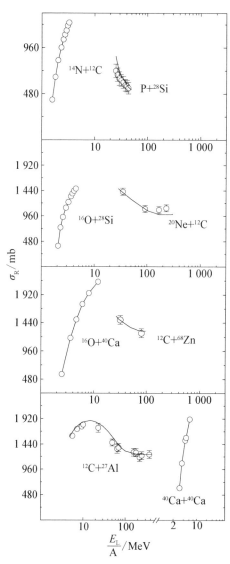

图4-11 几个不同系统的核反应总截面能量激发函数[9]

加。如对中子晕核 ^{11}Li,得到的 r_0^2 值达到 2.017 fm^2,这表明了它具有反常的核物质分布半径。

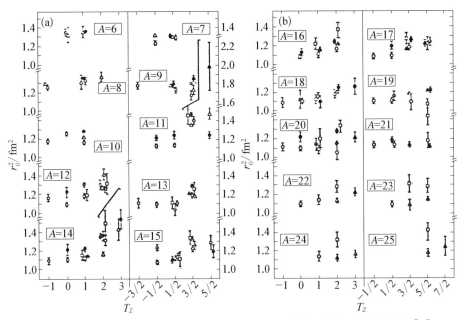

图 4-12 从实验核反应总截面数据中提取的半径参数 r_0^2 与同位旋的关系[13]

4.2.2 Glauber 模型

自从 20 世纪 50 年代 Glauber 模型提出以来,它一直是描述高能核子-核子散射的重要工具,能非常成功地描述与入射能量有关的反应总截面。Glauber 模型可以用来建立核内核子密度分布与实验得到的反应截面的联系。尽管 Glauber 模型是一个比较简单的模型,但是研究结果表明,在很多情况下Glauber 模型所提供的研究结果是非常有效的。Glauber 模型在研究晕结构中仍然是主要的理论工具之一。Karal[14]用半经典的光学模型近似推导出高能下核-核碰撞的反应截面的 Glauber 模型的解析表达式,输入参数为两个核的均方根半径和实验的核子-核子散射总截面,并用该模型研究了 ^{12}C 对不同靶核的散射,理论计算与实验数据能够拟合得很好。Charagi 等[10]在通常的 Glauber 模型基础上考虑了库仑修正,得到一个接近解析的反应截面表达式,用于研究核-核碰撞,他们发现它能够在很大的能量范围内很好地符合一系列核-核碰撞的截面,特别是可以用于每核子几十兆电子伏特的较低能区。由于核子-核子碰撞截面描述核子-核子之间的碰撞概率,而在高能区反应机制中的核子-核子碰撞起主要作用,因此 Glauber 模型能够非常成功地描述高能核反应总截面。

基于 Glauber 模型和半经典光学模型,核反应总截面可写成:

$$\sigma_R = 2\pi \int_0^\infty b \, db \left[1 - T(b)\right] \qquad (4-16)$$

式中,b 是碰撞参数,考虑有限力程相互作用[15],透射函数 T 的一般形式可写为

$$T(b) = \exp\left[-\bar{\sigma}_{nn} \int d^2 \boldsymbol{r}_T \int d^2 \boldsymbol{r}_P f(|\boldsymbol{r}_T - \boldsymbol{r}_P|) \rho_T^z(\boldsymbol{r}_T) \rho_P^z(|\boldsymbol{r}_P - \boldsymbol{b}|)\right]$$

$$(4-17)$$

有限力程相互作用函数 $f(r)$ 按 $\int f d^2\boldsymbol{r} = 1$ 进行归一,常采用的形式为[10]

$$f(r) = \frac{\exp(-r^2/r_0^2)}{\pi r_0^2} \qquad (4-18)$$

式中,r_0 为相互作用力程,通常取 $r_0 = 1$ fm。$\bar{\sigma}_{nn}$ 是中子-中子(n−n)、质子-质子(p−p)和中子-质子(n−p)相互作用碰撞截面的平均值,一般可由下式计算:

$$\bar{\sigma}_{nn} = \frac{N_P N_T \sigma_{nn} + Z_P Z_T \sigma_{pp} + N_P Z_T \sigma_{np} + Z_P N_T \sigma_{np}}{A_P A_T} \qquad (4-19)$$

式中,A、N 和 Z 分别指核的质量数、中子数和质子数,下标 T 或 P 分别指靶核和弹核,而下标 n 和 p 分别表示中子和质子。厚度函数 $\rho_i^z(\boldsymbol{r})$ 由下式定义:

$$\rho_i^z(\boldsymbol{r}) = \int_{-\infty}^{+\infty} dz \rho_i\left[(\boldsymbol{r}^2 + z^2)^{1/2}\right] \qquad (4-20)$$

式中,下标 i 代表 T(靶核)与 P(弹核)。ρ_i 是核的密度分布,而 z 表示坐标轴的第三维,同时也取为弹核入射方向。

由于假定质子和中子具有相同的密度分布,上述的 Glauber 模型无法正确解释一些实验结果,而且也低估了远离 β 稳定线核在中能区的 σ_R 实验数据。因此,需要引进质子和中子密度分布的差异对 Karol 的 Glauber 模型进行修正。通过引入小液滴模型[16]给出的核内质子、中子的不同分布,Shen 等[9]发展了一个计算 σ_R 的修正 Glauber 微观模型,由于在中能时 σ_{np} 大约是 σ_{nn} 或 σ_{pp} 的 3 倍,$N_T - N_P$、$P_T - P_P$、$N_T - P_P$ 和 $P_T - N_P$ 的核子间作用被分开处

理。我们仍然可以使用方程(4-16)来计算,为了简化,假定靶核的质子和中子密度分布形式为已知的高斯分布形式:

$$\rho_i(b) = \rho_i(0)\exp(-b^2/a_i^2) \tag{4-21}$$

式中,$\rho_i(0)$ 表示核子的中心密度,a_i 是表面弥散度参数。Karol 关于 $T(b)$ 的 Glauber 模型计算的解析表达式可修正为

$$T(b) = \exp\left[-\pi^2 \sum_{i=N,Z} \sum_{j=N,Z} \frac{\sigma_{ij}\rho_{T_i}(0)\rho_{P_j}(0)\alpha_{T_i}^3\alpha_{P_j}^3}{\alpha_{T_i}^2 + \alpha_{P_j}^2}\exp\left(-\frac{b^2}{\alpha_{T_i}^2 + \alpha_{P_j}^2}\right)\right]$$

$$\tag{4-22}$$

式中,$i = N$,Z 及 $j = N$,Z 表示分别对弹核和靶核中的中子和质子求和,$\rho_{T_i}(0)$、$\rho_{P_j}(0)$、α_{T_i} 和 α_{P_j} 分别是描绘弹核和靶核中的中子或质子采用表面归一的 Gaussian 分布的参数。

　　在 Glauber 模型计算中,密度分布一般采用如费米分布、高斯分布和谐振子分布(harmonic-oscillator, HO)等参数化形式,也可以使用理论模型(如 Hartree-Fork、RMF 等)计算的质子(或中子)的密度分布。对于轻的弹核,可以采用如下的 HO 分布:

$$\rho(r) = c_1\left[1 + c_2\left(\frac{r}{a}\right)^2 + c_3\left(\frac{r}{a}\right)^4\right]\exp\left[\left(\frac{r}{a}\right)^2\right] \tag{4-23}$$

式中,a 是 HO 分布的宽度参数,另外三个参数分别为 $c_1 = \dfrac{4N}{\pi^{3/2}N_2 a^3}$,$c_2 = \dfrac{N_1 - 2}{3}$ 和 $c_3 = \max\left(\dfrac{N - N_1}{15}, 0\right)$,其中 $N_1 = \min(N, 8)$,$N_2 = N + N_1$。对总的核物质密度分布,N 代表核子数,若区分中子或质子,则 N 代表中子数或质子数。

　　对重的弹核,最好采用费米分布:

$$\rho_i(r) = \rho_i(0)\frac{1}{1 + \exp[(r - C_i)/(t_i/4.4)]}; \quad i = N,Z \tag{4-24}$$

式中,$\rho_N(0) = \dfrac{3N}{4\pi C_N^3[1 + \pi^2 t_N^2(19.36C_N^2)]}$,$\rho_Z(0) = \dfrac{3Z}{4\pi C_Z^3[1 + \pi^2 t_Z^2(19.36C_Z^2)]}$

式中,C_N、C_Z、t_N 和 t_Z 分别是中子和质子分布的半密度半径和表面弥散度。

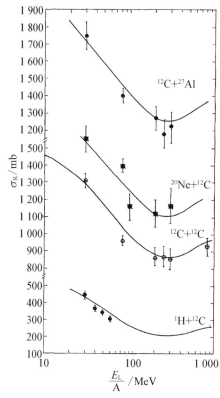

图 4 - 13 基于区分质子和中子的核–核子碰撞截面的微观修正 Glauber 模型的计算结果与 σ_R 实验数据的比较[9]

C_N、C_Z 通过小液滴模型给出：

$$C_i = R_i[1 - (b_i/R_i)^2]; \quad i = N, Z \tag{4-25}$$

式中，$b_i = 0.43 t_i$。中子和质子密度分布的等效表面形状半径 R_N、R_Z 由有效核物质半径 R 和中子皮厚度 d 得出：

$$R_N = R + (Z/A)d \tag{4-26}$$

$$R_Z = R - (N/A)d \tag{4-27}$$

式中，$R = r_0 A^{1/3}(1 + \bar{\varepsilon})$，$d = \dfrac{2}{3}[(N - Z)/A - \bar{\delta}]R$。$\bar{\varepsilon}$、$\bar{\delta}$、$r_0$ 等的值取自文献 [16]。对在 β 稳定线附近的核，一些实验已证明中子和质子分布的表面弥散度是一个常数：$t_Z = t_N = 2.4$ fm。对形变核，形变可以通过 Legendre 多项式来处理表面形状后引入上述方程[16]。图 4 - 13 给出的计算结果表明修正的微观模型能很好地拟合 β 稳定线附近核的 σ_R 数据。

4.2.3 输运理论方法

如第三章所述，核输运模型是处理中高能重离子反应过程的有效工具。用核的输运方程，人们可以追踪重离子反应的动力学演化，从核反应的初始阶段经过反应的中间阶段，一直到最后的实验可观察阶段。这样人们可以从已知的初始条件及可观察量的末态性质推断出感兴趣的中间阶段核物质的性质，从而获得在广泛的密度和温度范围内核物质性质的状态方程。中能区核的输运理论，如 BUU、QMD 模型已广泛应用于研究中能下核 - 核碰撞。关于这些输运模型的详细介绍可以参考第 2 章。

在核反应总截面的计算方法中，参数化公式和 Glauber 模型都无法探索核反应演化过程中的一些物理量或效应对截面的影响。为了达到这样的目的，马余刚等人发展了 BUU 输运模型，使它可以计算核反应总截面 $\sigma_R^{[11-12]}$，并从中提取可能的 EOS 和介质中的 σ_{nn} 等信息。与 Glauber 模型相比，BUU 模型的优点在于考虑了核反应过程中细致的动力学过程对 σ_R 的影响。在 BUU 模型中，核子-核子碰撞是最关键的一个物理量，通过合适的 σ_{nn} 的参数化，可以得到核反应过程中平均核子-核子碰撞数 N，作为碰撞参数 b 的函数。然后根据泊松统计，经历了 n 次碰撞的概率可以用下式得到：

$$T_n(b) = \frac{N(b)^n \exp[-N(b)]}{n!} \tag{4-28}$$

式中，N 是平均核子-核子碰撞数，也即总碰撞数的一半，是碰撞参数 b 的函数。这样，把所有经历了 $n \geqslant 1$ 次碰撞的概率累加就可得到核反应中总的核子-核子碰撞概率 $Q_0(b)$，它对应于 σ_R 计算中的吸收概率：

$$Q_0(b) = \sum_{n=1}^{\infty} T_n(b) = 1 - \exp(-N) \tag{4-29}$$

对碰撞参数求积分，可得到 σ_R：

$$\sigma_R = 2\pi \int b \, db [1 - \exp(-N)] \tag{4-30}$$

只要我们输入适当的介质中的核子-核子碰撞截面、核势函数和核子的密度分布函数便可以算出 σ_R。这种方法中最关键的物理量是 $N(b)$，而它又是在多种物理因素影响下核的动力学相关量。因此 $N(b)$ 包含 EOS、σ_{nn}、泡利阻塞、费米运动及核的动力学机制等信息将自然地反映到 σ_R 上去。

图 4-14 显示了 BUU 计算的 $^{12}\text{C} + {}^{12}\text{C}$ 从中能区到相对论能区的 σ_R 激发函数，图中的方块是利用 CASCADE 程序的结果。实线、长虚线和短虚线分别是用了 σ_{Cug}、$0.8\sigma_{\text{Cug}}$ 和 $0.6\sigma_{\text{Cug}}$ 的计算结果。计算中采用软势及 0.6 倍、0.8 倍和 1.0 倍的 Cugnon 参数化核子-核子碰撞截面 σ_{Cug}，核子分布采用简单的矩形分布。图 4-15 显示了用 BUU 模型拟合 $^{11}\text{Li} + {}^{12}\text{C}$、$^{11}\text{Be} + {}^{12}\text{C}$、$^{11}\text{Be} + {}^{27}\text{Al}$ 等由奇特核引起反应的 σ_R 激发函数。图中有误差棒的点是实验值，^{12}C 的 r_0 取 1.33 fm。上图的空心圆、方块和三角是 ^{11}Li 的 r_0 取 1.33 fm、1.60 fm、

1.80 fm 时的结果。下图的 ^{11}Be 的 r_0 取 1.50 fm，^{27}Al 的 r_0 取 1.25 fm。实线和虚线是取硬核势或软核势时的不同结果。从两个图中可以看出，对于稳定核引起的反应，采用硬势和 $0.8\sigma_{Cug}$ 能得到与实验数据的很好拟合；而对于奇特核引起的反应，采用硬势和 σ_{Cug} 是合适的。也就是说，可以认为核子-核子碰撞截面在奇特核和稳定核中具有不同的介质效应，奇特核中的 σ_{nn} 要大于稳定核中的 σ_{nn}，这可能缘于奇特核中外层核子的松散束缚。

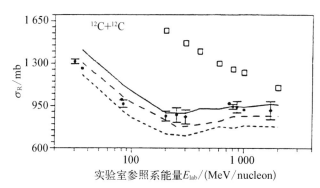

图 4 - 14　包括了 $\boldsymbol{\sigma}_{nn}$ 与动力学效应的 ^{12}C＋^{12}C 核反应
总截面的激发函数[12]

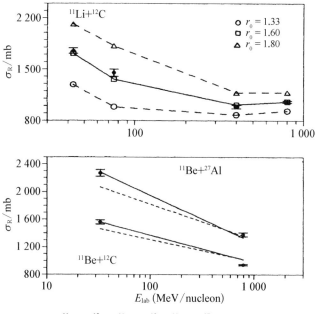

图 4 - 15　^{11}Li＋^{12}C、^{11}Be＋^{12}C、^{11}Be＋^{27}Al 核反应总截面的
激发函数[12]

IQMD 模型是一个能成功描述中能重离子碰撞过程的输运理论,在充分考虑中能区核反应特点的基础上,在弹核和靶核的核子初始化及反应的末态处理上,都有着比较合理的考虑。与 BUU 模型相比,IQMD 模型可以描述核反应中团簇或碎片的形成与发射。因此,如果能够利用此模型研究核反应的重要物理量——核反应总截面,将是一件很有意义的事情。

考虑到中能区及奇特核反应的特性,魏义彬等人采用能量依赖的核子泡利体积对 IQMD 模型进行了改进[17]。基于马余刚等人发展的方法,他们用 IQMD 模型计算了 $^{11}Li + ^{12}C$ 的反应总截面能量激发曲线,如图 4 - 16 所示。图中空心圆点是实验结果,实线是采用不变的核子泡利体积的计算结果,虚线是采用随能量改变的核子泡利体积的计算结果。从图中可以明显地看出,采用提取的泡利体积所得到的计算结果与实验值拟合得更好。新的计算结果比较真实地反映了双中子晕核 ^{11}Li 轰击 ^{12}C 的反应总截面随入射能量的变化趋势,为进一步利用 IQMD 模型计算别的同位素系统的反应总截面提供了比较可靠的基础。

同时,计算的 $^{27}Al + ^{12}C$ 在中能区的反应总截面的能量激发曲线如图 4 - 17 所示。虚线是 IQMD 模型的计算结果,采用了随能量变化的核子泡利体积。空心的圆点是实验数据。从图中可以看出,IQMD 的计算结果很好地拟合了中能区的实验数据,基本上反映了反应总截面随能量的改变而变化的趋势。

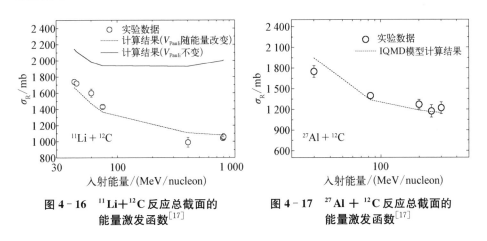

图 4 - 16　$^{11}Li + ^{12}C$ 反应总截面的
**　　　　能量激发函数**[17]

图 4 - 17　$^{27}Al + ^{12}C$ 反应总截面的
**　　　　能量激发函数**[17]

另外,对不同的同位素系统,用 IQMD 方法计算了可能存在晕结构的核素及其附近的核素轰击^{12}C靶的反应总截面,如图4-18所示。图4-18从左到右依次对应锂同位素、氦同位素、铍同位素,实心圆点是实验数据,线段连接的空心方块是计算的结果,密度分布采用SHF(Skyrme-Hartree-Fock)理论的结果。其中,图4-18对应锂同位素图中的线段连接实心三角形结果是在IQMD模型计算中,锂同位素的密度分布采用了RMF的计算结果,RMF模型在一些存在奇特结构的轻核的密度分布方面,可以给出与实验符合得比较好的结果。从图中可以看出,对于不同的同位素系统,IQMD模型都能够比较好地给出反应总截面的同位旋依赖性。特别是对存在奇特结构的核素,都给出了异常增加的趋势。由于SHF的密度分布的计算结果对于一些存在奇特结构的核素,并不能非常好地给出密度分布中的尾巴部分,因此导致了计算结果比实验值要低一些的现象。

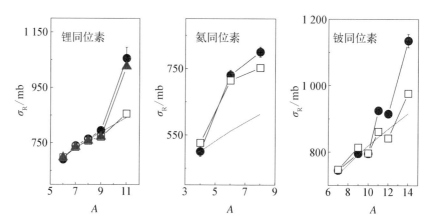

图4-18　IQMD模型计算的不同同位素的反应总截面结果
（弹核的入射能量为800 MeV/nucleon,靶核为^{12}C)[17]

对于双中子晕的核素,^{11}Li最早被确认[18]。魏义彬等人在研究中发现,采用SHF给出的^{11}Li密度分布,IQMD并不能给出与实验一致的结果。考虑到^{11}Li的密度分布中,尾巴部分延伸范围比较大,通过提取实验的密度分布可以观察两者之间的差别。实验提取的^{11}Li的密度分布在尾部有一个很大的弥散,这是因为^{11}Li最外层的两个中子的束缚能非常小,很容易延伸到外围,从而使密度分布也有很大的延展,这也是为什么^{11}Li的均方根半径很大的原因。结果如图4-19所示。实线是实验提取的^{11}Li密度分布,虚线是SHF的计算结果。可以很明显地看到,SHF的计算结果在核心部分的密度与实验结果拟合得很好,但在描述奇特结构比较重要的尾巴密度分布部分,与实验数据差别很大,这也许是因采用了 SHF 计算密度分布,IQMD 不能在所有能区给出比较合理的反应总截面计算结果所致。

采用以上两种密度分布,利用 IQMD 模型得到的反应总截面的能量激发函数如图 4 - 20 所示。圆点是实验数据,实线是采用实验的密度分布得到的反应总截面的计算结果,虚线是采用 SHF 的计算结果得到的反应总截面。从图中可以明显看出,实验的密度分布的 IQMD 反应总截面的计算结果更好地拟合了实验结果。

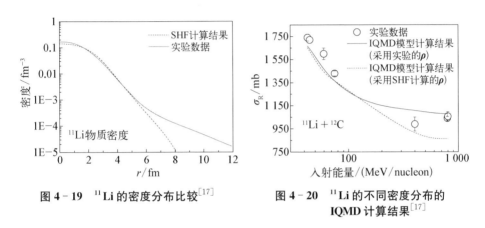

图 4 - 19　^{11}Li 的密度分布比较[17]　　图 4 - 20　^{11}Li 的不同密度分布的 IQMD 计算结果[17]

以上的计算结果显示,用 BUU、IQMD 输运理论方法能够比较好地给出反应总截面的能量激发函数,同时对反应总截面的同位旋依赖性也可以给出合理的结果。发展的输运理论给出了一种全新的计算反应总截面的方法。由于 BUU、IQMD 模型能探索核反应的中间演化过程,这为研究核物质状态方程、介质效应及核反应过程中的一些动力学对核反应总截面的影响提供了一种途径。

4.3　放射性核束引起的核反应实验研究方法

从 1985 年 I. Tanihata 发现晕核^{11}Li 以来[18-19],人们提出了一系列对晕结构敏感的可观测量(即晕结构的探针),并据此发展出一系列研究晕结构的实验方法。在晕结构探针中,有一些只能测量基态核;另一些因为涉及原子核束缚态之间的跃迁,所以可通过 γ 符合法来实现对激发态核的测量。晕结构的本质在于弱束缚的价核子有弥散到核芯外很远的低密度空间的分布特点。因此,原则上任何对价核子空间分布的延展敏感的可测量物理量都可作为晕核的探针；进一步地，如果价核子空间分布的延展对物理量的贡献越明显，则这个探针对晕结构越敏感。K. Riisager 将晕结构探针归纳为三类[20]：① 核反应直接测量；② 库仑解离、光解离和辐射俘获；③ 电磁跃迁。本节将对晕结构的实验探测方法做简要介绍。

4.3.1 核反应总截面

对核反应进行直接测量是研究晕结构的主要实验手段，广泛应用到远离稳定线核的奇特结构研究中。由于需要用放射性束流打靶的方式对核反应进行直接测量，因此这种实验测量手段只适用于核的基态或者长寿命激发态。核反应直接测量的常用观测量中最主要的物理量是反应总截面。反应总截面是表征核反应和原子核特征的一个基本量，它与核的空间尺寸有着直接联系，同时它也是放射性核束实验中少数几个易于测量的物理量之一。从实验中得到的核反应总截面对弹核的能量、质量数、同位旋等物理量的依赖关系可以提取出许多反映原子核整体特性的知识，如核的大小、形变、核内质子/中子的分布等。很多奇特核的反应总截面测量已有实验结果[21]，这些测量主要集中在约 1 GeV/nucleon 的高能区，而在 20～100 MeV/nucleon 的中能区的实验数据很少。不同实验小组的数据存在较大的差别，中能区和高能区的截面数据也存在较大的差别，很难用同一种理论模型来很好地拟合。引起这种差异的主要原因可能如下：一方面，中能区和高能区的核反应机制有很大的不同，在中能区核反应总截面随着弹核入射能量强烈地变化，在高能区这种变化则比较平缓；另一方面，理论模型有待改进，如何能同时对不同能区的反应总截面很好地拟合是一个需要解决的问题；另外还有由于束流品质和实验方法的问题使得截面测量的精度还不够等。因此，发展具有高精度的新的实验测量方法，深入地进行奇特核的反应总截面测量，特别是在反应机制丰富的中能区的实验测量，对研究中能区和高能区核反应总截面的差异，更好地探索核半径、核子分布、远离 β 稳定线原子核的奇特结构等问题具有重要的意义。

核-核碰撞过程中的各类截面可以通过不同的办法提取。实验上既可以通过未参与反应的弹核粒子计数来提取反应总截面，也可以通过某一反应道产物粒子计数来提取该反应道的截面。

4.3.1.1 束流透射法提取反应截面

透射法（transmission method）提取反应截面的原理如图 4-21 所示。记

靶的粒子数密度为 t，待测反应总截面为 σ_R，入射事件数为 N_0，则透射事件数 N_1 为

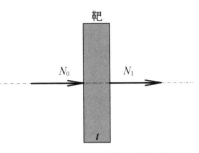

靶

$$N_1 = N_0 \exp(-\sigma_R t) \quad (4-31)$$

反应率 R 为

$$R = 1 - \exp(-\sigma_R t) \quad (4-32)$$

图 4 - 21　束流透射法提取反应截面的原理图

一方面，可以通过式(4-32)用反应率求出截面；另一方面，在已知靶密度 t 的情况下，通过在靶前和靶后分别对弹核进行有效鉴别，并统计出 N_0 和 N_1，就可以提取出 σ_R：

$$\sigma_R = -\frac{1}{t} \ln\left(\frac{N_1}{N_0}\right) \quad (4-33)$$

实验上，t 的单位一般取作 cm^{-2}，并记透射率为 $\gamma \equiv N_1/N_0$。

　　用束流透射法提取反应总截面只需要测量入射和透射粒子计数，而不需要测量反应产物的计数，这是束流透射法最主要的特点。在 R 较小的情况下，反应产物的计数很稀少，透射粒子计数接近于入射粒子计数，因此透射法提取反应总截面的统计误差比较小。图 4 - 21 和公式(4 - 33)代表了理想情况；实验中的实际情况要复杂一些。首先，实际情况中对粒子的探测效率无法达到 100%；虽然在遍举实验中可以不考虑靶前探测器的效率，但必须考虑靶后探测器的效率。其次，实际情况中弹核在各探测器上都有可能发生核反应，换言之弹核在探测器上的透射率小于 1。因此，一方面，弹核在靶前（靶后）探测器上的反应会带来入射（透射）弹核计数上的误差；另一方面，由于一般情况下靶前（靶后）每一段的粒子鉴别都是基于一组探测器序列上的级联鉴别，弹核的种类是通过各探测器测量量之间的关联谱先后鉴别的，因此弹核粒子在探测器上的反应会带来粒子鉴别本底。最后，实际情况中实验装置具有有限的接收度，束流在实验装置中的传输效率也无法达到 100%；对于 PF 型装置产生放射性束流，由于弹核束流本身发射度就比较可观，穿透反应靶后的剩余弹核束流发射度会更大，因此即使实验装置有很大的接收度，也会有可观的粒子传输损失。上述所列各种因素的影响可以通过空靶实验予以修正[22-23]。

　　最早用来测量奇特核反应总截面的装置如图 4 - 22 所示[19]。该实验用了

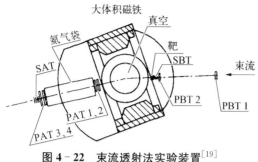

图 4-22 束流透射法实验装置[19]

6 个多丝正比室（multi-wire proportional chamber，MWPC）来测量粒子的飞行径迹，靶前 2 个（PBT1 和 PBT2），靶后 4 个（PAT1 到 PAT4）。实验通过粒子飞行时间、粒子径迹和粒子在塑料闪烁体探测器（SBT）中的能损进行靶前粒子鉴别；利用粒子从 SBT 到塑料闪烁体探测器 SAT 的飞行时间、粒子在大体积磁铁 HISS 中的偏转角度和粒子在 SBT 中的能损进行靶后粒子鉴别。

R. E. Warner 等人测量了每核子几十兆电子伏特的奇特核氦、锂、硼和铍同位素轰击硅靶的反应总截面[24]。该实验采用了飞行时间探测器（TOF）、两片平行板雪崩计数器（parallel-plate avalanche counter，PPAC）和 5 组硅望远镜。每组硅望远镜都由一片 $100\,\mu m$ 薄硅片和一片 1 mm 厚硅片组成，每组中的薄硅片均可直接当作反应靶使用。由于级联硅望远镜也起到了降能器的作用，因此该实验可以同时测量能量在每核子 $20\sim60$ MeV 范围内的反应总截面，但同时由于束流在靶后探测器内进行反应，所带来的误差处理十分复杂。

4.3.1.2　4π-γ 符合法提取反应总截面

用透射法测量核反应总截面无法彻底解决非弹性散射和库仑激发问题。为了克服这个困难，人们发展了一种提取反应截面的 4π-γ 符合法[25]。这种方法的主要原理是将至少 1 个 γ 射线发射当作核反应发生的标志。假设探测器对 γ 射线的探测效率 $\varepsilon=100\%$，则只要统计所测到 γ 射线的事件数，就相当于得到了反应的事件数。实际情况下 $\varepsilon<1$，但由于核反应中 γ 射线的多重性弥补了探测效率的不足。如果核反应的 γ 射线多重数为 M_γ，则探测到至少一个 γ 射线的概率为 $P=1-(1-\varepsilon)_\gamma^M$；例如对于 $\varepsilon=80\%$ 的探测系统，探测到 $M_\gamma=3$ 的核反应的概率就达到了 99.2%。

4π-γ 符合法提取反应截面的典型装置如图 4-23 所示。4π-γ 符合法需要用到包围全立体角的 4π-γ 探测器阵列，因此对实验探测设备的要求比较高，并且需要对各个探测器的接收度和效率等因素做出相应修正，实验数据分析较为复杂。

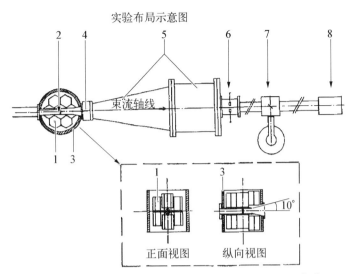

图 4 - 23　4π - γ 符合法提取反应总截面的典型装置[25]

4.3.2　价核子动量分布

可以通过核反应直接测量得到的另一个物理量是弹核碎裂反应碎片的动量分布,其中碎片既可以是核芯,也可以是价核子。

从测不准原理的角度,即可定性地理解碎片动量分布为何是一个对晕结构敏感的物理量。碎片动量分布宽度越窄,则意味着在弹核体系中,碎片之间(即核芯与价核子之间)的内禀动量涨落越小;根据测不准原理,这意味着核芯与价核子形成了一个坐标空间上比较疏松的结构,即价核子的空间分布弥散到远离核芯之外的地方。从表象变换的角度看,可以理解碎片动量分布对价核子在坐标空间内弥散的敏感程度。记核芯-价核子体系坐标表象下的波函数为 $\psi(r)$,则变换到动量表象下的波函数 $\chi(k)$ 为

$$\chi(k) = \int e^{ik\cdot r}\psi(r)d^3r \qquad (4 - 34)$$

由式(4 - 34)可以看出,由于存在权重因子 $e^{ik\cdot r}$,当 r 较大的时候动量空间波函数 χ 的零点值 $\chi(0)$ 对空间波函数敏感度增强。

碎片动量分布宽度是一个对空间波函数当 r 较大时的取值更为敏感的物理量。在将式(4 - 34)展开到 k 的二阶项后,碎片动量分布宽度可以

写成

$$FWHM \approx 2 \left[\frac{2 \int R(r) r^4 \mathrm{d}r}{3 \int R(r) r^2 \mathrm{d}r} \right]^{-1/2} \qquad (4-35)$$

式中,$R(r)$ 是坐标空间波函数的径向部分。可以看出,空间波函数的尾巴部分对式(4-35)的贡献以接近于 r^2 的程度得到增强。因此,相对于动量空间波函数 χ 的零点值,碎片动量分布宽度对晕结构更加敏感。在对碎片动量分布的测量中,部分实验测量碎片横向动量 $p_\perp$ 的分布;部分实验测量碎片径向动量 $p_\parallel$ 的分布。弹核碎裂反应中碎片的横向动量分布受靶核的库仑散射和靶内多重散射等动力学因素影响而有所展宽,因而其分布宽度并不能完全反映弹核的内部结构。例如,在 ^{11}Li 打铅靶的实验中所测得的 ^{9}Li 碎片横向动量分布宽度为 $\sigma_\perp = (71 \pm 15)\mathrm{MeV}/c$,在轻靶情况下测量到的 $\sigma_\perp = (23 \pm 5)\mathrm{MeV}/c$ 的窄峰已经被掩盖[26]。与此相反,碎片的径向动量分布宽度 $\sigma_\parallel$ 受到碎裂反应过程中的动力学因素影响较少,其分布宽度可以有效地反映弹核的内部结构。例如对于典型的中子晕核 ^{11}Li,其双中子剥离碎片 ^{9}Li 的 $\sigma_\parallel$ 对靶核的种类并不敏感[27],如图 4-24 所示。图中菱形和正方形点分别表示测量系统运行在中接收度(立体角 $\Delta\Omega \approx 0.8\ \mathrm{msr}$)和高接收度($\Delta\Omega \approx 4.3\ \mathrm{msr}$)模式下的测量结果。此外,从该图中还可以看出,碎片的径向动量分布宽度对测量系统的接收度也不敏感。由于对碎片动量分布的测量需要对弹核碎裂反应产物进行有效的粒子鉴别,并且需要分析足够多的碎裂反应事件来降低统计误

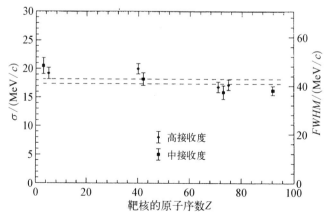

图 4-24　中子晕核 ^{11}Li 双中子剥离碎片 ^{9}Li 的 $\sigma_\parallel$
随着靶核原子序数 Z 的变化[27]

差,因此这类实验对放射性束流装置和探测系统的要求也比较高;对于弹核较重的实验,还需要设计空靶测量来扣除本底,同时离线数据分析也相应变得比较复杂。

反应截面和碎片动量分布是对核反应进行直接测量实验中比较容易获得的两类物理量,它们对核的奇特结构,特别是晕结构具有不同程度的敏感性。目前关于奇特核结构的大多数实验都围绕着这两类物理量的测量和提取展开。

为了提取弹核打靶过程中碎片的动量分布,人们先后发展了多种测量方法。其中较为典型的有磁谱仪法、能损谱仪法和直接飞行时间法。

4.3.2.1　磁谱仪法和能损谱仪法

磁谱仪(magnetic spectrometer)法和能损谱仪(energy-loss spectrometer)法是提取碎片动量分布的传统方法。N. A. Orr 在文献[28]中对这两种方法做了总结。目前普遍用于放射性核束物理实验研究的弹核碎裂型装置能够产生足够强度的放射性次级束,但所产生的放射性次级束具有较大的动量发散及较大的角度发散。弹核碎裂型装置典型的动量接收度为百分之几左右,束流角度发散为 $1° \sim 2°$。具有单块色散磁铁的系统如 HISS/LBL 或 ALADIN/GSI 即可以进行横向碎片动量分布测量。只要测得入射弹核和出射碎片的径迹就可以根据磁刚度得到碎片的横向动量分布。

在能损谱仪法测量中,放射性束流装置的第一级用来产生待测的弹核束流;弹核束流在装置的色散焦平面上轰击反应靶并发生碎裂反应;装置的第二级通过在消色差焦平面上测量碎裂反应产物的位置信息来进行动量分析。在这样的色散匹配能损测量模式(dispersion matched energy-loss mode)下,放射性束流装置的动量分辨本领可以达到 10^3。这样的动量分辨足以在中能(碎片动量在 100 MeV/c 量级)下对窄的碎片动量分布(FWHM$\sim$40 MeV/c)进行很好的分析。

2000 年,E. Sauvan 等人利用此方法测量了 psd 壳层(Z 为 $5 \sim 9$;A 为 $12 \sim 25$)的 23 个丰中子放射性核在中能下($43 \sim 71$ MeV/nucleon)的碎片动量分布[29],该实验就是利用能损谱仪法提取碎片动量分布的一个典型例子。该实验在法国 GANIL-SPEG 上进行[30],SPEG 终端运行在色散匹配能损测量模式下,其动量分辨达到 $\delta p/p = 3.5^{-3}$。SPEG 装置如图 4-25 所示。

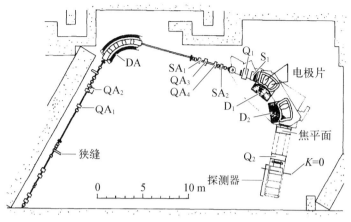

图 4 - 25　SPEG 装置图示[30]

4.3.2.2　直接飞行时间法

直接飞行时间法通过测量碎片粒子在足够长的传输距离内的飞行时间来得到粒子的动量。1993 年，M. Zahar 等人采用直接飞行时间法测量了^{12,14}Be在中能（56.8 MeV/nucleon）下轰击^{12}C 靶的碎片动量分布[31]。该实验在MSU 的 A1200 装置上进行，实验布局如图 4 - 26 所示。入射弹核的径迹由两块 x、y 位置灵敏的平行板雪崩计数器（parallel plate avalanche counter，PPAC）PPAC1 和 PPAC2 来确定；^{12}C 反应靶后有三组 $\Delta E - E$ 望远镜，分别放置在实验室坐标系的 $0°$、$1°\sim4°$ 和 $3°\sim10°$ 位置上，用来对碎片进行粒子鉴别。每组 $\Delta E - E$ 望远镜均由一块厚为 $300~\mu m$、面积为 $50\times50~mm^2$ 的硅片，一块 x、y 位置灵敏的 16×16 条、每条宽 2 mm 的硅微条探测器和一块 CsI 阻止探测器构成。碎片的飞行时间通过紧贴着 PPAC2 的薄塑料闪烁体（S1）和放置在 A1200 后的薄塑料闪烁体探测器得到，系统对^{14}Be 的动量分辨率FWHM 约为 0.7%。由于靶后粒子望远镜中可以获得碎片的角度信息，并且采用了离轴靶后粒子望远镜，因此该实验同时获得了碎片的径向动量分布和横向动量分布。

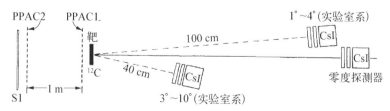

图 4 - 26　采用直接飞行时间法测量^{12,14}Be 轰击^{12}C 靶的碎片动量分布的实验装置图[31]

相对于磁谱仪法或能损谱仪法,直接飞行时间法有以下优点。首先,由于直接测量了碎片的飞行时间,因此直接飞行时间法具有非常宽的径向动量接收度;相比之下,磁谱仪或能损谱仪测量系统的径向动量接收度比较有限。对于事件数并不是特别高的放射性束流实验,直接飞行时间法所测得的动量谱范围较宽,允许人们在更宽的范围内对谱进行拟合,因而谱的畸变/歧离对谱宽度的影响较小。然而,由于采用直接飞行时间法得到的动量谱范围比较宽,在远离峰位的地方仍然可以得到动量分布的数据。其次,由于不需要改变装置中束流光学元件的磁场强度,因此当装置具有足够宽的接收度时,直接飞行时间法允许同时测量同一弹核的不同种类碎片的动量分布,也允许同时测量不同放射性次级束打靶产生的碎片动量分布。这使人们可以在一次实验中同时获得多组数据,实现核反应总截面和碎片动量分布的同时测量,并且可以在一次实验中对不同反应体系进行系统性研究,这对于提高放射性束流实验的效率具有重要意义。但是,由于受到探测器固有时间分辨的限制,直接飞行时间法测量碎片动量分布的精度目前还无法达到谱仪法的水平;此外直接飞行时间法实验布置比较复杂。这些是直接飞行时间法的不足。

在日本理化学研究所的 RIPS 束流线上用透射法和直接飞行时间法同时测量丰中子核 ^{15}C 的核反应总截面与碎片动量分布的实验结果如图 4 - 27 和图 4 - 28 所示[23]。在图 4 - 27 中,方块为 RIPS 实验数据,空心和实心圆为其他实验数据,不同的线为不同密度假设下 Glauber 模型的计算结果。假设 ^{15}C 为 ^{14}C 核芯外加一个价中子的结构,若价中子可能处于不同的核子轨道或具有不同的密度分布,通过 Glauber 模型计算的核反应总截面拟合不同能区的实验数据,就可以提取出 ^{15}C 的核物质密度分布,如图 4 - 27 中的小图所示。结果显示 ^{15}C 的密度分布有一个比稳定核长的尾巴。图 4 - 28 给出了 ^{15}C(a) 和 ^{14}C(b)单中子擦去反应余核的径向动量分布,圆点为 RIPS 实验数据,不同的线为价中子处于不同轨道的少体 Glauber 模型计算结果。按前面介绍的飞行时间测量法,实际也反映了价中子的动量分布。按壳模型的核子能级分布,^{15}C 的价中子有处于 s、p、d 轨道的可能。假设价中子处于不同轨道的少体 Glauber 模型计算结果表明,^{15}C 的价中子有很大概率处于 s 轨道,这会导致其密度分布有长的尾巴,因此动量分布实验结果与核反应总截面实验结果得到了一致的结论。而 ^{14}C 的价中子动量分布与处于 p 轨道中子的计算结果符合,这与壳模型给出的结论一致。丰质子核 ^{23}Al 的碎片动量分布半高宽与核反应

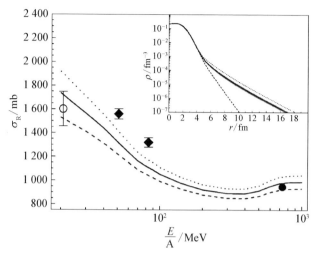

图 4 - 27 $^{15}\text{C} + ^{12}\text{C}$ 的核反应总截面能量依赖[23]

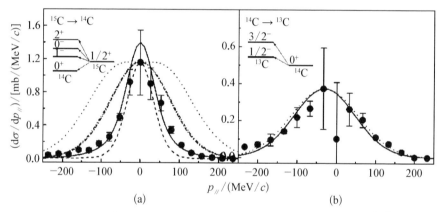

图 4 - 28 $^{15}\text{C(a)}$ 和 $^{14}\text{C(b)}$ 单中子擦去反应余核的径向动量分布[23]

总截面的实验结果如图 4 - 29 和图 4 - 30 所示[32]。采用与 ^{15}C 类似的方法,少体 Glauber 模型计算与动量分布半高宽实验数据的比较表明 ^{23}Al 的价质子主要处于 d 轨道,如图 4 - 29 所示,图中圆点为 RIPS 实验数据,不同的线为价质子处于不同轨道或核芯 ^{22}Mg 具有不同半径大小的少体 Glauber 模型计算结果。在价质子轨道确定的条件下,为了使 Glauber 模型计算结果与核反应总截面数据符合,核芯 ^{22}Mg 的半径应为 3.15 fm 左右,这比裸的 ^{22}Mg 核半径要大约 9%,如图 4 - 30 所示,图中实线和阴影为总截面实验数据和误差,三角点为价质子处于 d 轨道而核芯 ^{22}Mg 具有不同半径的 Glauber 模型计算结果。^{15}C 与 ^{23}Al 的实验研究表明,用透射法和直接飞行时间法同时测量不稳定核的反应总截面与碎片动量分布,可以提取出原子核的核物质密度分布、核半径大小、价核子的轨道与密度分布等信息,是研究远离稳定线原子核奇特结构的十分有效的实验方法。

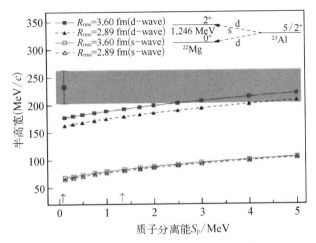

图 4 - 29 ^{23}Al 单质子擦去反应余核的径向动量分布半高宽与
质子分离能的依赖关系[32]

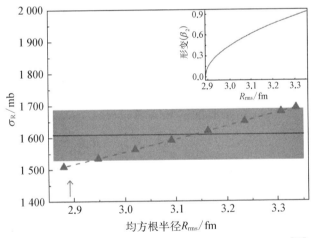

图 4 - 30 ^{23}Al 的核反应总截面与核芯^{22}Mg 半径的依赖[32]

4.3.3 用库仑解离、光解离及辐射俘获研究晕核

库仑解离(coulomb dissociation)、光解离(photon dissociation)及辐射俘获(radioactive capture)是涉及电磁作用的三类核反应,它们的物理过程如

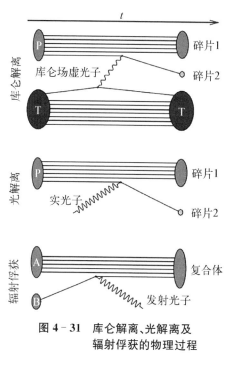

图 4 - 31 库仑解离、光解离及
辐射俘获的物理过程

图 4 - 31 所示。

库仑解离反应过程如下：弹核 P 在打靶过程中，受到弹核与靶核 T 的库仑场作用而分裂成若干碎片；库仑场的作用相当于靶核和弹核之间虚光子的传递，它在 Feynman 图上表现为内线。由于在库仑解离反应中，承担电磁作用传播子的虚光子无法被实验测量，因此无法根据虚光子的能量确定参与反应的弹核究竟是基态还是激发态。因此库仑解离反应只适合于对弹核基态的研究。当电磁作用以实光子形式参与核反应时，该核反应就成了光解离反应。与库仑解离不同的是，库仑解离中的虚光子来自靶核的库仑场，因此一般来说能量较低；而光解离反应中的实光子是实验设备产生的，因此能量较高。值得一提的是，由于光解离反应的阈值一般在数个兆电子伏特量级，因此需要实验设备提供相应能量的光子束流，这也是近年来基于激光康普顿散射的 γ 束装置的发展方向之一。

辐射俘获反应是光解离反应的逆过程，原子核在俘获其他核或者核子的过程中释放光子。由于在辐射俘获反应中所产生的实光子能量可以直接测量，因此通过辐射俘获反应可以直接研究核的激发态。在放射性束流打靶的过程中，当靶核较轻，即靶核的电荷数较少时，直接的剥离反应占主导地位；当靶核较重，即靶核的电荷数较多时，靶核库仑场的作用明显，库仑解离反应逐渐变得明显。

T. Kobayashi 等人从 790 MeV/nucleon 的 ^{11}Li 相互作用截面及双中子转移反应截面数据推断出 ^{11}Li 在重靶上的电磁解离（即库仑解离）截面 σ^{EMD} [33]。σ^{EMD} 的反常增大 [$\sigma^{EMD}_I(^{11}Li+Pb)=1.72\pm0.65b$, $\sigma^{EMD}_{-2n}(^{11}Li+Pb)=0.89\pm0.10b$] 现象可以用 ^{11}Li 的晕结构及 ^{11}Li 中质子分布和中子分布之间的软模式巨共振来解释。相对于通常的巨共振，弱束缚核中的软模式共振具有更低的峰位能量和更小的峰值强度，因此也称为矮共振（PDR）[34]。虽然 PDR

的强度在整个偶极共振中所占比分不大,但由于它反映了丰中子核表面的中子皮相对核内核芯(中子质子基本对称)的振动,因此对 PDR 的研究具有很重要的意义。近二十多年来,由于与 r 过程的中子俘获概率、核合成、丰中子的中子俘获截面及高能宇宙射线光致蜕变等相关,PDR 已经得到了广泛的研究。实验研究表明,丰中子核的 PDR 强度的增强将会极大地影响这些核的中子俘获截面[35],这在核天体物理的有关核素合成过程中是非常重要的。同时,由于中子皮厚度与核的相互作用势、核物质的不可压缩系数和对称能系数有很强的关联[36],所以对非对称核物质性质研究有重要意义。研究中子皮是目前在实验室唯一能对以中子为主的核物质性质进行研究的途径,因此利用实验测量得到的中子皮厚度可以确定非对称核物质状态方程和核相互作用中的一些参数或得到关于这些参数的约束条件。这不但对丰中子核的结构和性质研究,而且对核理论的发展及中子星性质的研究都具有非常重要的意义。研究发现,PDR 对中子皮厚度非常敏感,随丰中子核的中子数增加,中子皮厚度也逐渐变大,PDR的强度也随中子皮厚度的增加而增加,并与核物质的对称能系数等重要参数存在很强的线性关联。因此,PDR 对研究中子皮这种新的“核物质”的动力学非常重要,并能确定非对称核物质的状态方程及丰中子核的中子皮厚度。

4.3.4　直接核反应

直接核反应(direct nuclear reaction)是指入射粒子与靶核发生碰撞,不经过复合核阶段而直接从入射道到出射道的核反应过程。在反应过程经过一步或多步形成了复合核的核反应称为复合核反应。一般来说,直接核反应发生的时间很快,约为 10^{-22} s;而复合核反应是一个较慢的过程,其发生时间要远长于直接反应发生的时间[37]。20 世纪 30 年代,N. 玻尔提出了复合核模型,解释了大量实验结果。但到了 50 年代,由于重离子加速器的发展,人们可以开展不同能量与不同质量原子核的反应研究,出现了一些复合核反应理论不能解释的实验结果。例如在质子被重核非弹性散射的实验中发现:出射质子的能谱偏离麦克斯韦分布,高能端大大超过复合核反应的理论值,总散射面积比复合核反应理论值大 1 个数量级。进一步研究发现,在质心坐标系中,出射质子的角分布呈 90°不对称性,显著地指向前方。后来在中子非弹性散射、核子电荷交换反应(n, p)(p, n)和氘核的(D, p)反应的实验中都观察到类似结果。实验结果表明,在这些反应的过程中,除复合核反应外,还有不形成复合核的直接反应过程,这是弹核与靶核的少数自由度发生作用的核反应。

在通常的核反应实验中包含了复合核反应和直接核反应两种过程。一般在入射能量较低及非周边碰撞时,弹靶重叠区的核子相互作用的时间较长,可以基本达到统计平衡,形成一个复合核,以复合核反应为主,出射粒子角分布基本上呈 $90°$ 对称,能谱连续分布,符合统计规律;当入射能量较高且为周边碰撞时,弹靶间核子的相互作用时间短、次数少,以直接核反应为主。与复合核反应相比,直接核反应时间短、入射能量大于 5 MeV/nucleon、发生在周边碰撞过程、出射粒子角分布有明显的朝前峰并与反应中的动量交换及初末态自旋宇称变化相关。

属于直接核反应过程的具体反应包括弹性散射、直接非弹性散射、剥裂反应(break-up reaction)、掇拾反应(pick-up reaction)和敲出反应(knock-out reaction)、电荷交换反应(charge-exchange reaction)等。剥裂反应中弹核内的一个或多个核子被靶核俘获,余核部分向外飞出。掇拾反应是剥裂反应的逆反应,即弹核掇拾靶核的一个或多个核子形成出射核。弹核敲出靶核内的一个或多个核子,而自身被俘获的反应称为敲出反应(也包括弹核未被俘获的情况)。前两种反应又统称为转移反应(transfer reaction)。电荷交换反应中弹核和靶核交换了一个或多个中质子。现在已有能够较好地处理各种直接核反应的模型和近似方法。最常用的是扭曲波玻恩近似(DWBA),它认为入射粒子首先在靶核的平均场作用下发生扭曲(不扭曲时称为平面波近似),再同靶核中的核子或团簇直接发生碰撞而进行的反应。在很多情况下,这种理论能够较好地同实验符合,通过理论计算同实验结果的拟合,可以确定原子核的能级、自旋、宇称、组态和激发方式,可以研究核的壳层结构,也可以研究团簇的成团概率及团簇之间的相对运动状态,得到有关核反应机制、核力、核的形变大小等一系列重要知识。

4.3.5 弹性散射

核子与轻核之间的弹性散射数据在核相互作用势及核反应光学模型的研究中,起到了重要作用。以前的实验局限于稳定核,对相互作用的同位旋依赖性缺乏系统研究。近三十年来,不稳定核反应的研究成为原子核物理研究的热点之一。大量放射性核束的弹性散射实验能够在很宽的同位旋范围内提供核相互作用的数据,将光学模型的研究扩充到极端丰中子或丰质子区。特别是晕核的特殊结构使其对表面相互作用十分敏感,而弹性散射作为一种表面相互作用,使得晕核的弹性散射研究引起了人们极大的兴趣。

稳定核在库仑位垒能区的弹性散射角分布存在一种与核结构无关的特性。在散射角较小时,弹性散射角分布与卢瑟福散射一致,而在角度增加到一定大小时,出现一个比卢瑟福散射截面大的峰,然后散射截面随散射角的增大快速下降。人们发现,与光的 Fresnel 散射类似,这个峰是由库仑相互作用与核相互作用的干涉效应产生的,因此称为库仑虹(Coulomb rainbow)[38],如图 4-32 所示,图中点为实验数据,实线为光学模型的拟合。然而,在一些丰中子晕核的弹性散射实验中并没有观测到库仑虹现象,如在^{6}He+^{197}Au 和^{208}Pb、^{11}Be+^{64}Zn 的弹性散射实验中都没有观测到库仑虹现象[39-40],如图 4-33 和图 4-34 所示。图 4-33 中的实线为 CDCC 模型计算,^{6}He 和^{6}Li 的单道计算结果分别用点线和短画线表示。在图 4-34 中,三角、菱形、方块符号分别表示^{9}Be、^{10}Be 及^{11}Be 的结果,线为光学模型的

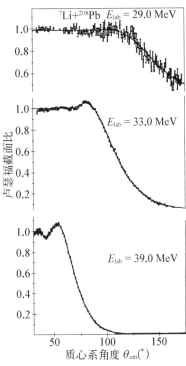

图 4-32　^{7}Li+^{208}Pb 弹性散射微分截面与卢瑟福截面之比[38]

计算。插图为^{11}Be+^{64}Zn 的角分布实验数据(点)、光学模型拟合结果(实线)及 1/2$^-$ 态的非弹性激发计算(虚线)。基于连续分离态耦合(continuum discretized coupled-channels,CDCC)理论计算表明,由于破裂等其他反应道的贡献,会明显压低晕核的弹性散射截面,从而导致库仑虹变得不明显或消失[41]。最近人们在高于库仑位垒的丰质子晕核^{8}B+^{208}Pb 的弹性散射实验中发现库仑虹现象依然存在[42],理论计算表明破裂道耦合对弹性散射截面没有产生太大的影响[43]。由于在库仑位垒能区各种反应道的参与,弹性散射实验变得更为复杂,因此开展高精度的弹性散射测量及更深入的理论研究对全面了解核相互作用有重要意义。

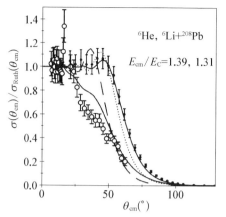

图 4 - 33　^{6}He＋^{208}Pb（空心圆点）和^{6}Li＋^{208}Pb
（实心圆点）弹性散射微分截面与卢
瑟福截面之比[39]

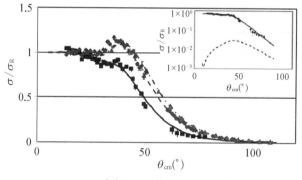

图 4 - 34　^{9,10,11}Be＋^{64}Zn 弹性散射微分
截面与卢瑟福截面之比[40]

4.3.6　位垒附近的熔合反应

　　熔合反应是弹靶体系的相对运动能量在库仑位垒附近时,重离子核反
应的主要机制之一。核熔合是指两个原子核聚合成为一个新的核,损失部
分质量并放出核子的核反应。这种反应一般在一些质子数较少的原子核之
间发生,因为质子数少,所以带电量较小,库仑排斥力比较容易克服。当两
个原子核相对运动的能量足够大但又不是很大时,就可能相互碰撞而熔合。
过去多年的实验表明,垒下熔合的截面比一维隧道效应的预言值要高 2～3
个数量级。这一异常现象引起了人们极大的兴趣,并展开了广泛的实验及理论研究。一般的解释是在库仑位垒附近核结构效应起到了不可忽视的作用[44]。实验中观察到的熔合截面对同位素的依赖关系显示出核结构因素的影响。然而，上述对垒下熔合过程的研究局限于稳定核体系。利用不同性质的 RNB 探针可以分别检验各种入射道效应的重要性，全面揭示预熔合阶段核子转移、形变、振动及颈的形成等过程对截面的影响。通过大量同位素和同量异位素与球形靶核（如 ^{90}Zr）的熔合反应可以得到很有价值的信息。

极端丰中子的中子晕核在熔合反应中的效应是很有研究价值的问题。当两个核相互接近时，库仑势垒阻碍熔合过程的发生，势垒越高，熔合截面越小。由于中子晕核的半径很大，当核芯相距较远（库仑势垒很低）时就发生熔合过程，所以熔合截面可能增加。此外，入射道与软模式 E1 激发的强耦合有可能导致垒下熔合截面的额外增加。另外，由于晕核是很容易破裂的弱束缚体系，而高的反应能（通常用 Q 表示）又往往引起反应体系的高激发及多核子发射，熔合截面也可能因此而减小。关于中子晕结构对熔合截面的影响，研究发现有不同的结论[45]。由于熔合反应是产生超重核的重要核反应机制之一，近年来引起了人们极大的兴趣，相关内容可参考超重核章节。

4.4　原子核的奇特衰变模式

放射性是原子核的重要特征之一，有关核的各种衰变类型的研究从 1896 年贝可勒尔发现铀的天然放射性时就开始了。1897 年，居里夫妇发现放射性元素钋和镭。1899 年卢瑟福在实验中发现了 α、β 和 γ 射线。α、β 和 γ 衰变是三种较常见的原子核衰变方式，后来又发现一些较重的原子核存在裂变模式。到目前为止，人们发现了 3 000 多种核素，绝大部分是不稳定的。不稳定的原子核自发地发射各种射线的现象就称为放射性衰变或放射性。不稳定的原子核除上述四种衰变模式外，还存在一些很稀有的放射性模式，一般称为奇特放射性，下面对质子、双质子及团簇放射性做简单介绍。

4.4.1　质子及双质子发射

20 世纪 60 年代初，Goldansky 预言在质子滴线附近的奇数电荷（Z）核中，可能存在新的衰变方式。由于核力无法约束更多的核子，这些丰质子核中的最后一个质子可能被发射出来，称为单质子发射[46]。随着放射性束流装置的出现和远离稳定线的奇特核的产生,该预言在 1982 年被德国重离子研究中心(GSI)的实验测量所证实[47]。到目前为止,人们已经发现了几十个具有基态单质子发射的核,还有的核激发态也存在单质子发射现象[48]。通过对单质子发射核的研究,人们能研究核的质量、单粒子能级、发射质子波函数的具体结构等。单质子发射已成为深入研究核结构,特别是质子滴线附近核结构的一种重要手段。通过对已发现的单质子发射核的大量实验和理论研究,人们对单质子发射现象的了解已比较透彻,也在核结构方面取得了很多重要研究成果。除单质子发射外,Goldansky 同时也预言在质子滴线附近的偶质子数核中,可能存在双质子发射的衰变方式[49]。这一预言直到 2002 年才被实验验证,实验测出 ^{45}Fe 有双质子发射现象[50],后来的实验进一步发现 ^{48}Ni、^{54}Zn 也是双质子发射核,也有些实验发现了一些较轻的双质子发射核如 ^{17,18}Ne、^{19}Mg 等[51]。同时也有实验发现奇质子数核 ^{94}Ag^m 的同核异能(isomer)态也存在双质子发射现象并在 *Nature* 杂志上发表。双质子发射可分为三种情况,第一种为级联发射,初态核先发射一个质子到中间共振态,然后再发射一个质子到末态;第二种为直接三体碎裂,即核芯与两个质子同时碎裂,两个除末态相互作用外没有任何关联的质子被发射出来;第三种为两质子同时发射,也称为 ^{2}He 团簇衰变,两个强关联的质子形成一个准束缚的 ^{1}S 态被发射出来,然后再分成两个独立的质子。第一种方式基本上是两次单质子发射,后面两种方式才是人们感兴趣的双质子发射。由于双质子发射涉及一个核芯和两个质子,发射方式也比单质子发射要复杂得多,因此研究起来更加困难。在 ^{45}Fe、^{54}Zn 及 ^{48}Ni 等核的双质子发射实验中,只测得了衰变能量和衰变寿命,同时得到的双质子发射事件数也比较少。而在 ^{94}Ag^m 实验中还测量了两个质子之间的能量和角度关联,通过对两质子关联谱的分析推断出了 ^{94}Ag^m 是形变核。到目前为止,人们发现的双质子发射核只有少数几个,这极大地制约了双质子发射研究的进展。

双质子发射分为基态双质子发射与激发态双质子发射。基态双质子发射一般只在质子滴线外的原子核中存在,这样的核产生极其困难,寿命非常短,实验测量困难。激发态双质子发射在质子滴线附近的很多核中存在。为了进一步开展这方面的研究,现在非常需要寻找更多的双质子发射核,测量发射的两个质子之间的能量和角度等物理量的关联,对双质子发射现象进行深入系统的研究。由于三体碎裂和 ^{2}He 发射在两质子的能量和角度关联谱上有明显的差异,因此通过实验测量能鉴别出双质子发射的方式。图 4 - 35 和图 4 - 36

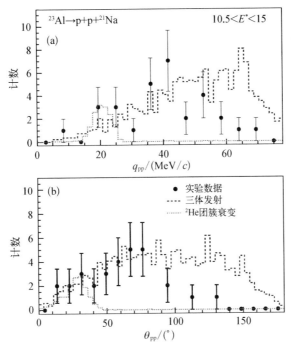

图 4 - 35　^{23}Al 激发态发射出的两个质子的相对动量(a)及相对角度谱(b)[52]

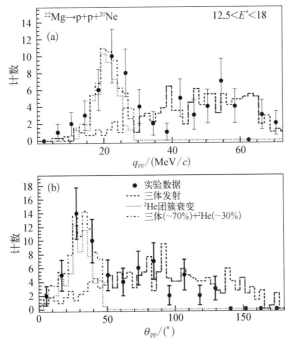

图 4 - 36　^{22}Mg 激发态发射出的两个质子的相对动量(a)及相对角度谱(b)[52]

给出了实验测得的 ^{23}Al 和 ^{22}Mg 激发态发射出的两个质子的相对动量和相对角度谱[52-53]。结果显示 ^{23}Al 的双质子衰变基本为三体衰变或级联衰变，而 ^{22}Mg 的激发态存在约 30% 的 ^{2}He 团簇衰变，另有约 70% 的概率为三体或级联的双质子发射过程（见图 4-36）。同时，基于质子-质子动量关联函数分析（见图 4-37），发现 ^{23}Al 与 ^{22}Mg 的两个质子发射时间差存在很大差别，即 ^{23}Al 的双质子发射时间差很长，主要为级联发射，而 ^{22}Mg 的双质子发射时间差很短，几乎为同时发射（见图 4-38）。另外一种实验观测丰质子核的奇特衰变方式是通过时间投影室加 CCD 光学相机对核衰变过程进行记录拍照[54]，图 4-39 为 ^{43}Cr 的 β 缓发质子、双质子衰变图像，实验甚至观测到了三质子衰变的过程。由于发射的质子间的能量和角度关联包含了核子波函数的具体形态及核子间的相互作用等信息，因而双质子或多质子发射对核结构的研究具有非常重要的意义。

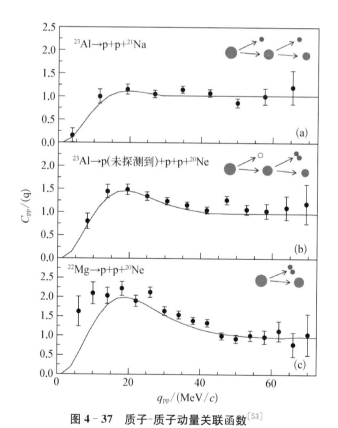

图 4-37　质子-质子动量关联函数[53]

(a) ^{23}Al→p+p+^{21}Na；(b) ^{23}Al→p(未探测到)+p+p+^{20}Ne；(c) ^{22}Mg→p+p+^{20}Ne

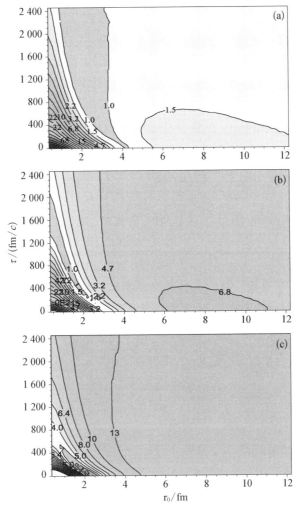

图 4 - 38　采用高斯源的 CRAB 计算对质子-质子动量关联函数的拟合[53]

(a) ^{23}Al→p+p+^{21}Na；(b) ^{23}Al→p(未探测到)+p+p+^{20}Ne；(c) ^{22}Mg→p+p+^{20}Ne

图 4 - 39　^{43}Cr 的 β 缓发 1p(a)、2p(b) 及 3p(c) 过程[54]

4.4.2 团簇放射性

人们发现不稳定的原子核除发射 α、β、γ、质子及中子等粒子外，也可能存在发射比 α 粒子更重的粒子的衰变方式，称为团簇放射性。有关团簇放射性的研究最早开始于 1914 年，Rutherford 和 Robinson 对放射性原子核是否可能从基态发射出复合粒子（由多个核子组成的粒子）进行了实验探索，发现即使存在这样的放射性，其概率也将比 α 衰变概率低至少 4 个数量级。1980 年人们从理论上预言了团簇放射性可能存在[55]。^{223}Ra 的 ^{14}C 放射性是 1984 年人类第一次从实验上观测到的原子核的天然团簇放射性[56]。后来的实验发现了更多的团簇放射现象，如 ^{16}O、^{23}F、^{24}Ne、^{28}Mg 及 ^{32}Si[57] 的放射性。除原子核基态的天然团簇放射性，在核反应中形成的复合核也可能存在团簇放射性，这在理论上很早就有研究并在实验上也被观测到了[58]。团簇放射性是一个概率极低的现象，但其在重核的衰变中具有重要意义。近年来，人们发现团簇放射性是超重核的重要衰变方式之一，其衰变分支比有可能比 α 衰变的还大，因此团簇放射性现象在超重核的研究领域得到了人们的关注。

参考文献

[1] Casten R F. Scientific opportunities with an advanced ISOL facility [J]. Nuclear Physics News，1998，8(3)：25 - 26.

[2] Friedlander E M, Heckman H H. Treatise on heavy-ion science, vol. IV [M]. NewYork：Plenum Press，1985.

[3] Zheng T. Study of anomalous strcture of ^{16}C from reaction cross section measurement [D]. Tokyo：Tokyo University of Science，2002.

[4] Goldhaber A S. Statistical models of fragmentation processes [J]. Physics Letters B，1974，53(4)：306 - 308.

[5] Sun Z, Zhan W L, Guo Z Y, et al. RIBLL, the radioactive ion beam line in Lanzhou [J]. Nuclear Instruments and Methods in Physics Research Section A：Accelerators, Spectrometers, Detectors and Associated Equipment，2003，503(3)：496 - 503.

[6] Semail B, Martinot F, Giraud F, et al. Overview of the RIBF project[R]. RIBF TAC05 presentations，17th - 19th Nov. 2005. http：//ribf. riken. go. jp/RIBF — TAC05/1_Overview. pdf.

[7] Kubo T. In-flight RI beam separator BigRIPS at RIKEN and elsewhere in Japan [J]. Nuclear Instruments and Methods in Physics Research Section B：Beam Interactions with Materials and Atoms，2003，204(1)：97 - 113.

[8] Kox S, Gamp A, Perrin C, et al. Trends of total reaction cross sections for heavy ion collisions in the intermediate energy range [J]. Physical Review C，1987，35(5)：

1678 - 1691.

[9]　Shen W Q, Wang B, Feng J. Total reaction cross section for heavy-ion collisions and its relation to the neutron excess degree of freedom [J]. Nuclear Physics A, 1989, 491(1): 130 - 146.

[10]　Charagi S K, Gupta S K. Coulomb-modified Glauber model description of heavy-ion reaction cross sections [J]. Physical Review C, 1990, 41(4): 1610 - 1618.

[11]　Ma Y G, Shen W Q, Feng J, et al. A novel path to study the total reaction cross sections [J]. Physics Letters B, 1993, 302(4): 386 - 389.

[12]　Ma Y G, Shen W Q, Feng J, et al. Study of the total reaction cross section via the reaction dynamical model [J]. Physical Review C, 1993, 48(2): 850 - 856.

[13]　Villari A C C, Mittig W, Plagnol E, et al. Measurements of reaction cross sections for neutron-rich exotic nuclei by a new direct method [J]. Physics Letters B, 1991, 268(3): 345 - 350.

[14]　Karal P J. Nucleus—nucleus reaction cross sections at high energies: soft-spheres model [J]. Physical Review C, 1975, 11(4): 1203 - 1209.

[15]　Bertsch G F, Brown B A, Sagawa H. High-energy reaction cross sections of light nuclei [J]. Physical Review C, 1989, 39(3): 1154 - 1157.

[16]　Myers W D, Schmidt K H. An update on droplet-model charge distributions [J]. Nuclear Physics A, 1983, 410 (1): 61 - 73.

[17]　魏义彬. 奇异轻核的碎裂产物的动量分布和核子-核子动量关联函数研究 [D]. 上海：中国科学院上海应用物理研究所, 2005.

[18]　Tanihata I, Hamagaki H, Hashimoto O, et al. Measurements of interaction cross sections and nuclear radii in the light p-shell region [J]. Physical Review Letters, 1985, 55(12): 2676 - 2679.

[19]　Tanihata I, Hamagaki H, Hashimoto O, et al. Measurements of interaction cross sections and radii of He isotopes [J]. Physics Letters B, 1985, 160(6): 380 - 384.

[20]　Riisager K, Jensen A S, Møller P. Two-body halos [J]. Nuclear Physics A, 1992, 548(3): 393 - 413.

[21]　Jonson B. Light dripline nuclei [J]. Physics Reports, 2004, 389(1): 1 - 59.

[22]　Fang D Q, Shen W Q, Feng J, et al. Measurements of total reaction cross sections for some light nuclei at intermediate energies [J]. Physical Review C, 2000, 61(6): 064311.

[23]　Fang D Q, Yamaguchi T, Zheng T, et al. One-neutron halo structure in ^{15}C [J]. Physical Review C, 2004, 69(3): 034613.

[24]　Warner R E, Patty R A, Voyles P M, et al. Total reaction and 2n-removal cross sections of 20 - 60 A MeV ^{4,6,8}He, $^{6-9,11}$Li, and ^{10}Be on Si [J]. Physical Review C, 1996, 54(4): 1700 - 1709.

[25]　Saint-Laurent M G, Anne R, Bazin D, et al. Total cross sections of reactions induced by neutron-rich light nuclei [J]. Zeitschrift für Physik A Hadrons and nuclei, 1989, 332(4): 457 - 465.

[26] Kobayashi T, Yamakawa O, Omata K, et al. Projectile fragmentation of the extremely neutron-rich nucleus ^{11}Li at 0.79 GeV/nucleon [J]. Physical Review Letters, 1988, 60(25): 2599 - 2602.

[27] Orr N A, Anantaraman N, Austin S M, et al. Momentum distributions of ^{9}Li fragments from the breakup of ^{11}Li and the neutron halo [J]. Physical Review C, 1995, 51(6): 3116 - 3126.

[28] Orr N A. Fragment momentum distributions and the halo [J]. Nuclear Physics A, 1997, 616(1 - 2): 155c - 168c.

[29] Sauvan E, Carstoiu F, Orr N A, et al. One-neutron removal reactions on neutron-rich psd-shell nuclei [J]. Physics Letters B, 2000, 491(1): 1 - 7.

[30] Bianchi L, Fernandez B, Gastebois J, et al. SPEG: An energy loss spectrometer for GANIL [J]. Nuclear Instruments and Methods in Physics Research Section A: Accelerators,Spectrometers,Detectors and Associated Equipment,1989, 6(3): 509 - 520.

[31] Zahar M, Belbot M, Kolata J J, et al. Momentum distributions for ^{12,14}Be fragmentation [J]. Physical Review C, 1993, 48(4): R1484 - R1487.

[32] Fang D Q, Guo W, Ma C W, et al. Examining the exotic structure of the proton-rich nucleus ^{23}Al [J]. Physical Review C, 2007, 76(3): 031601(R).

[33] Kobayashi T, Shimoura S, Tanihata I, et al. Electromagnetic dissociation and soft giant dipole resonance of the neutron-dripline nucleus ^{11}Li [J]. Physics Letters B, 1989, 232(1): 51 - 55.

[34] Suzuki Y, Tosaka Y. Electromagnetic dissociation of ^{11}Li and soft dipole mode [J]. Nuclear Physics A, 1990, 517(3): 599 - 614.

[35] Goriely S, Khan E. Large-scale QRPA calculation of E1-strength and its impact on the neutron capture cross section [J]. Nuclear Physics A, 2002, 706(1 - 2): 217 - 232.

[36] Brown B A. Neutron radii in nuclei and the neutron equation of state [J]. Physical Review Letters, 2000, 85(25): 5296 - 5299.

[37] Glendenning N K. Direct nuclear reactions [M]. Singapore: World Scientific Publishing, 2004.

[38] Keeley N, Bennett S J, Clarke N M, et al. Optical model analyses of ^{7}Li + ^{208}Pb elastic scattering near the Coulomb barrier [J]. Nuclear Physics A, 1994, 571(2): 326 - 336.

[39] Rusek K, Keeley N, Kemper K W, et al. Dipole polarizability of ^{6}He and its effect on elastic scattering [J]. Physical Review C, 2003, 67(4): 041604.

[40] Di P A, Randisi G, Scuderi V, et al. Elastic scattering and reaction mechanisms of the halo nucleus ^{11}Be around the Coulomb barrier [J]. Physical Review Letters, 2010, 105(2): 022701.

[41] Keeley N, Alamanos N, Kemper K W, et al. Strong nuclear couplings as a source of Coulomb rainbow suppression [J]. Physical Review C, 2010, 82(3): 034606.

[42] Yang Y Y, Wang J S, Wang Q, et al. Elastic scattering of the proton drip-line

nucleus ^{8}B off a ^{nat}Pb target at 170. 3 MeV [J]. Physical Review C, 2013, 87 (4): 044613.

[43] Yang Y Y, Liu X, Pang D Y. Distinction between elastic scattering of weakly bound proton-and neutron-rich nuclei: the case of ^{8}B and ^{11}Be [J]. Physical Review C, 2016, 94(3): 034614.

[44] Satchler G R, Nagarajan M A, Lilley J S, et al. Heavy-ion fusion: channel-coupling effects, the barrier penetration model, and the threshold anomaly for heavy—ion potentials [J]. Annals of Physics, 1987, 178(1): 110 – 143.

[45] Dasso C H, Vitturi A. Does the presence of ^{11}Li breakup channels reduce the cross section for fusion processes? [J]. Physical Review C, 1994, 50(1): R12 – R14.

[46] Goldansky V I. On neutron-deficient isotopes of light nuclei and the phenomena of proton and two-proton radioactivity [J]. Nuclear Physics, 1960, 19(60): 482 – 495.

[47] Hofmann S, Reisdorf W, Münzenberg G, et al. Proton radioactivity of ^{151}Lu [J]. Zeitschrift für Physik A Hadrons and nuclei, 1982, 305(2): 111 – 123.

[48] Blank B, Borge M J G. Nuclear structure at the proton drip line: Advances with nuclear decay studies [J]. Progress in Particle and Nuclear Physics, 2008, 60(2): 403 – 483.

[49] Goldansky V I. Two-proton radioactivity [J]. Nuclear Physics, 1961, 27(4): 648 – 664.

[50] Giovinazzo J, Blank B, Chartier M, et al. Two-proton radioactivity of ^{45}Fe [J]. Physical Review Letters, 2002, 89(10): 102501.

[51] Blank B, Ploszajczak M. Two-proton radioactivity [J]. Reports on Progress in Physics, 2008, 71(4): 046301.

[52] Ma Y G, Fang D Q, Sun X Y, et al. Different mechanism of two—proton emission from proton-rich nuclei ^{23}Al and ^{22}Mg [J]. Physics Letters B, 2015, 743: 306 – 309.

[53] Fang D Q, Ma Y G, Sun X Y, et al. Proton—proton correlations in distinguishing the two—proton emission mechanism of ^{23}Al and ^{22}Mg [J]. Physical Review C, 2016, 94(4): 044621.

[54] Pomorski M, Miernik K, Dominik W, et al. β – delayed proton emission branches in ^{43}Cr [J]. Physical Review C, 2011, 83(1): 014306.

[55] Sandulescu A, Poenaru D N, Greiner W. New type of decay of heavy nuclei intermediate between fission and alpha-decay [J]. Soviet Journal of Particle and Nuclei, 1980, 11(6): 528 – 541.

[56] Rose H J, Jones G A. A new kind of natural radioactivity [J]. Nature, 1984, 307 (5948): 245 – 247.

[57] Price P B. Heavy-particle radioactivity ($A>4$) [J]. Annual Review of Nuclear and Particle Science, 1989, 39: 19 – 42.

[58] Sobotka L G, Padgett M L, Wozniak G J, et al. Compound-nucleus decay via the emission of heavy nuclei [J]. Physical Review Letters, 1983, 51(24): 2187 – 2190.

第 5 章

原子核结构

　　本章介绍原子核结构的近期进展,概述核多体问题及原子核结构模型发展,同时介绍相关结构基本理论模型进展,尤其是近年来基于第一性原理的轻核和幻核方面的计算。

5.1　核多体问题及原子核结构模型的发展

　　原则上,两体以上体系问题的求解都可以归为多体问题。核多体问题的复杂性不仅源于核相互作用的不确定性,如第 1 章提到的核子相互作用,也源于多体问题本身。目前主流原子核结构模型很大程度就是在处理核多体和核相互作用问题,尤其是壳模型及第一性原理出发的核结构模型。

5.1.1　核多体问题

　　这里简要回顾 Brueckner 的核多体理论,主要参考 H. S. Köhler 在纪念 Gerry Brown 时做的报告[1]。20 世纪 50 年代,K. A. Brueckner 等受当时壳模型和光学模型启发,建立了核多体的数学方法。光学模型假定核子在平均场中运动,这个图像可以由核子间的多次散射得到解释。这里的散射采用“软的” T 矩阵办法,而不是“硬的”真空核子间的相互作用(裸核力)。Brueckner 等猜想核多体理论也可以建立在 T 矩阵基础上,以避免裸核力收敛较慢甚至发散的问题,建立了核多体相移近似理论。T 矩阵的对角元素与相移 δ 相关,其表述如下

$$\boldsymbol{T} = \boldsymbol{v} + \boldsymbol{v}\,\frac{1}{\boldsymbol{k}^2 - \boldsymbol{k}'^2 + \mathrm{i}\eta} \sim \mathrm{e}^{\mathrm{i}\delta}\sin\delta \qquad (5-1)$$

式中，T 矩阵是复数矩阵，v 为裸的核子-核子相互作用，k 和 k' 为散射前后动量（波矢），为了得到原子核的结合能（实数），通过主值积分引入了 R 矩阵 $R \sim \tan\delta$，并用有效的相互作用取代裸核力：

$$V(k) \sim \tan[\delta(k)] \tag{5-2}$$

这个想法在计算核结合能时取得一定的成功，一般称为相移近似。同时，它也存在一些问题，就是带边界的散射问题与束缚态问题不一样。束缚态下不同形状的势的结合能不一定是 $\tan\delta$，比如两粒子在方势阱或者谐振子势下的结合能直接就是相移 δ 本身，而不是 $\tan\delta$。散射问题处理的是连续态，而束缚态问题处理的是离散态。无限大核物质仍然存在着束缚态问题，无论态密度如何密，对离散态的求和与对连续态的积分仍然是有区别的。Brueckner 后来考虑了介质效应，改善了这个多体理论。但对于低密、相互作用较弱或者较大角动量等介质效应较弱的情况，相移近似还是很好的有效多体理论。

进一步考虑介质效应，主要是考虑核子的费米子性质，也就是在对中间态求和时，那些已经被占有的状态由于泡利原理的限制而应该排除，T 矩阵理论需要改进。1956 年，Brueckner 和 Wada 一起修改了有效相互作用，引入了反应矩阵 K 的迭代形式：

$$K = v + v\,\frac{Q}{k^2 - k'^2}\,K \tag{5-3}$$

式中，Q 是泡利算符。反应矩阵的引入不需要主值积分，也没有之前相移近似的离散和连续态问题，如果再引入一个额外的平均场，则单粒子能量 $e(k) = k^2 + U(k)$，并取一级近似，可以得到 Brueckner 的核多体理论：

$$K = v\,\frac{Q}{e(k) - e(k')}\,K \tag{5-4}$$

体系总能量

$$E_{\mathrm{T}} = \sum k^2 + \frac{1}{2}\sum K \tag{5-5}$$

自洽平均场

$$U(k) = \sum K \tag{5-6}$$

Brueckner 的 K 矩阵包含了所有阶平均场的传播子，在计算有限核的饱和性质及结合能方面与实验数据吻合得很好。应该说一级近似的 **K** 矩阵抓住了核多体问题的重要物理本质。原则上,核多体问题的处理还可以运用二级或者更高级近似的 **K** 矩阵,但是这里存在收敛问题,目前还没有很好的解释。

在原子领域也有大量相关成熟的多体理论,很多相关的理论可以直接应用到原子核体系的计算中来,比如 Hartree-Fock 的多体方法。但与原子领域的多体问题比较,原子核体系有它的特殊性。首先,原子体系的哈密顿量一旦确定,就可以适用于所有问题,没有能标或者尺度的问题,而核体系的相互作用是能量依赖性的,有能标尺度依赖性,反映着核力背后自由度的复杂性。因此,原子体系的很重要的任务就是找到一个适合所有情况的最佳相互作用势,而原子核体系不存在那样一个最佳的相互作用势。退而求其次,目前原子核主要任务则是找到一个比较方便描述特定核体系的合适的哈密顿量。其次,求解原子体系多体问题从两体相互作用出发基本上就能解决,不一定需要三体力或者更多体相互作用;原子核体系很难直接从现有两体相互作用出发求解,三体或者三体以上的相互作用不可或缺,这反映了短程核力的复杂性。另外,在原子多体问题中发散问题尽量避免,但在核多体问题中,发散不可避免,需要一些人为截断处理,引入不确定性。

5.1.2　核结构模型发展

1932 年,查德威克(Chadwick)发现中子后,紧接着,玻尔等人提出第一个原子核结构模型,即中子质子间短程强相互作用的液滴模型。这样的宏观液滴模型成功解释了原子核的许多性质,如大部分已知原子核的结合能、半径及原子核的振动等,并可以比较方便地解释当时刚发现的非常重要的现象——原子核的裂变。液滴模型的相关细节,请参考第 2 章相关公式和讨论。后来人们发现有些原子核的性质不能用液滴模型解释,尤其是一些原子核也很明显表现出 4 核子倍数稳定的规律,另外,一些特殊中子和质子数的原子核(幻数、幻核)也比相邻原子核表现出奇特的结合能半径等性质。这样,便有了接下来的 4 核子 α 团簇分子模型及壳模型。

也是在 20 世纪 30 年代,4 核子 α 团簇分子模型假定原子核内的中子和质子尽量地组成 α 团簇,以降低原子核体系的能量,增大原子核的结合能,那些没有形成团簇的剩余核子与团簇间的相互作用相对较弱(相对于束缚在团簇内的核子)。α 团簇模型可以解释当时发现的中重核自发 α 衰变及后来发现的高能轻粒子诱发的中重核产生大量 α 团簇的现象。并且在后面的几十年间,大量理论研究也显示,一些特定的轻原子核可以看成是团簇外加(或者不加)一些剩余核子的结构。团簇模型定性地解释了一些特定的原子核结构,成为早期核结构中三大传统主流模型(液滴模型、团簇模型、壳层模型)之一,并且目前又重新成为热点问题,尤其是有关^{12}C 中 Hoyle 态相关的一些研究,关于团簇模型的理论公式和相关模型及实验情况描述,将在第 6 章专门讨论。团簇模型只能描述特定核子数或特定激发态下的一些原子核,并且它的分子单元原子核中的 α 团簇也可以由液滴模型来解释。也就是原子核仍然被看成是中子质子组成的液滴,这些中子质子在液滴内相互运动,偶尔 4 个相邻的核子也可以凝聚结合为更紧的 α 团簇固体颗粒,临时存在于液滴的大环境下,最终,团簇颗粒也会因为液滴环境的变动解体,核子又溶解到液滴中去。如果特定核中的 α 团簇凝聚的频率比较高,此时可以用团簇模型来解释这样的核。这样液滴模型和团簇模型就可以协调在一起,这种模型可视为一种固液混合的原子核模型。

液滴模型和团簇模型基本满足了 20 世纪 30 年代及 40 年代初的原子核结构理论需要,但是,接下来的几年,幻核问题改变了这种局面。除了轻的 4n 核外,特定中子和质子数的原子核也表现出一些奇特的性质,出奇的稳定,称为幻核。1949 年 Mayer 和 Jensen 小组借鉴有心力场下电子绕原子核的原子壳结构模型,在独立粒子假设基础上,引入平均场(表面修正与各向同性谐振子)和自旋轨道耦合相互作用[2-3],各自独立提出了核结构的壳层模型。他们当时给出 2、8、20、50、82、126 的幻数,还有称为半幻数的 6、14、28,基本解决了幻数问题。壳层模型的假设是将原子核内的核子视为在一个平均场中独立运动的粒子,它们之间的相互作用比平均场弱得多。这样,原子核可看成由核子组成的弱相互作用气体,核子则视为气体分子在核内独立地运动,因此这个模型目前称为独立粒子模型或者基本壳模型。原子核结构壳层模型的独立粒子观念是革命性的,它与当时已经相当成功的液滴模型和团簇模型假设原子核是强相互作用的固液混合体完全不一样,存在很难调和的矛盾。20 世纪 50 年代初,壳层模型饱受指责,大家认为它可能是无效的模型,就连当时的量子力学开创者尼尔斯·玻尔(Niles Bohr)也强烈反对,因为它所假设的核内独立粒子性质,在当时液滴模型看起来是非常奇怪的,并且与当时核子-核子散射实验的结果也不一致。但是,壳模型经受住了事实的考验,它不仅可以解释液滴模型已经可以解释的实验事实,也解释了原子核其他大量性质,比如原子核的磁矩和自旋宇称。壳模型认为原子核中的核子不仅与其最近邻的核子相互作用,还与其他所有核子相互作用,核子感受到了其他所有核子共同作用的一个净剩势阱,在阱内独立运动,只是偶尔和近邻核子有较弱的剩余相互作用。正如本章一开始提到的核多体问题,1954 年 Brueckner 通过在反应矩阵中引入泡利算符[4],即在短程核子-核子排斥势中引入介质泡利原理限制,得到了原子核中核子近似独立粒子运动的图像,以调和两种物理模型假设的矛盾。实际上,就连 Jensen 本人,也从未停止过对独立粒子运动假设的怀疑,他后来也致力于将满壳层外单粒子独立粒子运动的情况扩展到多粒子剩余相互作用的情况。这个理论吸引人的地方在于,它与电子在原子核中心库仑场作用下的原子结构的壳层模型非常相似,而原子的壳层模型是玻尔建立量子力学的核心,这样原子核结构问题几乎可以与原子结构问题一样使用量子力学来处理。不同之处在于,原子核中的中心势阱没有一个存在中心的物理实体,而是由各个核子在时间和空间共同作用的一个虚构的等效结果。如果忽略原子核势阱是如何形成的问题,直接假设一个中心势阱,那么我们就可以直接像原子物理中解薛定谔波动方程一样,来解原子核的结构问题。原子物理中的公式可以直接再应用到原子核的计算中。因此,核的壳层模型受到了当时许多理论物理学家的欢迎,最终 Mayer 和 Jensen 也获得了 1963 年的诺贝尔物理学奖。尽管与原子物理在细节上有许多不同,但是原子核的壳层模型仍然是第一个成功将量子力学应用到原子核计算中,是原子核结构三大传统主流模型中最具活力的模型,开辟了核结构模型的量子时代。

　　原子核的壳层模型成功定量描述了幻核附近原子核的性质,但是对于其他的一些原子核,尤其是一些较重的原子核的性质如核磁矩和电四极矩,壳层模型则不太适用。为了描述这些原子核的性质,Aage Bohr(人称"小玻尔")、Mottelson 及 Rainwater 等人,在 20 世纪 50 年代中期,结合了在液滴模型中引入壳层模型中势阱的概念,发展了原子核结构的集体模型。在这个模型中,原子核一些表面集体运动的性质由液滴模型描述,允许原子核处于非球形状态,比如长椭球或者扁椭球,这样就可以解释原子核的磁矩和电四极矩,原子核内包括转动和振动等集体运动的所有状态也都可以计算,并且被实验证实。这个模型也称为原子核结构的统一模型,以表示它结合了液滴和壳层模型这两个表面看起来非常矛盾的模型的特点。为此,小玻尔他们三人也获得了1975 年的诺贝尔物理学奖。后来集体运动图像也可以使用更为代数化的语言,也就是相互作用玻色子(IBM)模型,很好地描述了偶偶核一些较低的集体激发。

　　到 20 世纪 50 年代中期,在还没有发现亚原子核结构时,核物理领域不管是理论界还是实验界都呈现出一派无限乐观的景象。此时,大家认为原子核结构问题已经基本解决或者原则上可以解决。从20世纪50年代开始,随着比核子更基本的粒子陆续发现,人们意识到还有比核物理更为基础、能标更高的物理问题,即需要解决粒子物理问题。因此,原来的大部分核物理学家转向粒子物理领域,基本粒子的对称性、能量、结构成为理论物理界的中心。但其中仍然有一小部分物理学家反过来考虑,哪些基本粒子的性质与原子核的结构性质相关。20世纪60年代,物理学家相信,当时核子的组分"夸克"或"部分子"观念可能可以作为核物理研究的新出发点,因为原则上粒子物理是比核物理更为微观的理论,由微观的粒子理论可最终推导出相对宏观的原子核结构性质。自20世纪70年代晚期至80年代初,就有各种不同的基于夸克理论的原子核模型,但尚未对传统核结构理论构成主要影响。实际上,直到20世纪末,尚未见核理论最终建立在夸克基础上,这主要是因为在低能核物理下,QCD的理论框架不太适用,但这一方面的尝试仍在继续,是很有意义的。

另一个值得注意的理论观点是,自1932年中子发现以来,偶尔有理论模型认为原子核是处于固相的。这些模型包含了一些有意思的特性,但长期以来对整个核结构研究影响较小,这可能反映了核物理界统一理论的想法,另外也可能是核固相理论本身不够牢固,也一直在变化。其中,最值得注意的是格点模型[5]。直到20世纪80年代,大量核散射实验数据不适合用壳模型、液滴模型或者团簇模型这些经典主流模型来解释,核固相模型找到了它的用武之地。在重离子碰撞中,伴随着计算机技术的发展,各种格点模型陆续发展应用。虽然缺乏相对严格的理论基础,但是这些模型定量上能很好地描述重离子碰撞中的多重碎裂数据。实际上,与其说格点模型是固相模型,还不如说它是个计算方法,因为,只有当格点模型包含了足够多的原子核统计性质,它们才能给出较为可靠的计算结果[6]。

直到2000年,核结构理论主要集中在壳模型、液滴模型、团簇模型和格点模型上,相关核结构研究基本上围绕这些模型展开。经过20世纪60年代到90年代的发展,这些模型也有了新的进展。实际上,到底有多少个原子核结构模型,目前没有权威的答案,也很难完全统计清楚,保守估计应该也有30多个。它们各自都能描述原子核结构的某些重要特性,有些表面看起来是相互矛盾和排斥的,大部分则是相互兼容、相互补充的,都能描述原子核结构的某些重要方面的性质。另外,原子核结构的模型分类,根据各自的物理假设和计算方法,也各有侧重点,比如W. Greiner等在 *Nuclear Models*[7]一书给出了三种类型的核结构模型,即微观模型(与独立粒子模型对应)、集体模型(与液滴模型对应)、混合模型。这期间不断有统一原子核结构模型的想法。原子核的壳层模型有做过类似的尝试,比如早期的统一模型和集体模型,以及 2005 年 E. Caurier 等的壳模型统一综述[8]。

21 世纪以来,核结构模型研究出现了几个新的趋势。伴随放射性核束发展而产生的奇特核结构的描述,包括滴线核的确定及其结构描述、晕皮核结构的描述、新幻数的出现等成为核结构研究的热点,这对核多体理论与核相互作用力有了新的要求,是检验核结构模型的试金石。很值得一提的是,随着计算技术的发展,从第一性原理来计算原子核结构逐渐成为现实,并取得一定成功,尤其是在轻核计算方面取得一系列重要结果。原子核的结构性质,尤其是一些自旋宇称信息,原来只能基于独立粒子假设,通过壳层模型计算得到的结果,目前也可以直接从两体或者多体核力出发计算得到,这在某种程度上调和了独立粒子模型与液滴模型假设之间的矛盾。

5.2 核结构基本理论模型

核结构基本理论主要集中在液滴模型、团簇模型、壳模型和格点模型上,我们这里简要介绍壳模型和格点模型,液滴模型和团簇模型请参考本书其他相关章节,这里不再赘述。

5.2.1 壳层模型

借鉴中心势场下的电子壳层模型,1949 年,Mayer 和 Jensen[2-3]各自独立假设核子在一个假想的球对称平均场内做独立粒子运动,并且核子也像电子一样受到自旋和轨道相互作用。粒子运动遵循薛定谔方程:

$$\left[-\frac{\nabla^2}{2m} + V(r) \right] \psi_i(r) = \epsilon_i \psi_i(r) \tag{5-7}$$

式中,势场部分包括谐振子势(或者方势阱)和自旋-轨道耦合势:

$$V(r) = \frac{1}{2} mwr^2 + Cl \cdot s \tag{5-8}$$

参数 $w \approx 41\,\text{MeV} \times A^{-1/3}$,$l$ 与 s 分别代表轨道与自旋矢量。自旋-轨道耦合强度 C 在 $0.3 \sim 0.6\,\text{MeV}$ 范围内,解薛定谔方程可以得到原子核的能级结构,给

出幻数的合理解释。也有人引入其他形式的势,比如 Woods-Saxon 势:

$$V(r) = -\frac{V_0}{1 + \exp[(r-R)/a]} \qquad (5-9)$$

参数深度 $V_0 \approx 50\,\text{MeV}$,半径 $R \approx 1.1\,\text{fm} \times A^{1/3}$,表面弥散度 $a \approx 0.5\,\text{fm}$。1955 年,Nilsson 等人唯象引入形变的谐振子势,引入了形变壳模型,其单粒子哈密顿量为

$$H = -\frac{\nabla^2}{2m} + \frac{1}{2}mw_0 r^2 + Cl \cdot s + Dl^2 - \beta_0 mw_0^2 r^2 Y_{20}(\theta, \phi) \quad (5-10)$$

式中,引入形变参数 β_0 与离心势参数 D,使得壳模型可以描述更复杂的情况,当然后来也有更多形式更复杂的势引入,但是解薛定谔方程变得很复杂,此时本征问题只能数值求解。

后来人们引入了自洽平均场,比如 Hartree-Fock 方法,来计算核结构,即直接从核子-核子两体相互作用出发,通过多体理论给出自洽平均场而不是人为假设引入平均场的形式。当然,这涉及核力和多体理论的问题,这方面 B. Alex Brown、Takaharu Ostuka、Morten Hjorth-Jensen 等人做了大量前瞻性的工作,国内的孟杰、许甫荣、赵玉民、孙扬等人开展了很多很有意义的工作。

5.2.2 格点模型

格点模型建立在渗透模型(percolation model)的基础上,它是有限格点的渗透模型,用以考虑原子核的有限尺寸效应。任何渗透模型都有两个要素:一是 d 维空间中点如何分布,二是如何判别这些点之间是否链接。相连在一起的点形成团簇,两个团簇间没有任何路径可以相连通,否则它们又会形成新的团簇。研究这些团簇的性质就是渗透理论。直观上,最简单的渗透模型就是网格点阵,这些点被占有的概率是随机的,用概率 $p(0<p<1)$ 表示。如果 p 都很小,体系则形成分散独立的团簇,如果 p 趋近 1,则整个网格点阵形成一个大的团簇,或者称体系完全渗透,其概率为完全渗透概率,用 p_{perc} 表示。渗透理论预言,当 p 超过某个数值 p_c 时,整个体系形成一个大团簇。即 $p < p_c$ 时没有渗透团簇存在,当 $p \geq p_c$ 时有且仅有一个团簇存在。p_c 称为临界概率,p 变化导致体系的团簇性质变化,动力学由标度理论来描述。这个最简单的随机点阵模型称为标准渗透模型。

标准的标度理论预言,网格点阵的维度唯一决定了 p 趋向临界概率时体

系团簇的性质,并可以由几个维度决定的所谓临界指数来描述。比如,在每个点上,尺寸大小为 s 的团簇的数目作为 p 的函数写成

$$n_s(p) \propto s^{-\tau} f(s^\sigma(p, p_c)) \tag{5-11}$$

式中, $f(0)=1$, p 与 p_c 分别为概率与临界概率,临界指数 τ 和 σ 在三维情况 ($d=3$)时,大概分别为 2.15 和 0.45,而 f 称为标度函数。

　　临界概率本身不仅受网格点阵维度的影响,还取决于网格点阵的拓扑情形。对于平面二维方格点阵, $p_c \approx 0.593$,对于简单三维立方、体心和面心点阵 $p_c \approx 0.311$、0.245 和 0.198。对于简单的超立方点阵,有

$$p_c \approx 1/(2d-1) \tag{5-12}$$

对于无限维的情况,则体系的团簇性质不受体系拓扑结构影响,唯一由 $p-p_c$ 决定。

　　与渗透模型相似的另一模型是键渗透(bond percolation)。键渗透假设所有的格点都被占据,而格点间的键可以随机破裂,破裂概率为 p_B。对于平面二维方格点阵和三维立方点阵,它们的临界概率 p_{BC} 为 0.500 和 0.751。大多数情况下,键渗透和点渗透描述可以相互转换,有时也可以同时考虑键渗透和点渗透。渗透模型的临界行为可能预示着体系发生相变,因此它也被应用到热力学和磁系统及夸克-胶子等离子体等的相变研究中。另外,许多复杂网络的现象如传染病的扩散、聚合物的凝结、信息社会交通网络等也可以应用。核格点模型就是渗透模型在核物理中的应用,如果格点数目有限,就可以计算有限核的情况。

　　由于有限核效应,核格点模型的临界概率也会有所改变。这里以键渗透模型为例,介绍格点体系大小对临界概率的影响。假设体系为 $n \times n \times n$ 的简单立方点阵。当体系为无穷大时,即 n 为无穷大,则体系完全渗透与键破裂概率是一个严格的阶跃函数,体系的临界破裂概率与点阵结构无关,仍然为 0.751,当体系逐渐变小时,体系完全渗透的概率随破裂概率的函数变成非阶跃了,有明显的变缓趋势,但是其变化最快的点仍然在 0.751,如图 5 - 1

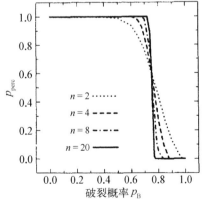

图 5 - 1　键渗透有限尺寸效应(完全渗透概率随键破裂概率的函数关系)[9]

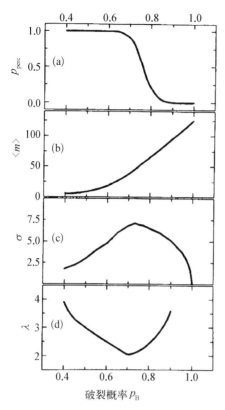

图 5 - 2　破裂概率的各种激发函数（体系为 5×5×5 的简单立方点阵）[9]

所示。

进一步以 5×5×5 简单立方点阵为例（见图 5-2），给出 $n=5$ 时，破裂概率的各种激发函数包括完全渗透(a)、平均多重数(b)、多重数分布标准偏差(c)，以及表观指数(d)。其中，轻碎片的尺寸分布服从指数规律，其幂次即表观指数：

$$n_A(p_B) \propto A^{-\lambda} \qquad (5-13)$$

很清楚可以看到临界破裂概率附近，体系有相变行为，多重数分布最宽，表观指数最小。20 世纪 80 年代，W. Bauer 等人应用格点模型在重离子碰撞中的多重碎裂反应研究中取得比较大的成功。图 5-3 给出了 1988 年 W. Bauer 格点模型计算高能质子诱发原子核多重碎裂的理论模拟示意及碎片分布情况。通过调节体系的破裂概率，得到合理的碎片分布，格点模型模拟结果与实验结果符合得非常好。

应该指出，实际上键破裂概率是与键的结合能和体系温度相关的，即

$$p_B = \exp[-E_B(T)/T] \qquad (5-14)$$

严格来讲，格点模型应该是一种计算技术，它借鉴了大量固体物理中晶格点阵的几何描述，也可以在核结构中应用，尤其是当人们发现三维谐振子势下，薛定谔波动方程描述的壳模型竟然和面心立方晶格点阵结构存在同态结构的时候，引起了核结构领域的重视，相关的内容可以参考 N. D. Cook 等人的工作[5]。另外，格点作为一种有效计算技术可以实现非微扰的 QCD 数值计算，即格点 QCD。

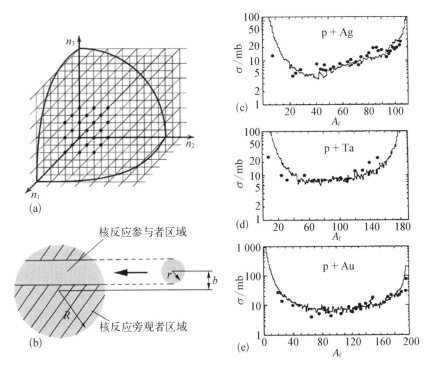

图 5 - 3　格点模型基本结构(a)、动力学(b)及格点模拟
多重碎裂结果与实验数据的比较(c~e)[9]

注：A_f 为多重碎裂反应碎片的总质量数。

5.3　第一性原理计算

第一性原理计算是在近二十年随着计算机技术的发展而迅速发展起来的。在没有引入不可控近似的情况下，直接从体系多体哈密顿量出发，求解核多体问题，是核结构的前沿热点领域。本节将对第一性原理计算的典型模型及其计算结果进展进行简要回顾，包括格林函数蒙特卡罗（Green function Monte Carlo，GFMC）模型、无芯壳模型（no-core shell model，NCSM）、耦合团簇（couple cluster，CC）模型和分子动力学（molecular dynamics，MD）模型这几种第一性原理模型。

5.3.1　格林函数蒙特卡罗

1962 年，Kalos 首先应用格林函数蒙特卡罗（GFMC）的办法来计算 $A =$

3、4 中心平均场的原子核基态问题[10]。1987 年，Carlson 应用 GFMC 方法算法来解现代意义核的哈密顿量（包括自旋同位旋算符）[11]。GFMC 算法可以直接计算原子核的基态及低激发态的能量。给定体系一个试验波函数 $|\Psi\rangle$，通过时间演化，可以得到时间演化波函数 $|\Psi(\tau)\rangle$：

$$|\Psi(\tau)\rangle = N e^{-iHt}|\Psi\rangle = N e^{-H\tau}|\Psi\rangle \tag{5-15}$$

式中，$\tau \equiv it$ 为虚时间，N 为归一化系数：$N = e^{\tau E_0}$，E_0 为体系基态能量，定义

$$\epsilon(\tau) = \frac{\langle\Psi|H|\Psi(\tau)\rangle}{\langle\Psi|\Psi(\tau)\rangle} \tag{5-16}$$

当 $\tau \to \infty$ 时，基态能量为 E_0。

在组态空间 R（所有粒子的坐标）中表征中间态波函数：

$$|\Psi(\tau)\rangle = N e^{-H\tau}|\Psi\rangle = e^{-(H-E_0)\tau}|\Psi\rangle$$
$$= \iint dR\, dR' \langle R|R\rangle e^{-(H-E_0)\tau} \langle R'|R'\rangle|\Psi\rangle \tag{5-17}$$

其积分核就是虚时间演化算符的格林函数：

$$G(R, R', \tau) = |R\rangle e^{-(H-E_0)\tau} \langle R'| \tag{5-18}$$

为了计算 $|\Psi(\tau)\rangle$，可以将时间离散化，格林函数变为

$$G(R, R', \tau) = \int \cdots \int dR_n \cdots dR_1 G(R, R_n, \Delta\tau) \cdots G(R_1, R', \Delta\tau) \tag{5-19}$$

这样，只要确定每个时间步长内的格林函数 $G(R_n, R_{n-1}, \Delta\tau)$ 的形式，就可以得到整个时间演化的格林函数，取近似

$$G(R_n, R_{n-1}, \Delta\tau) = \left(\frac{1}{2\pi\Delta\tau}\right)^{\frac{3}{2}N} \exp\left\{-m\frac{(R-R')^2}{2\Delta\tau} - \left[\frac{1}{2}(V(R)-V(R'))-E_0\right]\Delta\tau\right\} \tag{5-20}$$

这样，就可以对体系进行蒙特卡罗模拟从而得到体系的基态函数。

GFMC 方法也可以计算原子核的激发态及低能散射。当然 GFMC 也有一些问题，比如归一化问题、符号问题等，另外它也需要一个很好的试验波函

数作为起点,以加快收敛速度,节省计算时间,通常的做法是将 GFMC 方法本身的结果作为输入的试验波函数来进行计算。

美国洛斯阿拉莫斯实验室的 J. Carlson 小组在这方面有大量的开创性工作,如图 5-4 所示,他们给出了 GFMC 方法采用 AV18 和 IL2 势计算轻核能级与实验的比较,整体上,两组相互作用与实验趋势符合很好,但 IL2 相互作用与实验符合得更好,而 AV18 的能级有点偏高,可能反映了 AV18 的短程排斥过强。

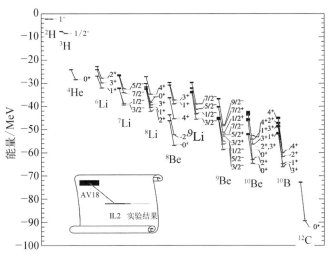

图 5-4　GFMC 采用 AV18(Argonne V_{18})和 IL2(Illinois-2)势计算轻核能级结果与实验结果比较[11]

5.3.2　无芯壳模型

传统的独立粒子模型或者少数价核子的壳模型除了被考虑的价核子可以自由运动外,其他粒子都被冻结(有芯),或者只提供一个平均场。这大大简化了物理考虑的对象,节省了很多计算时间。无芯壳模型(NCSM)则认为所有核子都是活跃的,没有被冻结的静止的核心。

无芯壳模型采用谐振子基来描述体系,并且谐振子有一个最高能量的截断,来求解多体薛定谔方程。采用谐振子基及基截断是它的两个主要特点。首先,采用谐振子基优点在于,可以在保持体系平移不变性的前提下,直接使用单核子的坐标及使用二次量子化的表象来描述体系的量子态,因此那些标准壳模型及二次量子化所使用的现成成熟的计算技术可以非常便利地应用到无芯壳模型中来,但是同时也得面对谐振子基较差的渐近行为。这就是无芯壳模型中"壳模型"名称的来源。其次,基截断也带来一些相互作用的问题,无芯壳模型采用的两体或者三体相互作用本来是在完备的谐振子基中展开的,现在有高能截断,那就需要在现有的模型空间中修改相互作用势,把原来的相互作用投影到被截断的空间中来,变成有效相互作用,并依赖于谐振子基的截断情况。因此,谐振子基截断参数是无芯壳模型很重要的一个参数。以内部相互作用哈密顿量为出发点,有

$$H_A = \frac{1}{A} \sum_{i<j} \frac{(\boldsymbol{p}_i - \boldsymbol{p}_j)^2}{2m} + \sum_{i<j} V_{\text{NN},ij} + \sum_{i<j<k} V_{\text{NNN},ijk} \tag{5-21}$$

并考虑质心运动哈密顿量:

$$H_{\text{cm}} = T_{\text{cm}} + U_{\text{cm}} \tag{5-22}$$

式中, $U_{\text{cm}} = \frac{1}{2} Am\Omega^2 \boldsymbol{R}^2$, $\boldsymbol{R} = \frac{1}{A} \sum \boldsymbol{r}_i$, Ω 为谐振子圆频率,这样可以构建既考虑内部相互作用又考虑质心运动的体系哈密顿量:

$$H_A^{\Omega} = H_A + H_{\text{cm}} = \sum_{i=1}^{A} h_i + \sum_{i<j}^{A} V_{ij}^{\Omega,A} + \sum_{i<j<k}^{A} V_{\text{NNN},ijk} \tag{5-23}$$

式中, $h_i = \frac{\boldsymbol{p}_i^2}{2m} + \frac{1}{2} m\Omega^2 \boldsymbol{r}_i^2$, $V_{ij}^{\Omega,A} = V_{\text{NN},ij} - \frac{m\Omega^2}{2A}(\boldsymbol{r}_i - \boldsymbol{r}_j)^2$。 实际上若只考虑有限核的结构计算问题,则质心运动对体系的结构性质不会有影响,实际上,可以在计算完体系能量后,再将这部分集体运动扣除。

无芯壳模型采用谐振子基,核子波函数用谐振子本征函数描述。如何将这些单核子谐振子波函数耦合成体系的总体波函数,是无芯壳模型的一个技术重点。无芯壳模型采用所谓的 Lee-Suzuki 相似变换得到有效的相互作用,其中相似变换由模型空间的情况确定。如何利用投影技术得到相似变换算符,是无芯壳模型的另外一个技术重点。关于无芯壳模型的更多细节和应用,可以参考综述文献[12]。无芯壳模型可以验证目前各种核力理论的有效性和精度,尤其有效场论的两体或者三体相互作用的情况,如图 5-5 给出了 P. Navrátil 等人利用无芯壳模型计算的 p 壳层核能级(自旋宇称与同位旋)与实验的比较情况,这显示了手征有效场论三体核力的重要性。图 5-5 中采用手征有效场论的相互作用分别考虑两体和三体情况,截断最大谐振子量子数 N_{max} 取 6,C 核的 Ω 取 15 MeV,B 核的 Ω 取 15 MeV[13]。

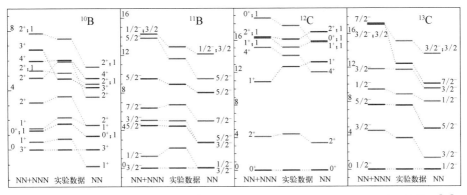

图 5 - 5 无芯壳模型计算的 p 壳层核的能级(自旋宇称与同位旋)与实验的比较情况[13]

注: NN 表示两体作用;NNN 表示三体作用。

5.3.3 耦合团簇模型

Coester 等人在 50 多年前,建立了耦合团簇模型的基础[14-15]。直到 2000 年,它在化学领域得到了非常广泛的扩展应用,但在核物理方面的应用受制于短程核力及张量力的处理困难,比较受限,只有核物质计算及中等质量的几个双幻核氦、氧、钙[16]方面的例子。最近这几年,随着重整化群变换软化核力的几个关键问题的解决,耦合团簇模型在描述弱束缚核或者非束缚核中得到了很大的应用,并有在核物理的复兴趋势,这方面内容请参考 G. Hagen 等人的综述[17]。这里简要介绍耦合团簇模型的基本理论和最新结果。

对体系薛定谔方程,耦合团簇模型提供了近似求解定态薛定谔方程的方法:

$$H \mid \Psi \rangle = E \mid \Psi \rangle \qquad (5-24)$$

模型假设体系的波函数满足如下形式:

$$\mid \Psi \rangle = \exp(T) \mid \Phi \rangle \qquad (5-25)$$

式中,$\mid \Phi \rangle$ 称为参考波函数,作为体系的基态,一般可以由 Hartree-Fock 轨道或者其他各种壳模型、平均场模型的波函数构造的直积,使用二次量子化的表象:

$$\mid \Phi \rangle = \prod_{i=1}^{A} a_i^{\dagger} \mid 0 \rangle \qquad (5-26)$$

T 称为团簇算符,是耦合团簇模型的核心,确定它的形式就是耦合团簇的目标,可展开成其他各种单激发(singles)、双激发(doubles)、三激发(triples)或者多激发形式:

$$T = T_1 + T_2 + T_3 + \cdots T_A \qquad (5-27)$$

$$T_1 = \sum_{ia} t_i^a a_a^\dagger a_i$$

$$T_2 = \frac{1}{4} \sum_{ijab} t_{ij}^{ab} a_a^\dagger a_b^\dagger a_i a_j$$

$$T_n = \frac{1}{(n!)^2} \sum_{ij\cdots ab\cdots} t_{ij\cdots}^{ab\cdots} a_a^\dagger a_b^\dagger \cdots a_i a_j \cdots \qquad (5-28)$$

现在求解 T,薛定谔方程为

$$H\exp(T)\,|\,\Phi\rangle = E\exp(T)\,|\,\Phi\rangle \qquad (5-29)$$

有两种方法可以求解上述方程,第一种是直接求解本征问题,第二种是利用双变分原理求解。第二种方法可以参考文献[17-18]。我们这里介绍第一种方法,两边各左乘 $\exp(-T)$,并分别投影到 $|\,\Phi\rangle$、$|\,\Psi'\rangle$,$|\,\Psi'\rangle$ 为任意激发态,可得

$$\langle\Phi\,|\,\exp(-T)H\exp(T)\,|\,\Phi\rangle = E \qquad (5-30)$$

$$\langle\Psi'\,|\,\exp(-T)H\exp(T)\,|\,\Phi\rangle = E\langle\Psi'\,|\,\exp(-T)\exp(T)\,|\,\Phi\rangle = 0 \qquad (5-31)$$

T 考虑到二阶(CCSD 方程),则上述方程可以写成

$$\langle\Psi'\,|\,\exp[-(T_1+T_2)]H\exp[(T_1+T_2)]\,|\,\Phi\rangle = 0 \qquad (5-32)$$

因为考虑到二阶激发,可以得到所谓的 CCSD 方程组:

$$\langle\Phi_i^a\,|\,\exp[-(T_1+T_2)]H\exp[(T_1+T_2)]\,|\,\Phi\rangle = 0 \qquad (5-33)$$

$$\langle\Phi_{ij}^{ab}\,|\,\exp[-(T_1+T_2)]H\exp[(T_1+T_2)]\,|\,\Phi\rangle = 0 \qquad (5-34)$$

实际上,更高阶的激发近似,也可以类推得到。通过 Baker-Campbell-Hausdorff 公式可以对哈密顿量的相似变化进行展开:

$$\begin{aligned}
\bar{H} &= \exp(-T)H\exp(T) \\
&= H + [H, T] + \frac{1}{2!}[[H, T], T] + \frac{1}{2!}[[[H, T], T], T] + \cdots
\end{aligned} \qquad (5-35)$$

并保留与双激发相应阶的项,这样,给定 H 和合适的完备基矢,就可以求解 T_1 和 T_2,即解出了体系的薛定谔方程基态问题。

通过运动方程的方法(EOM)可以求解满子壳及满子壳附近的原子核的基态和激发态,此时,满壳附近的状态可以看成是以满壳核作为基态的激发。

假设已经解好 CCSD 方程,由于经过相似变换的哈密顿量矩阵元已经求出,可对其本征态引入激发算符 R:

$$|\Psi_\mu\rangle = R_\mu |\Phi\rangle \qquad (5-36)$$

$$\overline{H}R_\mu |\Phi\rangle = E_\mu R_\mu |\Phi\rangle \qquad (5-37)$$

扣除基态能量影响 $R_\mu \overline{H} |\Phi\rangle = E_0 R_\mu |\Phi\rangle$,可得

$$[\overline{H}, R_\mu] |\Phi\rangle = \omega_\mu R_\mu |\Phi\rangle \qquad (5-38)$$

$\omega_\mu = E_\mu - E_0$ 是相对于满壳基态的激发态能量,与基态中解本征方程方法类似,可取单激发和双激发近似,并可得这些激发态能量的具体数值。

考虑在满壳核核子数为 A 的附近核的激发,激发算符在二次量子化表象下的形式如下,也称为运动方程(EOM):

对 A 体原子核有

$$R = r_0 + \sum_{ia} r_i^a a_a^\dagger a_i + \frac{1}{4} \sum_{ijab} r_{ij}^{ab} a_a^\dagger a_b^\dagger a_i a_j + \cdots \qquad (5-39)$$

对 $A+1$ 体原子核有

$$R = \sum_a r^a a_a^\dagger + \frac{1}{2} \sum_{iab} r_i^{ab} a_a^\dagger a_b^\dagger a_i + \cdots \qquad (5-40)$$

对 $A-1$ 体原子核有

$$R = \sum_i r_i a_i + \frac{1}{2} \sum_{iab} r_{ij}^a a_a^\dagger a_i a_j + \cdots \qquad (5-41)$$

对 $A+2$ 体原子核有

$$R = \frac{1}{2} \sum_{ab} r^{ab} a_a^\dagger a_b^\dagger + \frac{1}{6} \sum_{iabc} r_i^{abc} a_a^\dagger a_b^\dagger a_c^\dagger a_i + \cdots \qquad (5-42)$$

与基态中的团簇算符 T 有点类似,激发算符 R 也需要根据实际情况考虑截断问题。

    耦合团簇模型对双幻核或者满壳核及附近的原子核比较有效,可以很好地描述半幻数核的演化。最近 Hagen 小组利用耦合团簇模型结合手征有效场论的核力,对氦、氧、钙同位素链做了计算,如图 5 - 6、图 5 - 7 所示,这些工作与日本东京大学的 Otsuka 研究小组使用的壳模型计算结果相互印证[19-22],一

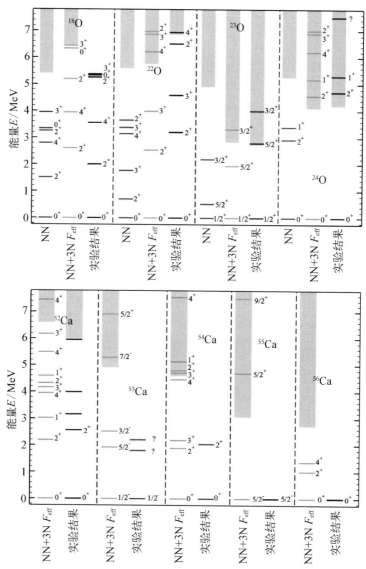

图 5 - 6　实验[23]和耦合团簇模型理论计算氧(上图)[24]、
钙(下图)[25]同位素链的核能级

注:NN 表示两体作用;3N F_{eff} 表示三体有效核力。

起对现代核力的性质进行了很好的限制,特别是三体力的必要性及手征有效场论核力的行为,引起了整个核物理研究领域的极大重视。

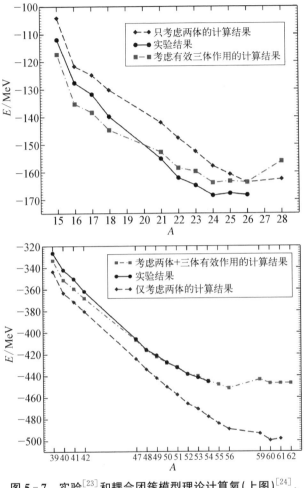

图 5-7　实验[23]和耦合团簇模型理论计算氧(上图)[24]、钙(下图)[25]同位素链的基态能量

　　也有人将耦合团簇模型方法用于计算核反应及无限大核物质,这里不展开,具体请参考 Hagen 等的综述文献[17]。耦合团簇模型也有它的局限性,比如满壳要求,对于离满壳较远的核就不太好描述。另外,即使是满壳核,对于镍和锡这些中重同位素的描述也需要对核力相互作用进一步考虑。最后其本身高级激发的截断近似引起的误差也需要在理论上进一步系统性地考虑。

5.3.4 费米子分子动力学模型

1990 年,Feldmeier 首先提出费米子分子动力学(FMD)模型来描述原子核的结构和低能重离子反应[26]。基于 Rayleigh-Ritz 变分原理,FMD 可求解核结构中的量子多体问题;基于最小作用原理,也可模拟低能核反应过程,具体可以参考综述文献[27]。这里我们介绍一下 FMD 在核结构中的应用情况。

FMD 采用现实核力,如 Bonn 或者 Argonne 势,通过 Hartree-Fock 的多体框架实现量子多体计算。其体系波函数是各个单粒子波函数的行列式的线性组合,其单粒子波函数用一个或者几个高斯波包来描述,即使用粒子的自然轨道而不是量子轨道,在坐标表象下单粒子波函数为

$$\langle x \mid q_i \rangle = \sum_k c_k \exp\left(-\frac{(\boldsymbol{x}-\boldsymbol{b}_k)^2}{2a_k}\right) \mid \chi_k \rangle \bigotimes \mid m_k \rangle \qquad (5-43)$$

式中,参数 $a_k = a_{Rk} + ia_{Ik}$ 包含波包宽度信息,参数 $\boldsymbol{b}_k = \boldsymbol{b}_{Rk} + i\boldsymbol{b}_{Ik} = \boldsymbol{R}_k - a_{Ik}\boldsymbol{P}_k + i(a_{Rk}\boldsymbol{P}_k)$,包含了波包的中心位置和中心动量信息。体系波函数是反对称化的波函数,采用一个或者多个行列式方法来描述:

$$\mid \psi \rangle = A \prod_i \mid q_i \rangle \qquad (5-44)$$

对所有单粒子波函数参数求解期望值

$$\frac{\langle \psi \mid H_{\text{eff}} - T_{\text{cm}} \mid \psi \rangle}{\langle \psi \mid \psi \rangle} \qquad (5-45)$$

的极小值。

体系的哈密顿量的性质与体系的波函数选择息息相关,不管是二次量子化表象(如无芯壳模型)还是自然轨道的高斯波包表象。直积基础上的反对称化试验波函数无法描述介质中核力中的张量关联和短程关联,因此,现实核力没法直接应用到壳模型或者 FMD 的计算中来,有必要对核力进行多体修正,考虑介质中的有效核力,包括以上两种重要的关联。传统上有两种方法考虑介质中的有效核力:第一种是 Brueckner 用 $\boldsymbol{G}$ 矩阵代替现实核力 v 进行核多体计算,这点在5.1节讨论过;另外一种是 Jastrow 的方法,假设核基态波函数为 $\prod_{i<j} f_{ij} \mid \Phi \rangle$,系数 f_{ij} 用于短程修正。FMD 却另辟蹊径,引入了第三种方

法,即幺正关联算符方法(UCOM)[28],来考虑核力的张量和短程关联。将幺正算符作用在一个没考虑关联的体系波函数上,得到关联的波函数:

$$|\hat{\Psi}\rangle = C \mid \Psi\rangle \qquad (5-46)$$

幺正算符用一个关联子来表示,定义如下:

$$C = \exp[-iG] \qquad (5-47)$$

式中,G 是该关联子的产生子,为两体厄米算符,与核子间的相对距离、相对动量、自旋及同位旋相关。

从体系的相互作用哈密顿量角度来看,如只含有一体和两体相互作用部分,在关联算符的作用下变成有效的哈密顿量,并展开而得到多体相互作用,即

$$\begin{aligned}
\hat{H} &= C^{\dagger}HC = C^{\dagger}(\sum_i T_i + \sum_{i<j} V_{ij})C \\
&= \sum_i T_i + \sum_{i<j} \hat{T}_{ij} + \sum_{i<j<k} \hat{T}_{ijk} + \sum_{i<j} \hat{V}_{ij} + \sum_{i<j<k} \hat{V}_{ijk} + \cdots
\end{aligned} \qquad (5-48)$$

这与前面提到的耦合团簇模型考虑的团簇展开基本上是一致的,只是耦合团簇模型求解的是体系哈密顿量团簇展开后的本征值问题,而 FMD 则假设体系波函数的某些参数组形式,求解的是体系的变分问题。

考虑将关联子分解为径向关联子(C_r)和张量关联子(C_Ω):

$$C = C_r C_\Omega = \exp[-i\sum_{i<j} g_{rij}]\exp[-i\sum_{i<j} g_{\Omega ij}] \qquad (5-49)$$

式中,径向关联子 C_r 一方面把粒子对沿径向推开,以产生一个较强的排斥芯,另一方面在距离较远时不产生作用。一般使用径向动量算符 p_r 和平移函数 $s(r)$ 来构建其产生子:

$$g_{r_{ij}} = \frac{1}{2}\big[p_{r_{ij}}s(r_{ij}) + s(r_{ij})p_{r_{ij}}\big] \qquad (5-50)$$

张量关联子 C_Ω 反映了张量力的作用情况,即在粒子对总自旋为 1 时,粒子对的总自旋与粒子对空间取向在张量力作用下有顺排的趋势。其使用动量的轨道部分算符 $p_\Omega = p - p_r$、粒子自旋算符 σ 和粒子对空间 $\boldsymbol{r} = (\boldsymbol{r}_1 - \boldsymbol{r}_2)/|\boldsymbol{r}_1 - \boldsymbol{r}_2|$ 取向算符及强度函数 $v(r_{ij})$ 来构造产生算符:

$$g_{\Omega_{ij}} = v(r_{ij})\frac{3}{2}\big[(\sigma_i P_{\Omega_{ij}})(\sigma_j r_{ij}) + (\sigma_i r_{ij})(\sigma_j P_{\Omega ij})\big] \qquad (5-51)$$

FMD 可以采用各种有效的核力相互作用如 AV18 等来进行核结构的计算,由于有了核子高斯波包的假设,体系变分过程各种计算一般是高斯函数的计算,可以大大简化计算过程,节约计算时间。目前 FMD 可以计算直到 $A=60$ 附近的中轻核结构,如果进行某些近似和简化后,可以算到更重的原子核。另外,由于采用了反对称化的波函数形式,FMD 可以很好地描述 α 共轭核、He、Be、C、O、Ne、Mg、Si、S、Ar、Ca 等核的团簇结构信息。这点与 AMD 模型[29]有点类似,与 THSR、EQMD 等模型一样可以较好地描述 α 共轭核的性质,如图 5-8 所示,基线为 3 个 α 粒子的静止质量,即 3α 阈值,图 5-8 左边为 Cluster 模型计算结果,中间为 FMD 计算结果,右边为实验结果。FMD 计算的 ^{12}C 激发谱与其他模型及实验可以很好地比较[30]。除了核结构外,FMD 还可以描述无限大核物质性质,也可以应用于核反应的描述。图 5-9 显示了利用 FMD 计算的俘获反应 ^{3}He(α, γ)^{7}Be 和 ^{3}H(α, γ)^{7}Li 的天体物理 S 因子情况[31]。FMD 可以较好地计算这两个反应的低能和高能情况,并与实验值符合得很好。

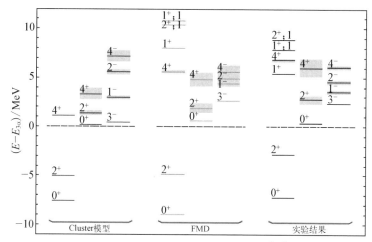

图 5-8　Cluster 模型和 FMD 模型计算的 ^{12}C 能谱[30]与实验的比较

正因为核子高斯波包的假设,FMD 可以方便地简化计算核体系的各种问题,但是也正是由于高斯波包的假设,限制了 FMD 体系波函数的某些性质,尤其是体系波函数的对称性,如动量和自旋等,需要某些投影技术来恢复。但目前看来 FMD 是非常有希望的高效的核结构第一性原理计算方法。当然,在某些体系的多体关联上 FMD 可能不够精确,此时可以引入生成坐标方法考虑某些关联,扩展 FMD 在这方面的应用。

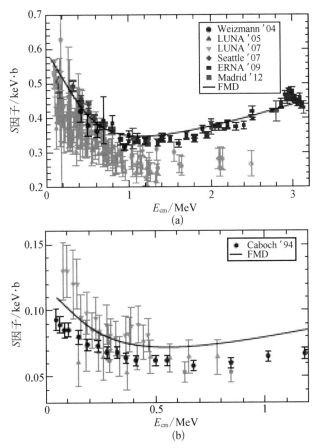

图 5-9　FMD 计算俘获反应天体物理 S 因子[31]

(a) $^3\text{He}(\alpha, \gamma)^7\text{Be}$ 反应；(b) $^3\text{H}(\alpha, \gamma)^7\text{Li}$ 反应

5.3.5　其他模型

本节我们介绍了部分第一性原理理论模型，当然还有其他比较重要的第一性原理计算方法，如 Faddeev 的三体计算方法，通过直接解体系的三体 Faddeev 方程，来解核体系的本征问题[32]。共振群（RGM）[33] 把体系波函数分解成各种可能的团簇波函数的组合（即共振）。原则上，这些团簇的选择是从能量来考虑的，把核当成复合核的母核，遍历其所有可能的衰变道分支，同时考虑这些衰变核的相互作用作为体系哈密顿量来解体系的本征问题。另外，高斯展开方法（GEM）[34]、变分蒙特卡罗方法（VMC）[35]，以及随机蒙特卡罗的方法（SMC）等也是第一性原理的计算方法。

核是一个强相互作用的自约束的量子多体体系。正如 Mayer 当年借鉴原子的壳模型,提出核的壳模型一样,核多体很多问题可以借鉴电子多体体系的研究方法,很多物理方法是相通的,如我们前面提到的核结构的基本理论和第一性原理模型大部分都可以找到其在电子层次的对应。但是作为强相互作用体系,核体系有自己独特的地方。多体问题有时候不够多,不像原子中心场近似,核的平均场近似是一个没有中心的平均场,核子数多的时候,平均场相对平滑,涨落较小,但是当核子数太少时,平均场不够光滑,涨落变大,而且边界效应非常强。第一性原理可能很有希望从根本上解决这个问题。第一性原理的方法除去了平均场的概念,将核体系所有核子的自由度系统考虑,回归到多体体系的本质问题,是更为基础的方法。我们也要看到,第一性原理计算还在起步阶段,目前只能计算几个较轻的原子核,但随着计算机技术的发展,尤其是将来量子计算机可能的应用,相信在可见的未来可以向更重的原子核体系推进。采用了第一性原理"硬算",原则上可以解决核量子多体计算理论框架问题。这样,原子核结构目前的主要问题就是核力相互作用问题。

参考文献

[1] Köhler H S. Short history of nuclear many-body problem [J]. Nuclear Physics A, 2014, 928: 9-16.

[2] Mayer M G. On closed shells in nuclei. II [J]. Physical Review, 1949, 75(12): 1969-1970.

[3] Haxel O, Jensen J H D, Suess H E. On the "magic numbers" in nuclear structure [J]. Physical Review, 1949, 75(11): 1766-1766.

[4] Brueckner K A, Levinson C A, Mahmoud H M. Two-body forces and nuclear saturation. I. central forces [J]. Physical Review, 1954, 95(1): 217-228.

[5] Cook N D. Models of the atomic nucleus: unification through a lattice of nucleons[M]. 2nd ed. New York: Springer, 2010.

[6] Bauer W. Extraction of signals of a phase transition from nuclear multifragmentation [J]. Physical Review C, 1988, 38(3): 1297-1303.

[7] Greiner W, Maruhn J, Bromley D A. Nuclear models [M]. New York: Springer, 1997.

[8] Caurier E, Martínez-Pinedo G, Nowacki F, et al. The shell model as a unified view of nuclear structure [J]. Reviews of Modern Physics, 2005, 77(2): 427-488.

[9] Bauer W, Post U, Dean D R, et al. The nuclear lattice model of proton-induced multi-fragmentation reactions [J]. Nuclear Physics A, 1986, 452(4): 699-722.

[10] Kalos M H. Monte Carlo calculations of the ground state of three- and four-body nuclei [J]. Physical Review, 1962, 128(4): 1791-1795.

[11]　Carlson J. Green's function monte carlo study of light nuclei [J]. Physical Review C, 1987, 36: 2026 - 2033.

[12]　Barrett B R, Navratil P, Vary J P. Ab initio no core shell model [J]. Progress in Particle and Nuclear Physics, 2013, 69: 131 - 181.

[13]　Navratil P, Gueorguiev V G, Vary J P, et al. Structure of $A = 10 - 13$ nuclei with two- plus three-nucleon interactions from chiral effective field theory [J]. Physical Review Letters, 2007, 99(4): 042501.

[14]　Coester F. Bound states of a many-particle system [J]. Nuclear Physics, 1958, 7: 421 - 424.

[15]　Coester F, Kümmel H. Short-range correlations in nuclear wave functions [J]. Nuclear Physics, 1960, 17: 477 - 485.

[16]　Kümmel H, Lührmann K H, Zabolitzky J G. Many-fermion theory in exp S (or coupled cluster) form [J]. Physics Reports, 1978, 36(1): 1 - 63.

[17]　Hagen G, Papenbrock T, Hjorth-Jensen M, et al. Coupled-cluster computations of atomic nuclei [J]. Reports on Progress in Physics, 2014, 77(9): 096302.

[18]　Arponen J. Variational principles and linked-cluster exp S expansions for static and dynamic many-body problems [J]. Annals of Physics, 1983, 151(2): 311 - 382.

[19]　Otsuka T. Exotic nuclei and nuclear forces [J]. Physica Scripta, 2013, 2013 (T152): 014007.

[20]　Otsuka T, Suzuki T, Honma M, et al. Novel features of nuclear forces and shell evolution in exotic nuclei [J]. Physical Review Letters, 2010, 104(1): 012501.

[21]　Otsuka T, Suzuki T, Holt J D, et al. Three-body forces and the limit of oxygen isotopes [J]. Physical Review Letters, 2010, 105(3): 032501.

[22]　Otsuka T, Suzuki T, Fujimoto R, et al. Evolution of nuclear shells due to the tensor force [J]. Physical Review Letters, 2005, 95(23): 232502.

[23]　Steppenbek D, Takeuchi S, Aoi N, et al. Evidence for a new nuclear "magic number" from the level structure of ^{54}Ca [J]. Nature, 2013, 502(7470): 207 - 210.

[24]　Hagen G, Hjorth-Jensen M, Jansen G R, et al. Continuum effects and three-nucleon forces in neutron-rich oxygen isotopes [J]. Physical Review Letters, 2012, 108 (24): 242501.

[25]　Hagen G, Hjorth-Jensen M, Jansen G R, et al. Evolution of shell structure in neutron-rich calcium isotopes [J]. Physical Review Letters, 2012, 109(3): 032502.

[26]　Feldmeier H. Fermionic molecular dynamics [J]. Nuclear Physics A, 1990, 515 (1): 147 - 172.

[27]　Feldmeier H, Schnack J. Molecular dynamics for fermions [J]. Reviews of Modern Physics, 2000, 72(3): 655 - 688.

[28]　Feldmeier H, Neff T, Roth R, et al. A unitary correlation operator method [J]. Nuclear Physics A, 1998, 632(1): 61 - 95.

[29]　Ohnishi A, Randrup J. Statistical properties of anti-symmetrized molecular dynamics [J]. Nuclear Physics A, 1993, 565(2): 474 - 494.

[30] Neff T, Feldmeier H, Roth R. From the NN interaction to nuclear structure and reactions [J]. Acta Physica Hungarica A) Heavy Ion Physics, 2006, 25(2-4): 175-180.

[31] Neff T. Microscopic calculation of the ^{3}He (α, γ) ^{7}Be and ^{3}He (α, γ) ^{7}Li capture cross sections using realistic interactions[J]. Physical Review Letters, 2011, 106 (4): 042502.

[32] Deltuva A, Fonseca A C, Lazauskas R. Faddeev equation approach for three-cluster nuclear reactions[G]//Beck C. Clusters in nuclei, volume 3. Springer International Publishing, 2014: 1-23.

[33] Wildermuth K. A unified theory of the nucleus [M]. New York: Springer-Verlag, 2013.

[34] Kamimura M, Kameyama H. Coupled rearrangement channel calculations of muonic molecules and $A=3$ nuclei [J]. Nuclear Physics A, 1990, 508: 17-28.

[35] Pieper S C, Wiringa R B. Quantum Monte Carlo calculations of light nuclei [J]. Annual Review of Nuclear and Particle Science, 2001, 51(1): 53-90.

第6章

原子核团簇研究进展

团簇现象广泛存在于各种物理层次,比如从星系结构至亚原子层次,不同尺度下的物质体系结团凝聚现象都是显著存在的。2度视场星系红移巡天对大量星系的测量显示星系结团成丝状结构,这种情况被认为是由大爆炸后最初物质分布微小涨落的引力不稳定性引起的。在微观尺度,原子在液体和气体中结团形成分子,在固体中结团形成晶体结构,在更小的尺度夸克结团组成强子。所以在核尺度下,结团现象的存在也是很容易理解的,原子核的团簇和核分子理论是最早发展的核理论之一,现在各种理论都普遍认为轻 α 共轭核及其丰中子同位素中都具有相当明显的 α 团簇成分,但实验上人们对核中的团簇自由度认识还很不充分,理论研究也具有相当的不确定性和模型相关性,因此核中的团簇现象还需要持续深入的实验和理论研究。

6.1 原子核中的团簇现象

在原子核物理的早期研究中,人们发现质量数为 4 的整数倍且 $N=Z$ 的 α 共轭核有更好的稳定性,就猜测这些核有可能是由 α 粒子作为子单元构成的,可以有各种几何形状。近几十年来核物理的研究揭示原子核不是一个静态的简单几何结构,实际上组成原子核的质子和中子在核内的运动速度可与光速比拟,原子核是一个复杂的强关联动态体系,核子之间存在着较强的关联,比如由于泡利不相容原理的限制,自旋平行和反平行的中子或者质子会进行配对,导致在轨道中尽可能重叠从而组合成一个自旋为零的体系。α 粒子就是由这种配对机制造成的,核中的 α 团簇应与自由的 α 粒子有所不同,但由于 α 粒子在轻核区有着最大的平均结合能,并且是最轻的满壳核,另外 α 粒子第一激发态能量非常高(20.2 MeV),因此 α 粒子有很强的稳定性,可以预期在核介质中 α 团簇具有较强的独立性,虽然^{12}C、^{16}O 等核的平均结合能也非常高,但由于其第一激发态的能量比较低,稳定性不如 α 团簇,因此在轻核团簇的研究中经常把 α 团簇视为一个惰性的子单元。

最新的核理论预言团簇结构不仅存在于轻核激发态及远离 β 稳定线核中,甚至在轻核基态中也有团簇结构存在,如在^{12}C 基态附近可能存在三角形的 3α 奇异结构,^{16}O 基态可能是 α 团簇构成的正四面体结构。在重核区,α 放射性的研究开启了核物理早期研究的历史,在重核表面低密度区多核子关联形成 α 团簇,人们据此发展了重核的 α 衰变理论。核的团簇结构对原子核中的玻色-爱因斯坦凝聚、低密核物质状态方程及核天体物理中关键核素合成过程、超重核合成等领域都具有重要影响。

6.1.1 原子核中团簇的普遍性及与平均场的共存

在 20 世纪早期,卢瑟福通过 α 粒子散射实验,建立了原子核式结构模型。中子发现以后,在 20 世纪 30 年代人们已经初步建立了基于独立粒子模型的壳模型概念和基于 α 团簇的团簇模型,人们对核结构的认识一开始就是从这两种相互矛盾且又互补的物理图像开始的。

壳模型认为原子核由质子和中子(统称核子)组成,壳模型强调核子运动的独立性,核子之间相互作用产生的平均场能将核子结合在一起。基于原子核由独立的质子和中子组成的假设,壳模型能够很好地解释原子核的基态和激发态的性质。平均势场中的单粒子能级得出,N、Z 等于 2、8、20、40、70、112、168 时原子核最稳定;但是实验却发现,N 或者 Z 的数值为 2、8、20、28、50、82、126 时,原子核最稳定。M. G. 梅耶(Maria Goeppert Mayer)与 J. H. D. 詹森(Johannes Hans Daniel Jensen)1949 年分别独立在平均场中引入一项吸引的自旋-轨道相互作用,成功解释了幻数,使壳模型获得了巨大的成功,壳模型逐渐占据了主流地位。

但是,在 20 世纪 60 年代,科学家们发现壳模型不能很好地描述 α 共轭核(如^{12}C、^{16}O)的激发态性质,K. Ikeda 等认为这种核的激发态可能与 α 团簇组成的构型有关,并提出了著名的 Ikeda 阈值图[1]。如图 6 - 1(a)所示,Ikeda 阈值图指出在团簇衰变阈值附近 α 共轭核会出现各种团簇分量,如^{8}Be 基态可以看作是两个 α 粒子构成的非束缚态,位于 2α 衰变阈值之上 92 keV,具体出现哪种团簇成分依赖于系统的激发能,W. von Oertzen 把 Ikeda 阈值图推广到

非 α 共轭核[2]，如图 6 - 1(b)所示，预言多余的中子会起到类似分子共价键的功能，使不同的团簇结合在一起。在各种团簇中，由于 α 粒子的稳定性，α 团簇在核中可以看作是一个惰性子单元，因此理论预言 α 团簇在轻核中会普遍存在，尤其在轻 α 共轭核中 α 团簇起着主导作用。

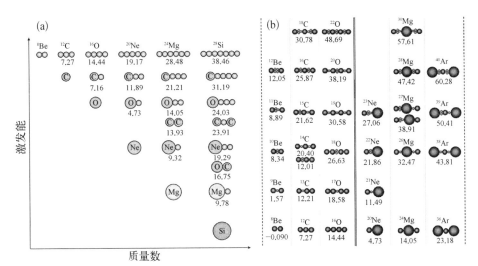

图 6 - 1　核中团簇出现的各种阈值图

(a) Ikeda 阈值图[1]；(b) 扩展的阈值图[2]

R. Röpke 等的研究发现，$\rho < \rho_0$ 时核物质不稳定，核子倾向于配对成氘团簇，$\rho < \rho_0/5$ 时四核子配对胜过两核子配对形成 α 团簇[3]。核中 α 团簇保持相对独立，从而保证 α 团簇结构的稳定性，此外团簇之间存在弱相互运动，导致团簇态能量处在团簇衰变阈值附近。

在轻 α 共轭核中，平均场与团簇共存。举例如下：如 p 壳层和轻 sd 壳层平均场结构的核 ^{8}Be、^{12}C、^{16}O、^{20}Ne，以及在 sd 壳层和轻 pf 壳层超形变的核 ^{20}Ne、^{32}S、^{44}Ti，能够描述这种共存结构的理论模型有反对称化的分子动力学及 Brink 类型的波函数，文献[4]综述了平均场和团簇的共存特征。

近些年对核中团簇现象的深入研究越来越清楚地表明两种看似矛盾的平均场与团簇物理图像在原子核中是共存的，这显示了原子核结构的复杂性与独特性，要求描述原子核的波函数具有平均场与团簇的双模特性。虽然最近核团簇物理迎来了研究热潮，但目前人们还远未认识清楚核中的团簇，还有许多问题需要研究，比如在哪些核中及哪些态上团簇成分是主要的，哪些情况下平均场是主要的；两种机制共存及相互转换的规律是什么；典型团簇核中团簇以什么形态存在;核物质相图中可能存在的 α 团簇相与中子星壳层中可能出现的大块团簇结构,以及团簇结构对核天体物理核合成路径和关键核反应的反应率影响等。

6.1.2 核中团簇自由度存在的实验证据

团簇不仅在轻核中存在,也广泛存在于重核区;不仅存在于稳定核中,也广泛存在于远离 β 稳定线区。虽然团簇结构在实验上不是直接可观测量,但

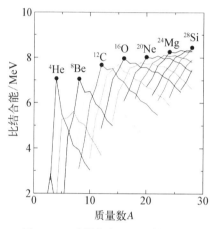

图 6-2 质量数小于 28 的轻核比结合能曲线图[5]

存在大量的团簇自由度证据,比如在轻核区,与相邻的核相比,α 粒子及 α 共轭核的结合能有极大值,如图 6-2 所示,暗示 α 共轭核中可能存在 α 团簇自由度。

α 衰变是核衰变中最基本也是最广泛的形式之一(α、β、γ),是原子核物理最早研究的现象之一,是最早暗示原子核中团簇存在的实验证据。任中洲等系统研究了重核的 α 衰变现象,在重核表面,当核物质密度降低到正常核密度的 1/3 时,可能会产生相变,核子结合为 α 团簇结构,这种关联可以在重核体系的 α 衰

变中得到证实,在这样的体系中,借助于理论假设,可以得到 α 团簇预形成的概率。许昌和任中洲系统研究了核中的结团效应,建立了一个新的密度依赖的结团模型[6],此模型扩展了 Geiger 和 Nuttall 对 α 衰变的经验公式,不仅能够成功得到 $N<128$ 的原子核 α 衰变寿命,还能成功给出一些涉及角动量和宇称变化的 α 衰变寿命。比如计算的缺中子新核素 ^{205}Ac 的 α 衰变寿命与中国科学院近代物理研究所合成 ^{205}Ac 得到的实验数据一致,对实验研究有重要的指导。许昌等新发展的密度依赖的结团模型还能够较好地描述复杂结团的衰变(^{14}C $-^{34}$Si),可以看作是对 Geiger-Nuttall 和 Viola-Seaborg 定律的推广[7]。

除了最早研究的 α 放射性以外,核中还存在各种团簇放射性,比如 ^{14}C、^{20}O 及 ^{24}Ne 等的放射性,如图 6-3 所示,这些现象暗示原子核中团簇存在形式丰富多样,比如 1984 年发现 ^{14}C 重团簇的放射性,在重核中还存在自发裂变和三裂变现象;另外在核反应中有大量团簇产生。因此团簇现象在核物理的各个

领域都是普遍存在的,不仅在轻 α 共轭核中存在明显的团簇自由度,远离 β 稳定线的各种晕结构也是团簇图像的具体表现。团簇不仅体现在核结构中,从重核的团簇衰变,低能核反应中形成的核分子共振结构,再到中能重离子反应中的多重碎裂,相对论能区周边反应类弹产物的发射都能明显体现出核中的团簇自由度。

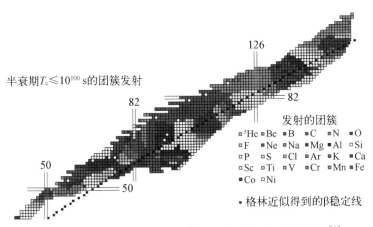

图 6-3　核素图中半衰期在 10^{100} s 以内的各种团簇放射性[8]

6.1.3　α 共轭核中的团簇结构

最近轻 α 共轭核中的团簇结构和衰变成为理论和实验研究的热点问题:阈值附近的团簇结构对核天体物理轻核区核合成及元素丰度具有重要影响,如 ^{12}C 中具有典型 α 团簇结构的 0_2^+ 态对恒星中的 3α 过程及 ^{12}C、^{16}O 的丰度具有决定性影响[9];随着实验测量精度的提高,实验越来越明确地给出 B、C、O 等核的团簇结构及其衰变信息;近些年第一性原理计算取得了较大进展,如格林函数蒙特卡罗方法、无芯壳模型及有效场论等,能够计算的核质量不断增加,各种现实的核力被应用到轻核的团簇结构研究中。虽然不同方法的研究都表明轻 α 共轭核中基态和低激发态存在较强的团簇组分,但 α 团簇的存在形式和结构并不清楚,比如 α 团簇的状态与自由 α 粒子的区别,α 团簇是以 α 气体相、α 凝聚相或者是以特定 α 几何构型存在。因此探索碳、氧及氖等轻 α 共轭核中团簇的存在形态和结构,如 ^{12}C Hoyle 态及其他 α 共轭核中类 Hoyle 团簇态的性质,成为重大的开放问题,可参考评述文献[10-12],此处对 ^{12}C、^{16}O 等核中的团簇做简要介绍。

^{12}C

^{12}C 是人们研究得比较透彻的原子核之一,^{12}C 精确的结构数据为验证第一性原理计算提供了重要的检验基准。费米子分子动力学(FMD)、反对称化分子动力学(AMD)及北京大学发展的协变密度泛函理论[13]支持^{12}C 基态为类三角形的 α 团簇结构,周波等利用 Bloch-Brink 类型的 THSR 波函数支持^{12}C 基态中具有较强的 2α 关联[14],^{12}C 基态中 α 团簇三角形对称性得到 D. J. Marín-Lámbarri 等实验结果的支持[15]。

^{12}C Hoyle 态于 1953 年提出并很快得到了实验的证实,几十年来研究者围绕^{12}C Hoyle 态开展了大量的理论研究和实验测量,认为 Hoyle 态具有较大半径,且具有明显团簇自由度,但对其中 α 团簇的结构和状态并没有清楚的认识,目前认为这是核物理中最重要悬而未决的问题之一。手征核有效场论得到的^{12}C Hoyle 态是近似链状的[16];早期团簇模型如 M. Kamimura 利用共振群方法和 E. Uegaki 等利用生成坐标方法虽然能够描述阈值以上团簇自由度比较强的态,但并不能描述 2^+ 态的能量;AMD 模型不仅能够相当好地重现^{12}C Hoyle 态的能量,而且能够重现阈值下的类壳结构 2^+ 态的能量,AMD 模型对^{12}C 计算表明基态是紧致的结构,Hoyle 态是相当扩展的 α 团簇结构。

对于^{12}C 和^{16}O 中的类 α 气体激发态,T. Suhara 等利用 THSR 波函数得出其链状态具有 α 凝聚的性质,A. S. Umar 等利用时间依赖的 Hartree-Fock 理论预言^{12}C 激发态有 3α 长链结构,对于长链结构,最近赵鹏巍等用推转的协变密度泛函理论,首次在自洽微观理论框架下同时考虑了自旋、同位旋自由度,研究了碳同位素长链团簇结构的稳定机制[17]。另外,孟杰团队还发展了三维格点空间的协变密度泛函理论,研究了^{12}C 原子核中可能存在的长链结构,发现转动效应可以使其更稳定[18],进一步发展了三维格点空间的含时协变密度泛函理论,研究了 α 粒子与铍同位素共振散射合成原子核长链结构的微观机制,揭示了散射过程中的同位旋效应,即长链结构寿命随价中子数增加而显著变长[19]。

^{16}O

^{16}O 是一个典型的原子核,它体现了原子核多体系统的丰富性,也是检验各种理论模型的基石。早在 20 世纪 50 年代,H. Morinaga 就认为^{16}O 中 6.06 MeV 的 0^+ 态具有大的形变,很可能是一个由 α 团簇排列构成的长链结构;在^{24}Mg 高激发态中也存在类似的奇异 α 长链构型。人们很早就知道,虽然可用两个闭壳波函数来描述^{16}O 的基态,^{12}C+α 团簇图像则能够很好地描述许多在^{12}C+α 阈值附近和阈值之上的低激发态。在^{16}O 基态和^{12}C+α 低激

发态的正交性条件下,可以得出 4α 凝聚态产生于 ^{12}C$+$α 结构中 ^{12}C 的 α 团簇结构[4]。

在早期 Hafstad 和 Teller 的模型中,^{16}O 的团簇结构具有正四面体构型的分布。在 Ikeda 阈值图中,这种结构应该对应的是基态,7.16 MeV 的激发态会表现明显的 ^{12}C$+$ α 结构,按照 Ikeda 阈值规则,在 14.44 MeV 的激发态应该出现 4α 结构,一些工作试着把 ^{16}O 相关的实验观测到的态对应到转动带上去。T. Ichikawa 等利用推转 Skyrme Hartree-Fock 计算在大的角动量和高的激发能条件下存在由 α 团簇构成的长链结构;M. Girod 等用约束的 Hartree-Fock-Bogoliubov 方法得出对 ^{16}O 低密度激发态存在正四面体构型的 α 团簇[20];手征核有效场论[21]和协变密度泛函[13]计算支持 ^{16}O 基态为正四面体构型的 α 团簇结构,Bijker 和 Iachello 等利用代数模型对 ^{16}O 激发谱的分析也得出 ^{16}O 是由 α 团簇组成的正四面体结构;T. Yamada 等利用正交条件模型计算得出 ^{16}O 基态中存在平均场与团簇的双模特性。

^{20}Ne

随着质量数的增加,^{20}Ne 的情况比 ^{12}C 和 ^{16}O 复杂得多,如上所述,除了 ^{8}Be 之外,传统理论一般认为原子核基态是平均场结构主导的,在提出 Ikeda 阈值图时 Ikeda 就注意到 ^{20}Ne 转动带激发能和 ^{16}O$+$α 团簇衰变阈值的关系偏离 ^{8}Be、^{12}C、^{16}O 等核的系统学,认为 ^{20}Ne 的基态是 ^{16}O$+$α 团簇结构,α 团簇围绕闭壳的 ^{16}O 核心运动[1]。从图 6-1(a)可看到,^{20}Ne 到 ^{16}O$+$α 的衰变阈值仅有 4.73 MeV,比其他 α 共轭核的团簇衰变阈值低很多,如 ^{16}O 基态到 ^{12}C$+$α 衰变阈值为 7.16 MeV,^{12}C 基态到 3α 的衰变阈值为 7.27 MeV,但是 ^{20}Ne 的基态并没有很好的 ^{16}O$+$α 的团簇结构,同时也没有很好的平均场结构。H. Horiuchi 等也注意到了 ^{20}Ne 基态的这种过渡性质,指出对于 ^{20}Ne 的转动带,$K^{\pi}=0^{+}$ 带与 $K^{\pi}=0^{-}$ 带间的能量(5.5 MeV)比 ^{16}O(3.0 MeV)大得多。F. Nemoto 等研究了 $K^{\pi}=0^{+}$ 带的内禀结构,认为其具有从类壳结构到 ^{16}O$+$α 类分子结构的过渡性质。

^{24}Mg

早在 1992 年,A. H. Wuosmaa 等在质心能量为 32.5 MeV 的 ^{12}C$+$^{12}C 反应中,符合测量到了反应布居到的 ^{12}C 0_2^{+} 态的 3α 衰变,通过激发能推测 ^{12}C$+$^{12}C 反应可能形成了 $0_2^{+}$$-$$0_2^{+}$ 类分子态的 ^{24}Mg 长链结构,这项研究引起了人们对激发态奇异 α 团簇结构的极大兴趣,S. P. G. Chappell 等 1995 年在 ^{12}C$+$^{12}C 非弹性散射测量中也证实了 ^{24}Mg 长链结构的类分子共振态,随后

在较重的 ^{24}Mg+^{24}Mg、^{32}S+^{32}S、^{40}Ca+^{40}Ca 及非对称的 ^{24}Mg+^{28}Si 等反应系统里面也发现了类似的共振,E. Uegaki 发展了分子模型来解释实验上发现的高自旋分子共振态。

对 ^{20}Ne 和 ^{24}Mg,各种理论模型也得出其激发态存在不同的 α 团簇结构,比如 M. Girod 利用 Hartree-Fock-Bogoliubov 方法得到 ^{24}Mg 三维的梭形结构[20],S. Marsh 等利用推转团簇方法得到 ^{24}Mg 的一维链状结构;J. P. Ebran 等利用能量密度泛函方法得到 ^{20}Ne 的三维梭形结构[22],周波等从 THSR 波函数的容器图像得到 ^{20}Ne 非定域的团簇态[23]。

^{40}Ca

较重的 α 共轭核如 ^{36}Ar、^{40}Ca 等激起了人们的很大兴趣,因为其既可以用粒子-空穴激发的壳模型描述,也可以用 AMD 等团簇模型来描述,实验数据显示这些核存在明显的团簇态和平均场类型态的共存。

^{40}Ca 是 sd 壳结构的最后一个核,早期 W. J. Gerace 等把 ^{40}Ca 低激发能级解释为来自 sd 球形壳和 pf 壳形变态的混合。R. Middleton 等开展的 ^{32}S(^{12}C, α)^{40}Ca 转移反应研究中认为 0^+ 态的第一和第二激发 0_2^+ (3.352 MeV) 和 0_3^+ (5.213 MeV)可能对应于 4p−4h (^{36}Ar+α) 和 8p−8h (^{32}S+2α) 的团簇结构。E. Ideguchi 等用配备反康的高纯锗阵列 GAMMASPHERE 和 95 组 CsI(Tl) 组成的 MICROBALL 伽马谱仪对 ^{28}Si(^{20}Ne, 2α)^{40}Ca 的四极矩测量首次揭示双幻核 ^{40}Ca 存在基于 8p−8h 的超形变转动带。超形变带的存在促使人们去寻找是什么区别于平均场的机制导致了这种超形变的存在,也许团簇结构的存在可以作为一种合理的解释。AMD 计算这个简并态主要成分应该是 8p−8h,但是这个结构和不对称的 ^{12}C+^{28}Si 团簇结构有很大的重叠,这些结果表明其形成物理机制需要 Hartree-Fock 平均场之外的理论来补充,且团簇结构对于超形变带有重要的影响,比如 M. Kimura 等利用 AMD 对具有超形变结构的 ^{32}S 的计算表明,^{16}O+^{16}O 团簇结构的存在是至关重要的。T. Ichikawa 等利用推转的 Hartree-Fock 对 ^{40}Ca 计算表明,对各种不同的 Skyrme,相互作用在大角动量 $J = 60\hbar$ 和高激发能(约 170 MeV)附近存在奇异圆环构型,这种高自旋结构的出现破坏了时间反演对称性。

在团簇实验方面,国内叶沿林团队利用中国原子能科学研究院的串列加速器束流和兰州重离子加速器 RIBLL1 终端开展实验,在团簇奇异结构探索方面取得了一系列重要进展,2014 年叶沿林团队通过 ^{12}Be 衰变到 ^{4}He+^{8}He 衰变道的单极跃迁确认了 ^{12}Be 中存在典型的团簇结构[24]。之后通过 ^{14}C* →

$\alpha+{}^{10}$Be 衰变测量和理论的对比得出 ^{14}C 中位于 22.5(1) MeV 的高激发态是 σ 键的长链态[25]。叶沿林团队研究了更丰中子的 ^{16}C 中的长链结构,得到了中子处于 $(3/2^-_\pi)^2(1/2^-_\sigma)^2$,具有正宇称线性链状分子转动带的带头,发现了完整的线性链的转动带[26]。

国外多个独立的实验开展了 ^{12}C Hoyle 态衰变模式的测量,得出 ^{12}C Hoyle 态通过 ^{8}Be 相继衰变到 3 个 α 粒子,高精度的实验得出 3 个 α 粒子直接衰变上限约为 0.05%。另外印度 D. Pandit 课题组对熔合反应中形成的复合热核巨偶极共振谱形状的研究发现,对 α 共轭核,相比较于相邻核 ^{27}Al 和 ^{31}P,^{28}Si 和 ^{32}S 中雅可比形状相变消失[27],雅可比形状相变的消失强烈暗示高激发 ^{28}Si 和 ^{32}S 态具有与相邻非 α 共轭核截然不同的结构,可以猜测在高角动量、高温下仍然存在的 α 自由度阻止了雅可比形状相变的发生。中国科学院上海应用物理研究所核物理团队和 Pandit 课题组开展合作,利用量子分子动力学方法针对 ^{28}Si 和 ^{32}S 中的奇异的 GDR 强度函数开展了相应的理论计算。

以上各种理论计算和实验测量结果均显示了轻核 ^{8,12}Be、^{12,14,16}C、^{16}O、^{20}Ne、^{24}Mg、^{28}Si、^{32}S、^{40}Ca 等核基态或激发态中存在明显的 α 团簇自由度,但对这些激发态中 α 团簇的存在形式、关联及密度分布等实验信息还非常缺乏,因此非常有必要从实验的角度去寻找敏感的观测量来探测这些核激发态或基态中的 α 团簇信息,各种理论计算在实验观测量的寻找和解释方面起着非常重要的作用。

6.2　原子核的 α 团簇理论

为了较好地理解现在广泛使用的一些团簇理论,这里首先对 α 团簇模型的发展历史做一个简要回顾,然后介绍各种团簇理论的进展,更加详细的团簇研究历史和最新进展可参考综述文献[28-29]。

6.2.1　历史简要回顾

在中子发现之前,1930 年 Gamow 根据 α 粒子的放射性提出了 α 衰变的理论,紧接着 1931 年 Gamow 就提出了原子核由 α 粒子组成的理论,Gamow 假设 ^{8}Be、^{12}C、^{16}O 等核由 α 粒子构成,而其余非 α 共轭核则由 α 粒子、质子及电子组成。

Hafstad 与 Teller 发现 α 共轭核结合能与 α 粒子之间键的数目成正比关系,如图 6-4 所示,两者之间的线性关系强烈暗示这些核的基态很可能由 α

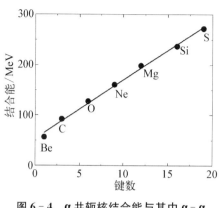

图 6-4 α 共轭核结合能与其中 α-α 键数目的线性关系[5]

团簇构成。Hafstad 与 Teller 把 α 团簇理论扩展到非 α 共轭核,把其考虑成 α 粒子加中子(质子)或者中子(质子)空穴的图像,并能够计算核基态及激发态的性质,同时与独立粒子模型进行了比较。后来发现这种团簇物理图像过于简单而与实际情况不符,现在主流的理论认为除极少数核外,绝大部分核的基态并没有很强的 α 团簇自由度,但 Hafstad 等的理论对当时原子核团簇物理的发展起到了重要的推动作用。

中子发现以后,W. R. Elsasser 提出中子、质子在所有核子组成的平均场中独立运动的壳模型,成功解释了 $N=Z=2$、8、20 的幻数,但由于当时没有引入自旋-轨道耦合,在更重核的应用上遇到了困难。J. A. Wheeler 在 1937 年提出了共振群方法(resonating group method,RGM)来微观描述核中可能存在的各种团簇结构[30],在共振群方法中核子被分成各种团簇,可以从一种团簇结构共振到另外一种团簇结构,RGM 能够描述不同团簇结构的共存。Wildermuth 和 Kanellopolis 后来发展了共振群方法,发现当团簇波函数相互重叠较大时与壳模型波函数非常接近,当团簇之间距离较远时,RGM 能够描述壳模型描述不了的团簇结构,因此 RGM 具有很大的普适性。RGM 方法需要处理反对称化的内部坐标和相对运动坐标因而计算比较复杂,从而使其应用限制在较轻系统中,后来人们在 RGM 的基础上发展了生成坐标方法(generator coordinate method,GCM)、正交条件方法(orthogonality condition method,OCM)等各种方法来简化计算。D. M. Brink 提出 α 共轭核的激发态可以存在由 α 团簇构成的各种几何结构。

到 20 世纪 60 年代人们逐渐认识到对绝大部分核,基态中的团簇成分较小,典型的团簇结构随着内部激发能的增加可能出现在某些 α 共轭核的特定激发态。一个原子核出现典型的团簇结构首先要满足能量阈值上的要求,团簇结构通常会出现在相应团簇衰变阈值附近,另外需要团簇本身具有较强的稳定性,如 α 团簇,图 6-1(a) 的 Ikeda 阈值图清晰地说明了这点,影响团簇形成的另外一个重要因素是团簇的空间几何分布,也就是对称性,对称性会影响原子核的集体激发,通过对平均场的影响导致团簇的形成[28]。

6.2.2　团簇模型

描述原子核团簇的理论框架有两种：一种是预先假设核由团簇构成，系统波函数的构造基于团簇波函数，称为非微观模型，传统的团簇模型主要有共振群方法、生成坐标方法（Bloch-Brink 波函数）、正交条件方法等。另外一种为微观模型，团簇由类似壳模型的波函数描述。在微观核模型中，A 个核子系统的哈密顿量可以近似地写成：

$$H = \sum_{i=1}^{A} \frac{P_i^2}{2M_i} - T_{\mathrm{cm}} + \sum_{i>j=1}^{A} v_{ij}^{\mathrm{C}} + \sum_{i>j}^{A} v_{ij}^2 + \sum_{i>j>k}^{A} v_{ijk}^3 \qquad (6-1)$$

这种哈密顿量在所有微观理论里很常见，第一项是动能项，第二项是需要减去的质心动能项，v_{ij}^{C} 是库仑势，v_{ij} 是核子之间两体相互作用势，可依赖于核子的坐标、速度及自旋，v_{ijk}^3 是核子之间三体相互作用势。这些模型明确地对待体系中的所有核子，例如原子核壳模型和它的扩展无芯壳模型，反对称分子动力学模型，或者费米子分子动力学模型。对于核子数较小的原子核（$A \leqslant 4$），已发展了有效的技术来求解现实核子-核子相互作用的薛定谔方程，当核子数较多时，需要使用一些近似。

传统团簇模型的一个主要特征是系统的波函数近似由团簇波函数描述，换句话说，假定原子核分为若干团簇，每个团簇用壳模型的波函数来描述，然后总波函数取反对称化。比如两个团簇的体系，假设两团簇的波函数分别为 ϕ_1 和 ϕ_2，总的波函数可以写为 $\Psi = \mathcal{A}\phi_1\phi_2 g(\rho)$。其中 $\mathcal{A}$ 是反对称化算符，半径函数 $g(\rho)$ 取决于两团簇的相对坐标 ρ，这就是共振群方法（RGM）的思想，最早由 J. A. Wheeler 提出。RGM 是处理团簇问题的一般方法，包含了团簇的波函数、相对运动及反对称化，后来 Wildermuth、Kanellopolis 及 Margenau 都对 RGM 做了发展和简化，如泡利排斥的引入使其更加容易计算。

α 团簇模型（ACM）由 H. Margenau 最早提出，经过 C. Bloch 和 A. M. Brink 的发展，推广到多 α 团簇情况，也称为 Bloch-Brink 波函数或者 Bloch-Brink α 团簇模型。ACM 模型使用核子-核子有效相互作用，系统的哈密顿量 $H = \sum_{i}^{A} T_i - T_{\mathrm{cm}} + \sum_{i>j=1}^{A} v_{ij} + \sum_{i>j=1}^{A} v_{ij}^{\mathrm{C}}$，其中 A 为系统核子个数，$A = 4N$，N 为 α 团簇个数，T_i 为第 i 个核子的动能，T_{cm} 为质心动能项，ACM 模型假设自旋平行、反平行的中子和质子首先配对形成 0S 态的 α 粒子，在谐振子框架下第 i 个 α

团簇波函数假设具有高斯波包形式：$\phi_i(\boldsymbol{r}) = \sqrt{\dfrac{1}{\pi^{\frac{3}{2}} b^3}} \exp\left[\dfrac{-(\boldsymbol{r} - \boldsymbol{R}_i)^2}{2b^2}\right]$，其

中 $\boldsymbol{R}_i$ 为第 i 个 α 团簇的位置，b 对所有 α 团簇取一样的值，体系总的波函数由每

个团簇波函数反对称化后得到：$\phi = c\mathcal{A}\displaystyle\prod_{i=1}^{N}\phi_i$，其中 c 为归一化常数，$\mathcal{A}$ 为反

对称化算符，团簇的位置和宽度由对体系的变分得到。ACM 在轻 α 共轭核

如 ^{16}O、^{20}Ne、^{24}Mg 等核中得到了系统应用，图 6-5 给出了 J. Zhang 等利用

Bloch-Brink α 团簇模型得出的 α 共轭核中的各种晶格结构。Bloch-Brink 团

簇模型把 α 团簇当作基本单元，不考虑团簇的内部激发，这对 α 团簇是个比较

好的近似，但对于其他团簇如 ^{12}C、^{16}O 等并不是一个很好的近似。

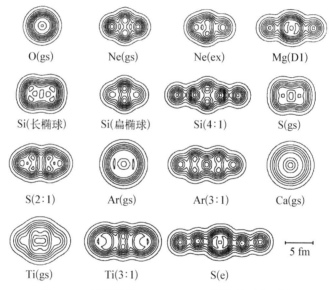

O(gs)　　Ne(gs)　　Ne(ex)　　Mg(D1)

Si(长椭球)　　Si(扁椭球)　　Si(4:1)　　S(gs)

S(2:1)　　Ar(gs)　　Ar(3:1)　　Ca(gs)

Ti(gs)　　Ti(3:1)　　S(e)　　5 fm

图 6-5 利用推转 Bloch-Brink α 团簇模型得到的
α 共轭核中的团簇结构[31]

Hill 和 Wheeler 在 RGM 方法基础上提出了生成坐标方法(GCM)，GCM
是对微观团簇理论的重大发展，是描述核团簇结构的一般性方法。1966 年
Brink 把生成波函数表示成 Bloch-Brink 波函数的线性叠加，团簇的中心作为
生成坐标，使 GCM 能够处理复杂的团簇结构。GCM 方法的原理是展开
RGM 中径向波函数 $g(\rho)$ 为高斯函数，每个高斯函数中心位置位于不同的地
方，这种展开使总的波函数可以表示为 Slater 行列式的叠加，采用全 Bloch-
Brink 波函数模型空间的 GCM 方法与 RGM 方法是等价的，但对 Slater 行列

式的使用使得 GCM 更加适用于数值计算。在过去的数十年间,GCM 发展了不同的版本:比如多重团簇扩展、改进团簇波函数的壳模型描述方法,团簇的单极形变等,GCM 广泛应用于奇异团簇结构和核天体物理反应中[32]。

遵循泡利不相容原理对成功描述团簇现象至关重要,团簇模型的一个重要组成部分就是对波函数采取反对称化从而遵循泡利不相容原理,但反对称化的处理使计算变得较为繁杂。为了简化 RGM 计算,S. Saito 提出了正交条件方法(OCM),OCM 引入定域的有效两体、三体相互作用及可调参数来保证物理态和泡利禁止态的正交条件,OCM 利用半微观的方法来对待泡利不相容原理,事实证明这种近似对计算低激发态非常有效且很容易扩展到包含较多 α 团簇的核。H. Horiuchi 最早利用 OCM 方法研究显示 ^{12}C Hoyle 态是一个比基态大得多的占据 s 态的弱束缚 3α 结构,而不是之前认为的 3α 链状结构。Y. Funaki 等利用 OCM 方法得到 ^{16}O 的前 6 个 0^+ 态,计算能级能够和实验数据一一对应,比别的模型如 THSR 符合得好,在 4α 发射阈值之上得到了第六个 0^+ 态,第六个 0^+ 态显示为 ^{12}C(0_2^+)+α 的结构,具有相当大的 α 凝聚成分。

6.2.3 量子分子动力学方法

反对称分子动力学(AMD)在传统分子动力学基础上发展而来,为了能够描述核子的费米子属性,AMD 模型采用 Slater 行列式来描述系统的波函数:$\phi = \dfrac{1}{\sqrt{A}}\mathcal{A}\{\varphi_1, \varphi_2, \cdots, \varphi_A\}$,其中 A 为原子核质量数,$\mathcal{A}$ 为反对称化算符,φ_i 为复数参数化的高斯波包并考虑核子的自旋和同位旋量子数,波包宽度依赖于所研究系统的大小,取单一最优固定值,系统哈密顿量由有效核子-核子相互作用得到,所有高斯波包中心位置及核子内禀自旋的方向都是独立变量,演化方程由变分原理决定。相比于传统分子动力学模型,系统波函数精确符合泡利不相容原理,另外波函数与相互作用势考虑了自旋和角动量量子数,因此能合理地描述核子的费米子属性,采用了反对称化的 AMD 波函数等价于谐振子壳模型的波函数。严格讲 AMD 模型并不是团簇模型,与 α 团簇模型相比,AMD 模型虽然基于微观核子自由度,但 AMD 模型空间包含了 Bloch-Brink 团簇波函数,不预先假定团簇自由度及团簇的相对坐标,团簇在 AMD 模型中是自动给出的。

AMD 模型由 A. Ono、H. Horiuchi 等在 1992 年提出,最初用来计算中低能重离子碰撞中的碎裂反应,随后发现 AMD 波函数足够灵活从而能够同时对轻核的壳结构和团簇结构给出合理描述,因此 AMD 模型在描述团簇态和壳模型态的共存与演化方面具有独特优势。AMD 模型有两个版本,一个是描述结构的静态版本,另一个是描述时间依赖的重离子碰撞版本。在结构版本中,最简单的波函数是直接采用高斯波包的反对称化积;在一般的结构研究中,先做宇称投影再做能量变分,对角动量则是先做能量变分再做投影。描述激发态的复杂波函数采用一系列独立的 AMD 波函数叠加的方法构成,比如在 AMD+GCM 方法中,AMD 波函数是由 GCM 约束参数作为生成坐标的一系列波函数的叠加。文献[33]总结了对铍、硼、碳、氖、镁等核团簇态及分子态的计算,在结合能、半径、电四极矩、跃迁概率等方面都与实验数据符合得不错。与传统团簇模型相比,AMD 模型能够很自然地对非 α 共轭核中的团簇如具有价核子的类分子结构给出合理的描述。

费米子分子动力学(FMD)模型也是从处理时间依赖的核反应研究发展而来的,与 AMD 模型一样,FMD 克服了传统分子动力学对核子费米子属性描述的不足。FMD 模型除了具有 AMD 模型的特征外,重要的区别是引入了另外的自由度——可变的波包宽度,每个核子的波包宽度都是一个独立的变量,其值由变分原理决定。与 AMD 模型一样,FMD 模型同样能够很好地重现 ^{12}C 基态到 0_2^+ 非弹散射的电荷形状因子,在 FMD 中 Hoyle 态可以解释为不同构型的叠加,但 FMD 预言的 Hoyle 态能量比实验值高了约 2 MeV。另外 FMD 采用幺正关联算符方法从现实裸核子-核子相互作用出发得到有效核子-核子相互作用,考虑了短程和张量关联,使其方法更具一般性,因此 FMD 不但能够更好地描述类壳模型态及 α 共轭核中的团簇态,并且能够描述丰中子核中晕核子的分布。

除了对波函数采取反对称化方法外,1996 年 T. Maruyama 等扩展了传统的量子分子动力学,在有效相互作用势中加入泡利势来模拟多核子体系的费米子属性,并在描述核子的高斯波包中引入动态波包宽度,每个核子对应的波包宽度都是独立的,其值由能量变分决定,在哈密顿量中扣除由于波包宽度变化带来的虚的零点动能,通过摩擦冷却方法来构造核的基态,这个版本就是扩展的量子分子动力学(EQMD)模型[34-35],由于这些改进,EQMD 模型能够在很宽的质量范围内对核基态给出较好的描述[36],与固定宽度波包相比,动态波包的加入改进了低能重离子碰撞过程中的能量耗散[37]。

　　何万兵、马余刚、曹喜光等在 EQMD 计算中发现^{16}O 基态表现为由 α 团簇组成的正四面体结构,这个正四面体结构得到的巨偶极共振(GDR)谱和实验数据符合得比较好$^{[38-39]}$,手征核有效场论计算也支持^{16}O 基态为 α 正四面体结构$^{[21]}$。EQMD 计算显示,没有 α 团簇结构的^{12}C 基态和具有三角 α 团簇构型^{12}C 基态所得到的 GDR 分别很好地对应实验数据中低能的主峰和较高能量的 2 个峰位,这与 AMD 模型认为的^{12}C 基态由壳和团簇两种组分混合的物理图像是一致的。他们利用 EQMD 构建了^{8}Be、^{12}C 及^{16}O 不同的团簇构型,发现这些团簇态的 GDR 谱形与 α 团簇的几何构型存在很强的对应关系,如图 6-6 所示。GDR 谱形中峰的个数和能量可由 EQMD 模型中 α 团簇构型的几何和动力学对称性得到自洽、满意的解释,在 EQMD 模型中,发现 GDR 谱形对 α 团簇构型的结合能不敏感,只敏感于系统中 α 团簇的空间分布。图 6-6 中虚线和实线分别代表沿团簇构型短轴和长轴方向的巨偶极共振,30 MeV 附近的峰位可以用来判断系统中是否有明显的 α 团簇自由度,较低能量的谱形可以用来甄别不同的 α 团簇构型,比如^{16}O 风筝构型的 GDR 谱形含有^{12}C 三角构型 GDR 谱形的子结构,因此建立在团簇激发态上的巨偶极共振谱可以作为研究轻 α 共轭核中激发态 α 团簇构型的敏感实验探针$^{[38-39]}$。

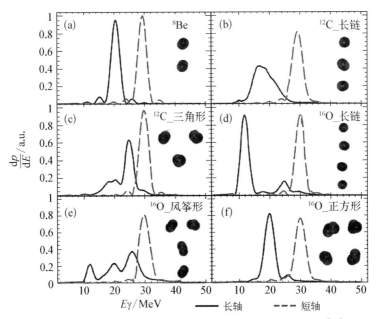

图 6-6　^{8}Be、^{12}C 和^{16}O 不同 α 团簇构型对应的 GDR 谱形$^{[38]}$

不仅核中的团簇会影响巨偶极共振谱的形状,巨单极共振(GMR)谱的形状也可以体现核中的团簇自由度。T. Yamada 等在 2008 年讨论了^{12}C 和^{16}O 中从基态到团簇激发态的同位旋标量的巨单极激发,解释了为什么从类壳基态到团簇激发态的单极强度比单粒子强度要大,原因在于 SU(3)壳模型波函数与团簇模型波函数是等价的。T. Yamada 等随后利用 4α 正交条件模型对^{16}O 研究发现,^{16}O 的同位旋标量巨单极共振(ISGMR)强度可以分为 2 个部分,ISGMR 强度中 16 MeV 以下的部分由单极激发到团簇态贡献,16~40 MeV 的强度来自平均场的 1p - 1h 激发,ISGMR 的这种特征起源于^{16}O 基态中平均场和团簇两种特征的共存,这种共存在轻核中是普遍存在的。Yoshiko Kanada-En'yo 等在 2014 年利用^{12}C(AMD)+α GCM 的混合模型研究了^{16}O 的团簇和单极跃迁,研究结果与 T. Yamada 等关于^{16}O 同位旋标量跃迁中存在两种激发模式的结论是一致的。T. Furuta 等在 2010 年利用反对称化的分子动力学研究了^{12}C、^{16}O 和^{24}Mg 的巨单极共振,计算得出 α 团簇自由度导致 GMR 谱形出现分裂,GMR 谱包含两个明显的频率,1 个频率对应于 α 团簇相对于质心的运动,另外一个频率对应于团簇之间的相干振动,后者明显依赖于核状态方程的不可压缩系数。

6.2.4 THSR 类型波函数

Horiuchi 在 20 世纪 70 年代中期首次提出^{12}C Hoyle 态中的 3α 团簇处于弱束缚的 s 态。类比于原子系统,Hoyle 态可能与 α 粒子的玻色-爱因斯坦凝聚态有关。2001 年 A. Tohsaki、H. Horiuchi、P. Schuck 与 G. Röpke 4 人合作利用 Bloch-Brink 类型的波函数首次提出 Hoyle 态中的 3α 波函数具有凝聚类型的特征,这个波函数称为 THSR 波函数或者凝聚类型波函数[40],很快就被 Y. Funaki 等证明这种新的 3α THSR 波函数与 3α 的 Brink - GCM 波函数及 Brink - RGM 波函数是等价的。THSR 波函数不仅很好地描述了^{12}C 和^{16}O 的基态形状,重要的是其还能成功描述^{12}C、^{16}O 中弱束缚的类气体 nα 结构,在没有任何自由归一化因子情况下,非常成功地重现了^{12}C Hoyle 态的电子非弹性散射形状因子,THSR 波函数理论计算和电子非弹性散射实验都认为 Hoyle 态的半径比基态大得多,因此具有很大的体积,平均密度可能只有正常核密度的三分之一甚至还要低。

周波等对 THSR 波函数做了进一步的扩展,引入了容器物理图像[23],THSR 波函数由每个 α 团簇波函数反对称化后得到:

$$\langle \boldsymbol{r}_1, \boldsymbol{r}_2, \cdots, \boldsymbol{r}_N \mid \boldsymbol{\Phi}_{n\alpha} \rangle = \mathcal{A}\big[\phi_\alpha(\boldsymbol{r}_1, \boldsymbol{r}_2, \boldsymbol{r}_3, \boldsymbol{r}_4) \phi_\alpha(\boldsymbol{r}_5, \boldsymbol{r}_6, \boldsymbol{r}_7, \boldsymbol{r}_8) \cdots$$
$$\phi_\alpha(\boldsymbol{r}_{N-3}, \boldsymbol{r}_{N-2}, \boldsymbol{r}_{N-1}, \boldsymbol{r}_N) \big] \qquad (6-2)$$

每个 α 团簇的波函数分为质心部分和 α 团簇内部两部分,表示为

$$\phi_\alpha(\boldsymbol{r}_1, \boldsymbol{r}_2, \boldsymbol{r}_3, \boldsymbol{r}_4) = \exp\left[-\frac{2(X_i - X_G)^2}{B^2}\right] \phi(\boldsymbol{r}_1 - \boldsymbol{r}_2, \boldsymbol{r}_1 - \boldsymbol{r}_3, \cdots)$$

$$(6-3)$$

式中,X_i 是 α 团簇中四个核子的质心,X_G 是所有核子的质心,ϕ 是高斯型的波包:

$$\phi(\boldsymbol{r}_1 - \boldsymbol{r}_2, \boldsymbol{r}_1 - \boldsymbol{r}_3, \cdots) \propto \exp\left[-\frac{1}{8b^2} \sum_{k<l} (\boldsymbol{r}_k - \boldsymbol{r}_l)^2\right] \qquad (6-4)$$

在推广的 THSR 波函数中,引入 B 来描述多个 α 团簇的分布宽度,刻画团簇在其中运动的容器的大小,推广的 THSR 波函数描述了一种容器的物理图像,α 团簇在其中做非定域运动,在 Bloch-Brink 波函数中团簇间的距离作为变分参数,α 团簇在其中做定域运动。推广的 THSR 波函数更加灵活,在 $B \gg b$ 时,系统相当于自由 α 气体,当 B 和 b 可比拟时,相当于壳模型的波函数,THSR 波函数还可做进一步推广,使其不限于描述 α 团簇作为子单元的情况。

引入了容器图像后,THSR 波函数不仅能够描述弱束缚的 α 团簇结构,还能够处理具有团簇和壳过渡性质的结构,如非气态相对紧致的 ^{20}Ne 基态转动带就可以用单个 THSR 波函数成功描述。^{20}Ne 中双重态的存在被认为是存在定域 α+^{16}O 团簇的例子,Brink-GCM 能够精确地描述偶宇称及奇宇称劈裂的反转双重带结构,周波等发现用来描述 ^{20}Ne 中 α+^{16}O 团簇态的 THSR 波函数与 Brink-GCM 波函数是等价的,通过改进角动量投影的 THSR 波函数对 ^{20}Ne 反转双重带的研究表明 $K^\pi = 0_1^-$ 和 $K^\pi = 0_1^+$ 的带具有非定域团簇的特性,团簇在整个核的体积内运动是非定域的[23]。

容器图像的 THSR 理论描述一种团簇的平均场,团簇在平均场中具有非定域的动力学,但是由于泡利不相容原理的限制,在空间上却有定域的内禀密度分布,如 THSR 理论得出 ^{20}Ne 基态中 ^{16}O 团簇与 α 团簇密度分布中心相距 3.6 fm,这方面与传统团簇模型又是一致的,但与传统团簇模型认为团簇在核中是类似刚体的定域动力学不同,新的理论提出非定域的团簇概念,团簇在核中可做相对自由的非定域运动;虽然 THSR 波函数揭示 ^{12}C 和 ^{16}O 一维 α 链状

态具有 α 凝聚的性质,但由于泡利不相容原理引起的排斥导致密度等高图显示出定域的 α 团簇特征,容器图像深化了人们对团簇运动的认识。

6.2.5 团簇结构的第一性原理计算

原子核的奇异团簇结构揭示了背后核力的复杂性和核子间的强关联,随着计算能力的大幅提升与算法的改进和物理的需求及进步,最近第一性原理计算取得了长足的进展。丰富的团簇结构给第一性原理计算提供了严格的检验,同时第一性原理的精确计算对实验精度提出了更高要求,也为理解各种团簇模型提供了可靠的理论基础。

与 AMD 及 FMD 采用有效核子-核子相互作用不同,从头计算方法基于第一性原理,采用裸核子-核子相互作用试图重现有限核性质,如何将从 n - p 两核子系统和核子-核子散射中得到的核子-核子相互作用应用到有限核中是目前各种第一性原理计算遇到的主要挑战。最近在核团簇研究中取得较大进展的有量子蒙特卡罗方法、格点有效场论和无芯壳模型等,具有类 α 气态性质的 Hoyle 态的半径、电子非弹性散射形状因子、电磁跃迁强度等物理量的精确计算成为检验此类模型的基准。

量子蒙特卡罗(QMC)方法基于对连续态表述的费曼路径积分,QMC 方法在处理大动量和能量范围内的发散现象如超流和团簇方面具有优势,最近从现实的核相互作用出发利用 QMC 方法已经能够计算轻核与中子物质的性质。其中变分蒙特卡罗(VMC)方法由 J. Lomnitz-Adler 在 20 世纪 80 年代早期引入核物理,VMC 先假设一个试验波函数,通过对系统能量或能量方差的变分来得到最优的变分参数。格林函数蒙特卡罗(GFMC)方法在 20 世纪 60 年代初由 M. H. Kalos 提出,J. Carlson 在 80 年代后期引入自旋-同位旋依赖的核相互作用,GFMC 方法对一个试验态进行投影,通过在蒙特卡罗抽样的路径积分上进行虚时间演化,对时间取大的极限就可以得到基态的波函数,在较好的实验波函数情况下 GFMC 方法对轻核描述得相当准确,已经能够对^{12}C 甚至^{16}O 开展计算,但计算时间随着系统质量数呈指数增加,借助于辅助场方法使之计算更大的系统成为可能[41]。

R. B. Wiringa 等利用 GFMC 方法给出了核力中由于自旋、同位旋及张量分量导致 $A=5$ 与 $A=8$ 的核不存在的理论依据,GFMC 方法能很好地重现^{12}C Hoyle 态的电子非弹性散射形状因子,比 VMF 与实验数据的符合要好很多,并且 GFMC 方法得出的^{12}C Hoyle 态的半径(3.1 fm)也比基态大很多,与 THSR 的结果比较接近,关于量子蒙特卡罗方法更多详细的介绍,可以参考 J. Carlson 等的综述文献[41]。

无芯壳模型(NCSM)假设不存在惰性的闭壳核芯,从球谐振子能量本征态作为基矢出发,可采取各种相互作用,比如现实的 CD‑Bonn 和 Argonne V8′导出的相互作用,或者从手征核有效场论导出的核力等。

基本形式的无芯壳模型在描述具有强空间关联的团簇结构时效率较低,基于球谐振子单粒子哈密顿量的对称性,T. Dytrych 等引入了对称性无芯壳模型或者称为无芯辛模型(NCSpM),采用实辛群 $Sp(6, \boldsymbol{R})$ 与 SU(3) 的子群来产生球谐振子基矢态的线性组合,能够相当有效地处理团簇集体运动。采用辛对称的 NCSpM 能够对空间上比较扩展的团簇态的性质如半径、能量及 B(E2)跃迁强度等给出较好的描述[42],如 NCSpM 得到的 Hoyle 态的点物质半径为 2.93 fm,与 A. N. Danilov 等利用衍射非弹性散射方法得出的 Hoyle 态实验半径 2.89 fm 符合得相当好,应该注意到现在实验得到的 Hoyle 态半径值也是模型依赖的,但有效场论得到的 2.4(2) fm 比实验数据小不少[16]。A. C. Dreyfuss 等利用 NCSpM 计算得出位于 ^{12}C 0_2^+ 态之上的 2^+ 态和 4^+ 态较大的负电四极矩暗示 Hoyle 态位于具有明显长椭球形变的转动带上,NCSpM 得出 Hoyle 态的长椭球形变与格点有效场论的计算相符合,但未见 NCSpM 对 ^{12}C Hoyle 态非弹性形状因子的计算。

P. Navrátil 等在较早的 NCSM 版本中从现实的拟合核子‑核子相移的 NN 或者 NN+NNN 相互作用出发,通过幺正变换得出有效相互作用以适应截断的谐振子基矢,对 ^{12}C 的计算得到了不错的结果,发现较大的基矢空间与三核子相互作用可以提高计算与实验数据的符合程度。P. Maris 在 NCSM 中通过手征核有效场论引入三核子相互作用解释了 ^{14}C Gamow-Teller β 衰变超长的寿命,在引入手征核有效场论的三核子相互作用之后,对 $A=7$ 和 $A=8$ 轻核的结合能、激发谱、跃迁及电磁矩也能给出更好的描述。

P. Navrátil 等把基于 A 个核子的常规 NCSM 基矢和基于 NCSM/RGM 连续态基矢耦合起来,得到一个能够统一处理束缚态和非束缚散射态的方法,称为连续态无芯壳模型(NCSMC),基于 NCSM 较大空间的谐振子基,NCSMC 能够描述短程和中程 NN 相互作用,而 NCSM/RGM 的团簇基矢可以使 NCSMC 能够描述长程的团簇关联和散射。NCSMC 不仅用来描述 ^{6}Li 的 α 团簇及 ^{6}He 等核的双中子晕结构,而且能够计算 ^{7}Be(p, γ)^{8}B 等辐射俘获过程,NCSMC 希望能够用来计算三体末态相互作用的反应如 ^{3}He(^{3}He, 2p)^{4}He 以及核天体物理的重要反应如 $^8\text{Be}(\alpha,\gamma)^{12}\text{C}$、$^{12}\text{C}(\alpha,\gamma)^{16}\text{O}$ 等。

手征核有效场论能够自洽地处理两体及多体相互作用,三体、四体及更高阶相互作用通过次次领头阶(next-next-to-leading order,NNLO)及次次次领头阶(NNNLO)等项自然出现,通过核格点有效场论联合手征核有效场论导出的核力与解核多体问题的格点蒙特卡罗方法来研究结构和散射等问题,在计算量的要求上比格林函数蒙特卡罗方法和无芯壳模型要稍微低一些,但选取较小的格点会增大计算误差。有效场论的基本方法是基于手征微扰理论构造两核子及多核子间相互作用。最近大多数格点有效场论对核力算到 NNLO 阶的贡献。

基于有效场论的格点计算在轻核和团簇研究方面取得了比较大的进展,E. Epelbaum 等利用格点手征核有效场论联合格点蒙特卡罗方法计算了 $A=$ 3、4 和 6 的核及 ^{12}C 的基态、Hoyle 态等的性质[16],虽然格点选取还比较粗糙,但能够相当好地重现这些态的结合能,计算得到 ^{12}C 基态和第一个 2^+ 态为比较紧致的三角形结构,Hoyle 态和第二个 2^+ 态为弯臂的钝角三角形结构,但 Hoyle 态的电荷半径较小[2.4(2) fm],考虑到半径计算中格点取值较大(1.97 fm),并且为领头阶的结果,所以还有进一步改进的空间。为了充分确认此方法的可靠性,^{12}C Hoyle 态的非弹性形状散射因子计算也是很有必要的。E. Epelbaum 等用同样的方法计算了轻夸克质量和电磁相互作用强度对 α 粒子结合能的影响,发现 ^8Be 基态结合能相对于 2α 粒子阈值及 Hoyle 能量相对于 3α 粒子阈值与 α 粒子结合能有很强关联,从宇宙学的人择原理角度讨论轻夸克质量和电磁精细结构常数所允许变化的最大范围。随后 E. Epelbaum 等把手征核有效场论计算扩展到了更重的 ^{16}O[21],在包含三核子相互作用的 NNLO 相互作用下,很好地重现了 ^{16}O 的能谱及电磁性质,得到 ^{16}O 基态是一个由 α 团簇构成的以正四面体为主的结构,第一激发态是正方形为主的 α 团簇结构。Elhatisari 和 Epelbaum 等用类似的方法研究了核团簇结构对铍、碳、氧等核的同位素依赖,计算显示碳同位素结构具有相似性,暗示 ^{14}C 和 ^{16}O 激发态中存在类似 ^{12}C 的 Hoyle 态,借助于辅助场方法及绝热投影技术,利用格点有效场相互作用,格点蒙特卡罗模拟首次应用到 α-α 的散射中,得到 s 波和 d 波的散射相移与实验数据符合得相当好[43]。

虽然第一性原理的迅速发展使核团簇物理进入了精确计算的时代,但这些方法如无芯壳模型,与格林函数蒙特卡罗方法面临的挑战一样,所需计算量随核质量数指数迅速增加从而限制了对较重核的应用,最近第一性原理的计算还发现团簇对所采用核力的细节比较敏感，另外各种第一性原理方法都面临着误差的定量化和减小系统误差的挑战[29]。

6.2.6　动力学对称模型

早在 1938 年 Hafstad 和 Teller 的团簇模型就暗示 ^{12}C 和 ^{16}O 中分别存在由 α 团簇构成的等边三角形结构和正四面体结构，这些对称结构必然存在与其对应的动力学对称性。核代数模型最初由 J. Cseh 通过振动模型与 SU(3) 壳模型的耦合提出，用来描述核中的团簇，R. Bijker 等较早利用 H_3^+ 分子三角形结构的 D_{3h} 对称性对其振动-旋转谱进行描述，基于 ^{16}O T_d 对称性的代数团簇模型得到的能谱及跃迁概率值与实验符合得非常好，这极大地支持了 ^{16}O 的正四面体结构，与 E. Epelbaum 等的第一性原理格点计算得出的 ^{16}O 基态正四面体结构相一致[21]，在较早时期 W. Bauhoff 等的代数团簇模型中 ^{16}O 基态也被描述为正四面体结构。

利用代数团簇模型对 ^{16}O 的研究很自然地扩展到 ^{12}C，虽然 α 团簇模型与壳模型的计算都显示 ^{12}C 基态的 α 团簇自由度不像 Hoyle 态中的 α 团簇那样明显，但 J. Mabiala 等利用极化质子的 ^{12}C(p、pα)^{8}Be 敲出反应显示 ^{12}C 基态中存在相当的预形成 α 团簇成分。另外 ^{12}C 基态具有负的四极相变，代数团簇模型计算支持其具有 3α 结构的对称性，绕着穿过 ^{12}C 三角形中心的在平面轴线的旋转激发可以布居到 0^+、2^+、4^+ 等态，此时旋转轴穿过其中的一个 α，相当于 ^{8}Be 的旋转，对应于 $K^\pi = 0^+$ 的转动带，绕着 ^{12}C 垂直于三角形平面轴的旋转可以布居到 3^-、4^-、5^- 等态，对应 $K^\pi = 3^-$ 的转动带，9.6 MeV 的 3^- 带头具有明显的 α 团簇成分，D. J. Marín-Lámbarri 等通过实验发现的 22.4(2)MeV 的 5^- 态位置与 $K^\pi = 3^-$ 转动带的系统学符合得非常好[15]，很强地支持了 ^{12}C 基态的 D_{3h} 对称性。

6.2.7　Skyrme 模型

Skyrme 模型作为强子的有效场论，由 QCD 的低能近似得到，在 Skyrme 模型中，重子称为 skyrmion，是由介子构成的拓扑孤子，Cho 等最新的研究认为 skyrmion 可分为两个独立的拓扑类型，分别为重子拓扑和单极拓扑，α 粒子描述为具有立方对称性的孤子，由 skyrmion 出发可以构造球对称的 0^+ 核基态。

C. J. Halcrow 等在 Skyrme 模型框架下首次尝试解释自旋轨道相互作

用及重现原子核的幻数,C. Adam 等得到较为合理的 skyrmion 之间的结合能。最近的发展已能够用来定量重现及解释^{12}C 和^{16}O 的激发谱。重子数为 12 的核有 2 个 skyrmion 解,分别对应^{12}C 三角形状和链状构型,与实验上^{12}C 基态和 Hoyle 转动带相符合。P. H. C. Lau 和 N. S. Manton 利用 Skyrme 模型得出三角形与长链构型物质均方根半径之比和实验基态数据与 Hoyle 态物质均方根半径之比符合得很好。C. J. Halcrow 等考虑了正四面体和正方形^{16}O 的 Skyrme 模型能够很好地重现相同自旋但宇称相反态之间大的能量劈裂。

6.3　轻核中 α 团簇研究实验进展

原子核团簇理论可以追溯至原子核物理发展的早期,20 世纪 50 年代 Hoyle 态的预言和发现大大促进了轻核中团簇的研究,近些年人们为了揭示 Hoyle 态的性质开展了许多实验测量,人们最感兴趣的是核中团簇的存在形式,即费米尺度的空间结构,提取费米尺度的空间结构极大地依赖于实验观测量的构建。虽然各种团簇理论对轻核区的许多核都开展了大量计算,但对这些激发态中 α 团簇的存在形式、密度分布等实验信息还非常缺乏,随着探测技术的不断进步及新的实验技术的出现,人们对核中丰富的团簇现象认识将会更加深刻。

不同类型的实验可以揭示团簇的不同侧面,如电子非弹性散射可以得出团簇态的电荷形状因子,较早对^{12}C 的电子非弹性散射实验得出的 Hoyle 态的电荷形状因子成为检验团簇模型和第一性原理计算的基准;从转动带测量提取的核转动惯量也可以推测核的大致形状;团簇核不同态之间的电磁跃迁强度反映了初态和末态的重叠程度,电磁跃迁强度为精确检验各种团簇结构理论提供了基准;团簇态衰变模式的精确测量提供了团簇激发态较为直接的信息;敲出反应可以用来研究基态中的团簇成分;巨单极共振和巨偶极共振的不同振荡模式可以用来区分团簇的构型。近些年团簇实验主要围绕^{12}C、^{16}O 及更轻的锂、铍、硼中的稳定及放射性束核开展,下面简要介绍一下这方面的主要研究进展。

6.3.1　团簇激发态的衰变测量

核团簇态一般都处在团簇衰变阈值附近,测量 α 衰变阈值之上的激发是辨别各种团簇构型和团簇状态的重要方法。鉴于 ^{12}C Hoyle 态对核天体、第一性原理计算及寻找核中玻色-爱因斯坦凝聚的重要性，^{12}C 的 Hoyle 态的衰变成为最近实验研究的焦点。

原则上 Hoyle 态的 α 衰变应该能够提供 α 自由度及其存在状态的最直接的信息，一些观点认为衰变末态 α 分布和位于库仑位垒之内的 α 构型存在一一对应关系。早在 20 世纪 50 年代 Cook 就发现通过 ^{8}Be 的相继衰变 ^{12}C → α + ^{8}Be 是 Hoyle 态的主要衰变模式，但直到 20 世纪 90 年代 M. Freer 等才得到 Hoyle 态直接衰变到 3α 粒子的分支比上限为 4%，2011 年 Ad. R. Raduta 等的测量给出了 17% 的 3α 同时衰变的分支比。Raduta 等认为得到能量均分的 3α 直接衰变可以作为 Hoyle 态存在 α 凝聚的直接证据，如果 Hoyle 态为链状构型，按照动量守恒，在 ^{12}C 质心系下链两端的两个 α 粒子会带走全部衰变动能，中间的 α 粒子处于静止状态。Raduta 等的测量结果引发了人们的极大兴趣。之后的多个独立测量否定了 Raduta 等的结果，得到越来越小的 3α 同时衰变的分支比上限，比如 O. S. Kirsebom 等的测量得到的 3α 同时衰变分支比的上限为 5‰（95% 置信度），J. Manfredi 等的测量得到 4.5‰（99.75% 置信度），T. K. Rana 等的测量得到 9‰，M. Itoh 等的测量给出 2‰（95% 置信度）的上限。2017 年意大利 Catania INFN-LNS 实验室发表了利用高分辨、低背景、高统计数据对 ^{12}C Hoyle 态不变质量谱的测量证实，相比于通过 ^{8}Be 基态的相继 3α 衰变，^{12}C Hoyle 态 3α 直接衰变分支比可以忽略，在 95% 的置信度下得出上限值为 0.043%[44]，同一期 *Physical Review Letters* 上发表的伯明翰大学在 MC40 回旋加速器上的高分辨、低背景、高统计实验也得出 ^{12}C Hoyle 态 3α 直接衰变分支比上限为 0.047%[45]。这两个独立的高精度数据很接近理论预言值，比之前精度最高的 M. Itoh 等的实验提高了近 5 倍。这两个实验证实了 ^{12}C Hoyle 态的衰变路径，澄清了不同实验的分歧，探索出高精度测量轻核 α 团簇衰变的实验方法。P. Schuck 等指出理解 Hoyle 态的性质不仅需要研究 Hoyle 态本身，而且需要研究 Hoyle 态的激发，Hoyle 态的激发研究能够给出其中 α 团簇状态的信息[11-12]。

裴俊琛等利用 WKB 方法研究了铍和碳等同位素从激发态到基态的衰变宽度[46]，与实验符合得很好，但目前研究高激发 3α 态同时衰变动力学的工作还相对较少，解释如此小的 3α 衰变分支比在理论上是一个很大的挑战，如衰变时的位垒穿透可能会影响 3α 团簇的最初构型，这需要不同的理论模型相互验证。

由于 ^{8}Be 基态的 2 中心 α 团簇结构,铍同位素成为 α 团簇及分子态研究的热点,M. Freer 等在 31.5 MeV/nucleon 的 ^{12}Be $\rightarrow$ ^{6}He $+$ ^{6}He 和 ^{12}Be $\rightarrow$ ^{4}He $+$ ^{8}He 破裂反应中得到了能量为 10~25 MeV 的一些共振态,这些态具有较大的转动惯量,暗示可能存在 α - 4n - α 的奇异分子结构,但之后 R. J. Charity 等的实验并没有发现 ^{6}He $+$ ^{6}He 转动带结构。叶沿林团队利用兰州放射性次级束流线(RIBLL1)和零度望远镜,通过研究 29 MeV/nucleon ^{12}Be 破裂到 ^{4}He $+$ ^{8}He 的衰变道首次发现了 ^{12}Be 中 10.3 MeV 激发能附近的 0^+ 带头,此共振态具有大的单极跃迁强度和团簇衰变分支比,这些证据明确地支持 ^{12}Be 具有典型的团簇结构的结论[24]。

M. Barbui 和 J. B. Natowitz 等在美国得克萨斯农工大学回旋加速器上开展了 ^{20}Ne 打 ^{4}He 气体靶的系列实验,通过厚靶逆向运动学完全测量方法测量了反应中形成的 ^{16}O 及 ^{24}Mg 激发态发射的 α 粒子和类 α 碎片,厚靶逆向运动学方法可以在一个束流能量下得到 ^{16}O 及 ^{24}Mg 的整个激发函数。理论预言 ^{16}O 位于 15.1 MeV 的第六个 0^+ 态具有类 Hoyle 态的性质,实验证实了 ^{16}O 15.2 MeV 附近存在 α 共振峰,实验数据给出这个态通过 ^{8}Be $+$ ^{8}Be 和 $\alpha + ^{12}$C$_{Hoyle}$ 衰变到 4α 粒子,且两者的概率相等,在 ^{24}Mg 激发谱中发现 34 MeV 的峰[47],与 T. Yamada 等预言的 ^{24}Mg 中位于 33.42 MeV 的类 Hoyle 态相符合。

团簇衰变的运动学完全测量是鉴别团簇奇异结构的一个主要实验手段。在国内,叶沿林团队发展了一套高精度运动学完全测量手段,开展了一系列原子核团簇的高精度实验,在团簇奇异结构测量方面取得了一系列重要的成果。2017 年叶沿林团队发表 ^{14}C 高激发态测量结果,在中国原子能科学研究院的 HI - 13 串列加速器上开展了 ^{9}Be(^{9}Be, ^{14}C$^* \rightarrow \alpha + ^{10}$Be)^{4}He 反应的测量,对 ^{14}C$^* \rightarrow \alpha + ^{10}$Be 衰变测量和理论的对比确认了 ^{14}C 的 22.5(1) MeV 高激发态为 σ 键的长链态[25]。之后叶沿林团队把长链结构的研究拓展到更丰中子的 ^{16}C,2020 年发表了 ^{16}C 中的链状分子转动态的结果,在兰州重离子加速器(HIRFL)的 RIBLL1 上通过非弹性散射把 ^{16}C 激发到团簇衰变阈值之上的高激发态,利用零度望远镜和多套大角度望远镜组成的探测阵列,首次测量了 ^{16}C 共振到各种末态的衰变道,通过角关联、衰变分析等方法不仅确定出价中子处于 $(3/2_\pi^-)^2(1/2_\sigma^-)^2$,具有正宇称线性链状分子转动带的带头,还得出转动带上其余三个成员的能量[26]。理论上 ^{18}O 有两种可能的团簇结构形态: ^{14}C $+ \alpha$ 的双核芯结构或者 ^{12}C $+$ 2n $+ \alpha$ 的双核芯加价中子结构,叶沿林团队

2019 年发表了 ^{18}O 团簇激发态的结果，实验在中国原子能科学研究院串列加速器上通过 ^{13}C＋^{9}Be 的多核子转移反应布居 ^{18}O 团簇激发态，利用 6 套由硅条构成的 ΔE-E 望远镜测量了 ^{13}C＋^{9}Be→(^{18}O→^{14}C＋α)＋α 的完全运动学，通过不变质量方法重构 ^{18}O 的高分辨能谱，发现 11.72 MeV 的态具有很大的谱因子，与理论预言相符，确认为 ^{14}C＋α 的团簇构型，结合发射角关联及对称性，提取了 10.3 MeV 激发态中 ^{12}C＋2n＋α 团簇构型的重要信息[48]。

6.3.2　团簇激发态的转动带测量

团簇激发态转动带的测量是提取团簇结构的一个主要实验手段，从转动带可提取团簇态的转动惯量，推知核的形状，再结合对称性的研究，可以提取团簇的结构信息。如前所述，叶沿林团队通过测量 ^{16}C 转动带得出 ^{16}C 长链结构的团簇激发态。本节以 ^{12}C 中转动带的研究为例进行简要阐述。

1953 年 Hoyle 提出在 α 衰变阈值附近存在一个自旋为 0 的 α 共振态，很快就得到了实验的验证。对 Hoyle 态激发态的实验研究则困难得多，Morinaga 认为 Hoyle 态具有大的形变，可以通过建立在 Hoyle 态上的 J＝2、4 等的转动带来研究 Hoyle 态的性质，对 2_2^+ 态的寻找经历了 50 多年的探索，难点在于在 7.3 MeV α 发射阈值以上，16 MeV 质子发射阈值以下的所有 ^{12}C 激发态都有 α 衰变，在 2_2^+ 态附近还有 J＝0、J＝3 的态，并且有些态如第三个 0^+ 态具有相当大的宽度，这些态可能掩盖了 2_2^+ 的衰变。M. Itoh 高精度测量了高能 α 粒子在 ^{12}C 上散射的能量和角分布，把散射谱分解成 ^{12}C 不同角动量激发态的贡献，在具有 2.71 MeV 宽度的 9.93 MeV 的 0_3^+ 的掩盖下发现了一个具有 1.01 MeV 宽度位于 9.84 MeV 的 2^+ 态，这个结果与 M. Freer 及 W. R. Zimmerman 等采用类似的质子散射方法在 9.6 MeV 附近发现的 2^+ 态相符合。但关于 2^+ 态的发现，不同实验方法得出的结果并不一致，如 S. Hyldegaard 等的 ^{12}N β$^+$ 和 ^{12}B β 衰变实验和 M. Alcorta 等的 ^{10}B(^{3}He, pαα) 及 ^{11}B(^{3}He, dαα) 的实验并没有在 10 MeV 以下发现 J＝2 的共振峰，反而 S. Hyldegaard 等的 β 衰变实验在 11.1 MeV 处发现了一个 2^+ 态，但随后 W. R. Zimmerman 等的质子散射实验和 F. D. Smit 等的 ^{11}B(^{3}He, d)^{12}C 实验并没有发现 11.1 MeV 处的 2^+ 态，因此不同类型实验的相互矛盾使得 2^+ 态的确认变得非常迫切。

W. R. Zimmerman 等利用位于杜克大学三角大学实验室的高强度伽马光源(HIγS)激发 ^{12}C 的 2^+ 态，由于 HIγS 良好的单色性及伽马激发的选择定则,使得能够排除位于 10.3 MeV 的具有较大宽度的 0^+ 态及 9.641 MeV 的 3^- 态的干扰。准单能的伽马光成为布居 2^+ 态的最理想工具,实验采用光学时间投影室来记录 $^{12}C(\gamma, \alpha)^8Be$ 出射的 3 个 α 粒子,可靠地确定出 2^+ 态确实存在,位置在 10.03(11) MeV 处,并且得出从 2_2^+ 到基态的四极跃迁强度,澄清了之前不同实验的矛盾,认为 Hoyle 转动带上的 2^+ 态和 Hoyle 态一样比基态的均方根半径大很多,这对第一性原理的格点有效场论计算提出了很大挑战,格点有效场论计算认为 Hoyle 态和基态具有相似的均方根半径。由 ^{12}C 2^+ 态的研究可以看出,相比于各种传统实验方法,高强度、准单能的康普顿散射伽马光源在研究原子核团簇结构方面具有极大的优势。

1995 年 R. Bijker 等在三原子分子谱中发现 D_{3h} 对称性,随后 R. Bijker 和 F. Iachello 把 D_{3h} 对称性应用到 ^{12}C 的研究中,提出了代数团簇模型。^{12}C 的各种转动带如图 6-7 所示,从中可以明显看出 Hoyle 态的转动惯量比基态大很多,而 1^- 和 2^- 构成的弯曲振动带对应的转动惯量与 Hoyle 转动带比较接近,^{12}C 基态三角形的物理图像也是从基态转动带得到的,^{12}C 的基态带对应 $K=0$,其中 0^+(基态)、2^+(4.4 MeV)和 4^+(14.1 MeV)已经认识得比较清楚了。D. J. Marín-Lámbarri 等在 Birmingham MC40 回旋加速器上,利用 ^4He 束流,通过 $^{12}C(^4He, 3\alpha)^4He$ 反应,测量到了位于 22.4(2) MeV 的 $J^\pi = 5^-$ 态,5^- 和建立在具有扁平等边三角形形状上的基态转动带符合得很好,5^- 态的发现再结合 0^+、2^+、3^-、$4^\pm$ 态的系统学非常明确地证实了 ^{12}C 基态的 D_{3h} 对称性[15]。

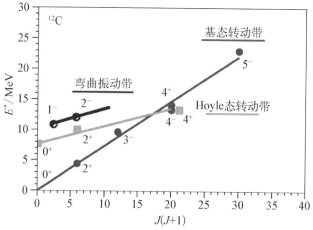

图 6-7　^{12}C 的基态转动带、Hoyle 态转动带及弯曲振动带[15]

6.3.3　基态团簇的测量

在轻核区,某些稳定核的基态也存在一定的团簇成分,比如^{12}C 和^{16}O 基态中的 α 团簇,在轻核区弱束缚核基态中一般存在较强的团簇成分,Oertzen 等预言 α 团簇和各种弱束缚的价中子会形成丰富多样的核分子结构[2]。基态具有团簇成分的核在重离子反应中一般会带来较强的入射道效应,对碳及氧等核基态中团簇的认识,除了测量其衰变和转动带以外,也可从核反应的末态观测量中提取弹核基态的团簇成分。

传统研究认为团簇结构是低能核物理的研究范畴,但高能重离子碰撞在研究团簇结构方面也具有独特的优势,如在大于 1 GeV/nucleon 能区,在运动学上能够清晰地区分类弹碎片和类靶碎片,周边碰撞尤其适合研究团簇结构的破裂,与低能核反应相比,在相对能区完全可以忽略探测器阈值对团簇探测的影响。在 20 世纪 70—90 年代,人们利用杜布那联合核子研究所(JINR)回旋加速器的束流开展^{12}C、^{16}O、^{22}Ne、^{6}Li、^{7}Li 等核在核径迹乳胶上的碎裂研究,在 20 世纪 70 年代观测到了^{12}C→3α 的碎裂,来自^{8}Be 的贡献大于 20%,对^{16}O→4α 的碎裂,来自^{8}Be+2α 与来自 2^{8}Be 的道分别占到约 25% 和 20%,暗示^{16}O 中的 α 团簇具有较强的关联。2002 年 JINR 成立了 Beryllium (Boron) Clustering Quest in Relativistic Multifragmentation 合作组(BECQUEREL),得益于核径迹乳胶较高的空间分辨和敏感度,相对论碎片径迹的角分辨能达到 10^{-5} rad,所研究的碎裂截面可以低至非弹性散射截面的 $10^{-2} \sim 10^{-3}$。BECQUEREL 项目在相对论能区对整个轻核区域弹核在周边碰撞中的碎裂过程进行了"成像",系统地研究了^{7}Be、^{9}Be、^{8}B、^{10}B、^{11}B、^{9}C、^{10}C、^{12}N、^{14}N 等核的碎裂模式,碎裂发射的团簇产额及能量的测量能够提供核基态团簇成分的信息[49]。

最近有不少理论研究在超相对论重离子碰撞能区提出探测^{12}C 基态团簇构型的实验探针,比如 W. Broniowski 等利用 Glauber 模型提出利用超相对论^{12}C +Pb 碰撞产生的三角流、逐事件涨落及椭圆流与三角流的关联来区分^{12}C 中核子是均匀分布的还是具有团簇成分。国内复旦大学马余刚团队利用输运模型研究了^{12}C 的不同团簇结构在相对论重离子碰撞下的入射道效应,寻找不同的实验探针,如张松、马余刚等使用多相输运(AMPT)模型提出利用三角流和椭圆流之比来区分^{12}C 的不同团簇模式(比如是长链构型还是三角构型)[50];他们利用 AMPT 模型研究发现了^{12}C 的不同结构对系统旋转即角动量有比较明显的影响[51];进一步的研究还发现不同团簇结构在 $\sqrt{s_{NN}} = 200$ GeV 的碰撞能量下会产生不同的电场及磁场模式[52]。不仅在相对论能区,B. Schuetrumpf 和 W. Nazarewicz 还利用时间依赖的密度泛函理论模拟位垒附近的熔合反应,通过一个时间依赖的核子定域函数来判断团簇,发现对于 α 共轭核的碰撞,在前平衡过程中会形成一系列奇异团簇结构,这些团簇结构会加强入射道效应,导致末态 α 团簇衰变的加强。

6.3.4 利用光核反应研究团簇结构

光核反应在粒子物理、原子核物理及核天体物理中都起到重要作用。与核-核反应相比,光核反应属于电磁相互作用激发,具有反应机制简单、选择性好、末态产物干净等优点,可为研究核结构提供有效探针。在低能区(光子能量为 15～40 MeV)光核反应机制以核的巨偶极共振(GDR)激发为主。

巨偶极共振作为核集体激发的一个显著模式能够给出核物质性质和核结构的一些关键信息,中重核 GDR 峰的位置及宽度较好地遵循系统学规律,但对轻核 GDR 峰通常会出现劈裂,通常解释为由大形变或者团簇自由度所引起。轻 α 共轭核的激发态通常会出现 α 团簇结构,因此研究这些 α 团簇构型怎样影响 GDR 的谱形是很有意义的,这些 α 团簇激发态的 GDR 能提供 α 团簇的构型分布及 α 团簇之间动力学的非常有价值的信息。中国科学院上海应用物理研究所团队通过扩展的量子分子动力学(EQMD)模型计算得出建立在团簇激发态之上的巨偶极共振谱形敏感于 α 团簇的几何构型,在实验上有希望用来甄别激发态中 α 团簇的构型。

核的集体激发尤其是巨偶极共振已有比较多的理论和实验研究,主要通过 (p, p') 和 (α, α') 等非弹性散射、轫致辐射伽马源和正电子飞行谱仪等手段来测量,利用粒子非弹性散射及其角分布的单举测量在研究高极性巨共振时,非常受实验本底和理论分析的限制。对激发态 GDR 的研究主要通过光核反应的逆过程——辐射俘获反应 (n, γ)、(p, γ) 和重离子碰撞中的统计 γ 发射进行。重离子反应可以得到很高的激发能和自旋态,高能 γ 产额相对较少,就特别需要仔细考虑中子发射和宇宙射线的影响,在此类型实验中高能 γ 谱的结构特征一般不明显。在 (p, γ) 类型实验中,一般用配备塑闪反符合屏蔽的大体积 NaI 探测器做单伽马测量,同时用飞行时间法来降低中子在 NaI 上引起的本底,高能量分辨(对于 20 MeV 伽马源为 2%～3%)对识别 GDR 中的谱结构非常重要。

　　早在 20 世纪 50 年代 Brink 就提出后来称为 Brink-Axel 的假设,该假设认为每一个激发态都存在相应的 GDR,该 GDR 的能量和截面的变化规律与基态保持一致。但长时间以来激发态的 GDR 实验研究一直没有得到关注。随着实验技术的进步,80 年代发展了强有力的实验方法,并开展了一系列激发态 GDR 的实验测量,研究了高激发态核的性质与激发能和角动量的依赖关系,实验发现随着角动量的增加,球形核会变成扁椭球、三轴形状甚至长椭球,这就是所谓的 Jacobi 形状转变。GDR 伽马发射为 Jacobi 形状转变提供了证据。

　　实验也发现在辐射俘获反应中由高能级向较低能级跃迁发射的 γ 射线和向基态跃迁的 γ 射线强度是可比的,很多实验也表明对于中重核,建立在激发态上的 GDR 能谱形状和基态 GDR 能谱形状相似,这两者只相差激发态的激发能。GDR 的谱形是它所建立的态的函数,在轻核区($A<40$)GDR 通常分裂为许多细结构,这来源于轻核区丰富的核结构效应,轻核中相邻核的基态 GDR 一般都具有不同的形状,即使对于同一核,低激发态对应的 GDR 一般也不同于其基态的 GDR。激发态的结构特征反映在它的衰变模式上,比如它跃迁到较低激发态或者基态的衰变宽度,尤其对跃迁到较低激发态比较敏感,因此观测 GDR 到低激发态的衰变及定量测量分支比,不仅能提供激发态的直接结构信息,而且能强有力地约束理论模型计算。

　　传统的 γ-γ 符合测量主要在由轻带电粒子引起的反应中开展,布居到较高的 $J=1$ 的激发态的能力较弱,因此对激发态的 GDR 的研究非常少,且入射束流与靶相互作用在 GDR 谱中造成严重的连续本底。光核反应对于同位旋矢量的巨单极共振(IVGMR)激发是禁止的,同位旋矢量的巨偶极共振(IVGDR)是最主要的激发模式,因此通过光子入射是研究巨偶极共振的最理想方式。高能伽马束流打靶下,靶核衰变 γ-γ 符合测量原理如图 6-8 所示,由于高能入射光子与靶相互作用的非共振背景被强抑制,可以精确测量跃迁到低激发态的小分支比,因此高能伽马入射下的 γ-γ 符合测量是研究激发态 GDR 的理想实验

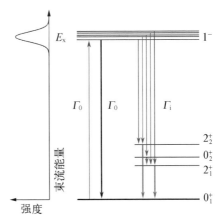

图 6-8　窄带宽的伽马束流入射下靶核退激发级联衰变的 γ-γ 符合测量原理图[53]

方法。

随着近几年国际上康普顿散射光源的建设,利用其高亮度、高极化率、能量连续可调、准单能的伽马光源引起的光核反应成为研究核集体共振激发的最佳手段。位于美国杜克大学的基于杜克自由电子激光的康普顿光源(HIγS)和位于日本兵库县的 NewSUBARU B01 康普顿散射伽马源上已经开展了不少光核反应的巨共振测量,巨共振研究也是目前在建欧洲 Extreme Light Infrastructure — Nuclear Physics(ELI - NP)的一个重要科学目标。2016 年上海激光电子伽马源(Shanghai Laser Electron Gamma Source, SLEGS)作为上海光源二期线站的建设线站之一获准开工建设,其利用外部激光和上海光源储存环中 3.5 GeV 的相对论电子束通过康普顿背散射产生高能 γ 光。γ 光能量为 0.4~20 MeV,覆盖了光核反应研究的热点能区,γ 光连续可调,γ 光能量分辨率好于 5%;γ 光流强可达到 $10^5 \sim 10^7$ 光子/秒;γ 束的发散度优于 0.5 mrad。D. Filipescu 等给出 HIγS 、New SUBARU 及在建的欧洲 ELI - NP 伽马光源的主要参数和 SLEGS 参数对比如表 6 - 1 所示。

表 6 - 1　国际上几个康普顿伽马源参数比较

装　　置	E_γ/MeV	ΔE_γ/%	流强/光子·秒$^{-1}$
HIγS(建成)	0~100	0.8~10(FWHM)	$10^6 \sim 10^8$
New SUBARU(建成)	0~76	>1.2(FWHM)	$\sim 10^5$
ELI - NP(在建)	0.2~19.5	<0.5(rms)[①]	8.3×10^8
SLEGS(在建)	0.4~20	<5(FWHM)	$10^5 \sim 10^7$

① rms 表示均方根。

与传统通过电子轫致辐射产生的伽马和正电子飞行湮没伽马源相比,康普顿散射伽马光源的能量单色性、通量和极化度都得到了极大提高,这使得在核共振荧光(NSF)实验中的信噪比提高了大约 30 倍。但如果只测量单一 γ 衰变则很难得到建立在激发态上的 GDR 信息,为了提取激发态的 GDR 信息,必须进行在束 γ - γ 符合测量。γ - γ 符合测量对认识巨共振的组态、衰变及不同模式之间的耦合具有非常重要的作用,因此,康普顿散射伽马源上的 γ - γ 符合测量受到了各大伽马实验室的极大重视。

Lorenzo Fortunato 2019 年把分子拉曼光谱中的群论方法扩展应用到核物理中,提出了利用 ELI - NP 线极化的准单能伽马束流,通过核共振荧光激发团簇结构,测量退激发光子在平行和垂直两个方向上的伽马强度,构造退极化比与伽马能量的依赖关系。退极化比与团簇结构的几何点群对称性相对应,退极化比不依赖于团簇能量、跃迁速率,因此提出利用退极化比可以模型无关地区分核中的团簇结构,如理论上预言的 ^{12}C 中不同的 α 团簇构型。

除利用较低能量伽马研究原子核的电偶极激发外,高能的 γ 光子(如 E_γ 约为 100 MeV)也可作为研究原子核团簇结构的探针。对于 60～140 MeV 的 γ 入射能区,GDR 的贡献逐渐减小,以准氘核吸收为主。此时光子波长与原子核中类氘团簇的中子-质子对尺寸相当,光子被核中中子-质子对吸收,即所谓准氘核吸收机制。这个过程由于入射光子能量较高,吸收光子的中子-质子对通过末态相互作用发射核子,末态出射主要是中子、质子及少量双质子产额。

基于 Levinger 的 quasi-deuteron(QD) 吸收机制,马余刚团队在 EQMD 模型中加入准氘吸收机制来模拟这一过程,以研究轻 α 共轭核(如 ^{12}C、^{16}O)中的团簇结构,通过研究末态三体衰变如 ^{12}C(γ, np)^{10}B、^{12}C(γ, pp)^{10}Be、^{16}O(γ, np)^{14}N 和 ^{16}O(γ, pp)^{14}C,分析出射中子、质子和余核,得到不同团簇构型之间有明显区别的观测量,图 6 - 9 给出了针对 ^{16}O 包括球形 Wood-Saxon 分布在

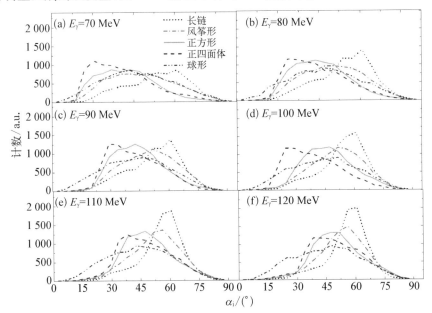

图 6 - 9　^{16}O(γ, np)^{14}N 系统不同 ^{16}O 构型末态出射三体碎片在超空间下超角关系图[54]

内的 5 种构型在 $^{16}O(\gamma, np)^{14}N$ 反应中的一个观测量——末态三体的余核相对于发射中子-质子对质心的超角关系图，在三体出射道下，超空间可以很好地描述三体之间的关系，其中横坐标 α_i 取为余核 ^{14}N 对于出射中子-质子对质心的超角，从图 6-9 可看出超角明显依赖于团簇的几何结构，比如长链团簇结构具有最扩展的空间结构，出射核子末态相互作用效应最小，超角相对最大。

基于 EQMD 模型得到出射核子时间及相空间信息，利用 Lednicky-Lyuboshitz(LL)分析方法，可以计算末态发射核子-核子的关联函数。图 6-10(a) 为 $^{16}O(\gamma, pp)^{14}C$ 系统双质子发射动量关联函数，图 6-10 (b) 给出通过高斯源方法提取的发射源尺寸。从图 6-10 可以清晰看到，出射两质子之间的动

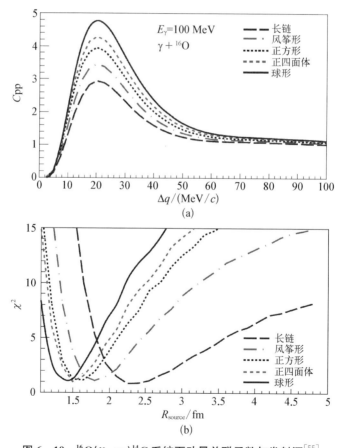

(a)

(b)

图 6-10 $^{16}O(\gamma, pp)^{14}C$ 系统下动量关联函数与发射源[55]

(a) 不同初态构型的双质子发射关联函数；(b) 相应高斯源半径拟合的 χ^2 关系图

量关联函数也敏感于团簇空间几何构型,其关联的发射源尺寸受初态核空间结构的影响,比较扩展的长链构型具有最大的发射源尺寸。以上的模拟表明原子核通过吸收高能光子,出射核子携带了靶核团簇结构的信息,这为研究原子核的团簇结构提供了有效的手段。

6.4　一些前沿研究课题

团簇结构的普遍性和重要性使得原子核中的团簇成为核结构的前沿研究热点。在远离 β 稳定线区,弱束缚核基态表现出各种奇异结构如中子(质子)晕或者中子(质子)皮。随着体系激发能、角动量的增加和远离 β 稳定线,原子核可能出现更加丰富的结构。随着放射性束流强度的提高,近年来实验上发现了更多奇异核形状,例如最近 L. P. Gaffney 等在重的放射性核中发现 ^{224}Ra 的梨形结构,A. Mutschler 和 O. Sorlin 等在远离 β 稳定线的丰质子区发现 ^{34}Si 质子空心结构。各种理论预言原子核还有可能出现各种奇异结构,比如超形变、巨形变、低密度团簇结构及准一维的圆环结构等,这些奇异结构大部分与团簇自由度有关。α 粒子为玻色子,核中的 α 团簇具有很强的玻色子属性,可以看作准玻色子,是否存在核子层次的玻色-爱因斯坦凝聚(BEC)还是个开放的问题。原子核作为核力的天然实验室,α 团簇的 BEC 有可能存在于某些 α 共轭核的激发态中,核反应提供了实验室研究 α 团簇 BEC 的重要手段。本节简要介绍一下奇异核结构如准一维的环形结构的实验寻找与 α 团簇的关系及 α 团簇 BEC 的实验寻找及其交叉学科意义。

6.4.1　圆环结构的理论预言与实验寻找

早在 20 世纪 50 年代,J. A. Wheeler 就提出了大胆的猜测,认为在特定的条件下,原子核可以呈现圆环形状,可见于 Wheeler 在 1950 年的“原子核笔记”、1963 年 Wheeler 于普林斯顿大学研究生核物理课程布置的家庭作业及 G. Gamow 的物理学传记中[56]。C. Y. Wong(黄卓然)在 Wheeler 的建议下从理论上系统研究了从轻到重不同质量区奇异圆环核的存在条件和稳定性[57-58]。近年随着计算能力的大幅提升,圆环核成为理论研究的重要热点问题,各种微观理论计算如自洽推转 SHF[59]、国内孟杰团队发展的协变密度泛函[60-61]、TDHF 方法计算都显示对一系列核(^{24}Mg、^{28}Si、^{32}S、^{36}Ar、^{40}Ca、^{44}Ti、^{48}Cr、^{52}Fe 等 α 共轭核)在一定的激发能阈值之上出现自旋为 0 的环状同核异能态,对较高的角动量,计算显示内部的壳效应会导致系统势能曲面出现极小值。

理论上环形同核异能态的合理存在可以从物理图像上做以下简单阐述:圆环形状的轻核由于单粒子能级之间大的间隔,存在一个环形的幻数

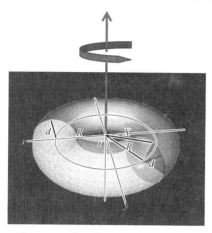

图 6-11 奇异高自旋圆环核结构示意图(图取自 C. Y. Wong 的报告)

$2(2m+1)$,$m \geqslant 1$,这些幻数导致额外的稳定性。黄卓然的计算显示轻环形核中存在低密单粒子态(环形壳),环形壳导致 $I=0$ 的势能极小值[58]。在这些 $I=0$ 的环形结构之上,通过自旋极化粒子-空穴激发的 Bohr-Mottelson 机制可以构造高激发、高自旋的环形态,旋转的圆环核具有的旋转动能倾向于使圆环的半径增大,但与圆环态大块性质相联系的能量使圆环半径变小,因此圆环扩张和收缩两种机制相互竞争达到平衡,从而可以在相当大的质量范围内圆环高自旋同核异能态势能曲面上出现极小值[59],奇异圆环核示意图如图 6-11 所示。

虽然各种理论计算都预言了圆环高自旋态存在的条件及性质,但实验证据却非常缺乏,R. Najman 等利用意大利南方国家实验室 23 MeV/nucleon 的 ^{197}Au+^{197}Au 碰撞寻找碰撞中可能形成的超重圆环形状,通过碰撞事件的选择及与量子分子动力学计算对比,暗示发射碎片有一定的概率来自平面构型。

在轻核实验方面,中国科学院上海应用物理研究所曹喜光等与美国得克萨斯农工大学回旋加速器研究所、橡树岭国家实验室及北京大学的理论家合作,研究了不同能量下 ^{28}Si、^{40}Ca 打碳、硅、钙及钽的系统,对 ^{28}Si 和 ^{40}Ca 的研究发现对 35 MeV/nucleon 能量下 ^{28}Si+Si 和 ^{40}Ca+Ca 反应系统呈现两体耗散特征,在较轻的碎片中也存在与重碎片中类似的速度等级效应,即越重的碎片具有越大的平行速度。他们仔细研究了 ^{28}Si 反应中 α 共轭碎片质量数求和等于 28、电荷数求和等于 14 及 ^{40}Ca 反应中 α 共轭碎片质量数求和等于 40、电荷数求和等于 20 的子集事件。实验观测到较大比例的 A_α+nα 事件,A_α 指比 α 重的 α 共轭碎片,说明入射道带来的 α 共轭效应相当显著,这些 α 共轭碎片来自反应形成的可能具有奇异 α 团簇结构的脖子区[62]。

　　对类 α 出射道此能区的碰撞以弹靶的两体耗散为主,利用两套混合模型反对称化量子分子动力学(AMD)模型＋统计衰变模型(GEMINI)和重离子相空间探索(HIPSE)模型＋统计衰变模型(GEMINI)对实验进行了模拟,模拟显示碰撞中 ^{28}Si 激发能和角动量可高达 170 MeV 和 40$\hbar$,当弹靶两体耗散把 ^{28}Si 激发到高激发、高自旋的区域时,集体的推转运动及单核子运动可以导致核子的重新排布从而布居到高自旋圆环态。

　　^{28}Si 激发态到 7α 粒子出射道的激发函数如图 6 - 12 所示,图 6 - 12(a)为原始的 7α 激发能谱和构造的非关联背景谱,其中黑色圆点是实验数据,实线为通过标准混合事件方法构造得到的非关联背景谱,虚线是通过 AMD＋GEMINI 模拟得到的背景谱,背景谱的归一以在低能区原始关联谱和背景谱的最好重合为标准;图 6 - 12(b)为减去背景谱之后的 7α 激发能谱,可发现在高激发能区存在明显的共振结构,其中图 6 - 12(c)中较高能量的峰位在138.7 MeV 处,与 A. Staszczak 及黄卓然预言的 ^{28}Si 中 143.18 MeV 圆环同核异能态能量非常接近。孟杰课题组利用最新版本协变密度泛函理论(CDFT)对 ^{28}Si 高自旋圆环同核异能态的计算支持实验找到的另外两个位于112.7 MeV 和 125.4 MeV 处的峰,这三个峰都具有很高的统计置信度。对照理论计算,可以指认出这三个峰的角动量分别为 28$\hbar$、36$\hbar$ 及 44$\hbar$。从系统反应总截面可以估算出三个峰的截面分别为 35 μb、51 μb 及 28 μb。除了峰值能量与实验相符合外,实验中三个峰具有近似相等的间隔,这个特征也与圆环壳模型特征相符,也从侧面印证了三个峰 28$\hbar$、36$\hbar$ 及 44$\hbar$ 等间距的角动量指认。另外在实验数据中在 138.7 MeV 之上还有一些超出背景的事件,限于实验分辨或者峰之间间隔较小,没有区分开,这个特征也与圆环壳模型及 CDFT 上存在更高的圆环高自旋同核异能态如 $I=50\hbar$、56$\hbar$ 相对应,细节可参考文献[63 - 65]。

　　图 6 - 12(c)中除了峰的位置信息以外,还有峰面积的大小即截面的信息可以利用,文献[63]中提出了一个唯象的半经验公式:

$$\sigma(E_x, 7\alpha) = A \sum_{I=I_{\mathrm{toroidal}}} \frac{g_I I}{1 + \exp\{(I - I_{\max})/a\}} \times \frac{1}{\sqrt{2\pi}\sigma_I} \exp\{-(E_x - E_I)^2/2\sigma_I^2\}$$

$$(6 - 5)$$

式(6 - 5)可以描述圆环高自旋同核异能态整个激发函数的形状,式中 g_I 是圆环高自旋同核异能态对应的自旋简并度,σ_I 为峰的宽度,唯象地引入 $I_{\max}$ 和 a 分别描述初态动力学布居和末态衰变结构效应带来的限制,结合圆环壳模得到的圆环高自旋同核异能态的 I、g_1 及实验峰位比较满意地拟合了 7α 粒子的激发函数,图 $6-12(c)$ 中标出了共振峰的能量、指认的自旋值、置信度及截面,更加具体的细节可参考文献[63 - 65]。激发函数的拟合从另外一个侧面验证了这些共振峰自旋值的指认。

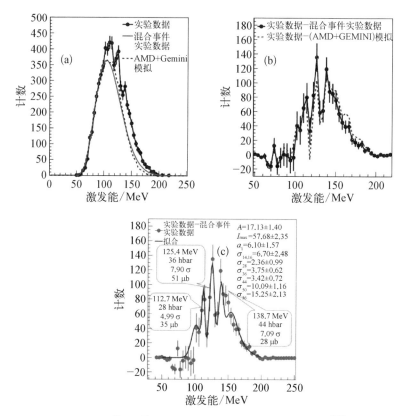

图 6 - 12 $^{28}\mathrm{Si}+^{12}\mathrm{C}$ 反应中 7α 粒子出射道的激发函数[63]

(a) 7α 粒子的原始激发能谱及构造的非关联背景谱;(b) 减去背景谱之后的 7α 粒子激发能谱;(c) 利用半经验公式(6 - 5)对激发函数的拟合

研究者利用动量空间形状分析方法对实验 7α 粒子出射道的相空间进行了分析,并与 AMD+GEMINI 模拟结果做了比较,如图 6 - 13 所示。由于级联衰变,实验末态的大部分 7α 事件在动量空间接近球形,AMD+GEMINI 模拟结果很接近实验数据情况,但 300 fm/c 冻出时刻的形状分析显示初级热碎片主要沿着 Rod-Disk 轴分布,AMD 的计算显示初级碎片的平均数为 3,说明发射模式以级联衰变为主而非 7α 粒子同时发射。3 个初级碎片与 Plateau-Rayleigh 不稳定性导致的碎裂模式一致,在经典宏观圆环液滴中,Plateau-Rayleigh 不稳定性导致

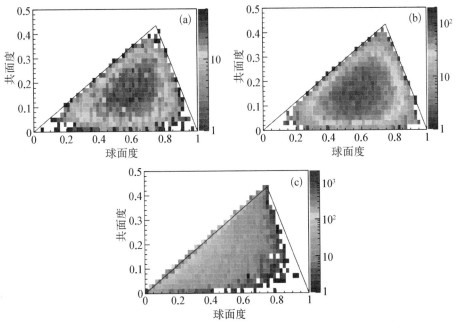

图 6‑13　$^{28}\text{Si}+^{12}\text{C}$ 反应中 7α 粒子出射道的相空间形状分析[63]

（a）实验 7α 粒子的动量空间形状；（b）AMD＋GEMINI 模拟中 7α 衰变道的动量空间形状；
（c）AMD 模拟中 7α 粒子对应的初级热碎片在 $300\ \text{fm/c}$ 化学冻出时刻的动量空间形状

发射碎片个数约等于圆环大半径与圆环横截面半径之比,而对于圆环高自旋同核异能态,在 A. Staszczak、黄卓然及孟杰等的计算中,这个比值也在 3 附近。

　　实验首次得到了远超传统激发能区的共振峰结构,且这几个共振峰的能量、间隔及截面与圆环壳模型和 CDFT 计算等能够较好地符合,实验数据与理论的对比强烈暗示实验可能观测到了高激发、高自旋的同核异能态。7α 粒子主要来自类弹发射,通过与 $^{28}\text{Si}+\text{Si}$ 和 $^{28}\text{Si}+\text{Ta}$ 反应系统地对比,确认不同靶子对观测影响比较小,可以忽略。

　　目前高激发态圆环态需要进一步的实验与理论研究,如发展新的实验方法提取系统角动量,由于圆环高自旋同核异能态具有很高的激发能和角动量,γ 衰变的宽度相对较小,但圆环高自旋同核异能态在级联衰变中会有少量 γ 发射。AMD＋GEMINI 的模拟结果显示在级联退激发过程中每个 7α 事件平均有 3 个低能 γ 发射,因此在实验中带电粒子和 γ 探测器的符合测量将会提高圆环高自旋同核异能态测量的精度。

　　圆环高自旋同核异能态对于研究远离饱和密度区如低密度、高激发、高角动量下的核物质性质具有重要意义。不仅 ^{28}Si,理论预言圆环高自旋同核异能态将会在一系列轻核甚至中重核如^{24}Mg、^{32}S、^{36}Ar 与^{40}Ca 等 α 共轭核及^{36}S、^{40}Ar 等非 α 共轭核中都会存在,圆环高自旋同核异能态对原子核的激发能与角动量极限、新的几何自由度、新幻数、新的核谱系、新的转晕态及新的能量储存产生机制等的研究都将开启一扇全新的大门。

6.4.2 α玻色-爱因斯坦凝聚及与原子物理的交叉

玻色-爱因斯坦凝聚(BEC)是物质的奇异纯量子效应,建立在粒子的波动性和不可分辨基本属性上。Satyendra Nath Bose 与 Albert Einstein 在 1925年提出了这个理论预言。他们认为,当某些原子冷冻至绝对零度附近,量子效应就会主导物质的特性,出现玻色子的凝聚现象。玻色-爱因斯坦凝聚不仅对物理学基本问题如量子多体、新物质相图等的研究有重要意义,而且在原子钟、激光、精密测量、芯片技术、量子计算机及纳米技术等领域具有重大应用前景。

20 世纪 90 年代以来,激光冷却原子技术得到了极大发展,这为在实验上实现玻色-爱因斯坦凝聚提供了条件。利用激光冷却技术,1995 年美国科罗拉多大学天体物理联合实验室(JILA) 的 Eric Cornell、Carl Wieman 及 MIT 的Wolfgang Ketterle 两组独立的实验分别实现了铷和钠元素的 BEC,从而发现了物质的第五种形态。

20 多年来激光冷却技术的迅猛发展使超冷原子物理成为物理学研究的一个新的热点,超冷原子的研究开辟了全新的研究领域。由于超冷原子体系受外界影响小、高度可控等重要特性,超冷原子不仅可用于研究 BEC、BCS 机制、超流等量子相变,而且可用来验证粒子物理的基本理论,还有巨大潜在价值的应用如量子计算、量子信息等。我国在超冷原子研究领域已经走在了世界前沿,如我国科学家在国际上首次提出并成功实现超冷原子二维自旋轨道耦合,合成了二维自旋轨道耦合的玻色-爱因斯坦凝聚体。

人们在实现超冷原子的 BEC 之后紧接着实现了分子、固态准粒子的凝聚。2010 年德国玻恩大学的 Martin Weitz 小组实现了光子的 BEC,光子 BEC的实现使原子和光属性之间的界限变得更加模糊。在黑体辐射中,由于消失的化学势导致光子数不守恒从而不满足 BEC 实现的必要条件,Jan Klaers 等通过热化过程实现了光子数的守恒,为实现光子的 BEC 提供了必要条件。Martin Weitz 小组利用充满染色溶液的曲面光学微腔来囚禁二维光子,这个光学微腔起到一个类似“白墙”盒子的作用,给光子提供禁闭势和非零的有效光子质量,光子通过和染料分子的多次散射达到热化,当再增加光子的密度时,观察到了布居在基态上的光子的玻色-爱因斯坦凝聚。BEC 的结果使所有原子都被挤压为相同的量子态,使它们"步调一致",集体行为显示它们好像是某种超原子。这项研究不但引起了基础研究的极大兴趣,使人们更加深刻理解原子系统和光子的联系和区别,有助于研究低维玻色气体的极弱相互作用,而且可能会应用到太阳能电池和新的相干紫外光源上。

原子核中有 4 种不同的费米子:质子、中子(包括自旋向上与向下)。由上述 4 种费米子构成的 α 粒子具有非常大的结合能,且具有很高的第一激发态(~20 MeV),在核中可以看作是一个几乎惰性的理想玻色子。类比在超冷原子和光子体系中观测到的 BEC 效应,核物理中是否存在由 α 团簇所构成的玻色-爱因斯坦凝聚呢? 如果存在,α 凝聚最可能发生在 α 共轭核 α 衰变阈值附近的激发态中。如果 α 团簇作为准粒子能够像气体原子一样运动,这将形成一个全新的核物质相。但与超冷原子体系相比,原子核中的核子数比较少且相互作用复杂得多,因此若要借鉴超冷原子研究中的概念、技术等,需要仔细比较、研究两种体系的相似和不同之处。

理论研究表明,对于对称核物质体系,在低于 1/5 饱和核密度的条件下可能存在 α 凝聚[3],与原子物理不同的是,随着密度的增长,化学势由负变正,α 团簇凝聚会迅速瓦解,α 团簇只能存在于低密度区域,此时 α 团簇之间的重叠比较弱,在较高密度时,4 粒子凝聚让位于两核子 Cooper 配对,如图 6-14 所

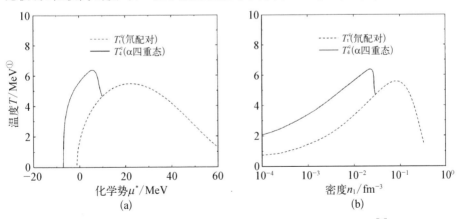

图 6-14　对称核物质临界温度与化学势及密度的依赖关系[3]

(a) 对称核物质中氘配对与 α 四重态的临界温度对化学势的依赖关系;(b) 对称核物质中氘配对与 α 四重态的临界温度对非关联密度的依赖关系

---

① 此处采用自然单位制,故温度与能量单位形式一致。

示。在致密星体冷却过程中可能存在宏观尺度的 α 凝聚,正确理解无限核物质中 α 凝聚的临界温度在天体物理中是非常重要的。

对冷原子中 Bardeen-Cooper-Schrieffer(BCS)类型的配对,由于 Cooper 对存在长程相干作用,即使对于正的化学势,配对依然可以存在。核子配对导致旋转核中的超流现象,因此在原子核这种强相互作用费米子体系中研究 BCS 配对机制及 BCS - BEC 连续过渡就具有特殊意义并能引起人们的广泛兴趣。

如本章前面所述,由于 ^{12}C Hoyle 态在核天体物理中的重要性及团簇结构的典型性,其成为各种团簇理论研究的基准,几十年来人们围绕 ^{12}C 中 Hoyle 态开展了大量的理论与实验研究,早在 20 世纪 70 年代 H. Horiuchi 等的理论计算就得出 ^{12}C Hoyle 态中的 3 个 α 团簇处在一个类气体的状态,α 团簇之间的关联由 S 波主导。但关于 ^{12}C Hoyle 态中 BEC 的研究直到 2001 年才明确提出来,2001 年 A. Tohsaki、H. Horiuchi、P. Schuck 及 G. Röpke 四人利用一个全新的波函数(后来称为 THSR 波函数)重新研究了 ^{12}C Hoyle 态,在没有任何可调参数的情况下 THSR 波函数很好地描述了 ^{12}C Hoyle 态的电子非弹性散射形状因子和能级性质,而 THSR 波函数具有凝聚类型的特征,从而认为 ^{12}C Hoyle 态中的 3 个 α 团簇处于玻色-爱因斯坦凝聚态,A. Tohsaki 等的研究也认为 ^{16}O 在 4α 衰变阈值附近也存在 BEC 凝聚态[40],他们的研究引发了一系列理论研究,都认为 Hoyle 态中 α 团簇之间存在 S 波主导的相对运动。这些理论研究又引发了一系列实验来寻找 ^{12}C 中 BEC 的实验证据。什么是 α BEC 凝聚的实验信号成为重要的实验挑战,目前测量的都是间接信号,如增大的半径、库仑位垒的修正及 α 气体态衰变的增强。

P. Marini 等报道了在 35 MeV/nucleon 的 ^{40}Ca + ^{40}Ca 半周边碰撞中,借助于 A. Bonasera 的量子涨落理论,提取了玻色子(氘核和 α 粒子)及费米子(质子)在低密气体相的局部密度与温度,结果显示在低密混合的玻色子和费米子物质中,被费米子包围的玻色子经历了比费米子较高的相空间密度和能量密度,暗示在玻色子出现的区域费米子出现的概率较小,可能发生了玻色子的凝聚现象,提取的凝聚温度与理论相符合。最近 K. Schmidt 等也用量子涨落方法提取了 ^{40}Ca 及 ^{28}Si 热核衰变产生的玻色子及费米子的温度与局部密度[66],在 ^{28}Si 衰变中发现玻色子所处的温度比氘要高,但是发现质子与玻色子来自同一密度区域,这与 P. Marini 等的结果相矛盾,另外还发现在 ^{28}Si 衰变成玻色子与费米子的混合物质中,α 粒子的多重数涨落大于 1,这或许是 α 凝聚的一个信号,对激发能处于圆环高自旋同核异能态预言能区事件的 α 粒子的多重数涨落也大于 1,因此^{28}Si 中的圆环高自旋同核异能态与 BEC 的关系也是一个值得深入研究的课题。

最近的实验主要集中在寻找 Hoyle 态的直接衰变,最新的一系列高精度实验并没有观测到 Hoyle 态的 3α 直接衰变事件,但人们并没有很好的理论来理解直接衰变与 BEC 的关系,3α 衰变会受到库仑位垒隧穿及末态相互作用的影响。怎样建立起末态衰变的自由 α 粒子与初态 α 团簇态的对应关系是寻找 α 玻色-爱因斯坦凝聚证据的核心问题。由于^{12}C 衰变路径中^{8}Be 是非稳定的,确认^{16}O 的 15.1 MeV 0^+态是否是 BEC 凝聚态也是下一步的实验挑战,通过更多 α 共轭核的多 α 衰变符合测量对比有助于了解 BEC 的衰变路径、方式及探索 BEC 态的性质,除了多 α 衰变符合测量外,大型 γ 阵列的符合测量也是必须的。另外测量^{16}O 的 15.1 MeV 态的电子非弹性散射形状因子将有助于验证各种最新模型关于^{16}O 的第六个 0^+态的计算。

核中 α 凝聚的研究进展非常迅速,有许多开放的问题等待解决,比如^{12}C Hoyle 态的 BEC 直接实验信号的寻找,^{16}O 中 15.1 MeV 的态是否是类 Hoyle 态,圆环态和 BEC 的关系,更重的核如^{40}Ca 中是否存在 BEC 现象,中子星壳层中是否存在 α BEC 凝聚及发生的条件等。

团簇物理介于原子、分子物理及凝聚态物理之间,团簇中原子/分子的数量可以从几个到上万,有限的原子/分子数带来的表面效应决定了其性质与单个原子/分子及大块的凝聚态物质都很不相同,金属团簇中离子之间的结合由非定域的价电子相互作用提供,电子在个数有限的原子团簇之间做自由运动。基于金属团簇中电子的自由运动与核中核子的独立运动的相似性,金属团簇与核团簇在很多方面具有类似的特征,如壳结构、形状及偶极振动模式等。与团簇物理相比,核物理是个相当成熟的学科,核物理的许多概念与方法可以引进到团簇物理中,反过来核物理在某些方面也受到团簇物理进展的明显推动,在过去的数十年中,团簇物理与核物理两个研究领域发生越来越多的联系与互动。如 P. Marini 等报道^{40}Ca 碎裂衰变中玻色子比周围费米子经历较高的相空间和能量密度,这与较早发现的原子体系中在由^{6}Li 组成的费米海中存在由^{7}Li 原子组成的准纯的 BEC 现象很相似,虽然原子体系与核体系大小和相互作用差异巨大,但两者在不同的物理层次上却展现出相似的物理特征,这样的研究具有重要的跨学科意义[67]。

在实验室中,可操控的超冷原子的 BEC 可以用来研究超固体、超导及黑洞等的性质,最近马里兰大学的 S. Eckel 等利用几十万个超冷钠原子组成的环形凝聚态的径向膨胀来模拟宇宙的膨胀及检验宇宙学理论,这让人联想起^{28}Si原子核中圆环形状的激发态也可以是凝聚态,圆环态的衰变相当于一个凝聚态的径向膨胀衰变。

在原子分子物理领域,两体配对引起的超流和超导已得到广泛研究,A. N. Wenz等成功俘获了具有三种费米子组分的原子,接下来的挑战是要实现俘获四种费米子从而形成BEC凝聚,如猜测半导体中可能存在双激子系统,激子由导电的电子与电子空穴组成[68]。但在有限核中人们知道存在非常强的四重态关联,因为原子核天然就是由自旋向上、向下的中子、质子共四种费米子组成的,α团簇广泛地存在于轻核的激发态中,因此在四费米子关联及其凝聚这个问题上,核物理站在了BEC研究的最前沿,核中BEC的研究有更广泛的跨学科意义,这将会推动BEC学科的重要进展[69]。

参考文献

[1] Ikeda K, Takigawa N, Horiuchi H. The systematic structure-change into the molecule-like structures in the self-conjugate 4n nuclei [J]. Progress of Theoretical Physics (Supplement), 1968, E68: 464 - 475.

[2] Oertzen W von, Freer M, Kanada-en'yo Y. Nuclear clusters and nuclear molecules [J]. Physics Reports, 2006, 432(2): 43 - 113.

[3] Röpke G, Schnell A, Schuck P, et al. Four-particle condensate in strongly coupled fermion systems [J]. Physical Review Letters, 1998, 80(15): 3177 - 3180.

[4] Beck C. Clusters in nuclei: volume 1 [M]. Berlin, Heidelberg: Springer Berlin Heidelberg, 2010: 57 - 108.

[5] Freer M. The clustered nucleus — cluster structures in stable and unstable nuclei [J]. Reports on Progress in Physics, 2007, 70(12): 2149 - 2210.

[6] Xu C, Ren Z. Systematical calculation of α decay half-lives by density-dependent cluster model [J]. Nuclear Physics A, 2005, 753(1): 174 - 185.

[7] Ren Z, Xu C, Wang Z. New perspective on complex cluster radioactivity of heavy nuclei [J]. Physical Review C, 2004, 70(3): 034304.

[8] Beck C. Clusters in nuclei: volume 1 [M]. Berlin, Heidelberg: Springer Berlin Heidelberg, 2010: 1 - 56.

[9] Freer M, Fynbo H O U. The Hoyle state in ^{12}C [J]. Progress in Particle and Nuclear Physics, 2014, 78: 1 - 23.

[10] Freer M. Challenges to the field of nuclear clustering [J]. Journal of Physics: Conference Series, 2013, 436: 012002.

[11] Tohsaki A, Horiuchi H, Schuck P, et al. Status of α - particle condensate structure of the Hoyle state [J]. Reviews of Modern Physics, 2017, 89(1): 011002.

[12] Schuck P, Funaki Y, Horiuchi H, et al. Alpha-particle condensate structure of the

Hoyle state: where do we stand? [J]. Journal of Physics: Conference Series, 2017, 863(1): 012005.

[13] Liu L, Zhao P W. α – cluster structure of ^{12}C and ^{16}O in the covariant density functional theory with a shell-model-like approach [J]. Chinese Physics C, 2012, 36 (9): 818 – 822.

[14] Zhou B, Funaki Y, Tohsaki A, et al. The container picture with two-alpha correlation for the ground state of 12C [J]. Progress of Theoretical and Experimental Physics, 2014, 2014(10): 101D01.

[15] Marín-lámbarri D J, Bijker R, Freer M, et al. Evidence for triangular D_{3h} symmetry in ^{12}C [J]. Physical Review Letters, 2014, 113(1): 012502.

[16] Epelbaum E, Krebs H, Lee D, et al. Ab initio calculation of the Hoyle state [J]. Physical Review Letters, 2011, 106(19): 192501.

[17] Zhao P W, Itagaki N, Meng J. Rod-shaped nuclei at extreme spin and isospin [J]. Physical Review Letters, 2015, 115(2): 022501.

[18] Ren Z X, Zhang S Q, Zhao P W, et al. Stability of the linear chain structure for ^{12}C in covariant density functional theory on a 3D lattice [J]. Science China Physics, Mechanics & Astronomy, 2019, 62(11): 112062.

[19] Ren Z X, Zhao P W, Meng J. Dynamics of the linear-chain alpha cluster in microscopic time-dependent relativistic density functional theory [J]. Physics Letters B, 2020, 801: 135194.

[20] Girod M, Schuck P. α – Particle clustering from expanding self-conjugate nuclei within the Hartree-Fock-Bogoliubov approach [J]. Physical Review Letters, 2013, 111(13): 132503.

[21] Epelbaum E, Krebs H, Lähde T A, et al. Ab Initio calculation of the spectrum and structure of ^{16}O [J]. Physical Review Letters, 2014, 112(10): 102501.

[22] Ebran J-P, Khan E, Nikšić T, et al. How atomic nuclei cluster [J]. Nature, 2012, 487: 341 – 344.

[23] Zhou B, Funaki Y, Horiuchi H, et al. Nonlocalized clustering: a new concept in nuclear cluster structure physics [J]. Physical Review Letters, 2013, 110 (26): 262501.

[24] Yang Z H, Ye Y L, Li Z H, et al. Observation of enhanced monopole strength and clustering in ^{12}Be [J]. Physical Review Letters, 2014, 112(16): 162501.

[25] Li J, Ye Y L, Li Z H, et al. Selective decay from a candidate of the σ -bond linear-chain state in ^{14}C [J]. Physical Review C, 2017, 95(2): 021303(R).

[26] Liu Y, Ye Y L, Lou J L, et al. Positive-parity linear-chain molecular band in ^{16}C [J]. Physical Review Letters, 2020, 124(19): 192501.

[27] Pandit D, Mondal D, Dey B, et al. Signature of clustering in quantum many-body systems probed by the giant dipole resonance [J]. Physical Review C, 2017, 95(3): 034301.

[28] Brink D M. History of cluster structure in nuclei [C]. Journal of Physics:

conference series，2008，111：012001.

[29] Freer M，Horiuchi H，Kanada-en'yo Y，et al. Microscopic clustering in light nuclei [J]. Reviews of Modern Physics，2018，90(3)：035004.

[30] Wheeler J A. Molecular viewpoints in nuclear structure [J]. Physical Review，1937，52(11)：1083 - 1106.

[31] Zhang J，Rae W D M，Merchant A C. Systematics of some 3-dimensional α - cluster configurations in 4N nuclei from ^{16}O to ^{44}Ti [J]. Nuclear Physics A，1994，575(1)：61 - 71.

[32] Beck C. Clusters in nuclei：volume 2 [M]. Berlin，Heidelberg：Springer Berlin Heidelberg，2012：1 - 66.

[33] Kanada-en'yo Y，Horiuchi H. Structure of light unstable nuclei studied with antisymmetrized molecular dynamics [J]. Progress of Theoretical Physics Supplement，2001，142：205 - 263.

[34] Maruyama T，Niita K，Iwamoto A. Extension of quantum molecular dynamics and its application to heavy-ion collisions [J]. Physical Review C，1996，53(1)：297 - 304.

[35] Wada R，Hagel K，Cibor J，et al. Entrance channel dynamics in ^{40}Ca＋^{40}Ca at 35A MeV [J]. Physics Letters B，1998，422(1)：6 - 12.

[36] 王闪闪,曹喜光,张同林,等. 利用 EQMD 模型对原子核基态性质的研究 [J]. 原子核物理评论,2015,32(1)：24 - 29.

[37] Cao X G，Ma Y G，Zhang G Q，et al. Role of wave packet width in quantum molecular dynamics in fusion reactions near barrier [J]. Journal of Physics：Conference Series，2014，515(1)：012023.

[38] He W B，Ma Y G，Cao X G，et al. Giant dipole resonance as a fingerprint of ^{12}C and ^{16}O [J]. Physical Review Letters，2014，113(3)：032506.

[39] He W B，Ma Y G，Cao X G，et al. Dipole oscillation modes in light α - clustering nuclei [J]. Physical Review C，2016，94(1)：014301.

[40] Tohsaki A，Horiuchi H，Schuck P，et al. Alpha cluster condensation in ^{12}C and ^{16}O [J]. Physical Review Letters，2001，87(19)：192501.

[41] Carlson J，Gandolfi S，Pederiva F，et al. Quantum Monte Carlo methods for nuclear physics [J]. Reviews of Modern Physics，2015，87(3)：1067 - 1118.

[42] Dreyfuss A C，Launey K D，Escher J E，et al. Clustering and alpha-capture reaction rates from first-principle structure calculations for nucleosynthesis [C]. AIP Conference Proceedings，2018，2038：020013.

[43] Elhatisari S，Lee D，Rupak G，et al. Ab initio alpha - alpha scattering [J]. Nature，2015，528：111.

[44] Dell'Aquila D，Lombardo I，Verde G，et al. High-precision probe of the fully sequential decay width of the Hoyle state in ^{12}C [J]. Physical Review Letters，2017，119(13)：132501.

[45] Smith R，Kokalova Tz，Wheldon C，et al. New measurement of the direct 3α decay

from the ^{12}C Hoyle state [J]. Physical Review Letters, 2017, 119(13): 132502.

[46] Pei J C, Xu F R. Helium-cluster decay widths of molecular states in beryllium and carbon isotopes [J]. Physics Letters B, 2007, 650(4): 224 - 228.

[47] Barbui M, Hagel K, Gauthier J, et al. Searching for states analogous to the ^{12}C hoyle state in heavier nuclei using the thick target inverse kinematics technique [J]. Physical Review C, 2018, 98(4): 044601.

[48] Yang B, Ye Y L, Feng J, et al. Investigation of the ^{14}C+α molecular configuration in ^{18}O by means of transfer and sequential decay reaction [J]. Physical Review C, 2019, 99(6): 064315.

[49] Beck C. Clusters in nuclei: volume 3 [M]. Berlin, Heidelberg: Springer Berlin Heidelberg, 2014: 51 - 93.

[50] Zhang S, Ma Y G, Chen J H, et al. Nuclear cluster structure effect on elliptic and triangular flows in heavy-ion collisions [J]. Physical Review C, 2017, 95(6): 064904.

[51] Xu Z W, Zhang S, Ma Y G, et al. Influence of α - clustering nuclear structure on the rotating collision system [J]. Nuclear Science and Techniques, 2018, 29(12): 186.

[52] Cheng Y L, Zhang S, Ma Y G, et al. Electromagnetic field from asymmetric to symmetric heavy-ion collisions at 200 GeV/c [J]. Physical Review C, 2019, 99(5): 054906.

[53] Löher B, Derya V, Aumann T, et al. The high-efficiency γ - ray spectroscopy setup $γ^3$ at HIγS [J]. Nuclear Instruments and Methods in Physics Research Section A: Accelerators, Spectrometers, Detectors and Associated Equipment, 2013, 723: 136 - 142.

[54] Huang B S, Ma Y G, He W B. Alpha-clustering effects on ^{16}O (γ, np) ^{14}N in the quasi-deuteron region [J]. The European Physical Journal A, 2017, 53: 119.

[55] Huang B S, Ma Y G. Two-proton momentum correlation from photodisintegration of α - clustering light nuclei in the quasideuteron region [J]. Physical Review C, 2020, 101(3): 034615.

[56] Gamow G. Biography of physics [M]. New York: Harper & Brothers Publishers, 1961: 297.

[57] Wong C Y. Toroidal nuclei [J]. Physics Letters B, 1972, 41(4): 446 - 450.

[58] Wong C Y. Toroidal and spherical bubble nuclei [J]. Annals of Physics, 1973, 77(1): 279 - 353.

[59] Staszczak A, Wong C Y. A region of high-spin toroidal isomers [J]. Physics Letters B, 2014, 738: 401 - 404.

[60] Zhang W, Liang H Z, Zhang S Q, et al. Search for ring-like nuclei under extreme conditions [J]. Chinese Physics Letters, 2010, 27(10): 102103.

[61] Ren Z X, Zhao P W, Zhang S Q, et al. Toroidal states in ^{28}Si with covariant density functional theory in 3D lattice space [J]. Nuclear Physics A, 2020, 996: 121696.

[62] Schmidt K, Cao X, Kim E J, et al. α - conjugate neck structures in the collisions of

35 MeV/nucleon ^{40}Ca with ^{40}Ca [J]. Physical Review C, 2017, 95(5): 054618.

[63] Cao X G, Kim E J, Schmidt K, et al. Examination of evidence for resonances at high excitation energy in the 7α disassembly of ^{28}Si [J]. Physical Review C, 2019, 99(1): 014606.

[64] Cao X G, Kim E J, Schmidt K, et al. Evidence for resonances in the 7α disassembly of ^{28}Si [C]. AIP Conference Proceedings, 2018, 2038: 020021.

[65] Cao X G, Kim E J, Schmidt K, et al. α and α conjugate fragment decay from disassembly of ^{28}Si at very high excitation energy [C]. JPS Conference Proceedings, 2020, 32: 010038.

[66] Schmidt K, Cao X, Kim E J, et al. Temperature and density of hot decaying ^{40}Ca and ^{28}Si [C]. IL Nuovo Cimento C, 2018, 41: 194.

[67] Frauendorf S G, Guet C. Atomic clusters as a branch of nuclear physics [J]. Annual Review of Nuclear and Particle Science, 2001, 51(1): 219 - 259.

[68] Moskalenko S A, Snoke D W. Bose-Einstein condensation of excitons and biexcitons: and coherent nonlinear optics with excitons [M]. Cambridge: Cambridge University Press, 2000.

[69] Funaki Y, Girod M, Horiuchi H, et al. Open problems in α particle condensation [J]. Journal of Physics G: Nuclear and Particle Physics, 2010, 37(6): 064012.

第7章

超重核研究进展

20 世纪 80 年代以前核物理实验和理论研究基本上都局限于稳定核,但随着重离子加速器和放射性核束装置的迅猛发展,使得人们能够把传统核物理的研究对象扩展到极端情况,比如自旋极限、同位旋极限、温度和密度极限以及电荷和质量极限等。

对于电荷和质量极限而言,它关系到核素图的右上边界在哪里、一共有多少种元素可以存在、最重的原子核质量是多少、是否存在核理论预言的稳定岛,这是核物理学最重要的问题之一,成为几十年来超重核领域研究的最主要目标。经过美国劳伦斯伯克利国家实验室、俄罗斯 Dubna 及德国重离子研究中心(GSI)等实验室的巨大努力,人们在合成超重核方面取得了长足的进步。虽然目前合成的最重元素已经达到 118 号,但再往更重的区域进军时则遇到巨大的瓶颈。另外目前合成的 $Z>100$ 的超重核都位于缺中子一侧,丰中子超重核的研究对核天体物理 r 过程的研究具有重大意义,想要登陆超重岛则需要理论和实验方法有新的突破。在目前已知的合成超重核的几种反应机制中,多核子转移反应是比较有希望合成丰中子超重核及登陆超重岛的途径。本章就超重核的研究历史和现状、理论模型、最新进展、新方法及挑战等做简要论述。

7.1 超重元素研究概述

一直以来,人们认为 ^{209}Bi 是自然界原子序数最高的稳定核素,直到 2003 年法国科学家发现 ^{209}Bi 具有极其微弱的 α 放射性(其半衰期达到 1.5×10^{19} a,比已知宇宙的寿命还要长 10 亿倍),因此目前已知的自然界最后一个稳定元素是 ^{208}Pb,更重的 ^{232}Th 和 ^{238}U 也都具有非常长的半衰期,比如 ^{232}Th 的半衰期

为 10^{10} 年,因此它们迄今在地球上还有相当的含量。铀是地球上存在的最重的天然元素,比铀重的元素都是通过各种核反应人工合成的。1940 年人们通过 ^{238}U 的中子俘获反应合成了第一个超铀元素 93 号元素镎(Np),各种重核的半衰期如图 7-1 所示,可以看出随着电荷数和质量数的增加,这些重核的寿命急剧缩短,比如从铀到镭,半衰期降低了 23 个数量级,这些核的主要衰变方式为 α 衰变及自发裂变[1]。

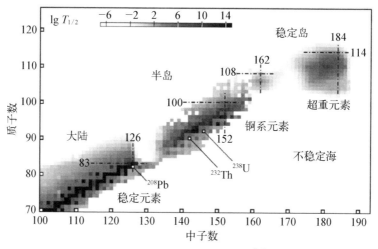

图 7-1　重核半衰期等高图[1]

20 世纪 60 年代,壳模型预言 $Z=114$、$N=184$ 的核为双幻核,此双幻核与其周边的核相比应该具有较强的稳定性,附近可能存在一个稳定的"超重岛"。由于一些模型预言某些超重元素具有非常长的半衰期,在相当早期,人们就开始尝试在地壳、陨石及宇宙射线中寻找自然存在的超重元素,在宇宙射线中虽然发现了一些重元素存在的迹象,但不确定性较大。在可控的实验室条件下,人工合成发现了迄今的大部分超重元素,所以实验室人工合成被视为登陆超重岛最有希望的途径,目前重离子引起的熔合反应是产生超重核的最主要手段。

人们对超重核的结构展开了大量理论研究,发展了各种理论模型,比如有限力程液滴模型、Nilsson-Strukinsky 模型、Hartree-Fock-Bogoliubov 理论、Skyrme-Hartee-Fock 理论和相对论平均场等。早期核结构理论研究曾预言存在着以 $Z=114$ 和 $N=184$ 双幻数为中心的超重岛,而最新的理论研究预言在 ^{208}Pb 之后的下一个双满壳可能是 $Z=120$ 或 126 及 $N=184$。由于合成超重核的巨大困难,超重核合成理论对实验合成超重元素具有非常重要的指导意义,人们发展了各种理论来解释和指导实验,比如双核模型、宏观动力学及量子分子动力学、时间相关的 Hartree‐Fock(TDHF)等模型。

7.1.1　超重核合成意义

虽然在接近超重岛的过程中,在合成更大电荷数(大于 118)和更丰中子($N=184$)的元素方面都遇到了很大的困难和挑战,但超重元素的探索在各方面都具有重大意义,值得付出长期而艰巨的努力。

合成超重核的意义不仅使人们知道超重岛的准确位置从而对各种核理论模型给予强有力的约束,比如超重核的各种衰变谱学数据为稳定岛附近的各种理论计算提供输入,使得这些理论模型能够预言更重核的各种性质,而且可以使人们知道核天体环境下是否可以通过快中子俘获过程与较轻核的自发裂变的竞争到达超重岛区域。

另外,在超重区由于相对论效应的加强,使得超重原子的电子壳层结构发生明显变化,这直接影响到超重元素的化学性质,因此超重元素化学性质的研究对于理解元素周期表中电子相对论效应对原子结构所起的作用至关重要。现在超重化学已经研究了寿命在毫秒量级的超重元素的化学性质,如果接近超重岛的更重超重元素寿命在秒量级的话,将会提供研究这些元素奇特化学性质的绝佳条件,因此利用^{48}Ca ＋ 锕系靶等成熟技术路线详细研究已经合成的超重元素的衰变性质及其化学性质与寻找更重的超重元素具有同等重要的意义。

7.1.2　超铀元素合成的方法、历史与现状

人们在自然界中找到的最重的元素是 92 号元素铀,从 1940 年 E. Mcmillan 等合成超铀元素 93 号镎到现在,人们一共陆续合成了 26 种元素,电荷数从 93 至 118,已经占全部 118 种元素的 22％,在这 26 种元素中,最后发现的元素是 117 号。早在 1940 年至 1955 年,人们利用核反应堆和核爆中产生的中子通过重靶的中子俘获反应合成超铀元素至^{257}Fm。目前为止超铀元素的合成主要有以下几种方法:中子俘获、轻带电粒子的复合或直接反应、重离子熔合蒸发反应、重离子碰撞中的多核子转移反应[2]。

由于超重核的合成截面较低,在实验室合成超重核是相当困难的事情,电荷数越大的超铀元素,合成难度越大,93 号至 100 号元素首次合成采用的是中

子俘获和轻带电粒子轰击重靶的复合反应,由于这些核的产生截面相对较大,而且半衰期较长,一般采用化学分析的方法来鉴别生成的目标核。化学分析的优点在于可以采用尽可能厚的反应靶来提高产额,但化学分析方法也有很大的局限性,如造成了大量昂贵的靶材料的浪费,只能鉴别电荷数,而得不到合成核的质量数,且化学分析方法对合成核的寿命要求比较高,早期的技术要求合成的核具有秒量级的寿命,但随着技术的进步,目前化学分析的方法已经达到毫秒级别的灵敏度[2-3]。对于中子俘获反应,由于没有库仑位垒的限制,复合核的生成截面较大,但由于受到中子通量的限制,在最高通量反应堆及核爆的条件下,也只能合成最重到 100 号元素 Fm,如第 99 号和 100 号元素是 A. Ghiorso 等在第一颗氢弹(代号为 Mike)的爆炸现场所得到的尘埃中发现的。

继在核爆中发现 99 号和 100 号元素之后,A. Ghiorso 等利用很薄的 ^{253}Es 作为靶,用氦轰击 ^{253}Es 靶,氦被靶俘获从而产生 101 号元素 Md。与以往化学鉴别方法不同,A. Ghiorso 等在实验中第一次利用了反冲技术来分离目标核,由于反应产物运动学上的前冲特点,采用较薄的靶使蒸发余核能够从靶中发射出来,然后利用金薄膜收集反冲余核进行化学分析鉴别,从而使得昂贵的靶材料得以重复利用,101 号元素是第一个基于单原子测量、鉴别技术发现的元素[4]。

对于轻带电粒子引起的反应及重离子反应中的少数核子转移反应,由于受到最重可用的靶材料的限制,且弹核和靶核至多交换有限的几个核子,所以合成的最重元素也只能到 100 号左右。之后从 1956 至 1964 年,由于无法获得足够的用于中子俘获反应及轻核熔合反应的靶材料,没有新的超重元素合成,在此背景下人们发展了重离子熔合蒸发反应来合成更重的核。

102 号以上元素的合成均是通过重离子的熔合蒸发反应实现的,这得益于重离子加速器技术的发展,实验上比较成功的有冷熔合和热熔合两种反应机制。由于合成核的寿命越来越短,比如 102 号元素同位素的寿命只有 51 s,且合成的截面越来越小,常规的化学分离方法已经不适用,人们发展了薄靶技术,利用余核的反冲,再结合转轮或氦喷嘴技术将反冲出来的余核转移到离束流较远、本底较低的地方,然后通过母核级联 α 衰变到已知核来对母核进行鉴别。相比于化学分离方法,此方法不仅能得到合成核的电荷数,而且能够指认合成核的质量数,能测到最短毫秒级别的寿命,人们利用此种方法成功合成至 106 号元素。但这种方法也有较大的局限性,如果合成核本身或其子核不具有 α 放射性,或者衰变链无法衰变到已知的核素,就没有办法对母核进行确认,另外由于在对反冲核机械传输过程中也把大量的其他反应产物带了过来,构成较强本底,所以此方法只适用于产生截面在 nb 量级以上核的合成[2-3]。

　　对于更重的元素,由于产生的截面更小,甚至小至 pb 量级,同时目标核的寿命也更短,为了更加有效地降低本底,相比于转轮、转带等机械分离方法,人们发展了电磁分离方法,电磁分离方法能够高效地将反冲余核与束流及反应的其他产物分开,并将其高效传送至低本底区域,然后注入大型探测器阵列中进行反冲余核 α 衰变或自发裂变的复合测量,从而反推出母核的质量数和电荷数。电磁分离方法极大地压低了本底,可使本底降低为原来的 $\frac{1}{10^4} \sim \frac{1}{10^{15}}$,此类方法可以研究产生截面低至皮靶量级及半衰期从 μs 至 10^6 s 的核的合成[1-2]。电磁分离方法是目前国际上各大实验室分离和鉴别超重核的主流方法,107 号以上的元素都是通过此种方法鉴别的,成功地用于超重核合成研究的此类设备有德国重离子研究中心的 SHIP、法国 GANIL 的 LISE Ⅲ 和俄罗斯 Dubna 的 VASSILISSA。SHIP 和 LISE Ⅲ 采用正交的电磁场对带电粒子的速度进行选择(称为 Wien Filter),而 VASSILISSA 采用静电偏转系统代替了二极磁铁,达到了非常高的本底抑制本领,但传输效率比 SHIP 和 LISE Ⅲ 低了不少。

　　目前合成的全部超重元素都已经通过国际纯粹与应用化学联合会的确认。已发现的超铀元素如表 7－1 所示,表中给出了各种超铀元素的首次合成时所用的反应、分离及鉴别方法、发现者、发现国家及发现时间、最稳定同位素衰变模式等。关于超重元素合成历史、现状及新元素研究的更详细介绍,可参考文献[2,4－5]。

7.2　超重元素的基本性质

　　超重核的寿命都非常短,在加速器上产生后很快通过 α 衰变或者自发裂变退激发,且加速器束流打靶产生的超重核的数量稀少,精确提取超重核的物理性质,如质量、衰变能、半衰期及形变参数等,对理解超重元素合成、约束理论模型及登陆超重岛都具有重要意义。超重元素化学性质的研究构成物理化学的重要研究前沿,超重核外的电子相对论效应非常显著,极低产生率、极短寿命的超重元素化学、热力学性质的精确测量成为检验超重元素化学理论的基石。

表7-1 实验已发现的超铀元素(部分数据取自文献[2,6])

元素	生成反应	鉴别方法	发现者	国家	合成时间/年	最稳定同位素	最稳定同位素衰变模式	最稳定同位素半衰期
Np($Z=93$)	$^{238}U(n, β^-)$ ^{239}Np	化学分离	E. M. Mcmillan 等	美国	1940	^{237}Np	α: 100.00% SF①≤2×10^{-10}%	2.114×10^6 a
Pu($Z=94$)	$^{238}U(^2H, 2n)$ $^{238}Np(β^-)$ ^{238}Pu	化学分离	G. T. Seaborg 等	美国	1941	^{244}Pu	α: 99.88% SF: 0.12%	8.00×10^7 a
Am($Z=95$)	$^{239}Pu(2n, β^-)$ ^{241}Am	化学分离	G. T. Seaborg 等	美国	1944	^{243}Am	α: 100.00% SF: 3.7×10^{-9}%	7 374 a
Cm($Z=96$)	$^{239}Pu(^4He, n)$ ^{242}Cm	化学分离	G. T. Seaborg 等	美国	1944	^{247}Cm	α: 100.00%	1.56×10^7 a
Bk($Z=97$)	$^{241}Am(^4He, 2n)$ ^{243}Bk	化学分离	S. G. Tompson 等	美国	1949	^{247}Bk	α: 100.00%	1 380 a
Cf($Z=98$)	$^{242}Cm(^4He, n)$ ^{245}Cf	化学分离	S. G. Tompson 等	美国	1950	^{251}Cf	α: 100.00%	898 a
Es($Z=99$)	$^{238}U(15n, 7β^-)$ ^{253}Es	化学分离(热核爆炸)	A. Chiorso 等	美国	1952	^{252}Es	α: 78.00% ε: 22.00%	471.7 d

① SF 表示自发裂变分支比。

（续表）

元素	生成反应	鉴别方法	发现者	国家	合成时间/年	最稳定同位素	最稳定同位素衰变模式	最稳定同位素半衰期
Fm（$Z=100$）	^{238}U(17n, 8β⁻)^{255}Fm	化学分离（热核爆炸）	A. Chiorso 等	美国	1952	^{257}Fm	α: 99.79% SF: 0.21%	100.5 d
Md（$Z=101$）	^{253}Es(^{4}He, n)^{256}Md	核反冲＋化学分离	A. Chiorso 等	美国	1955	^{258}Md	α: 100.00%	51.5 d
No（$Z=102$）	^{243}Am(^{15}N, 4n)^{254}No	反冲＋（氦喷嘴＋转轮）＋母子 α 关联	E. D. Donets 等	苏联	1966	^{259}No	α: 75.00% ε: 25.00 % SF<10.00%	58 min
Lr（$Z=103$）	$^{249-252}$Cf(^{10,11}B, xn)^{258}Lr ^{243}Am(^{18}O, 5n)^{256}Lr ^{243}Am(^{16}O, 4n)^{255}Lr 等	反冲＋带传输＋α 衰变	A. Ghiorso 等 E. D. Donets 等 K. Eskola 等	美国 苏联 美国	1961—1971	^{266}Lr	SF	11 h
Rf（$Z=104$）	^{238,240,242}Pu(^{22}Ne, xn)Rf ^{249}Cf(^{12}C, 4n)^{257}Rf ^{249}Cf(^{13}C, 3n)^{259}Rf	反冲-化学分离 反冲＋（氦喷嘴＋转轮）＋母子 α 关联	I. Zvara 等 A. Ghiorso 等	苏联 美国	1968	^{267}Rf	SF	1.3 h
Db（$Z=105$）	^{249}Cf(^{15}N, 4n)^{260}Db ^{243}Am(^{22}Ne, 4n)^{261}Db ^{243}Am(^{22}Ne, 5n)^{260}Db	反冲＋（氦喷嘴＋转轮）＋母子 α 关联	A. Ghiorso 等 V. A. Druin 等	美国 苏联	1970 1971	^{268}Db	SF: 100.00%	32 h

（续表）

元素	生 成 反 应	鉴别方法	发 现 者	国家	合成时间/年	最稳定同位素	最稳定同位素衰变模式	最稳定同位素半衰期
Sg($Z=106$)	^{249}Cf(^{18}O, 4n)^{263}Sg ^{207}Pb(^{54}Cr, 1n)^{260}Sg	反冲＋（氦喷嘴＋转轮）＋α 衰变链 自发裂变	A. Ghiorso 等 Yu. Ts. Oganessian 等	美国 苏联	1974	^{269}Sg	α	2.1 min
Bh($Z=107$)	^{209}Bi(^{54}Cr, n)^{262}Bh	速度选择器(SHIP)	G. Münzenberg 等	德国	1981	^{270}Bh	α	61 s
Hs($Z=108$)	^{208}Pb(^{58}Fe, n)^{265}Hs	速度选择器(SHIP)	G. Münzenberg 等	德国	1984	^{269}Hs	α: 100.00%	9.7 s
Mt($Z=109$)	^{209}Bi(^{58}Fe, n)^{266}Mt	速度选择器(SHIP)	G. Münzenberg 等	德国	1982	^{278}Mt	α: 100.00% SF	8 s
Ds($Z=110$)	^{208}Pb(^{62}Ni, n)^{269}Ds	速度选择器(SHIP94)	S. Hofman 等	德国	1994	^{281}Ds	SF: 85.00% α: 15.00%	20 s
Rg($Z=111$)	^{209}Bi(^{64}Ni, n)^{272}Rg	速度选择器(SHIP94)	S. Hofman 等	德国	1994	^{281}Rg	SF: 100.00% α	26 s
Cn($Z=112$)	^{208}Pb(^{70}Zn, n)^{277}Cn	速度选择器(SHIP94)	S. Hofman 等	德国	1996	^{285}Cn	α: 100.00%	30 s

（续表）

元素	生成反应	鉴别方法	发现者	国家	合成时间/年	最稳定同位素	最稳定同位素衰变模式	最稳定同位素半衰期
Nh($Z=113$)	^{209}Bi(^{70}Zn, n)^{278}Nh	充气谱仪(GARIS)	K. Morita 等	日本	2004	^{286}Nh	α：100.00% SF	20 s
Fl($Z=114$)	^{244}Pu(^{48}Ca, 3n)^{289}Fl ^{244}Pu(^{48}Ca, 5n)^{287}Fl ^{244}Pu(^{48}Ca, 4n)^{288}Fl	充气谱仪(DGFRS) 电磁分离器(VASSILISSA) 充气谱仪(DGFRS)	Yu. Ts. Oganessian 等	俄罗斯与美国	1999 1999 2000	^{289}Fl	α：100.00%	2.7 s
Mc($Z=115$)	^{243}Am(^{48}Ca, 3n)^{288}Mc ^{243}Am(^{48}Ca, 4n)^{287}Mc	充气谱仪(DGRFS)	Yu. Ts. Oganessian 等	俄罗斯与美国	2003	^{289}Mc	α：100.00% SF	220 ms
Lv($Z=116$)	^{248}Cm(^{48}Ca, 4n)^{292}Lv	充气谱仪(DGFRS)	Yu. Ts. Oganessian 等	俄罗斯与美国	2000	^{293}Lv	α	57 min
Ts($Z=117$)	^{249}Bk(^{48}Ca, 3n)^{294}Ts ^{249}Bk(^{48}Ca, 4n)^{293}Ts	充气谱仪(DGFRS)	Yu. Ts. Oganessian 等	俄罗斯与美国	2010	^{294}Ts	α	51 ms
Og($Z=118$)	^{249}Cf(^{48}Ca, 3n)^{294}Og	充气谱仪(DGFRS)	Yu. Ts. Oganessian 等	俄罗斯与美国	2006	^{294}Og	α	0.89 ms

7.2.1 超重元素的衰变性质

超重元素基态质量、衰变能、半衰期等能够从超重元素的衰变测量中得到,同时理论预言的质量、壳修正、形变、衰变模式、衰变能及寿命等对寻找超重元素/核素具有重要的指导意义。精确的核质量模型对超重核衰变能、新幻数及核半径的研究起着重要作用,整体的核质量模型大致可以分为三类:宏观质量模型、微观质量模型和相对论平均场模型[7],国内核理论学家在核质量和团簇衰变等方面做了大量的工作,本节选取部分工作做简要介绍。

孟杰团队较早利用相对论平均场系统研究了从中子滴线到质子滴线整个区域核素的质量,最近发展了能量密度泛函理论[8]来计算原子核的质量,基于成功应用的点耦合密度泛函 PC - PK1,在相对论连续 Hartree-Bogoliubov 理论框架下,包括了连续谱和形变自由度的贡献,新发展的形变相对论 Hartree-Bogoliubov 连续谱理论能够对整个核素图,包括重核区和滴线区的偶-偶核的质量、四极形变、电荷半径给出可靠的描述和预言[9]。王宁等利用 Skyrme 能量密度泛函,采用宏观-微观模型的思想,提出了一个新的质量公式:Weizsäcker-Skyrme 质量公式,此公式对已知核质量的描述能达到最小 300 keV 左右的均方根偏差。宏观-微观模型对已知核的描述具有优势,而微观模型具有较可靠的外推能力[10]。

赵玉民团队在原子核局域质量关系方面做了大量的研究,主要思想是利用已知原子核的质量、中子、质子分离能等数据及中子-质子相互作用经验公式等,通过各种局域质量关系如 Garvey-Kelso 质量关系,利用联立方程式预言已知核周边原子核的质量,逐步往外推到未知区域核甚至滴线区,这种方法具有参数少、误差来源清楚、精度高等优点。如他们最近发现了镜像核之间存在简单的质量关系,能够非常好地预言丰质子核质量,得到的局域质量偏差比别的方法小得多[11]。除了传统的方法以外,牛中明、梁豪兆等最近利用神经网络与工程领域的傅里叶谱分析及径向基函数等方法描述和预测原子核的质量,期望将精度提高到 100 keV[7]。

在原子核质量测量方面,中国科学院近代物理研究所借助冷却储存环(CSR)开展了一系列高精度短寿命原子核的质量测量,取得了一批很有显示度的工作[12-13],在等时质谱仪模式下,CSR 对短寿命核的质量测量也能达到非常高的精度,比如最近对 ^{52g,52m}Co 的质量的测量达到约 10 keV 的精度[14]。2013 年原子核质量国际评估中心从法国国家科学研究院核谱质谱中心转移至兰州重离子加速器国家实验室,之后中国科学院近代物理研究所质量测量团队在《中国物理 C》上发表了"原子质量评价 2016"。北京大学杨晓菲等最近在国内发展高精度激光核谱技术来测量放射性核的质量。这些高质量的原子核质量理论计算、实验测量及评价对超重核的研究提供了高精度的输入。

　　复合核形成以后如果能够有幸避免裂变道,就会通过蒸发少数中子或者伽马发射冷却到超重核的基态,而由于库仑位垒的存在,基本上不会有质子蒸发。形成的超重核都是非常不稳定的,α 衰变和自发裂变是主要的衰变方式,对于更重的超重核,α 衰变成为超重核的主要退激模式,实验主要通过级联 α 衰变到已知核素的方法反推来鉴别超重核,不同激发能的复合核对应不同的衰变链,以图 7-2 奇质子数核的衰变为例,分别对应 $Z=113$、115、117 的同位素,α 衰变链终结于自发裂变核。图 7-2 的上图为实验测得的 $Z=113$、115、

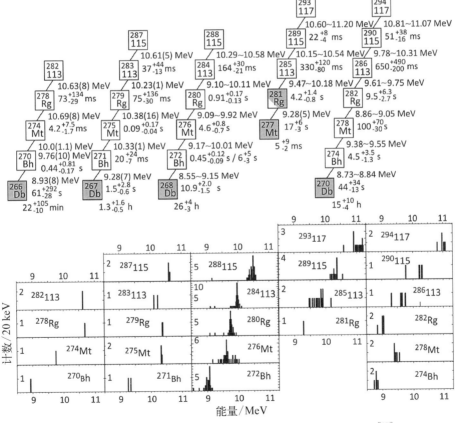

图 7-2　$Z=113$、115、117 核素 α 衰变链及相应 α 衰变的能谱[15]

117 几个核素的 α 衰变链,下图为上图相应 5 条 α 衰变链中 α 衰变能谱。图 7-2 中 α 衰变能谱的展宽是由于子核中有一系列能级对应 α 衰变。值得注意的是,在 ^{48}Ca+^{249}Bk 反应衰变链中,^{281}Rg 有 170 个中子,此区域中子壳效应比较弱,导致自发裂变分支比急剧增加,在合成的 $Z \geqslant 104$ 的 54 个超重核中,有 16 个核具有自发裂变衰变道[15]。对于通过 ^{48}Ca+锕系元素合成的 $Z \geqslant$ 112 和 $N \geqslant 113$ 的 15 个同位素,几乎全都是通过 α 粒子进行衰变的。

任中洲和许昌等建立了密度依赖的结团模型[16-17],此模型扩展了 Geiger-Nuttall 定律和 Viola-Seaborg 公式对团簇衰变的定量描述,能够非常好地描述和预言重核的 α 团簇及复杂团簇的衰变寿命和衰变能量,最新的发展还能给出角动量和宇称等量子数对 α 衰变寿命的影响,这些理论研究对中国科学院近代物理研究所开展超重核素合成及超重核衰变性质的实验研究起到了非常重要的作用,具体可参考中国科学院近代物理研究所的实验文章[18-19]。

图 7-3(a) 给出了 $Z \geqslant 110$ 的超重核半衰期随中子数的变化,其中 $N \leqslant$ 165 的核是通过冷熔合得到的,对于 $Z = 111 \sim 113$ 的核,虽然合成核的中子数离理论预言的 $N = 184$ 幻数还差 10 多个中子,但每增加一个中子,半衰期增加 $5 \sim 20$ 倍,强烈暗示我们正在接近理论预言超重岛的中子幻数。图 7-3(b) 给出了 $Z = 98 \sim 114$ 的偶-偶核自发裂变半衰期与中子数的依赖关系,其中虚线是理论计算,从中可以看出在中子壳 $N = 152$、162 附近,裂变寿命迅速增加,如 $N = 162$ 形变壳比具有 170 个中子的 ^{282}Cn 自发裂变的寿命增加了 6 个数量级,对于 $N > 170$ 的区域,随着接近预言的中子幻数 184,裂变寿命迅速增

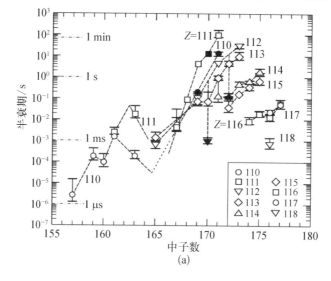

(a)

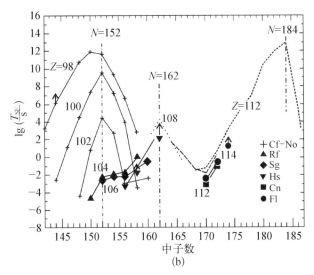

图 7 - 3　超重元素半衰期和自发裂变半衰期

（a）$Z \geqslant 110$ 的超重核的半衰期与中子数的依赖关系；（b）$Z=98 \sim 114$
的偶-偶核自发裂变半衰期与中子数的依赖关系[15]

加。超重核寿命和自发裂变寿命实验数据随中子数的依赖都证实了中子壳对
超重核稳定性所起的巨大作用，使人们相信我们已经更加接近超重岛，驱使世
界各大实验室建造新的高流强稳定束流和放射性束流装置，探索合成丰中子
超重核的新反应机制及探测技术。

7.2.2　超重元素的化学性质

　　超重 112～118 号元素的发现填满了元素周期表的第七周期，随着原子序
数的增加，电子的相对论效应变得更加显著，电子相对论效应分为三种：直接
相对论效应、间接相对论效应和自旋轨道劈裂，这三种效应和典型的键能具有
相同的数量级，随着核电荷数的平方而增加。由于强烈的库仑相互作用，直接
相对论效应会导致内层 s 轨道收缩，内层轨道的收缩加强了原子核正电荷的
屏蔽效应，从而导致外层轨道离原子核中心变远，这称为间接相对论效应，对
106 号元素还会发生 7 s 和 6 d 轨道的反转。对内层轨道电子，角动量的改变
还伴随着自旋轨道劈裂效应。因此超重元素的电子排布与同族元素有可能不
同，从而产生有别于同族元素的化学性质。

　　由于超重元素的产生截面极小，寿命很短，超重元素化学性质的研究和超
重元素的合成同样是极具挑战性的工作，能够合成用来研究的超重原子非常

少,化学中传统的方法已不再适用,核化学家发展了一种所谓瞬时单原子化学方法,通过统计的方法来提取超重原子的基本化学性质。在具体的热色谱、等温色谱及液相化学等实验测量中,需要配合快速的传输系统如氦气喷射系统、转轮系统等把目标核从靶室传送到化学分析装置,还需要与同族化学元素性质仔细对比及借助经验模型来推断超重元素的离子半径、氧化态、化合物的结构等物理化学性质,从而确定这些元素在化学元素周期表中的位置,关于超重元素化学性质的详细论述,可参考文献[20]。

从 104 号开始的超锕系元素,人们已经对其开展了细致的液相、气相化学性质研究,这些研究验证了绝大部分超重核性质的相对论理论计算是可靠的,通过与同族元素性质的比较,证实了超锕系元素应排列在元素周期表的第七周期。由于越来越接近稳定岛,人们对 112 号及其以后元素的化学性质特别感兴趣,Dubna 利用在线快速气相化学分离技术和有温度梯度的镀金探测阵列,对 112 号元素 Cn 的 2 个原子在金表面吸附的测量得出其具有惰性金属的性质,与同族元素汞具有类似的性质,且能够与金形成金属键[21]。通过对其挥发性的研究,R. Eichler 发现由于相对论效应,Cn 和汞最外层电子的结合能不一样[21],Cn 的挥发性大于汞的,可以利用同样的方法对超重核 113 号元素 Nh、114 号元素 Fl 开展研究。

下一步超重核化学性质研究的挑战依然来自超重核短寿命和极低产生率,产生率依赖于束流强度和实际可用靶厚度,下一代离子源和加速器将能够使 ^{48}Ca 束流强度提高一个数量级达到 $10\sim15$ pμA(此处 p 代表电荷数),旋转靶技术可以解决强束流的热负载问题。在 ^{288}Fl 的化学性质研究中,发现基于气体喷射方法标准的气相化学方法测量极限在 0.5 s 左右,而真空色谱技术成为下一代技术的候选,真空色谱方法具有很多优点,如传输速度快、稳定性可靠、粒子谱学质量高等。真空色谱方法能够用来研究毫秒寿命量级超重核的化学性质,将成为 FLNR 的 SHE 工厂的首选技术[22]。

7.3   超重核合成理论研究进展

随着电荷数的增加,超重核的生成截面变得非常小,鉴别非常困难,且寿命非常短,激发函数非常窄,因此,理论上对合成超重核最佳弹靶组合和入射能量的指导就显得格外重要。

超重核的理论研究主要分为超重核结构、衰变性质和反应动力学等几个方面,如结构研究表明实验能够利用冷熔合反应合成 $Z=107\sim112$ 超重元素的主要原因在于 $Z=108$ 和 $N=162$ 附近形变壳的存在,宏观微观模型能够很好地描述这些核的衰变性质。反应动力学的研究主要从理论上建议合成超重元素的最佳弹靶组合、入射能量及衰变道等。结构研究主要预言超重核的基态性质、α 衰变能量和超重核寿命,并预言超重核区可能存在的新幻数等,这两方面的理论研究进展对超重核实验的开展具有极其重要的指导意义。目前冷熔合、热熔合等反应机制在合成更重的超重核方面都遇到了困难,因此从理论上探索超重核合成可能的新机制和新途径也就显得格外重要。

7.3.1　超重核合成基本过程描述

通常将超重核合成动力学过程分为俘获阶段、复合核形成阶段及复合核的退激发阶段,如图 7-4 所示。

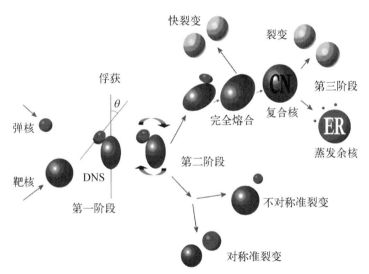

图 7-4　超重核熔合过程示意图[23]

目前合成超重核比较成功的熔合蒸发方法可以分为几个相继物理过程来考虑,第一阶段弹核和靶核接近、克服库仑位垒,弹靶接触之后形成一个形变的复合核,之后弹靶有很大的概率重新分开为类弹和类靶,这个过程称为准裂变。在第一个阶段准弹性散射和深度非弹性散射作为主要的出射道。弹靶形成球形的复合核之后仍然有一定的概率发生裂变,没有裂变的球形复合核通过蒸发中子和发射 γ 射线冷却形成超重核,因此在整个过程中裂变是阻碍形成复合核的最主要因素。

超重核合成截面可表示为 $\sigma_{ER}(E_{cm}) = \sum_{J} \sigma_C(E_{cm}, J) \cdot P_{CN}(E_{cm}, J) \cdot W_{sur}(E_{CN}^*, J)$，其中 E_{cm} 是系统质心能量；J 是系统角动量；E_{CN}^* 是复合核的激发能；$\sigma_C(E_{cm}, J)$ 是相互碰撞的原子核穿越位垒的俘获截面；$P_{CN}(E_{cm}, J)$ 是形成复合核的概率；$W_{sur}(E_{CN}^*, J)$ 是处于激发态的复合核退激发存活的概率。弹核克服库仑位垒被靶俘获的截面表示为 $\sigma_C(E_{cm}, J) = \pi\lambda^2(2J+1)T(E_{cm}, J)$，其中 $\lambda = \hbar/\sqrt{2\mu E_{cm}}$ 为约化的德布罗意波长，$T(E_{cm}, J)$ 为穿越库仑位垒的穿透概率，穿透概率不仅与位垒的高度和形状有关，还与相对运动和弹靶内部自由度的耦合有关，如对弱束缚核的熔合，弹核结构自由度对位垒具有决定性的影响。与轻核熔合过程不同，在重核熔合过程中，裂变是一个影响复合核形成的重要因素，正确处理熔合和裂变的竞争机制是理解重核熔合机制与合成超重核的核心问题。根据对弹靶熔合过程的不同描述，现有熔合理论可以分为两类：一类假设弹核被靶俘获之后，弹核和靶依然保持各自的特性独立演化；另一类截然相反的模型是弹靶在发生俘获过程后，弹靶作为一个整体演化。关于超重核合成理论的详细介绍，可参考文献[24]。

一般将超重核合成动力学分为两部分，两核碰撞形成复合核及复合核发射粒子退激。描述复合核形成过程的有双核模型、宏观动力学、核子集体化等宏观模型及量子分子动力学、TDHF 等微观模型，这些模型都能够比较满意地描述已有的超重核实验数据，但在预言未知的超重核时产生较大的分歧，尤其对 118 号元素及更重元素产生截面的预言差别能达到 1 个数量级。各种理论模型结果巨大差别主要来自两个因素：① 不同模型基于不同的熔合机制，产生的复合核的生成概率相差较大，熔合过程其实是弹靶两个独立体系演化到一个新的平衡体系的量子过程，牵扯到多核子、多变量的复杂的动力学过程，因此不同的模型在处理熔合的过程中采用了不同的近似，且复合核形成以后失去了入射道的记忆效应，使得我们缺少有效的实验手段来探测复合核的形成过程；② 复合核的裂变位垒和中子分离能作为熔合蒸发截面计算的输入量缺乏数据支持，有较大的不确定性。

7.3.2　经典唯象模型

随着人们对熔合过程理解的不断深入，人们由简单至复杂发展了不同的理论模型，本节首先介绍宏观动力学模型。宏观动力学模型最早由 W. J.

Swiatecki 等提出,是第一个完整、定性描述弹靶从接触、熔合到形成复合核的动力学过程的模型。该模型基于原子核的液滴属性,弹靶的熔合采用黏滞液滴的经典动力学过程描述,虽然该模型成功描述了准裂变现象,在早期的熔合反应中起了重要作用,但由于其过于简单的假设忽略了壳效应、对效应及弹靶碰撞过程中的涨落,所以在对实验数据的定量描述上还有不少差距。

基于宏观动力学模型的缺陷,Y. Aritomo 等在宏观动力学模型基础上发展了涨落-耗散模型,在涨落-耗散模型中引入了温度依赖的壳修正,并在相互作用中引入统计涨落,集体自由度由朗之万方程描述。涨落-耗散模型是第一个利用动力学方法计算超重核合成的模型,且能够处理从弹靶接触到准裂变及蒸发余核的整个物理过程,对弹靶不对称度较大的系统,计算结果能够与实验的裂变产物分布、蒸发剩余截面等数据较好地符合,但对弹靶比较对称的系统,结果与实验值相差比较大。

2001 年 V. I. Zagrebaev 提出了核子集体化模型,其假设弹靶接触之后,在驱动势的作用下一部分核子从弹和靶中逃逸出来变为共有核子,共有核子的增多和减少决定系统发生熔合或裂变,此模型能够较好地重现复合核的形成概率和裂变碎片的质量分布,因此也受到了广泛关注。

双核模型(DNS)最早由苏联的 V. V. Volkov 于 1986 年提出,模型假设在熔合反应中,弹核和靶核接触后形成一个准分子的双核系统,相对运动动能完全耗散,转化为两核的激发能,其中弹核和靶核各自保持它们的特性并交换核子及能量,弹核与靶核有可能越过鞍点形成复合核,也有可能再度分开发生准裂变过程。在早期的双核模型中,在转移核子和能量的同时,弹靶保持各自的特性,没有假设颈部的形成。在 DNS 模型中,有两个表征系统熔合自由度的变量,一个是双核系统的质量不对称度,可表示为 $\eta = (A_1 - A_2)/(A_1 + A_2)$,另外一个参数是两个核中心的距离。DNS 模型能够描述弹靶熔合过程中的完全熔合与准裂变两个过程的竞争,核子由轻核向重核的转移导致熔合过程的发生,由 η 表征;核子沿两核相对距离增大的方向扩散导致裂变。复合系统的总能量表示为 η、R 和系统角动量 J 的函数,DNS 模型假设弹靶核之间重叠很小或者在熔合过程中双核系统的形成比核内部状态核子的弛豫时间小得多,因此认为弹靶的密度为冻结状态,可以用密度双折叠方法计算出双核之间的相互作用势能。双核系统沿 η 和 R 的演化过程可以用 Fockker-Planker(FP)方程描述,核子沿集体自由度的扩展由依赖于 η、R 和 J 的驱动势和输运系数所决定。

对于重核熔合反应,当弹核越过库仑位垒被靶俘获以后,还需要通过核子转移越过一个内部的熔合位垒才能真正形成复合核,核子转移可以通过 η 来表征,考虑内部熔合位垒得到的复合核激发能与实验通过测量蒸发剩余截面的激发能符合得很好,说明 DNS 对熔合内部位垒的描述是相当合理的。

G. G. Adamian 等在解 FP 方程时采用谐振子势近似或者采取 Kramers 型暂稳态解,从而忽略了壳效应和奇偶效应的影响,而只有准裂变位垒比系统核温度高很多时 Kramers 解才是合适的。国内李君清、冯兆庆、黄明辉及王楠等用数值方法求解 FP 方程,保留了更多的动力学效应,为了能够合理描述中质比差别比较大的反应道,在主方程中引入了中子数、质子数两个独立变量。计算表明,核子在扩散过程中更趋向于驱动势沿中子、质子梯度最大的地方扩散,事实上在弹靶接近过程中由于强的相互作用,弹靶将会发生不可忽略的不可逆动力学形变。2012 年王楠等的计算得出,考虑了动力学形变的双核模型对粒子交换势能面的结构有明显影响,得到的准裂变质量产额能够与实验数据更好地符合。

2013 年蒋金鸽等利用 DNS 模型再现 116~118 号同位素合成截面的同时,分别以 ^{249}Bk、^{249}Cf 和 ^{243}Am 为靶,以 ^{48}Ca、^{50}Ti 和 ^{58}Fe 为弹核计算了 $Z=$ 119~121 号同位素的生成截面,121 号元素的生成截面也在 fb 量级,且发现偶 Z 奇 N 和奇 Z 偶 N 复合核分别有强的 3n 和 4n 蒸发道。

尽管 DNS 模型在描述超重核生成截面、准裂变产额分布方面取得了相当大的成功,但 DNS 模型由于采用了静态驱动势,进一步的发展需要考虑弹靶动力学形变、颈部的形成、形变及其演化。但数值求解考虑弹靶质子数、中子数、η、R、J 和弹靶形变等诸多自由度及其耦合的主方程是非常困难的,郁琳及甘再国等假设把弹靶形变自由度和其他自由度先去耦合,通过 FP 方程单独得到弹靶形变自由度的动力学演化,然后再和其他自由度进行耦合,从而发展了能够合理描述弹靶形变及颈部动力学的双核模型,发现动力学形变影响弹靶内部熔合位垒,从而影响复合核的生成概率及蒸发余核的生成截面。

最近张丰收课题组把双核模型扩展应用到位垒附近重弹靶的多核子转移反应中,通过与稳定弹核引起的转移反应对比,李成等发现重的放射性丰中子核的多核子转移过程能明显加强丰中子同位素的生成截面[25],还研究了壳效应和入射能量对多核子转移过程的影响,2017 年祝龙等预言了 $Z=93{\sim}98$ 区的缺中子核素的产生截面。

裂变过程涉及多个形变自由度,解多维含时的 FP 方程较为困难,Zagrebaev 和 Greiner 提出了描述裂变过程集体自由度演化的 Langevin 方程,

Langevin 方程可用 7 个自由度来描述弹靶的相对方向、距离、形变及质量不对称度，Langevin 方程是常微分方程，即便自由度较多，求解也相对容易。

王鲲和马余刚等在 2005 年利用 Langevin 方程模拟了^{112,116}Sn$+^{112,116}$Sn 的裂变过程，对称裂变和非对称裂变由高斯概率取样给出，从而得到裂变碎片的质量分布，在动力学达到准静态之后由统计模型来描述裂变碎片的退激发，研究发现裂变碎片的分布遵从同位旋标度定律[26]。他们于 2004 年还用统计蒸发模型（HIVAP）研究了超重元素的产生截面，研究发现 HIVAP 程序能够相当好地重现超重核合成实验数据，给出用^{30}Si$+^{241}$Am 合成 109 号元素的建议。

7.3.3　微观输运模型

1996 年 T. Maruyama 对量子分子动力学（QMD）进行了扩展，在相互作用势里面引入了唯象的泡利势来重现多体系统的费米子属性，同时引进了时间依赖的核子波包宽度并采用摩擦冷却的方法，发展了扩展的量子分子动力学（EQMD）模型[27]。EQMD 模型能够在很大范围合理描述核的基态性质，且初始化的基态核具有很高的稳定性[28]。R. Wada 利用 EQMD 模型研究了^{16}O$+^{16}$O 的熔合反应，并与 AMD 模型进行了对比[29]。绝大多数分子动力学模型都采用固定的波包宽度，曹喜光等利用 EQMD 模型对位垒附近^{48}Ca$+^{144}$Sm 熔合动力学的研究发现，相比于固定的核子波包宽度，时间依赖的波包宽度可以加强入射能量耗散和系统涨落，能够降低动力学熔合位垒，动力学波包宽度对弹靶发生俘获形成复合核比较重要[30]。

T. Maruyama 等较早利用约束的分子动力学（CoMD）模型研究了 Au+Au 的熔合反应，发现反应中形成的复合系统在裂变前能够保持比较长的时间[31]。国内王宁等较早把研究中能区重离子碰撞的 QMD 模型扩展到位垒附近的重离子熔合反应中，发展了改进的量子分子动力学（ImQMD）模型。对 QMD 模型的扩展主要包括采用相空间约束方法、引入自洽的 Skyrme 相互作用、引入体系大小依赖的波包宽度等[32]。改进的 QMD 模型不仅能够描述中能区多重碎裂，而且自洽地从微观核子层次把熔合过程中的弹靶动力学形变、颈部动力学效应、同位旋及弹靶不对称等自由度包括到一个统一的动力学框架里面。田俊龙等用 ImQMD 模型详细研究了重离子反应系统如 U+U 形成的复合体系的性质，之后赵凯等还在 ImQMD 模型基础上加了统计衰变程序研究了 U+U 形成的复合体系的末态质量分布。

张丰收课题组将壳效应引入 QMD 模型中,在计算动力学熔合位垒和熔合截面时考虑壳效应,计算了反应系统的能量依赖性、同位旋效应及方向效应,发现壳效应极大地影响着核子转移过程和初始碎片的生成截面;还进一步计算了重弹和重靶之间多核子转移反应中的动力学涨落效应,研究了颈部在核子交换、能量耗散及同位旋扩散中的作用,发现改进的 QMD 模型不仅能够描述多核子转移过程中同位素的生成截面,而且能够很好地描述转移过程中的能量耗散[33]。

与更大尺度的原子物理相比,由于原子核尺度在费米量级,原子核碰撞作为孤立系统不受周围环境的干扰影响,一般原子核的激发能级的寿命比碰撞动力学过程时间尺度大得多,且弹核入射能量较低,因此在熔合过程中量子效应非常显著,不同反应道的量子相干叠加导致熔合位垒的展宽,量子相干也同样影响垒下反应的量子隧穿概率。因此,与半经典模型相比,时间依赖的 Hartree - Fock(TDHF)理论能够较好地处理位垒附近熔合过程中的量子效应,如泡利阻塞、量子相干及核子转移过程中的配对关联,可以作为一个处理熔合过程的微观量子模型。

事实上早在 1978 年,P. Bonche 等已经把三维的 TDHF 应用到轻核的熔合反应中,但对 TDHF 方法,存在一个称为透明的低角动量区,对小碰撞参数,弹靶很容易相互穿过而不发生熔合,熔合截面对 TDHF 计算中采用的有效相互作用比较敏感。A. S. Umar 等 1986 年通过在相互作用中考虑了自旋-轨道相互作用解决了 TDHF 中小碰撞参数熔合窗的奇异性问题,自旋-轨道相互作用能够加强熔合过程中的耗散,在最近的 TDHF 计算中,相互作用由 Skyrme 能量密度泛函方法得到,自洽地考虑了自旋-轨道相互作用。最新的 TDHF 计算不仅能够合理计算轻核的熔合,而且能够计算中、重核的熔合,并且能够合理体现弹靶的初始形变效应和转移过程对熔合位垒的影响。

动力学效应在位垒附近熔合过程中起很大的作用,如对 $^{16}O+^{208}Pb$ 的熔合位垒,实验值约为 75.5 MeV[34],Bass 参数化公式得到位垒值约为 77 MeV[35],冻结密度近似方法得到约为 76 MeV[34]、Wong 公式得到约为 75.9 MeV[36],这些方法得到的值都比实验值要高。在利用三维 TDHF 对熔合反应的计算中,由于弹靶在相互接近过程中密度得以时时调整及核子的转移等因素,KIM Ka - Hae 等得到体现动力学效应的位垒值为 (74.445 ± 0.005) MeV,与实验值几乎一致。TDHF 对中等质量一系列核系统计算的位垒中心值与实验数据符合得很好。而 Bass 参数化公式则整体高估位垒值,但是在位垒以上的熔合计算中,在临界角动量以下熔合概率为 1,否则是 0,对应一个锐截止的熔合碰撞参数,因此 TDHF 模型中得到的熔合位垒分布应该是比较窄的,这导致熔合截面整体比实验值偏大。除了熔合位垒以外,动力学效应还体现在弹靶接触、俘获过程中的表面弥散、脖子形成和发展,以及俘获之后复合系统形状的振动及演化。如果入射道弹或靶有静态形变,不同的相对入射方向将导致位垒展宽,头入射方向对应位垒分布的低能端,侧入射方向对应位垒分布的高能端。TDHF 计算也验证了这样的结论,但值得注意的是,TDHF 计算并不能重现实验位垒分布的细节结构,这与平均场近似下集体自由度的量子相干效应缺失有关。

值得注意的是,C. Simenel 等用 TDHF+经典电动力学的方法提取了前平衡的偶极伽马发射[37],前平衡 GDR 发射的伽马射线比统计伽马射线能量低,强的偶极运动来自复合核形成过程中的形状振荡,发射 GDR 的特征可以反映出复合系统的形变、旋转及振动,得出达到形状平衡比电荷平衡慢得多的结论。V. Baran 建议前平衡偶极伽马发射作为下一代放射束流装置上利用大 N/Z 不对称度弹核合成超重核的冷却机制,以提高超重复合核的生存概率[38]。

虽然 TDHF 是平均场类型的模型,但由于 TDHF 方法具有不少量子特征,C. Simenel、A. S. Umar 及 K. Washiyama 等都在 TDHF 框架内开展了转移反应的研究,在对 $^{16}O+^{208}Pb$ 研究中发现转移过程中核子配对效应对中子及质子转移概率有较大影响[39]。与通过冷熔合、热熔合机制合成的缺中子的超重核不同,锕系弹靶碰撞导致的大质量转移机制有可能产生稳定,甚至丰中子的超重核。D. J. Kedziora 和 C. Simenel 在 2010 年利用 TDHF 的研究发现对于 $^{238}U+^{238}U$ 碰撞,核子的转移过程严重依赖于弹靶的入射方向,头-侧的碰撞会导致头方向 ^{238}U 转移更多的中子给侧方向的 ^{238}U,这种现象被 D. J. Kedziora 及 C. Simenel 称为逆向准裂变过程,这种转移机制与入射道的形变、方向及壳结构密切相关,更多深入系统的理论计算有助于开展锕系弹靶转移反应的实验设计。锕系元素碰撞的实验数据比较少,通过多核子转移过程产生超锎元素的截面在 nb 级别,远远大于目前合成超重核所用谱仪的测量极限(fb),因此配合先进的充气分离谱仪鉴别通过锕系弹靶间多核子转移机制产生的超重核是很有希望的。另外 C. Golabek 和 C. Simenel 利用 TDHF 计算认为锕系元素尤其是形变 $^{238}U+^{238}U$ 头-头碰撞中强的电场和较长的碰撞时间($\sim 4\times 10^{-21}$ s)使得验证量子电动力学真空的自发正负电子对发射成为可能[40]。

通常来说,对于 $Z_1 Z_2 < 1\,600$ 的系统来说不存在熔合阻止现象,但对更重的系统则可能存在熔合阻止。TDHF 计算研究了此类系统中准裂变导致的熔合阻止,对重的对称系统,动力学效应导致熔合阈值的大幅增长,因此需要更高的入射能量克服这额外的阈值,这与 20 世纪 80 年代初 W. J. Swiatecki 通过代数 extra-push 模型预言所得结果是相似的。对形变弹核或者靶核,准裂变的发生还与弹靶的相对入射方向相关。准裂变作为熔合的逆过程,利用全微观的量子手段深入理解准裂变及熔合阻止发生的条件、机制及与入射道耦合对于利用锕系弹靶转移反应合成超重核具有重要实际价值。对深部垒下能区,实验测量显示对某些核存在较强的位垒隧穿的抑制效应,位垒隧穿概率的大幅度变化将对核天体物理产生巨大的影响,这是目前低能熔合反应中的一个很大的问题。

综上所述,虽然 TDHF 在垒上熔合截面计算中取得了不错的结果,比如能够产生不同质量区的熔合阈值,能够很好地处理入射道的弹靶形变和方向效应、准裂变和熔合阻止过程,但是 TDHF 目前不能描述垒下多体波函数的量子隧穿,耦合道计算也不能够同时拟合这类实验中垒上和垒下的熔合截面,同时 TDHF 得到的裂变碎片质量涨落也较小,因此需要发展能够描述垒下多体波函数量子隧穿的微观理论,这是目前 TDHF 理论面临的一个巨大挑战,关于 TDHF 方法对熔合反应更详细的介绍可以参考 C. Simenel 的综述文章[39]。

7.4 超重核实验研究进展

超重核实验最主要的目标是回答是否存在理论上预言的稳定超重岛,人们从 20 世纪 70 年代早期开始利用加速器、反应堆甚至核爆,开展了大量的实验研究。至 20 世纪末,被称为冷熔合的基于强流加速器的熔合蒸发反应合成了 $Z = 107 \sim 112$ 的新元素,随后发现的热熔合反应合成了 $Z = 102 \sim 118$ 的元素,值得注意的是,2004 年 RIKEN 通过冷熔合反应首次合成了 $Z = 113$ 的超重元素。自 2010 年合成最后一个元素 117 至今已经 10 年了,基于冷熔合与热熔合的合成路线都遇到了难以突破的瓶颈,若要取得突破则需要新的加速器装置及合成方法。

7.4.1 超重核合成实验方法

重核熔合蒸发反应是目前合成超重核中比较成功的方法,目前国际上超重核合成比较流行的技术路线主要包括三部分：重核的产生、反冲核的分离和分离后余核的测量及鉴别。在实验中利用反冲分离技术和位置灵敏的探测器通过 α 衰变链反推来鉴别熔合蒸发的反应产物。

针对不同区域的超重核，历史上首次合成时探索出不同的反应机制及弹靶组合，受限于可用中子流强，通过中子俘获过程只能合成到 100 号元素。人们利用较轻弹核（$Z=6\sim12$）和锕系元素（$Z=92\sim98$）的熔合反应合成超重核至 ^{263}Sg（$Z=106$），复合系统的激发能高达 $40\sim50$ MeV，因此具有极高的裂变截面，随着目标核电荷数的增加，蒸发剩余产物的截面急剧减小，此类熔合反应称为热熔合反应。为了产生比 ^{263}Sg 电荷数更大的元素，需要降低裂变截面，人们利用更重的弹核打双幻核 ^{208}Pb、^{209}Bi 靶，在这种反应中靶子基本是固定的，靠增加弹核的电荷和质量来合成更重的核，反应的 Q 值（Q 为反应能）较高，激发能较低，为 $12\sim20$ MeV，大大降低了裂变的概率，复合核仅发射一至两个中子就能冷却，此类熔合反应称为冷熔合反应。位于德国 Darmstadt 的重离子研究中心在 1978 年至 1998 年利用这种新的反应机制成功合成了 107 至 112 号 6 种新元素的 20 多种同位素，最后一个利用冷熔合反应合成的超重元素是 113 号元素，合成截面低至 fb 量级，达到了加速器和探测器的极限。但合成的核都是丰质子核，离 β 稳定线还差 10 多个中子，可参考综述文献[1,41-42]。

冷熔合反应取得了巨大成功，一个重要的原因是 $Z=108$ 和 $N=162$ 附近形变壳的存在，但得到的核离超重元素稳定岛还很远，离理论预言的 $N=184$ 壳还少约 20 个中子，且 $Z=110\sim113$ 等几个核素的寿命特别短。在冷熔合反应中主要靠增加弹核的质量、电荷来合成更重的核，这时弹靶趋向于对称，库仑能增长比较快从而导致熔合截面急剧下降，如图 7-5(b)空心圆圈所示。因此利用更加不对称的弹靶组合，如采用可用的最重锕系靶以降低库仑位垒，可能提供新的途径合成更重的超重核，但此时复合系统的激发能比冷熔合反应高，裂变截面又会大大增加，Dubna 选择了此种类型热熔合反应合成了 112 至 118 号元素，有人也称之为暖熔合反应。虽然对于合成 $Z\leqslant110$ 核的概率随着复合核电数的增加而迅速下降，如图 7-5(b)所示，但在热熔合反应中发现，对 $Z>110$ 的元素，蒸发剩余截面又有大幅增加，宏观微观模型预言这个区域的核具有较高的裂变位垒，如图 7-5(a)所示，较高的裂变位垒导致复合核更容易通过发射中子冷却到基态，这些核应该具有更强的稳定性。蒸发剩余截面的大幅增加可能暗示结构理论预言的 $Z=114$ 的质子壳是正确的，但离 $N=184$ 的中子壳还有一定的距离，因此可以期望随着中子数的增加，将会得到更加稳定的超重核,更加接近理论预言的超重岛。这些研究证实超重核理论计算对实验合成超重核具有重要的指导意义。宏观微观模型预言的裂变位垒对质子数和中子数的依赖如图 7-5(a)所示,与实验观测到的蒸发余核截面的变化一致。宏观微观模型不仅能够很好地描述冷熔合合成超重核的衰变性质,^{48}Ca 引起的热熔合的实验截面数据也证实了宏观微观模型的计算[1,43]。

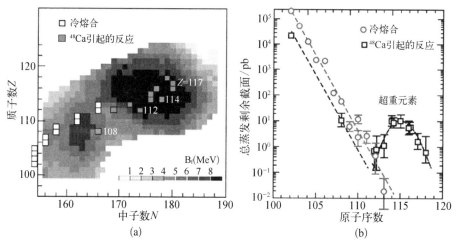

图 7-5 熔合蒸发反应的位垒分布及截面

(a) 由宏观微观模型计算得到的冷熔合与热熔合的裂变位垒高度;(b) 实验得到的冷熔合与热熔合总的蒸发剩余截面[1]

在 Dubna 的热熔合反应中,弹核是固定的,采用^{48}Ca 作为束流,为了合成电荷数高的超重元素,采用 $Z=94\sim98$ 的锕系元素作为靶,但这些锕系元素在自然界都不存在,需要人工合成且达到一定的数量,实验靶一般需要 $10\sim15$ mg[6],锕系靶的制作成为热熔合反应的关键,富集的锕系元素靶由美国橡树岭国家实验室的 HFIR 反应堆和俄罗斯反应堆研究所的高流明中子辐照产生。因为^{48}Ca 在自然界的丰度非常低,^{48}Ca 同位素束流是相当昂贵的,因此利用热熔合反应合成超重元素的成本是非常高的。20 世纪 90 年代末在俄罗斯 Dubna FLNR 实验室 U400 加速器上成功产生了强度为 $1p\mu A$ 的^{48}Ca 束流,以^{48}Ca 为弹核的热熔合实验每年运行机时高达数千小时,持续开展了 10 余年,先后合成了 $Z=112\sim118$ 的数个超重元素[1]。由于没有更重的靶可用,FLNR 试图利用^{50}Ti、^{54}Cr、^{58}Fe、^{64}Ni 等更重的丰中子弹核轰击锕系元素靶来合成 119 及 120 号元素,但没有取得成功,说明热熔合反应中 $Z=119$、120 的蒸发剩余截面急剧下降,若要接近 $N=184$ 的丰中子区域,需要比^{48}Ca 更丰中子的弹核且流强要足够高,即使最丰中子的稳定束流也难以达到,放射性核束装置可以提供更丰中子的束流,但流强目前还达不到要求,因此需要研究新的反应机制,如多核子转移反应来提高合成截面,更详细的论述可参考文献[1]。

在熔合蒸发反应中,主要通过超重核的衰变测量来反推是否合成了超重核,因为伴随着大量的反应副产物和非常强的束流本底,探测熔合反应中形成的超重核的衰变产物是相当困难的,因此反冲核的分离技术是非常重要的一环,要求装置具有非常高的传输效率和非常强的本底抑制能力。充气反冲分离方法是在各大实验室广泛使用的技术,熔合蒸发反应采用薄靶,合成的目标核从薄靶中反冲出来与充气谱仪中稀薄的气体碰撞,通过电荷交换使反冲核达到电荷平衡态,利用电场或者磁场偏转分离目标核并传输至低本底区域的探测系统进行鉴别和测量。

此处以 FLNR 的充气反冲分离器(Dubna Gas-Filled Recoil Separator, DGFRS)举例说明[1],DGFRS 示意图与探测系统如图 7 - 6 所示,FLNR 利用

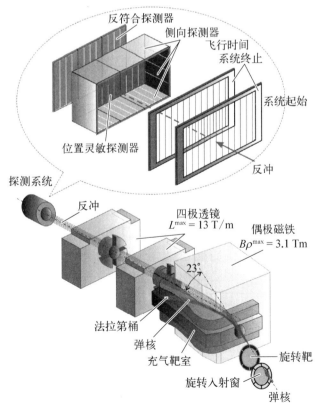

图 7 - 6　俄罗斯 FLNR 实验室的充气反冲分离器布局和探测系统示意图[6]

DGFRS 把信号从本底中区分开来。从靶来的所有反应产物都注入氢气填充的靶室中,同时通过磁场利用碎片的质量、能量及平衡电荷态来进行分离,感兴趣的超重核衰变产物被引出到距离反应靶 4 m 远的聚焦平面探测器阵列上。聚焦平面探测器能够记录下反冲核、注入核衰变的 α 粒子或者裂变产物的位置、能量和注入时间,探测效率非常高,接近 100%,如果探测到注入反冲核衰变的首个 α 粒子且 α 衰变能量和时间符合理论预期,将会关掉束流以降低束流相关的本底,由于探测阵列具有非常高精度的位置分辨,α 粒子和裂变碎片的计数率非常低,因此对衰变链的误判可以忽略。经过精心调校,DGFRS 抑制本底的能力可达到 $10^4 \sim 10^{15}$[1],产物分离的时间取决于反冲核的速度,对核素寿命的鉴别一般可以达到微秒量级,比化学分离鉴别方法提高了 3 个数量级,典型情况下可以研究半衰期为 $10^{-5} \sim 10^6$ s 范围内重核的衰变,跨越了 11 个数量级,可以研究低至 0.7 pb 的产生截面,DGFRS 的更多细节可以参考文献[1]与[6]。

7.4.2　登陆超重岛的困难

　　除了超重核生成截面极低以外,登陆超重岛的另外一个根本性困难在于选用什么样的稳定弹靶组合都不可能通过熔合反应合成具有极大中质子比的超重元素,迄今实验合成的超重核素都位于缺中子一侧,如图 7-7 所示,壳修

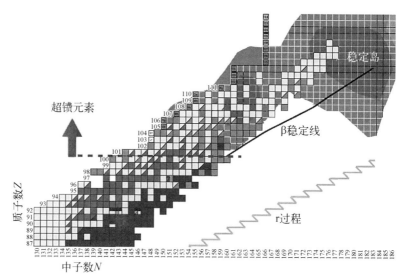

图 7-7　重核区的核素图[39]

正导致更加稳定和束缚的核,黑色线是理论给出的 β 稳定线,灰色线是快中子俘获过程发生的路径,可以看出目前合成的核素离快中子俘获过程还很远。探索新的合成途径、研究丰中子超重核的结构、衰变和化学性质成为目前超重核研究最重要的课题。

对超重核的合成,除产生截面极小的挑战外,鉴别方法也存在很大困难。现在的方法主要通过蒸发余核的 α 衰变链来鉴别。首先这个技术路线假定合成的核素具有 α 衰变的特性,且能够通过 α 粒子相继衰变到已知核,在接近 $Z=114$、$N=184$ 时,合成核是否满足上面的条件本身就是个问题;另外此方法还面临着大量来自周围环境的本底信号,研制能大幅度提高本底抑制本领的谱仪和探测系统就显得尤为重要。

7.4.3　最新进展、探索及可能的解决方案

位于俄罗斯 Dubna 的 Joint Institute for Nuclear Research(JINR)/Flerov Laboratory of Nuclear Reactions(FLNR)利用 ^{48}Ca 束流通过热熔合反应成功合成了 $Z=113$、114、115、116、117 和 118 等新元素及 $Z=104\sim118$ 的 50 多个超重同位素,首次发现了超重岛存在的实验证据。1997 年 8 月国际纯粹与应用化学联合会(IUPAC)命名 105 号元素为 DUBNIUM,2012 年 5 月 30 日 IUPAC 命名 114 号元素为 FLEROVIUM,116 号元素为 LIVERMORIUM 来纪念 FLNR 和加州劳伦斯利弗莫尔国家实验室(Lawrence Livermore National Laboratory)在发现 114 号和 116 号元素中的贡献,俄美联合研究小组利用 FLNR 加速器产生的 ^{48}Ca 束流打 96 号元素 Cm 靶产生 116 号元素,然后迅速通过 α 衰变产生 114 号元素,114 号元素也可直接通过 ^{48}Ca 束流轰击第 94 号元素钚(Plutonium)来得到。IUPAC 于 2016 年 6 月 8 日公示 113、115、117、118 号四个元素的命名分别为 Nihonium、Moscovium、Tennessine、Oganesson,经过 5 个月的公示,于 2016 年 11 月 28 日正式确认了上述 4 个超重元素的命名,至此已经发现的超重元素全部获得了命名。

值得注意的是 113 号元素,森田浩介领导的研究团队利用日本理化学研究所的重离子直线加速器加速 ^{70}Zn 打 ^{209}Bi 靶,分别于 2004 年、2006 年和 2012 年多次合成了 113 号元素,虽然俄美团队在 2004 年早于森田浩介团队宣布通过 ^{243}Am(^{48}Ca, xn)反应合成了 113 号元素,但日本理化学研究所的证据更加确凿,最终得到国际纯粹与应用化学联合会的认可,得到 113 号元素的命名权,打破了国际上美、俄、德三国在超重元素合成领域的垄断。113 号元素是第

一个亚洲学者合成的新元素,113 号元素合成中除了日本研究团队外,中国科学院近代物理研究所的徐瑚珊、中国科学院高能物理研究所的赵宇亮也参与了这项合作研究,在 113 号元素衰变链的确认中,中国科学院近代物理研究所在兰州重离子加速器(HIRFL)上开展的 ^{266}Bh α 衰变的测量也起到了积极作用。

近些年国内在超重核合成上取得了很大的进展,2001 年中国科学院近代物理研究所团队在 HIRFL 上利用氦气喷嘴技术和转轮收集探测装置,通过 ^{241}Am(^{22}Ne, 4n)^{259}Db 反应道成功合成我国第一个超重新核素^{259}Db[3],随后又合成了新核素^{265}Bh,这套系统适合研究寿命在毫秒以上、截面在 nb 以上的超重核素,因此只适用于电荷数小于 108 的超重区域。为了研究寿命更短、截面更小的超重核,中国科学院近代物理研究所研制了充气反冲核谱仪(SHANS),利用 SHANS 成功合成 110 号元素的一个同位素^{271}Ds,为了实现单个目标核的指认,兰州充气谱仪升级了焦平面探测系统,新探测系统包括飞行时间探测器(TOF)、盒型硅(Si-box)探测器阵列和反符合(veto)探测器,大大提高了本底抑制能力和 α 衰变的探测效率,利用 SHANS 合成了^{205}Ac、^{216}U 等一系列新核素。

最近,中国科学院近代物理研究所和国内合作团队利用 SHANS 装置在 Np 同位素合成和研究上取得了重大突破:合成了中子数 $N=130$ 的短寿命同位素^{223}Np,得出自旋宇称为 $9/2^-$,结合质子的分离能数据,否定了理论上认为的 $Z=92$ 子壳层的存在[44];在 $N=126$ 中子壳附近合成了 $Z=93$ 的新核素^{220}Np,这是继发现^{219}Np、^{223}Np、^{224}Np 之后,在 Np 同位素链中发现的又一个新核素,结合之前发表的^{219}Np 和^{223}Np α 衰变的数据,在 $N=126$ 中子壳附近建立了 α 衰变系统性规律,首次给出了 $N=126$ 壳在 $Z=93$ 同位素中仍然存在的实验证据,把质子滴线位置扩展到了 $Z=93$ 奇 Z 的同位素中,得到目前质量数最大的质子滴线位置[18]。

从理论上看有三种途径产生丰中子的超锕元素:丰中子核引起的熔合反应、快中子俘获过程及锕系元素弹靶之间的多核子转移反应。对放射性束(RNB)引起的反应,中子皮的存在可能导致熔合位垒迅速下降,另外丰中子 RNB 降低了熔合核的中子分离能从而得到较高的裂变位垒,存活概率大大增加。如果弹核足够丰中子,在熔合后经过连续蒸发中子后得到的余核可能落在超重岛里,但 RNB 流强和稳定束相比较弱,对特别丰中子的 RNB 流强更弱,因此要求 RNB 熔合截面的上升幅度能够明显超过 RNB 相对于稳定束流强度的下降,这一方面需要位垒附近 RNB 熔合机制的仔细研究,另一方面需要下一代放射性束流装置能提供流强更高、更丰中子,束流品质更好的束流。放射性束工厂可提供全新的方法来克服这个问题,如日本 RIKEN 的放射性束流工厂曾计划利用双储存环的并束碰撞方案,一个储存环储存高能稳定束流,另外一个储存高能放射性束流,在合适的地方引出,让其以一定的角度发生碰撞,通过控制两种束流的相对能量从而可以实现低能的 RNB 和稳定束的低能熔合反应,但出射的熔合反应产物是高能的,与入射束流能够干净地分开,利用磁谱仪可以清晰地鉴别熔合反应产物。这些优点使并束装置非常适合用来研究低能区的熔合反应,如果束流强度足够高,将会成为合成超重核的全新手段[45-46]。中国科学院近代物理研究所也开展了在强流重离子加速器装置(HIAF)上的并束设计,利用 HIAF SRing 的并束方案可以开展 $^{238}U^{92+}$ 在自由空间的碰撞,研究量子电动力学真空的自发正负电子对发射。

中子俘获也是合成超重核的途径之一,早期的超铀元素就是通过热核爆炸的中子俘获过程合成的,由于在超重区核的寿命非常短,靶核在连续俘获下一个中子之前已经发生裂变,已有的反应堆和热核爆炸中子源流强已经满足不了要求,下一代的新型强流中子源可能可以开展快中子俘获过程合成超重新核素甚至新元素。另外利用位垒附近的重弹核打重靶核的多核子转移反应有可能合成丰中子超重核及达到超重岛,但限于目前重核束流流强较低,合成鉴别实验方法还在探索阶段,另外理论上能够描述重弹靶多核子转移的方法也比较缺乏,难以给实验提供可靠的理论指导。

美国得克萨斯农工大学回旋加速器研究所 J. B. Natowitz 课题组和意大利 INFN 的 Instituto Nazionale di Fisica Nucleare 合作,早在 2003 年左右就开始利用重弹靶的转移反应合成重元素和超重核的尝试。在最初的实验中采用 K500 回旋加速器产生的 10～15 MeV/nucleon 的 ^{172}Yb、^{198}Pt 和 ^{238}U 打铀靶,在弹核接近靶核的过程中,靶核有可能发生裂变而产生丰中子的裂变碎片,弹核和丰中子的裂变碎片发生熔合则有可能产生丰中子的超重核,用 BigSol 谱仪、位置探测器 PPAC 和电离室来探测反应产物[47]。J. B. Natowitz 课题组在 2011 年就研究了 7.5 MeV/nucleon 的 $^{197}Au+^{232}Th$ 反应体系[48],过去十多年他们在得克萨斯农工大学回旋加速器上开展持续的实验不断发展此类实验中粒子的鉴别方法。

J. B. Natowitz 课题组还与波兰 Jagiellonian 大学的 Z. Majka 课题组合作,研发了由新型快塑料闪烁体 YAP 组成的 Active catcher 阵列+电离室和硅构成的望远镜阵列来鉴别可能合成的超重核的 α 衰变和裂变碎片，YAP 能够提供 α 粒子和裂变碎片的脉冲形状鉴别。最近 S. Wuenschel 等利用此探测阵列在得克萨斯农工大学的回旋加速器上开展了 7.5～6.1 MeV/nucleon 的 ^{238}U$+^{232}$Th 反应测量，测量到了大量的 α 粒子发射，这些 α 粒子可能来自多核子转移产生的重元素。实验提取了 α 衰变的能量和半衰期，如图 7-8 所示，其中实心圆是得克萨斯农工大学测量到的数据，空心圆是已知 $Z\leqslant101$ 核素的 α 衰变数据，实心三角是已知 $Z>101$ 核素的 α 衰变数据，实心正方形是 S. E. Agbemava 等基于北京大学发展的 PC-PK3 相互作用利用能量密度泛函的计算结果。实验测量到的 α 粒子最高能量达 12 MeV，10.6 MeV 以下的 α 粒子大部分来自同核异能态的贡献，能量为 10.6～12 MeV 的 α 粒子可能来自电荷数非常高的核素，与已知实验超重核 α 衰变数据和理论的对比暗示多核子转移反应产生了一定数量的之前没有被观察到的高原子序数（高达 116）的丰中子核素，其产生截面比统计衰变模型计算高很多。得克萨斯农工大学^{238}U$+^{232}$Th 的实验结果给多核子转移反应这一新的合成超重核可能路线提供了信心。J. B. Natowitz 等建议发展性能更好的 Active catcher 阵列和适合的谱仪，如利用单晶金刚石探测器和快电子学可实现更高颗粒度、更好能量分辨及更好能量线性响应[49]，这将极大地推动多核子转移反应的研究。

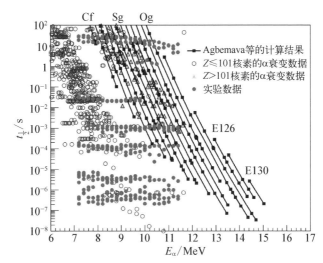

图 7-8　得克萨斯农工大学实验^{238}U$+^{232}$Th 测量到的 α 发射
能量、半衰期与已有实验数据及能量密度泛函计算的
对比[49]

注：图中 E126 与 E130 为系统学外推得到的原子序数为 126 与 130 的新元素。

　　由中国科学院近代物理研究所设计及建设的"十二五"国家重大科技基础设施 HIAF 已于 2018 年底开工建设,项目建设周期为 7 年。探索元素存在极限和研究从铁到铀元素起源等重大前沿科学问题是 HIAF 的重要科学目标之一,基于 HIAF 高流强的优势,中国科学院近代物理研究所团队拟建造一条用于多核子转移反应研究的专用线站,针对多核子转移反应束流强度高、反应产物在实验室系出射角分布宽等特点,专门设计了满足高束流强度、高传输效率、快传输速度的专用谱仪,主要用来研究丰中子区新核素的合成、鉴别及其结构和衰变,具体可参考文献[50]。

　　对于已经合成的 $Z \geqslant 110$ 的偶-偶超重核,随着中子数的增加,自发裂变的寿命增加,暗示越接近预言中的 $N = 184$ 的中子壳,为了合成具有更大中子数 $N = 175 \sim 177$ 的超重核,实验采用高流明中子反应堆辐照产生的 ^{244}Pu、^{248}Cm、^{249}Bk、^{249}Cf 等作为靶,最近 FLNR 计划采用 $^{48}Ca + ^{249-251}Cf$ 反应来合成 118 号元素新的同位素,期望合成 ^{293}Os、^{295}Os、^{296}Os 等新的同位素。热熔合靶材料中,^{251}Cf 是目前世界上功率最强大的高通量同位素反应堆(HFIR)能产生的最重的核素,这对相当数量靶材料的供应也将是一个很大的挑战,因此如果利用熔合蒸发反应产生电荷数大于 118 的新元素,必须采用比热熔合一直用的 ^{48}Ca 更重的束流[6]。

　　由合成 119 号和 120 号元素遇到的挫折推断蒸发剩余截面有大幅下降,为了向更重的超重元素迈进和逼近 $N = 184$ 的中子壳层,JINR/FLNR 从 2013 年起建造了超重元素工厂,之前发现 $Z = 113$、114、115、116、117 和 118 所用的 U - 400 回旋加速器束流强度最高约为 1.2 pμA,现在建造的强流通用 DC280 回旋加速器流强能达到 20 pμA,对质量小于 238 的核,束流能量可达 10 MeV/nucleon,按照设计超重核的产生率能够提高约 2 个数量级。为了合成电荷数大于 118 的新元素,除了要大幅提高束流强度外,还需要研制具有更大背景抑制本领的各种分离器,如研制多功能充气谱仪来鉴别超重同位素、研究超重同位素衰变性质及其反应机制,用速度选择器来研究重同位素的详细谱学性质,用厚靶+充气超导磁铁研究超重元素的化学性质。首轮实验拟开展 $^{48}Ca + ^{243}Am$ 合成 115 号元素来验证新加速器和新的充气分离器(GFS - 2)。

　　随着合成截面的降低,在相同的束流条件下,合成超重目标核数目变小,α 衰变速率也越来越小,如果超重岛上的核素寿命较长,或者 α 衰变链停止于目前未知的核素,通过 α 粒子相继衰变到已知核的传统方法来鉴别目标核就变得非常困难,也需要发展新的目标核鉴别方法,如中国科学院近代物理研究所提出的激光多步共振电离与粒子阱相结合的技术,期望可以直接鉴别超重核的 A 和 Z。

参考文献

[1] Oganessian Y T. Heaviest nuclei [J]. Nuclear Physics News, 2013, 23(1):15 - 21.

[2] 徐瑚珊,周小红,肖国青,等. 超重核研究实验方法的历史和现状简介[J]. 原子核物理评论,2003,20(2):76 - 90.

[3] Gan Z G, Qin Z, Fan H M, et al. A new alpha-particle-emitting isotope ^{259}Db [J]. The European Physical Journal A - Hadrons and Nuclei, 2001, 10(1):21 - 25.

[4] 徐瑚珊,黄天衡,孙志宇,等. 近代物理研究所超重核研究现状及计划[J]. 原子核物理评论,2006,23(04):359 - 365.

[5] 周善贵. 超重原子核与新元素研究[J]. 原子核物理评论,2017,34(3):318 - 331.

[6] Oganessian Y T, Utyonkov V K. Super-heavy element research [J]. Reports on Progress in Physics, 2015, 78(3):036301.

[7] Niu Z, Liang H, Sun B, et al. High precision nuclear mass predictions towards a hundred kilo-electron-volt accuracy [J]. Science Bulletin, 2018, 63(12):759 - 764.

[8] Shen S, Liang H, Long W H, et al. Towards an ab initio covariant density functional theory for nuclear structure [J]. Progress in Particle and Nuclear Physics, 2019, 109:103713.

[9] Zhang K, Cheoun M-K, Choi Y-B, et al. Toward a nuclear mass table with the continuum and deformation effects: even-even nuclei in the nuclear chart [J]. arXiv e-prints, 2020: arXiv:2001.06599.

[10] Wang N, Liu M, Wu X. Modification of nuclear mass formula by considering isospin effects [J]. Physical Review C, 2010, 81(4):044322.

[11] Zong Y Y, Lin M Q, Bao M, et al. Mass relations of corresponding mirror nuclei [J]. Physical Review C, 2019, 100(5):054315.

[12] Tu X L, Xu H S, Wang M, et al. Direct mass measurements of short-lived $A = 2Z-1$ nuclides ^{63}Ge, ^{65}As, ^{67}Se, and ^{71}Kr and their impact on nucleosynthesis in the rp process [J]. Physical Review Letters, 2011, 106(11):112501.

[13] Zhang Y H, Xu H S, Litvinov Y A, et al. Mass measurements of the neutron-deficient ^{41}Ti, ^{45}Cr, ^{49}Fe, and ^{53}Ni nuclides: first test of the isobaric multiplet mass equation in fp-shell nuclei [J]. Physical Review Letters, 2012, 109(10):102501.

[14] Xu X, Zhang P, Shuai P, et al. Identification of the Lowest $T=2$, $J^{\pi}=0^{+}$ Isobaric analog state in ^{52}Co and its impact on the understanding of β-decay properties of ^{52}Ni [J]. Physical Review Letters, 2016, 117(18):182503.

[15] Oganessian Y T, Sobiczewski A, Ter-Akopian G M. Superheavy nuclei: from predictions to discovery [J]. Physica Scripta, 2017, 92(2):023003.

[16] Xu C, Ren Z. Systematical calculation of α decay half-lives by density-dependent

cluster model [J]. Nuclear Physics A, 2005, 753(1): 174 - 185.

[17] Ren Z, Xu C, Wang Z. New perspective on complex cluster radioactivity of heavy nuclei [J]. Physical Review C, 2004, 70(3): 034304.

[18] Zhang Z Y, Gan Z G, Yang H B, et al. New isotope [220]Np: probing the robustness of the N=126 shell closure in neptunium [J]. Physical Review Letters, 2019, 122 (19): 192503.

[19] Yang H B, Ma L, Zhang Z Y, et al. Alpha decay properties of the semi-magic nucleus [219]Np [J]. Physics Letters B, 2018, 777: 212 - 216.

[20] 秦芝,范芳丽,林茂盛,等. 超重元素的化学性质[J]. 放射化学,2009,31(增刊): 1 - 15.

[21] Eichler R, Aksenov N V, Belozerov A V, et al. Chemical characterization of element 112 [J]. Nature, 2007, 447: 72 - 75.

[22] Greiner W C. Nuclear physics: present and future [M]. New York: Springer International Publishing, 2015.

[23] Giardia G, Nasirov A K, Mandaglio G, et al. Reaction mechanisms in massive nuclei collisions and perspectives for synthesis of heavier superheavy elements [R]. Shenzhen, The International Workshop on Nuclear Dynamics in Heavy-ion Reactions, 2012.

[24] 左维,李君清. 超重核合成理论模型简介[J]. 原子核物理评论,2006,23(4): 375 - 382.

[25] Li C, Wan P, Li J, et al. Production of heavy neutron-rich nuclei with radioactive beams in multinucleon transfer reactions [J]. Nuclear Science and Techniques, 2017, 28(8): 110.

[26] Ma Y G, Wang K, Cai X Z, et al. Isoscaling behavior in fission dynamics [J]. Physical Review C, 2005, 72(6): 064603.

[27] Maruyama T, Niita K, Iwamoto A. Extension of quantum molecular dynamics and its application to heavy-ion collisions [J]. Physical Review C, 1996, 53 (1): 297 - 304.

[28] 王闪闪,曹喜光,张同林,等. 利用 EQMD 模型对原子核基态性质的研究 [J]. 原子核物理评论,2015,32(1): 24 - 29.

[29] Wada R. Extended molecular dynamics studies of low energy [16]O + [16]O fusion reactions [J]. Riken Review, 1998, 19: 37 - 38.

[30] Cao X G, Ma Y G, Zhang G Q, et al. Role of wave packet width in quantum molecular dynamics in fusion reactions near barrier [J]. Journal of Physics: Conference Series, 2014, 515(1): 012023.

[31] Maruyama T, Bonasera A, Papa M, et al. Formation and decay of super-heavy systems [J]. The European Physical Journal A - Hadrons and Nuclei, 2002, 14(2): 191 - 197.

[32] 王宁. 量子分子动力学模型的发展及其在低能重离子反应中的应用[D]. 北京:中国原子能科学研究院,2003.

[33] 祝龙. 重离子熔合反应及超重核和丰中子重核合成机制研究[D]. 北京:北京师范大学,2015.

[34] Morton C R, Beriman A C, Dasgupta M, et al. Coupled-channels analysis of the ^{16}O + ^{208}Pb fusion barrier distribution [J]. Physical Review C, 1999, 60 (4):044608.

[35] Bass R. Nucleus-nucleus potential deduced from experimental fusion cross sections [J]. Physical Review Letters, 1977, 39(5):265 - 268.

[36] Wong C Y. Interaction barrier in charged-particle nuclear reactions [J]. Physical Review Letters, 1973, 31(12):766 - 769.

[37] Simenel C, Chomaz Ph, de France G. Quantum calculation of the dipole excitation in fusion reactions [J]. Physical Review Letters, 2001, 86(14):2971 - 2974.

[38] Baran V, Brink D, Colonna M, et al. Collective dipole bremsstrahlung in fusion reactions [J]. Physical Review Letters, 2001, 87(18):182501.

[39] Simenel C. Nuclear quantum many-body dynamics [J]. The European Physical Journal A, 2012, 48(11):152.

[40] Golabek C, Simenel C. Collision dynamics of two ^{238}U atomicnuclei [J]. Physical Review Letters, 2009, 103(4):042701.

[41] Munzenberg G. Recent advances in the discovery of transuranium elements [J]. Reports on Progress in Physics, 1988, 51(1):57 - 104.

[42] Hofmann S, Münzenberg G. The discovery of the heaviest elements [J]. Reviews of Modern Physics, 2000, 72(3):733 - 767.

[43] Muntian I, Hofmann S, Patyk Z, et al. Properties of heaviest nuclei [J]. Acta Physica Polonica B, 2003, 34:2073 - 2082.

[44] Sun M D, Liu Z, Huang T H, et al. New short-lived isotope ^{223}Np and the absence of the $Z = 92$ subshell closure near $N = 126$ [J]. Physics Letters B, 2017, 771:303 - 308.

[45] Maruyama K, Okuno H. Hadron and nuclear physics with electromagnetic probes [M]. Amsterdam:Elsevier Science, 2000:277 - 283.

[46] 丁大钊,陈永寿,张焕乔. 原子核物理进展 [M]. 上海:上海科学技术出版社,1997.

[47] Materna T, Kowalski S, Hagel K, et al. Exploring new ways to produce heavy and superheavy nuclei with bigSol [R]. College Station, US:Cyclotron Institute, Texas A&M University, 2004:Ⅱ- 17 - Ⅱ- 19.

[48] Barbui M, Hagel K, Natowitz J B, et al. Search for heavy and superheavy systems in ^{197}Au + ^{232}Th collisions near the coulomb barrier [J]. Journal of Physics:Conference Series, 2011, 312(8):082012.

[49] Wuenschel S, Hagel K, Barbui M, et al. Experimental survey of the production of α - decaying heavy elements in ^{238}U + ^{232}Th reactions at 7. 5 - 6. 1 MeV/nucleon [J]. Physical Review C, 2018, 97(6):064602.

[50] 黄文学,田玉林,王永生,等. HIAF 上基于多核子转移反应的综合谱仪的机遇与挑战 [J]. 原子核物理评论,2017,34(3):409 - 413.

第8章
核天体物理学进展

核天体物理(nuclear astrophysics)是研究宏观世界的天体物理与研究微观世界的核物理相结合形成的交叉学科。该学科应用核物理的知识和规律阐释恒星中核过程产生的能量及其对恒星结构和演化的影响,宇宙中各种化学元素的合成,白矮星、中子星、脉冲星和黑洞的形成,宇宙线的起源及其与星际气体的相互作用,星系的化学演化及中微子天文和 γ 射线天文。在特定意义上,核天体物理的主要目标在于研究宇宙中各种化学元素及其同位素合成的过程、时标、物理环境、天体场所和丰度分布。

8.1 概述

现有的科学认识到,目前观测到的宇宙是由 138 亿年前一次大爆炸后膨胀形成的。在大爆炸早期的 3~20 分钟主要进行原初的元素合成,产生了氢、氦及少量的锂元素,这些元素构成了最初的星际介质(inter stellar matter)。随着温度的逐渐降低,大约四亿年后,星际介质在引力的作用下开始形成恒星,我们赖以生存的太阳就位于恒星的主序星阶段。主序星内部主要进行的是氢燃烧,经过漫长的青壮年时期,核心的氢消耗殆尽,内部出现氦核,从而步入老年的红巨星阶段。

质量不同的恒星进入主星序的位置是不同的。同时,不同质量的恒星在经历主序星阶段之后也将经历不同的演化进程。对于小质量的恒星($M < 2.3\ M_\odot$),有可能经过氦燃烧最终演变成一颗黯淡而又矮小的白矮星。对于中等质量的恒星($2.3\ M_\odot < M < 8\ M_\odot$),除了形成碳氧白矮星外,随着恒星氦燃烧产生的碳氧核质量增大,可以进一步聚变发生爆炸式的燃烧,即形成超新星爆炸。对于大质量恒星的演化($M > 8\ M_\odot$),其内部会形成类似于"洋葱头"结构的壳层,由内向外依次是铁核心、硅燃烧壳层、氧燃烧壳层、氖燃烧壳层、碳燃烧壳层、氦燃烧壳层及最外面的氢包层。当其体积膨胀到太阳系那么大时,最终重力坍塌将导致超新星爆炸。大质量恒星在演化的过程中,星风所造成的物质损失极大。特别是恒星演化后期,不断将内部产生的重元素抛射到宇宙空间,因此大质量恒星是星际介质,特别是重元素的重要来源。超新星爆炸产生的冲击波携带着大量炙热的星壳物质冲向远处的星际介质,物质间的碰撞"点亮"了原有的和新形成的星际介质,使它们发出巨大的光芒。这些星际介质通过引力收缩形成新的星体,爆炸后原有的星体有的不会留下任何痕迹,有的会形成中子星或者黑洞,这是一个生与死的循环。因此,宇宙中新星和超新星的爆发是天体演化的重要环节,它是老年恒星辉煌的葬礼,同时又是新生恒星的推动者。

核反应是合成宇宙中除氢以外所有化学元素的唯一机制,也是恒星抗衡引力收缩、新星与超新星爆发及双中子星并合等爆发性天体现象的能量来源。在天体核合成模型中,天体物理核反应率、截面(或者 S 因子)是两个关键的核物理输入量。核反应的天体物理反应率 $\langle \sigma v \rangle$ 是反应截面与反应核素速率分布的卷积(随大爆炸或恒星核反应温度 T 变化的函数):

$$\langle \sigma v \rangle = \left(\frac{8}{\pi \mu}\right)^{1/2} \left(\frac{1}{kT}\right)^{3/2} \int_0^\infty \sigma(E) E \exp\left(-\frac{E}{kT}\right) \mathrm{d}E \qquad (8-1)$$

式中,μ 为约化质量,k 为玻耳兹曼常数。天体物理能区的带电粒子反应截面随能量降低指数下降,不便于向低能区外推,为此引入天体物理 S 因子,$S(E) = E\sigma\exp(2\pi\eta)$,$\eta$ 为 Summerfield 参数。对于某一温度处的反应率,被积函数中起主导地位的 S 因子称为伽莫夫窗,其峰值能量为 E_0、宽度为 Δ。在截面无共振峰的情况下,伽莫夫窗可近似为高斯函数。通常伽莫夫窗区的 $S(E_0)$ 及其对应的天体物理反应率是大爆炸核合成、恒星演化模型中最重要的输入参量,决定了大爆炸和恒星演化后的元素质量丰度。

8.2 大爆炸核合成

1929 年 E. 哈勃(Edwin Hubble)通过天文观测了 40 多个星系的光谱,发现其光谱都表现出普遍的谱线红移,这源于星系视向运动而引起的多普勒位移。这就是著名的哈勃定律:星系之间彼此渐行渐远,而且退行速度与星系之间的距离成正比。根据哈勃定律反推可知,很早之前宇宙中的物质是紧紧挤压在一起的,处于一个高温高密的状态。基于哈勃定律,1940 年代乔治·伽莫夫(George Gamow)、汉斯·贝特(Hans Bethe)和拉尔夫·阿尔菲(Ralph Alpher)将相对论引入宇宙学,提出了大爆炸宇宙学模型(以三人名字称为 αβγ 理论)。

8.2.1　大爆炸宇宙学模型与原初核合成

大爆炸宇宙学模型认为宇宙是 138 亿年前一次大爆炸后膨胀形成的,最初开始于高温高密的原始物质,温度超过几十亿度。随着宇宙膨胀,温度逐渐下降,大约在 4 亿年后形成了最早的恒星等天体。同时大爆炸模型还预言了宇宙微波背景辐射的存在。1965 年贝尔实验室的 A. 彭齐亚斯(Arno Penzias)和 R. 威耳逊(Robert Wilson)很偶然地发现,天空各个方向上都始终存在着辐射温度为 2.7K 的背景噪声,即存在宇宙微波背景辐射。这一发现被公认为是大爆炸宇宙学的一个重要的观测证据,因而两人同时获得了 1978 年的诺贝尔物理学奖。

在大爆炸的 3~20 min,将进行原初的元素核合成(primordial nucleosynthesis)或称大爆炸核合成(big bang nucleosynthesis, BBN),产生了氢、氦及少量的锂元素。图 8 - 1 给出了氢、氦、锂和铍同位素丰度随时间(或者宇宙温度)的变化过程,从图中我们可以看到原初的元素核合成的伽莫夫窗的质心系能量为 100~800 keV。相应的原初核合成反应网络中主要的核反应过程如图 8 - 2 所示。

在标准大爆炸模型中,重子数与光子数密度比值 η 是该理论唯一的自由参数。根据观测到的早期宇宙中氘的丰度,我们发现其对应的重子-光子比与

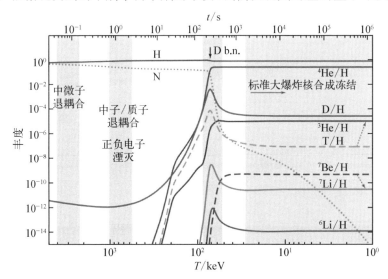

图 8 - 1　原初核合成中氢、氦、铍及少量锂的丰度随着时间(或温度)的变化

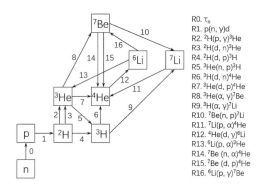

R0. τ_n
R1. $p(n, \gamma)d$
R2. $^2H(p, \gamma)^3He$
R3. $^2H(d, n)^3He$
R4. $^2H(d, p)^3H$
R5. $^3He(n, p)^3H$
R6. $^3H(d, n)^4He$
R7. $^3He(d, p)^4He$
R8. $^3He(\alpha, \gamma)^7Be$
R9. $^3H(\alpha, \gamma)^7Li$
R10. $^7Be(n, p)^7Li$
R11. $^7Li(p, \alpha)^4He$
R12. $^4He(d, \gamma)^6Li$
R13. $^6Li(d, \alpha)^3He$
R14. $^7Be(n, \alpha)^4He$
R15. $^7Be(d, p)^4He$
R16. $^6Li(p, \gamma)^7Be$

图 8 - 2　原初核合成的反应网络及不同同位素涉及的产生和破坏反应

通过观测宇宙背景辐射各向不均匀性得到的结果完全吻合，而且相应的氦（主要是^{4}He）丰度的理论值也与观测值一致。由上面的简略介绍可以看出，大爆炸宇宙学已经得到了宇宙背景辐射及氘和氦的初始丰度等可靠的观测验证。

图 8 - 3 给出了氢、氦与锂轻核素的丰度、基于大爆炸核合成理论的预期

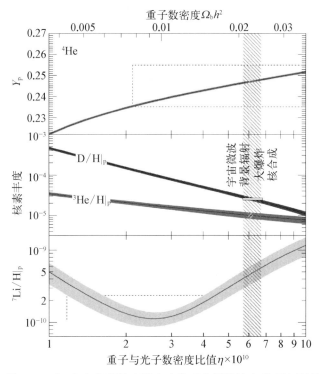

图 8 - 3　氢、氦与锂轻核素的丰度基于大爆炸核合成理论的预期值随重子与光子数密度比值 η 的变化及相应的实验观测值范围(框型区域)

值随重子数与光子数密度比值 η 的变化[1]，以及相应的实验观测值范围（方框型区域）的比较。^{4}He 的丰度用 Yp 表示，其中 p 代表"原初"（primordial）的意思。D、^{3}He 和^{6,7}Li 等其他元素丰度用相对于质子（H）的比值表示。

基于蒙特卡罗方法，可以给出氢、氦及锂元素相对丰度对图 8-2 中各个反应的天体物理反应率的敏感性[2]。相应的各式的形式如下，其中 G_N 为引力常数，τ_n 为中子的寿命，N_ν 为中微子密度。

$$Y_p = 0.247\,03 \left(\frac{10^{10}\eta}{6.10}\right)^{0.039} \left(\frac{N_\nu}{3.0}\right)^{0.163} \left(\frac{G_N}{G_{N,0}}\right)^{0.35} \left(\frac{\tau_n}{880.3}\right)^{0.73} R_1^{0.005} R_3^{0.006} R_4^{0.005}$$

$$\frac{D}{H} = 2.579 \times 10^{-5} \left(\frac{10^{10}\eta}{6.10}\right)^{-1.60} \left(\frac{N_\nu}{3.0}\right)^{0.395} \left(\frac{G_N}{G_{N,0}}\right)^{0.95} \left(\frac{\tau_n}{880.3}\right)^{0.41} \times$$
$$R_1^{-0.19} R_3^{-0.53} R_4^{-0.47} R_2^{-0.31} R_5^{0.023} R_7^{-0.012}$$

$$\frac{^3He}{H} = 9.996 \times 10^{-6} \left(\frac{10^{10}\eta}{6.10}\right)^{-0.59} \left(\frac{N_\nu}{3.0}\right)^{0.14} \left(\frac{G_N}{G_{N,0}}\right)^{0.34} \left(\frac{\tau_n}{880.3}\right)^{0.15} \times$$
$$R_1^{0.088} R_3^{0.21} R_4^{-0.27} R_2^{0.38} R_5^{-0.17} R_7^{-0.76} R_6^{-0.009}$$

$$\frac{^7Li}{H} = 4.648 \times 10^{-10} \left(\frac{10^{10}\eta}{6.10}\right)^{2.11} \left(\frac{N_\nu}{3.0}\right)^{-0.284} \left(\frac{G_N}{G_{N,0}}\right)^{-0.73} \left(\frac{\tau_n}{880.3}\right)^{0.43} \times$$
$$R_1^{1.34} R_3^{0.70} R_4^{0.065} R_2^{0.59} R_5^{-0.27} R_7^{-0.75} R_6^{-0.023} R_8^{0.96} R_{10}^{-0.71} R_{11}^{-0.056} R_9^{0.03}$$

$$\frac{^6Li}{H} = 1.288 \times 10^{-13} \left(\frac{10^{10}\eta}{6.10}\right)^{-1.51} \left(\frac{N_\nu}{3.0}\right)^{0.60} \left(\frac{G_N}{G_{N,0}}\right)^{1.40} \left(\frac{\tau_n}{880.3}\right)^{1.37} \times$$
$$R_1^{-0.19} R_3^{-0.52} R_4^{-0.46} R_2^{-0.31} R_5^{0.023} R_7^{-0.012} R_{11}^{1.00}$$

在后期的演化中，氘在恒星中被转换为氦，而恒星中发生的一系列核燃烧将相继合成更重的元素。原初核合成理论预言了宇宙原初丰度与宇宙密度的关系，从元素丰度的变化曲线图可见，轻元素原初丰度的确定是检验原初核合成理论的关键，尤其是原初氘的丰度，它对宇宙密度的变化十分灵敏；而氦丰度由于受到恒星过程的污染，如何合理地推算其原初丰度十分困难；锂丰度由于对其在恒星中的消耗和产生机制还没有完全理解，其原初值的确定也有不少问题。大爆炸核合成中的^{3,4}He 丰度问题和^{6,7}Li 丰度问题是研究中的典型问题。下面简述一下这两个难题及其相应的产生过程。

8.2.2　^{3,4}He 丰度问题与热核聚变反应

可控热核聚变堆称为人造小太阳，可为人类提供取之不尽用之不竭的清

洁能源,开展热核聚变的理论和实验研究对全球能源问题有重要的现实意义和深远的历史意义。1955 年英国科学家劳逊给出了核聚变实现发电的最低条件,即为劳逊判据:聚变功率增益因子 $Q = P_f/P_{in}$(聚变功率密度 P_f 与输入聚变系统的功率密度 P_{in} 之比),$Q=1$ 能量得失相当,$Q>1$ 则可获得净聚变能。发生聚变的 (j, k) 粒子反应的聚变功率密度 P_f 为聚变反应率 $\langle \sigma v \rangle_{jk}$ 的函数:

$$P_f^{(j, k)} = \frac{n_j n_k}{1 + \delta_{jk}} \langle \sigma v \rangle_{jk} \varepsilon_{jk} \qquad (8-2)$$

式中,n_j 和 n_k 为参与反应的粒子数密度,ε_{jk} 为反应产生的能量。因此聚变功率增益因子 Q 是聚变理论研究的最基本输入量,确定了聚变堆工作能区的反应率,便得到给定系统的自持聚变判据。由 8.2.1 节图 8-2 我们看到,在大爆炸核合成中所涉及的核反应正是我们目前热核聚变燃料研究的相关核反应(见图 8-4)。同时这些反应也决定了宇宙中 ^{3,4}He 的丰度问题。

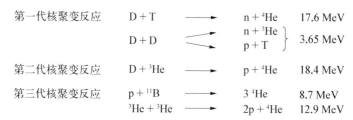

图 8-4 目前广泛关注的三代热核聚变反应

8.2.2.1 ^{3}He 丰度及其相关的反应

^{3}He 丰度大约是 ^{4}He 丰度的 10^{-3},同时同位素位移又比线宽要小,因此对 ^{3}He 的实际测量是十分困难的。天文观测的关键是要区分 ^{3}He 和 ^{4}He。由 8.2.1 节图 8-2 我们可以看到大爆炸核合成反应网络应用于研究轻元素同位素时,^{3}He 是最复杂的一种,涉及众多的产生和破坏反应。图 8-2 给出了原初核合成中与 ^{3}He 丰度密切相关的产生和破坏反应。

同时 ^{3}He 在恒星中不仅会受到破坏,也会产生(见 8.3 节),而产生和破坏的速率对恒星的初始质量又十分敏感。在 ^{3}He 原初丰度的研究中一个重要但仍有争议的问题是恒星是否真的净产生 ^{3}He。早在 1984 年,Rood 等人就提出在主序阶段 ^{3}He 的合成可能被非对流混合所抑制,而在某些恒星中 ^{13}C 的增丰很可能与 ^{3}He 被破坏有关。最近 Hogan 提出在 RGB 恒星中 ^{13}C 的产生缘于一种 ^{3}He 被抑制的机制。Galli 认为 ^{3}He(^{3}He, ^{4}He)2p 反应是一种低能共振反应,它将极大地降低在恒星 p - p 反应链中 ^{3}He 的平衡丰度。Oliver 等人认为只有当低质量恒星中 ^{3}He 产额被抑制时, ^{3}He 的观测丰度才能接近模型计算值。

1) ^{2}H(D, n) ^{3}He 和 ^{2}H(D, p) ^{3}H 反应的研究

大爆炸核合成反应中 ^{2}H(D, n) ^{3}He 反应是最主要的合成 ^{3}He 的反应。 ^{2}H+D 反应除了这一反应道外,还包含了 ^{2}H(D, p) ^{3}H 和 ^{2}H(D, γ) ^{4}He 这两个反应道。 ^{2}H+D 反应实验室中的直接测量受到电子屏蔽效应的影响,使相互作用核之间的库仑位垒降低,因而使实验室测量的截面值增大,必须进行修正才可能得到裸核之间的相互作用截面。因此,直接测量结果应用于天体物理时,还需考虑天体环境下的电子屏蔽效应。此外,金属环境下超低能区反应截面较气体靶实验有明显的增强,而且增强效应与载体材料有很大的相关性。

2014 年研究者[3] 基于特洛伊木马方法,通过 ^{2}H(^{3}He, p3H) ^{1}H 和 ^{2}H(^{3}He, n3He) ^{1}H 三体准自由反应截面的测量,获得了用直接反应难以达到的天体能区的 ^{2}H(D, n) ^{3}He 反应截面,同时也给出了 ^{2}H(D, p) ^{3}H 反应的截面(见图 8 - 5)。2015 年和 2017 年北京辐射中心李成波研究团队报道了基于 ^{2}H(^{6}Li, pt) ^{4}He 三体截面测量给出的 ^{2}H(D, p) ^{3}H 反应截面。

在特洛伊木马方法的理论方面,已有的截面公式是经过多种近似得到的,有待进一步的理论研究和改进。在实验方面,该种方法所得到的只是相对的

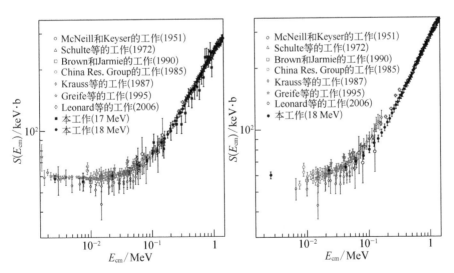

图 8 - 5　^{2}**H(D, p)** ^{3}**H 反应(左)和** ^{2}**H(D, n)** ^{3}**He 反应(右)**
天体物理 S 因子实验测量值[3]

注: E_{cm} 表示质心系能量。

截面与能量的关系,还需直接测量结果进行归一,才能得到绝对截面值,能量标度上的误差也较大。此外,在分析实验数据时如何选取准自由事件方面还有需要探讨的地方。

2) ^{3}He(γ, p)^{2}H 和 ^{3}He(γ, n)pp 反应的研究

^{2}H(p, γ)^{3}He 反应的截面主要通过测量逆反应截面给出。^{3}He+γ 反应包含两个主要的反应道 ^{3}He(γ, p)^{2}H 和 ^{3}He(γ, n)pp 反应。早期用于测量的 γ 源多数是轫致辐射,测量精度不高,后来发展了反应堆上的热中子辐射俘获单能 γ 源、“标记光束”(轫致辐射单色器)及正电子飞行湮灭准单色高能 γ 源。

基于激光与相对论电子的康普顿散射的机制可用于产生高质量的兆电子伏特级别(几个兆电子伏特级别到几百兆电子伏特级别)、能量连续可调、高通量、单色性好的 γ 光源的装置,应用于光核反应有关的基础物理研究,这使得反应截面的测量精度得到了不断提高。由于在核物理领域内电磁辐射与核的相互作用的理论比较成熟,如果认识了入射道中的相互作用,则通过测量光吸收截面或光核反应产物就能研究纯核力的影响。

2013—2015 年,杜克大学物理系高海燕课题组基于 HIγS(high intensity gamma source)伽马源和极化的 ^{3}He 气体靶,测量给出了 ^{3}He(γ, n)pp 反应的双极化的微分反应截面,新的反应截面已用于检验 QCD 少体物理中的 GDH 求和规则。相关结果发表于 PRL、PLB 等著名期刊[4](见图 8 - 6)。

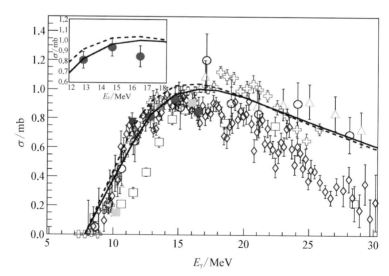

图 8 - 6 HIγS 光源给出的 ^{3}He(γ, n)pp 反应的截面(实心圆点)及与其他实验值的比较[4]

8.2.2.2　^{4}He 丰度及其相关的反应

^{4}He 是宇宙中除氢以外最丰富的元素,根据大爆炸核合成理论几乎所有 ^{4}He 都是宇宙膨胀后最初几分钟内产生的,仅有一小部分(不到 10 %)^{4}He 是在恒星过程中产生的。为了确定重子数密度,就必须从观测到的 ^{4}He 中去推断出究竟有多少是原初核合成产生的。但是恒星过程中的污染使得问题变得十分复杂。图 8-2 给出了原初核合成中与 ^{4}He 丰度密切相关的产生和破坏反应。

1)^{3}He(D, p)^{4}He 和 ^{3}H(D, n)^{4}He 反应的研究

^{3}He(D, p)^{4}He 反应和 ^{3}H(D, n)^{4}He 反应互为镜核反应,因此它们的反应行为是很相似的。^{3}He(D, p)^{4}He 反应的反应能 Q 值很高($Q=18.34$ MeV),所以出射质子是一群高能的单能质子,较为容易探测。在惯性约束聚变(ICF)研究中,内爆过程是影响热核燃烧成功的关键因素。实验中常规的诊断方法包括 X 射线诊断和高能粒子诊断,如中子诊断等。^{3}He＋D 反应产生的 14.7 MeV 的聚变质子源具有脉宽短(百皮秒)、尺寸小(几十微米)的特点,可以进行时间分辨照相,有可能获得内爆动态过程图像。

目前大多数测量工作是在气体靶的条件下进行的,使得这一工作的精确测量存在不少困难。在低能区,此反应截面绝对值的测量工作并不多,已有的工作按实验方法可以分为以下三类。第一类是流动 ^{3}He 气体靶方法,此方法不像薄膜窗气体靶方法那样,需要有隔离气体的薄膜,因而避免了测量入射粒子在膜中的能量损失,也就避免了能量不确定性。但此方法装置较为复杂,气体耗量大。这种方法往往采用量热法测量束流,这对于入射粒子数的测定误差较大。第二类是薄膜窗 ^{3}He 气体靶方法。此方法的特点是避免了上述流动 ^{3}He 气体靶方法中的一些缺点,装置较为简单,缺点是在薄膜窗中入射粒子能量损失的测量存在较大误差,特别是在更低的入射能量和较厚的薄膜窗的情况下更加严重。以上两种方法所使用的气压一般都很低,这样低的气压测量往往误差较大。第三类是使用固体氚靶加速 ^{3}He 离子的方法,此方法由于不使用气体靶,因此有其优点,但是由于所使用的这类固体靶是金属吸附氚靶或含氚有机靶,它们在束流轰击下,靶中氚的含量下降很厉害,这对激发函数和绝对截面的测量是很不利的。

2013 年,Aldo Bonasera 带领他在美国得克萨斯农工大学的同事,利用得克萨斯州拍瓦(petawatt)超强激光产生等离子体诱发 D_2 分子团簇的库仑爆炸,产生温度在 20 keV 左右的热运动 D 离子,这些 D 离子与周围的 ^{3}He 离子

反应,即 D+³He 核聚变,产生⁴He 和高能质子。他们首次在等离子条件下测量了 D+³He 反应的温度及天体物理 S 因子与反应截面(见图 8-7)[5]。该工作推进了实验室等离子条件下核反应研究的新发展,对激光核物理、核天体物理及激光等离子体领域都有深远影响,引起了国际学术界的高度重视。

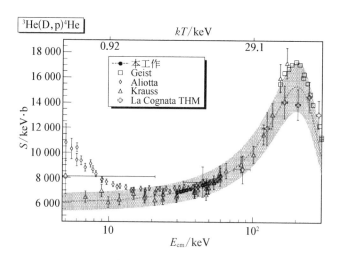

图 8-7　目前已有的 ³He(D, p)⁴He 反应的天体物理 S 因子比较(其中"本工作"是指 Aldo Bonasera 所负责的实验室在等离子条件下核反应研究的最新结果,其余为其他研究者的工作)[5]

2) ⁴He(γ, p)³H 和 ⁴He(γ, n)³He 反应的研究

³H(p, γ)⁴He 反应和 ³He(n, γ)⁴He 反应在大爆炸核合成中产生了大量的⁴He。由于在很低的能量下,特别是³H+p 带电粒子反应的库仑位垒的影响,反应产额很低,反应截面因此也很小,直接测量极为困难。对于这两个反应截面目前主要通过光核反应,测量其逆反应截面研究给出。

文献[6-7]分别介绍了 Raut 等人基于杜克大学的 HIγS(high intensity gamma source)伽马源,进行⁴He(γ, p)³H 反应和 ⁴He(γ, n)³He 反应截面测量的工作。通过高通量、准单色的 γ 光开展逆反应实验测量,为³H(p, γ)⁴He 反应和 ³He(n, γ)⁴He 反应的研究提供了重要的参考数据(见图 8-8)。但是我们看到,在更高能区实验数据仍有很大差别。

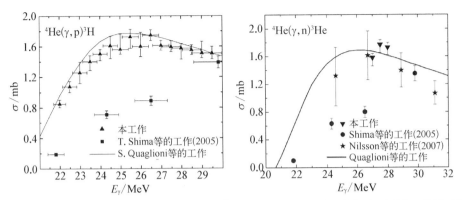

图 8-8　HIγS 装置 ⁴He(γ, p)³H 和 ⁴He(γ, n)³He 反应截面值(三角形数据点,即"本工作")、早期的实验数据(黑圆点及黑方框与黑五角数据点)及理论计算值(黑实线)[6-7]

8.2.3　宇宙锂丰度难题

锂是宇宙大爆炸之后最初形成的四种元素之一。通过研究锂在恒星中的产生、瓦解和分布,不仅能够帮助我们了解这种元素的演化过程,并且由于它对温度的敏感性,锂也是研究恒星内部结构及其他元素核合成反应的重要探针,同时对估计恒星年龄、约束宇宙模型有着重要的作用。对于锂元素的起源及其相关的核合成过程目前仍未能很好地确定。锂元素的核合成主要有四种来源:① 大爆炸伴随的原初核合成(BBN);② 低质量恒星的演化(p-p 链式反应);③ 新星及超新星的爆发过程;④ 高能宇宙线与星际介质的嬗裂过程。然而,目前经上述过程理论给出的宇宙锂元素的丰度与天文观测结果之间相差 3~4 倍,这就是著名的宇宙锂丰度问题(lithium problem)。

8.2.3.1　⁷Li 的丰度相关反应的研究

根据前述,大爆炸产生的 ⁷Li 的丰度和原初核合成反应链中的各个反应的敏感性如下:

$$\frac{^{7}\text{Li}}{\text{H}} = 4.648 \times 10^{-10} \left(\frac{10^{10}\eta}{6.10}\right)^{2.11} \left(\frac{N_{\nu}}{3.0}\right)^{-0.284} \left(\frac{G_{N}}{G_{N,0}}\right)^{-0.73} \left(\frac{\tau_{n}}{880.3}\right)^{0.43} \times$$

$$R_{1}^{1.34} R_{3}^{0.70} R_{4}^{0.065} R_{2}^{0.59} R_{5}^{-0.27} R_{7}^{-0.75} R_{6}^{-0.023} R_{8}^{0.96} R_{10}^{-0.71} R_{11}^{-0.056} R_{9}^{0.03}$$

我们可以看到 BBN 过程中,所合成的 ⁷Li 包括由 ³H(α, γ)⁷Li 反应和由 ⁷Be 通过 ⁷Be(n, p)⁷Li 反应生成的 ⁷Li。因此 ⁷Li 丰度问题与 ⁷Be 的核合成问题紧密相关。

1) ^{7}Be(n, α)^{4}He 反应的研究

BBN 核反应网络方程模拟分析表明，^{3}He(α, γ)^{7}Be 反应是生成^{7}Be 最重要的反应，生产的^{7}Be 同位素经^{7}Be(n, p)^{7}Li 反应生成我们可以观察的^{7}Li。目前，^{7}Be(n, p)^{7}Li 反应的截面已经进行了很好的测量，有很高的精度。具有较大不确定性的是消耗^{7}Be 的次重要反应，主要有^{7}Be(D, p)2^{4}He 和^{7}Be(n, α)^{4}He。关于^{7}Be(D, p)2^{4}He 反应，2004 年 Angulo 等人的测量结果显示在 BBN 感兴趣的能区内根本达不到预期值，因此通过该反应解决^{7}Li 问题被否决了。

对于^{7}Be(n, α)^{4}He 反应，中国科学院近代物理研究所的何建军所在的研究团体基于已有的^{4}He(α, n)^{7}Be 和^{4}He(α, p)^{7}Li 截面数据，利用电荷对称原理和细致平衡原理，重新计算了^{7}Be(n, α)^{4}He 的反应率（图 8 - 9 中 2015 年 Hou 等的工作对应为其导出的截面值）。新的反应率结果比之前 Wagoner 所给的反应率要小 1 个数量级。基于此反应率所做大爆炸核合成模拟表明，相对于采用 Wagoner 反应率，采用更新后的反应率仅仅会对^{7}Li 的产额有 1.2% 的增量，不仅解决不了^{7}Li 丰度问题，还使其变得更加糟糕。2016 年最新的一篇 PRL 实验文章，基于欧洲核子研究中心（CERN）20 GeV 的质子同步加速器（PS）建立的核数据测量装置 n - TOF，给出了大爆炸最感兴趣能区的^{7}Be(n, α)^{4}He 反应部分截面实验值[8]，得出了与何建军研究团队同样的结论。

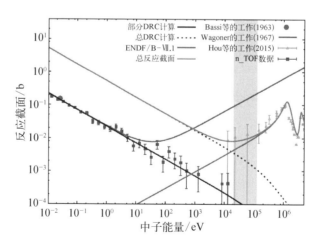

图 8 - 9 ^{7}Be(n, α)^{4}He 反应部分截面值、总反应截面实验值及理论计算结果

2) ^{3}He(α, γ)^{7}Be 反应的研究

生成^{7}Be 核最重要的^{3}He(α, γ)^{7}Be 反应是解决^{7}Li 丰度问题的关键，然而

现有的截面测量所给出 BBN 感兴趣能区的截面彼此间相互矛盾,差别很大。^{3}He(α, γ)^{7}Be 反应率的精确测定是核天体物理学亟待解决的一个基本问题。另外,大爆炸合成的^{6}Li 核素经^{6}Li(p, γ)^{7}Be 反应生成^{7}Be 也会影响^{7}Li 的丰度。同时^{6}Li(p, α)^{3}He 反应与^{6}Li(p, γ)^{7}Be 反应相互竞争,将会降低^{6}Li＋p 反应生成^{7}Be 的丰度。

关于^{3}He(α, γ)^{7}Be 反应,恒星氢燃烧的最为注重的是伽莫夫窗 0.025 MeV 附近天体物理 S 因子的数值(对应恒星温度为 1.6×10^7 K);大爆炸核合成所关注的天体物理 S 因子伽莫夫窗能量为 0.15～0.4 MeV[对应大爆炸温度为(3～9)$\times 10^8$ K]。如图 8-10 所示,近十年 0.5～3.0 MeV 的天体物理 S 因子已经有了大量的测量值,但是^{3}He(α, γ)^{7}Be 最为关注的伽莫夫窗处(图下方灰色区域)的低能区天体物理 S 因子仍然特别难以确定。其主要有 2 个原因:① ^{3}He(α, γ)^{7}Be 在天体物理感兴趣能区,由于反应道^{3}He＋α 的库仑屏蔽效应,反应截面极低。② 实验上加速器的流强有限,反应产额过低。同时由于宇宙线在探测器上引起很大本底,很难在地面上开展该反应低能区直接测量工作。从上可知,由于^{3}He(α, γ)^{7}Be 在伽莫夫窗口反应截面极小,目前国际上无法直接测量,实验仅能在较高能量范围开展,采用理论模型外推到伽莫夫窗能区。

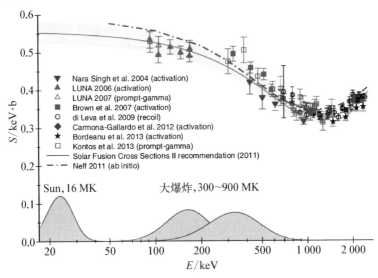

图 8-10　^{3}He(α, γ)^{7}Be 反应天体物理 S 因子感兴趣的能区 (太阳标准模型、大爆炸)、测量值及理论推荐值

注:图中英文列出了不同研究者的工作。

为了得到 ^{3}He$(\alpha, \gamma)^7$Be 在天体物理能区中的反应截面,我们必须使用高能区数据和基于 R 矩阵等理论的外推。目前的理论研究工作主要集中在两个方向:一是根据天体低能核反应的理论模型,直接计算 ^{3}He$(\alpha, \gamma)^7$Be 反应在低能区的反应截面及其他反应性质。这方面的理论模型计算有壳模型、光学势模型和微观团簇模型等。二是用理论方法对已有的实验数据进行拟合,根据得到的有物理意义的参数进而外推得到实验上无法测量到的更低能区的反应截面。对 ^{3}He$(\alpha, \gamma)^7$Be 反应性质的研究主要是 R 矩阵理论和单纯的非物理的参数拟合。但是目前理论模型分析给出的 ^{3}He$(\alpha, \gamma)^7$Be 反应的 S 因子的差别仍然很大。

8.2.3.2 ^{6}Li 的丰度相关反应的研究

根据前述,大爆炸产生的 ^{6}Li 的丰度和原初核合成反应链中的各个反应的敏感性如下:

$$\frac{^6\text{Li}}{\text{H}} = 1.288 \times 10^{-13} \left(\frac{10^{10}\eta}{6.10}\right)^{-1.51} \left(\frac{N_\nu}{3.0}\right)^{0.60} \left(\frac{G_N}{G_{N.0}}\right)^{1.40} \left(\frac{\tau_n}{880.3}\right)^{1.37} \times$$

$$R_1^{-0.19} R_3^{-0.52} R_4^{-0.46} R_2^{-0.31} R_5^{0.023} R_7^{-0.012} R_{11}^{1.00}$$

^{6}Li 同位素主要由 ^{4}He$(\text{D}, \gamma)^6$Li 反应生成,此外还有通过 ^{3}He$(\text{T}, \gamma)^6$Li 反应生成的少量 ^{6}Li。同时 ^{6}Li$(\text{p}, \alpha)^3$He、^{6}Li$(\text{p}, \gamma)^7$Be 和 ^{6}Li$(\text{n}, \text{T})^4$He 是破坏生成 ^{6}Li 的重要反应。不同于 ^{7}Li,锂的另一种同位素 ^{6}Li 不能经恒星内部产生,只存在于超新星爆发后的星际介质(interstellar matter)和星际宇宙射线(galactic cosmic ray)中,其初始丰度及与 ^{7}Li 的含量之比一直是困扰宇宙学的一个难题。对于 ^{6}Li 的天文观测,需要分辨率 $R \approx 100\,000$,信噪比 $S/N \approx 500$ 的光谱数据。如此苛刻的条件使人们目前还无法进行直接的 ^{6}Li 天文观测。

1)^{4}He$(\text{D}, \gamma)^6$Li 反应的研究进展

位于意大利格兰萨索的 LUNA 是目前世界上唯一正在运行的地下核天体物理实验室,其覆盖岩层厚度为 1 500 m。该实验室已在 50 kV 和 400 kV 的加速器上直接测量了恒星氢燃烧阶段的一系列关键反应,提供了重要的基准数据。2014 年,该实验室在 PRL 上首次发表了 ^{4}He$(\text{D}, \gamma)^6$Li 反应大爆炸能区的实验数据[9]。其实验结果如图 8 - 11 所示。^{4}He$(\text{D}, \gamma)^6$Li 反应大爆炸感兴趣的能区覆盖 30~400 keV 的范围,对于理论外推模型,目前的实验数据只有质心系 100 keV 附近两个能点,很难给出具体的变化趋势。因此实验上还需努力给出更为宽泛的能区测量值。

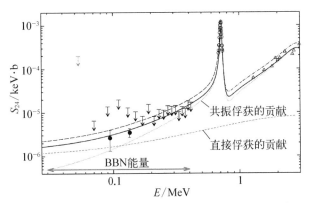

图 8 - 11　^{4}He(D, γ)^{6}Li 反应现有实验数据及理论外推
结果(图中黑圆点为 LUNA 装置的最新测量值,黑色及
灰色箭头为早期两家推荐的上限值,黑色虚线和黑实线
为两家理论外推值)[9]

2) ^{6}Li(p, γ)^{7}Be 反应的研究进展

　　^{6}Li(p, γ)^{7}Be 反应和其逆反应是涉及 ^{6}Li、^{7}Li 和 ^{7}Be 丰度的重要反应。由
于光子束流不易产生,且 ^{7}Be 样品极难得到,现有实验研究的都是 ^{6}Li(p,
γ)^{7}Be 反应。细致平衡原理可以给出逆反应和正反应之间的联系。^{7}Be 的质子
分离能即 ^{6}Li(p, γ)^{7}Be 的反应能为 5.606 MeV。在该能量以下还有 2 个激发
态,能量分别为 429 keV 和 4.57 MeV。由于 4.57 MeV 能级与 ^{7}Be 的质子分
离能很接近,同时自旋也较高,按照辐射俘获理论,反应 γ 射线跃迁到这条能
级的概率很小,这点符合 Swit - Kowski 等人的研究结果,参见图 8 - 12 数据
点 SW79。实验中,^{6}Li(p, γ)^{7}Be 天体物理 S 因子主要源于标出的跃迁到基
态和第一激发态所对应的 $γ_0$ 和 $γ_1$ 两条 γ 射线。这两条 γ 射线的能量都在
5 MeV 以上,而且能量只相差 429 keV,对探测器的能量分辨有很高的要求。

　　^{6}Li(p, γ)^{7}Be 反应在低能区已经被许多研究小组研究过。如图 8 - 12 所
示,早期 Swit - Kowski 等人用绝对测量的方法给出了 140 keV~1 MeV 范围
内的天体物理 S 因子与截面的关系(图中 SW79),Prior 等人用极化束流间接
给出类似的实验结果(图中 PR04)。这两点与一些理论工作相符合。但是,
Swit - Kowski 的工作并不完美。在 300 keV 以下的地方,数据点的误差棒很
长,而且最低能量的数据点明显和理论曲线不符。同时,Cecil 等人通过厚靶
相对测量法给出天体物理 S 因子与能量的正斜率关系(灰色虚线 CE92)。这
明显与文献 PR04 的负斜率关系(黑色虚线)矛盾。通过以上调研,我们可以看
到 ^{6}Li(p, γ)^{7}Be 在低能区的反应截面的研究并不十分清楚。对 50~250 keV

范围的能区(见图 8‑12 虚线框所示区间)有必要进行新的实验去厘清以前研究的矛盾。

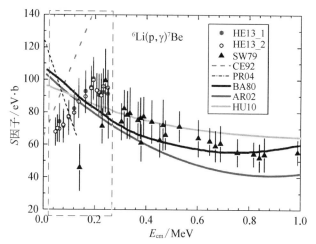

图 8‑12 现有 ^{6}Li(p, γ)^{7}Be 天体物理 S 因子理论与实验值[10]

2013 年中国科学院近代物理研究所何建军课题团队依托兰州 320 kV 高压平台建立了一个新的低能核天体物理实验装置。对 ^{6}Li+p 反应的 γ 反应道和 α 反应道的产额进行了测量,并利用现有的 α 反应道的截面数据,相对计算出 ^{6}Li(p, γ)^{7}Be 在 50~250 keV 低能区的天体物理 S 因子[10](见图 8‑12)。实验结果显示,在 200 keV 以下能区,^{6}Li(p, γ)^{7}Be 反应的天体物理 S 因子出现反常的降低,这与之前理论学家的预期不符。R 矩阵拟合结果预示在 ^{7}Be 核中可能存在一个从未被发现的 $E_R \approx 195$ keV 的共振态。但是需要强调的是,实验测得的 ^{6}Li(p, γ)^{7}Be 天体物理 S 因子是相对于 ^{6}Li(p, α)^{3}He 反应截面的值。由于 ^{6}Li(p, α)^{3}He 反应的不确定度的影响,^{6}Li(p, γ)^{7}Be 天体物理 S 因子仍然很难精确确定[11]。

8.3 恒星静态演化中的核合成

1957 年,Burbidge 等发表了简称为 B^{2}FH 的著名论文,全面阐明了恒星在赫罗图上的演化进程和恒星中元素核合成各阶段中发生的反应过程的关系,以及超新星爆发和大质量恒星演化的关系。元素核合成理论是天体物理发展史上的一块里程碑。它不仅成功地解决了元素的起源问题,而且帮助天文学家弄清了在赫罗图中恒星演化的方向,以及中等质量恒星的最终归宿是超新星爆发等问题,从而完善了恒星演化理论。实验物理学家通过一系列的实验测出了元素核合成理论中核反应的速率,很好地解释了恒星的能量辐射,并且拟合出的元素丰度曲线也与实验值基本相符。

8.3.1 恒星演化的赫罗图

赫罗图(Hertzsprung - Russell diagram,H - R diagram)是指恒星的光谱类型与光度的关系图,由丹麦天文学家赫茨普龙与美国天文学家罗素分别于1911 年和 1913 年各自独立提出。这张图是研究恒星演化的重要工具,因此把这样一张图以当时两位天文学家的名字来命名。如图 8 - 13 所示,图中横轴表示光谱型(或温度,或色指数),纵轴表示光度(或绝对星等)。从图中可知,有三个明显的恒星聚集区。

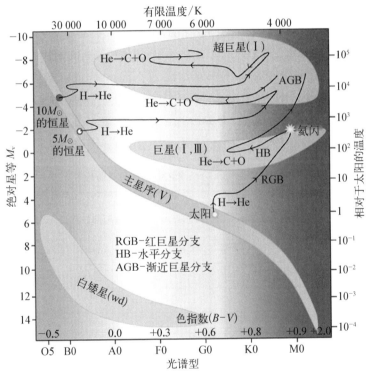

图 8 - 13 赫茨普龙-罗素图(H - R diagram),黑线展示了质量分别为
1$M_\odot$(太阳质量)、5$M_\odot$ 和 10$M_\odot$ 的恒星演化过程

主星序:从左上到右下的一个狭窄的带称为主星序。我们观测到的 90%以上的恒星都位于主星序上,称为主序星。太阳也是一颗普通的主序星。主

序星阶段是恒星一生中最稳定的阶段,恒星在这个阶段停留的时间占整个寿命的 90% 以上,主要进行氢燃烧(氢聚变为氦)的相关反应,包含质子-质子链式反应(p－p chain)和碳氮氧循环(CNO cycle)。氢燃烧的温度约为 7×10^6 K,这要求恒星的最小质量为 $0.08M_\odot$。

红巨星和红超巨星:位于赫罗图右上方的是红巨星和红超巨星。它们的半径比太阳大几十倍到几百倍。肉眼可见的金牛座 α 星是红巨星,猎户座 α 星是红超巨星。它们都是银河系中体积巨大的恒星。例如,如果把猎户座 α 星放在太阳的位置上,则地球和火星的轨道都将被它吞没。红巨星和红超巨星都是恒星演化到离开主星序后形成的。当恒星内部温度达到 2×10^8 K 时,氦燃烧开始。在这一燃烧过程前期,发生的主要是"3α 反应"合成 ^{12}C。随着 ^{12}C 的积累,可能继续通过 $^{12}C + \alpha \longrightarrow {}^{16}O + \gamma$ 反应合成 ^{16}O。氦燃烧的温度约为 1.5×10^8 K,相应的恒星的最小质量是 $0.5M_\odot$。

白矮星:白矮星位于赫罗图的左下方,它们的体积很小,半径仅为太阳的 $1/40 \sim 1/100$。天狼星伴星就是典型的白矮星,其体积只有太阳的四千万分之一,比地球还要小。白矮星是超新星爆发的产物,是一部分恒星演化的最终归宿。

元素核合成理论主要包括氢燃烧,氦燃烧,碳、氖、氧燃烧,硅燃烧(e 过程),中子、质子俘获(s,r 和 p 过程)等。表 8－1 中给出了 20 倍和 200 倍太阳质量恒星静态演化中的核合成阶段的温度和时标。

表 8－1　恒星静态演化中的核合成阶段

燃 烧 阶 段		质量为 $20M_\odot$ 的恒星		质量为 $200M_\odot$ 的恒星	
燃　料	产　物	$T/10^9$ K	时间 t/a	$T/10^9$ K	时间 t/a
氢燃烧	H	He	0.02	10^7	0.1	2×10^6
氦燃烧	He	C,O	0.2	10^6	0.3	2×10^5
碳燃烧	C	Ne、Mg	0.8	10^3	1.2	10
氖燃烧	Ne	O、Mg	1.5	3	2.5	3×10^{-6}
氧燃烧	O	Si、S	2.0	0.8	3.0	2×10^{-6}
硅燃烧	Si	Fe	3.5	0.02	4.5	3×10^{-7}

8.3.2　恒星的氢燃烧与太阳中微子

太阳中微子产生于太阳内部的 p－p 链式核反应和 C－N－O 循环过程,

在图 8-14 中灰色反应为 p-p 链中产生中微子的 5 个弱作用过程,图 8-15 中 C-N-O 循环中产生的中微子为 ^{13}N、^{15}O 和 ^{17}F 核素 β 衰变产生。本节主要介绍恒星的氢燃烧相关的重要反应研究进展,以及相关的太阳中微子研究。

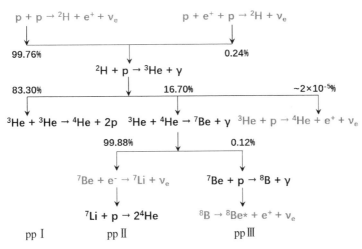

图 8-14　恒星氢燃烧中的质子-质子链反应(灰色为太阳中微子的产生反应)

8.3.2.1　质子-质子链式反应和碳氮氧循环

1939 年,汉斯·贝特(Hans Bethe)的一篇名为《恒星能量的产生》的论文分析了氢聚变成氦的可能过程,认为质子-质子链反应(p-p Ⅰ 链,见图 8-14)可能是质量像太阳这样的恒星产生能源的主要过程。该反应链可以提供恒星的辐射能量,从而帮助天文学家弄清了令人困惑的恒星能源问题,汉斯·贝特以此工作荣获了 1967 年度诺贝尔物理学奖。

随着理论的进一步发展,科学家逐渐认识了恒星中的氢燃烧过程。当恒星经过原始星云阶段后,由于引力收缩到达主序星阶段时,温度可达 10^7 K 以上,这时在恒星内部氢开始燃烧。对于第一代恒星,氢燃烧只能通过 3 个 p-p 链进行。不管以哪种方式终止,三个 p-p 链核反应可以概括为 $4p \rightarrow {}^4He + 2e^+ + 2\nu_e$,这个过程导致约 27 MeV 的能量释放,除了很少一部分被电子中微子(ν_e)带走,其余全部用来让太阳发光发热。根据太阳的功率可以算出其内部每秒约有 2×10^{38} 个电子中微子产生。

对于第二代和第三代恒星(如太阳),它们在氢燃烧阶段开始时,已含有少量的碳和氮,因此可通过前面提到过的 C-N 循环,以 ^{12}C 为催化剂由氢合成

氢。这些反应产生的能量能持续维持恒星内部的高热。后来，威廉·福勒
(W. A. Fowler) 又发现了氢燃烧的另外两个循环：一个以 ^{16}O 为催化剂。
Fowler 将其与 C-N 循环合称为 C-N-O 循环，如图 8-15 所示。

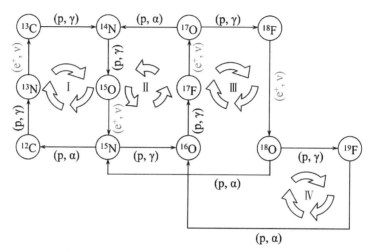

图 8-15　氢燃烧中的 C-N-O 循环(灰色为太阳中微子的产生反应)

1) $^3He(^3He, {}^4He)2p$ 反应

如前一节所述，宇宙中的 ^3He 在恒星中不仅会受到破坏，也会产生，而
产生和破坏的速率对恒星的初始质量又十分敏感。在 ^3He 原初丰度的研究
中一个重要但仍有争议的问题是恒星是否真的净产生 ^3He。目前的理论认
为 $^3He(^3He, {}^4He)2p$ 反应是一种低能共振反应，它将极大地降低在恒星
p-p 反应链中 ^3He 的平衡丰度。Oliver 等人认为只有当低质量恒星中 ^3He
产额被抑制时，^3He 的观测丰度才能接近模型计算值。目前已有的
$^3He(^3He, {}^4He)2p$ 反应天体物理 S 因子的数据如图 8-16 所示。低能区的
实验数据受到电子屏蔽的强烈影响，不同数据间存在巨大差异，因此我们需
要更为精确的实验数据对屏蔽势加以限制，特别是伽莫夫峰处天体物理 S
因子的直接测量。

2) $^3He(\alpha, \gamma)^7Be(p, \gamma)^8B$ 反应

前面我们所述的宇宙 ^7Li 元素丰度难题曾讲到恒星的氢燃烧是 ^7Li 元素产
生的天体环境之一。在低质量恒星的演化中，$^3He(\alpha, \gamma)^7Be$ 反应直接决定了
氢燃烧的 pp II 链和 pp III 链的过程。同时 pp II 链生成的 ^7Be 元素经过电子
俘获反应 $^7Be(e^-, \nu_e)^7Li$ 产生恒星内部的 ^7Li 元素与 ^7Be 型的太阳中微子。关

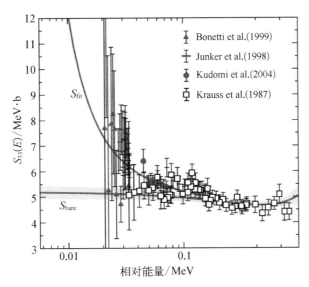

图 8 - 16 已有 ^{3}He(^{3}He, ^{4}He)2p 反应天体物理 S 因子的数据

于 ^{3}He(α, γ) ^{7}Be 反应的研究进展详见 8.2.3 节中的相关论述。

对于 ^{7}Be(p, γ) ^{8}B 反应截面,最为直接的实验方法是用低能质子束轰击放射性 ^{7}Be 靶。该方法由 Kavanagh 等人 1960 年首先采用。直接测量实验主要缺点如下: ^{7}Be 靶的厚度难以准确测量;背散射的影响使部分衰变产物未能被探测器观测到;由于库仑屏蔽,低能区反应截面迅速下降,实验上难以开展。

间接的测量主要包括库仑离解方法和转移反应这两类。库仑离解方法在实验上用 ^{8}B 作为束流,稳定的重核作为靶,一般采用 ^{208}Pb 靶。高原子序数靶核的库仑场作用可以等价为大量的虚拟光子,因而光电离解截面 ^{8}B(γ, p) ^{7}Be 反应可以利用库仑离解反应来研究。通过对作用在弹核上的由靶核产生的时间相关的电磁场进行傅里叶变换,可以得到对应的虚拟光子谱,而弹核的激发可以描述为对虚拟光子的吸收。计算得到的虚拟光子数仅仅依赖于弹核的运动方式,包括电荷、碰撞参数和飞行速度。在量子电动力学的严格推导下,虚拟光子数的计算过程较为精确。对 ^{8}B 而言,计算误差主要来源于其原子核半径的不确定性。对于转移反应,实验上利用铍的单质子拾取反应和渐近归一化系数可以间接导出零能量下 ^{7}Be(p, γ) ^{8}B 反应的天体物理 S 因子。

恒星氢燃烧过程最为关注的伽莫夫能区位于 20 keV 处,现有的实验测量范围远高于这一能区(见图 8 - 17),只能通过理论外推得到伽莫夫处的天体物理 S 因子。

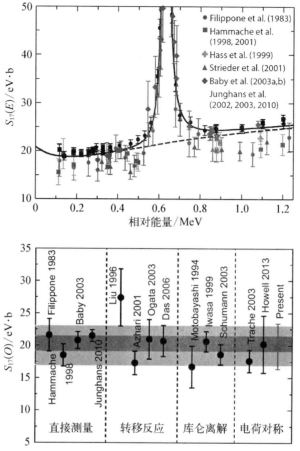

图 8-17　目前已有的^{7}Be(p，γ)^{8}B 反应天体物理 S 因子(上)和不同测量方法的外推值(下)

3) ^{14}N(p，γ)^{15}O 反应

^{14}N(p，γ)^{15}O 反应的 Q 值为 7.297 MeV，其下存在 6 个束缚态和 1 个基态。相应的天体物理 S 因子由基态跃迁和 6 个级联跃迁七部分构成，因此对实验上提出了相当的挑战。在这七部分中，基态跃迁的和经过 $J^\pi = 3/2^+$($E_x = 6.792$ MeV)的级联跃迁的贡献最重要。2016 年圣母大学的研究人员对这两个反应道的高能区截面进行了测量，新数据对相关的共振峰给出了精确描述[12]，参见图 8-18 中的十字数据点。

结合最新的实验数据，拟合外推的基态跃迁 S 因子如图 8-19 所示(图中给出了不同研究者的实验数据及拟合曲线)。可以看到，在 Q 值附近的 $J^\pi = 1/2^+$($E_x = 7.792$ MeV)的窄共振能级对外推的天体物理 S 因子影响最大。

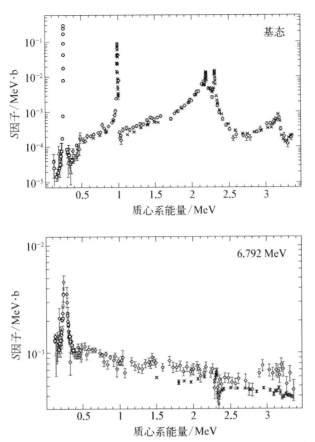

图 8 - 18　^{14}N(p, γ)^{15}O 反应基态跃迁的和经过 $J^π = 3/2^+$
($E_x = 6.792$ MeV)的级联跃迁的 S 因子数据

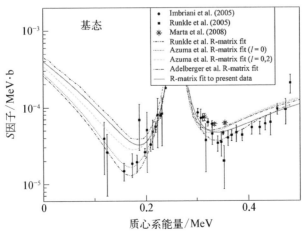

图 8 - 19　^{14}N(p, γ)^{15}O 反应基态跃迁 S 因子的外推值

因此需要对峰值两侧的截面进行精密测量,尤其是低能区一侧的截面,直接影响着外推的天体物理 S 因子的数值。$J^\pi = 1/2^+$ ($E_x = 7.792\ \mathrm{MeV}$)能级的跃迁分支比直接影响各个级联跃迁天体物理 S 因子的外推值。2016 年北加州大学的 S. Daigle 等人给出了其最新的分支比数据,详见文献[13]。

8.3.2.2 太阳中微子与锦屏中微子实验

1)太阳标准模型

1968 年,Raymond Davis 等人第一次探测到了来自太阳的中微子流。因为探测到的电子中微子只有标准太阳模型预言的 1/3,因此揭示了著名的太阳中微子疑难(solar neutrino puzzle),即观测的中微子通量远小于太阳标准模型给出的理论预言值。20 世纪 70 年代科学家提出用中微子振荡理论来解释该疑难,即假定中微子存在三种不同的类型,而太阳产生中微子经过太阳内部到达地球上的探测器以前,可能发生味态转换(flavor transformation),电子中微子在传播过程中转化为暂时不能被探测到的其他两种中微子。2014 年,Borexino 合作组发表文章[14],成功探测到了低能的 ^{7}Be、pep 和 pp 中微子。在考虑了振荡效应后,中微子的通量测量结果与标准太阳模型符合。精确测量太阳中微子的时代开始了。中微子振荡方面的实验研究曾获 2002 年、2015 年诺贝尔物理学奖。

如果要观测这些中微子,我们需要了解它们的精确能谱。图 8-20 为 2014 年发表在 *Nature* 期刊中太阳标准模型预言的 ν_e 能谱,其中方括号内为

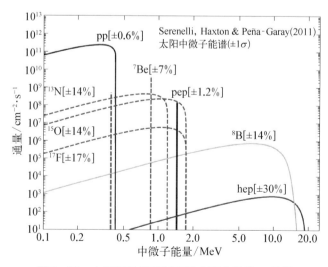

图 8-20　太阳标准模型预言的太阳中微子 ν_e 能谱

其不确定度。由图 8-20 知,pp Ⅰ链核反应式释放的 pp 中微子能量仅为 $0\sim$ 0.42 MeV,但总数目最多;pp Ⅱ链核反应释放的 ^{7}Be 中微子能量为 0.38 MeV 和 0.86 MeV 两个值,总数目也很可观;在高能区(大于 2 MeV),仅有 ^{8}B 和 hep 型过程贡献中微子,且 ^{8}B 中微子是最主要的。因为中微子与物质的反应截面随其能量迅速增加,所以 pp Ⅲ链核反应这个稀有过程产生的最高能量约为 15 MeV 的 ^{8}B 中微子也是观测的重要对象。除了 pp、pep 和 hep 类型的太阳中微子,其他类型太阳中微子的产生率及它们到达地球的通量直接依赖于相关重元素在太阳内部的丰度。

我们看到现有的理论所给出的 ^{8}B 中微子能谱的不确定度为 14%,^{7}Be 的不确定度为 7%,较其他 pp 链反应中所产生电子中微子通量的不确定度大很多。^{8}B 核素在太阳内部的丰度主要依赖于 ^{7}Be(p,γ)^{8}B 反应,而由于产生 ^{7}Be 元素的 ^{3}He(α,γ)^{7}Be 反应在氢燃烧感兴趣能区较大的不确定度,造成了太阳标准模型预言 ^{8}B 中微子能谱的较大不确定度。不同类型太阳中微子对相关反应天体物理反应率的敏感性如表 8-2 所示。

表 8-2　不同类型太阳中微子对相关反应天体物理 S 因子的敏感性[15]

	S_{11}	S_{33}	S_{34}	S_{17}	$S_{1,14}$	Opac	Diff
pp	0.1	0.1	0.3	0.0	0.0	0.2	0.2
pep	0.2	0.2	0.5	0.0	0.0	0.7	0.2
hep	0.1	2.3	0.4	0.0	0.0	1.0	0.5
^{7}Be	1.1	2.2	4.7	0.0	0.0	3.2	1.9
^{8}B	2.7	2.1	4.5	7.7	0.0	6.9	4.0
^{13}N	2.1	0.1	0.3	0.0	5.1	3.6	4.9
^{15}O	2.9	0.1	0.2	0.0	7.2	5.2	5.7
^{17}F	3.1	0.1	0.2	0.0	0.0	5.8	6.0

2) 锦屏太阳中微子实验的优势

国际上针对低能太阳中微子进行探测的实验和计划主要有意大利的 Borexino、加拿大的 SNO 及我国的锦屏地下实验室的中微子实验。中国锦屏地下实验室对于低本底的中微子实验有着得天独厚的条件,如图 8-21 所示。2015 年,清华大学联合国内外大学提出了开展兆电子伏特量级中微子实验的设想,靶物质质量为 4 000 t 左右,预期将会在至少三个方面取得突破性的物理

图 8 - 21　中国锦屏地下实验室(CJPL - I)示意图

研究成果。① 通过开展世界最精确的太阳中微子能谱测量,研究新能区的太阳中微子振荡,探索太阳核心的碳氮氧聚变过程,研究太阳内部结构的金属性问题等。理解并检验太阳模型,寻找可能存在的新物理,并为提高下一代双 β 衰变实验的灵敏度打下基础。② 精确测量地球内部放射性元素衰变产生的中微子能谱,准确区分其中的铀和钍成分,结合其他实验探索地幔放射热的贡献,促进地球科学的研究。③ 通过采用创新型中微子探测技术,有望成为首个发现弥漫在浩瀚宇宙空间中,由过往核塌缩超新星爆发产生并遗留下来的中微子实验装置,为研究宇宙演化过程提供一个全新独特的视野。

目前,无论是中微子的性质,还是太阳标准模型,仍有很多需要解决的问题。在温度更高、质量更大的恒星的聚变反应中,碳氮氧循环处于主导地位,但目前的实验都没有能力探测到碳氮氧循环的中微子。对于质子-质子链过程中产生的中微子通量更加精确的测量可以使太阳模型的相关参数估计更加准确。这对解决以下问题有关键性的帮助:太阳的金属丰度问题;太阳中微子振荡的 MSW 效应更完整的图景;中微子振荡参数的更精确测量;地球内部的电子型中微子重新产生的观测;探索除了中微子振荡以外的次级效应等。

实验测量^{7}Be 太阳中微子,重点要考虑^{210}Bi、^{210}Po、^{85}Kr 和^{11}C 四种放射性同位素背景的贡献。其中^{210}Bi、^{210}Po 由液闪残余杂质中的天然放射性同位素^{238}U 和^{232}Th 通过链式反应产生;^{85}Kr 是液闪与大气接触过程中融入液闪中的放射性元素;^{11}C 由宇宙射线中的 μ 与液闪中的元素反应产生。^{210}Po 产生的衰变电子信号可以通过衰变信号减除法大幅压低,剩下的三种背景是^{7}Be 中微子信号分析的主要干扰源,它们可以通过具体的实验方案设计进一步减少,如对液闪进行多次提纯降低放射性杂质的浓度,把探测器放置在更深的地下,利用天然山体屏蔽宇宙射线产生的^{11}C 背景等。通过 2 000 t 有效质量和每兆电子伏特 500 个光电子的光产额,锦屏太阳中微子实验可以在 5 年的取数时间内找到 C - N - O 循环的中微子迹象,同时能够有效地提高 pp、^{7}Be 和 pep中微子通量的精度[16-17]。

8.3.3　恒星的氦燃烧反应

氦燃烧中 3α 反应和 $^{12}C(\alpha,\gamma)^{16}O$ 反应相互竞争，两者的反应速率共同决定了氦燃烧结束后碳与氧的丰度比，该值是大质量恒星后继演化及伴随的元素核合成过程的初始条件。W. A. Fowler 在其 1983 年诺贝尔物理学奖获奖报告中指出，人体的 90% 是由碳与氧元素组成的，我们了解其化学和生物过程，但却不清楚形成碳与氧元素的天体核过程。他同时明确指出确定 C/O 丰度比和解决太阳中微子疑难是核天体物理学亟待解决的两个基本问题。

8.3.3.1　3α 反应的研究进展

精确确定热核反应率需要在实验和理论上对 ^{12}C 的能级结构和相应的 p、α、γ、n 等衰变机制给出明确的限定。为此除了直接测量 3α 反应、$^{11}B(p,\alpha)$ 和 $^{11}B(p,\gamma)$ 反应截面外，研究者还开展了大量的间接测量实验研究，包括 $^{12}N/^{12}B$ 核的 β 延迟 α 粒子衰变谱、^{12}C 光致解离反应 $^{12}C(\gamma,\alpha)$ 和 $^{12}C(\gamma,p)$ 的截面测量、$^{11}B+p$ 弹散截面、更高能区开放的 $^{11}B(p,n)$ 反应、$^{11}B(d,n)^{12}C$ 和 $^{11}B(^{3}He,d)^{12}C$ 质子转移反应等[18]。

1）$^{12}N/^{12}B$ 核的 β 延迟 α 粒子衰变谱

$^{12}N/^{12}B$ 核的 β 延迟 α 粒子衰变谱可以对 ^{12}C 自旋宇称为 0^+ 和 2^+ 能级的 α 衰变宽度加以限制。最为卓著的工作是由丹麦 Aarhus 大学 Fynbo 等人于 2001—2002 年在 CERN 的 IGISOL 实验装置上给出的[19]。测量给出了能量位于 ^{12}C 激发能 8～14 MeV 区间的 $^{12}N/^{12}B$ 核 β 衰变出射 α 粒子谱。R 矩阵拟合所确定的 0_3^+ 能级的位置为 (11.23 ± 0.05) MeV[宽度为 (2.5 ± 0.2) MeV]、2_2^+ 能级位置为 (13.9 ± 0.3) MeV[宽度为 (0.7 ± 0.3) MeV]。所给 2_2^+ 能级值与 2017 年的综述文章[18]中给出的值有很大差别（该文章推荐值为 9.87 MeV）。

基于拟合的能级宽度信息，给出的 3α 天体物理反应率以"Revised rates for the stellar triple-α process from measurement of ^{12}C nuclear resonances"为题刊载于 2005 年的 *Nature* 上。氦燃烧起始点 $T_9=0.2$ 处的反应率与综述文献"核天体物理反应速率汇编"（Nuclear Astrophysics Compilation of Reaction Rates，NACRE）的推荐值[20]在误差范围内一致，不确定度明显降低。但是温度位于 $2.0\leqslant T_9\leqslant10.0$ 处的反应率较 NARCE 的推荐值低了 1 个数量级（见图 8-22）。

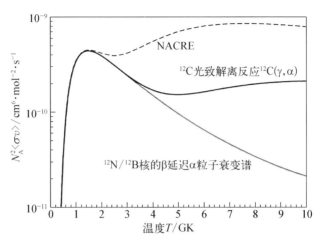

图 8-22　实验确定的 3α 天体物理反应率(虚线及灰线)与
NACRE 理论(黑线)的比较

$^{12}N/^{12}B$ 核的 β 衰变的分支比和比较半衰期是 α 粒子谱 R 矩阵拟合的基本输入量,该研究组在 2004—2007 年于荷兰 KVI 研究中心的 TRIμP 装置上重新测量了 $^{12}N/^{12}B$ 核的 β 衰变的分支比、比较半衰期及新的 α 粒子谱[21]。2010 年给出了 R 矩阵拟合新测量 α 粒子谱所确定的 0^+ 和 2^+ 能级 α 衰变宽度信息,拟合中使用了 3 个 0^+ 能级,2 个 2^+ 能级。第一个 0^+ 能级为 0_2^+ 的 Hoyle 态采用文献固定值,第二个 0_3^+ 能级的位置和宽度的拟合值与早期发表在 Nature 的文章[19]一致,第三个 0_4^+ 能级为虚构的远能级本底,并不反映真实的 ^{12}C 能级结构。拟合中的第一个 2^+ 能级 2_2^+ 的位置为 (11.1 ± 0.3) MeV [宽度为 (1.4 ± 0.4) MeV],较其 Nature 文章[19]所确定的值发生明显的变化。拟合确定的 2_3^+ 位置为 16.5 MeV,与 $^{11}B + p$ 反应确定的位置 16.11 MeV 不一致。$^{11}B + p$ 反应中对应 16.5 MeV 能级的 J^π 为 2^-。

2) ^{12}C 光致解离反应 $^{12}C(\gamma, \alpha)$

经 $^{12}C(\gamma, \alpha)$ 反应观测到的截面由细致平衡原理给出 3α 反应的截面。由 γ 跃迁的选择定则可知该反应可以对 ^{12}C 核 1^- 和 2^+ 能级的 γ 衰变宽度加以限制。耶鲁大学合作组在杜克大学的 HIγS 伽马源装置上,采用光读出的时间投影室测量给出了 $^{12}C(\gamma, \alpha)$ 反应能量位于 9.0~11.0 MeV 精细的微分截面上[22],并明确看到了 1_1^- 和 2_2^+ 能级分别为 E_1(电偶极)和 E_2(电四极)跃迁角分布的结构特征。需要强调的是,这篇文章给出的 $\sigma(E_1)$ 和 $\sigma(E_2)$ 截面是采用适当阶数的勒让德多项式分析角分布实验数据导出的,如图 8-23 所示。

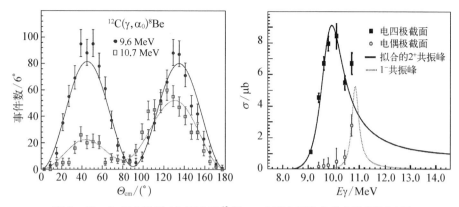

图 8 - 23 9.6 MeV 及 10.7 MeV ^{12}C(γ, α)反应实验角分布数据(左)及勒让德多项式导出的 E_1 和 E_2 部分截面(右)

由于勒让德多项式并不能反映^{12}C核的能级结构信息,因此很难给出精确的总截面、E_1 和 E_2 比:① 其给出的总反应截面是 2015 年 E. Garrido 等人采用 3α 模型理论计算值的 1/3 左右,也明显低于早期采用轫致辐射 γ 射线观测到的总截面。② 最终确定的 2_2^+ 能级位置为(10.03±0.11) MeV[宽度为(0.80±0.13)MeV],该值与 2010 年最新^{12}N/^{12}B 核衰变 α 粒子谱[21]确定的相关信息仍然有很大差别。③ 计算 2_2^+ 能级的跃迁强度 $B(E_2)$ 是 2013 年 Cuong 等人通过扭曲玻恩近似结合耦合道方法分析^{12}C+α 非弹截面提取值的 2 倍。相应计算给出的 3α 反应率与上述 *Nature* 文章中所给值[19]、NARCE 的理论推荐值[20]的比较如图 8 - 22 所示。

3α 天体物理反应率理论研究方面,早期的杰出工作可参见 2000 年 *Science* 上刊载的微观模型文章"Stellar Production Rates of Carbon and Its Abundance in the Universe."[23]。近年工作采用的模型有超球谐 R 矩阵方法(hyperspherical harmonic R - matrix, HHR)、连续离散耦合道方法(continuum discretized coupled channel, CDCC)、三体布瑞特・魏格纳公式(three-body Breit Wigner, BW)及虚时形式理论(imaginary-time formalism, ITF)。如图 8 - 24 所示,在 T_9 为 0.01~0.2 区间,

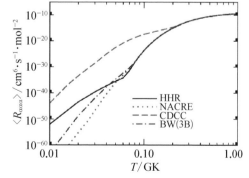

图 8 - 24 现有理论确定的 3α 天体物理反应率的比较

HHR 推荐的反应率与 CDCC、BW(3B) 和 NACRE 所给值彼此间相差几个数量级。因此,外推能区的 3α 天体物理反应率差别极大,急需理论和实验方面的工作来完善。

3) $^{11}\text{B}(p, α)$ 聚变反应率

$^{11}\text{B}(p, α)$ 反应包含 $α_0$ 和 $α_1$ 两个子反应道(^8Be 基态和激发态),感兴趣的能区 $E_γ = 16 \sim 22$ MeV。图 8-25 中已知的 6 家团队得到的反应率是依据 2000 年以前实验测量两个子反应道截面简单相加后给出的总截面(总 S 因子)所确定的。$^{11}\text{B}(p, α)$ 反应 S 因子数据的拟合及外推一般是作者采用 R 矩阵、光学模型或者 Breit-Wigner 公式对自己实验数据的处理,或者少量使用了其他实验数据。这样做的缺陷是实验数据较少,未考虑各个反应道(p、γ 和 n 出射道)之间的相互约束关系,从而对拟合结果带来误差。另外,在这些工作中由于数据点少、能区不全面,对于拟合中所需的参数,常常使用其他实验测量出的结果作为定值,拟合必然会引入很多先验的因素。

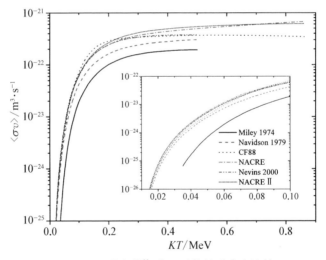

图 8-25　现有的 $^{11}\text{B}(p, α)$ 热核反应率比较

以 $^{11}\text{B}(p, α)$ 为聚变燃料、反场构型为基础的磁约束聚变装置运行的质心系能区为 (580 ± 140) keV,从图 8-25 中的已有的 6 家团队 $^{11}\text{B}(p, α)$ 聚变反应率的比较,可以清楚地看到此能区 NACRE Ⅱ 推荐值是其他 4 家推荐值的 2～4 倍。在天体物理所感兴趣的外推能区的 0～100 keV 范围,已有的 $^{11}\text{B}(p, α)$ 热核反应率的差别更大。

最近 20 年,国际上以 ^{11}B 和 ^1H 为燃料的 $^{11}\text{B}(p, α)2α$ 反应的磁约束聚

变[24]和惯性约束聚变[25]的理论和实验研究得到了蓬勃发展。其优势在于,工作能区无中子产生,对反应堆的材料要求相对较低,携带能量的带电 α 粒子易于收集转换为电能。

磁约束聚变方面,美国的 Tri Alpha Energy 公司创始人 UC Irvine 大学的 N. Rostoker 于 1997 年在 *Science* 上发表了有关基于场反向位形(FRC)技术的磁化靶聚变装置,通过压缩预加热的磁化等离子体靶实现^{11}B(p, α)聚变点火的成果。该装置不同于传统的托卡马克装置,为线性的反应堆(偏滤器出来的等离子体经加速器角向箍缩加速),其体积更小,将可能成为一种实现核聚变反应的更低廉更有效的途径。其对撞束聚变反应堆由两加速器把等离子体涡流发射到中央反应室,让它们熔合成一个静止的等离子涡流,悬浮在磁场中,并由新燃料束持续加热。目前的 C‑2 装置经过 10 多年的不断升级改造,取得了大量的研究成果,刊发于 *Science*、*Nature* 等国际顶级期刊,并得到不断跟踪报道。

惯性约束聚变方面,2013—2016 年 APS 的顶级期刊 *Physical Review X* 和 *Nature* 两篇子刊分别报道了意大利和法国两实验室进行^{11}B(p, α)2α 反应激光惯性约束聚变的最新结果[25-26],在国际上产生了强烈反应,多家研究机构正在跟进开展实验研究。以 Labaune 等人的研究为例,实验由两束超强超快激光共同完成^{11}B(p, α)反应 α 能谱的测量工作。一束激光照射含氢靶(铝靶),在靶后鞘层加速离子 TNSA 机制下产生质子束流。另一束激光照射天然^{11}B\$^{10}$B 靶(BN,氮化硼)形成等离子体环境,并让质子束进入这一区域发生^{11}B(p, α)核反应。核聚变过程产生的能量直接与核燃料的热核聚变反应率成正比。^{11}B(p, α)反应的热核聚变率作为聚变理论研究的最基本输入量,目前不同实验方法和理论模型给出的反应率相互矛盾,^{11}B(p, α)热核聚变率是一个急需解决的难题。

8.3.3.2　^{12}C(α, γ)^{16}O 反应的研究进展

最为直接和可靠地获取^{12}C(α, γ)^{16}O 反应率的方法就是尽可能往低能区测量其天体物理 S 因子,然后通过理论外推到感兴趣的能区。^{12}C(α, γ)^{16}O 反应发生在氦燃烧的末期,天体环境温度约为 $T_9 = 0.2(0.2 \times 10^9$ K)。根据伽莫夫理论,对应的反应质心系能量为 0.3 MeV,因此天体物理模型最为注重伽莫夫窗 0.3 MeV 处的 S 因子。但是^{12}C+α 反应的复杂机制使得^{12}C(α, γ)^{16}O 反应 S 因子特别难以确定。当前实验直接测量的^{12}C(α, γ)^{16}O 反应最低能量是质心系下的 0.891 MeV,测量误差在 50% 以上,进而导致在恒星燃烧温度

范围的 $^{12}C(\alpha, \gamma)^{16}O$ 反应率不能达到期望的精确度：$T_9 = 0.2$ 处，相应的反应率不确定度小于 $10\%^{[27-28]}$。

$^{12}C(\alpha, \gamma)^{16}O$ 反应直接测量包括正运动学和逆运动学两种途径：① 正运动学测量利用 He^+ 束流轰击 ^{12}C 固体靶，由放置于靶周围的 γ 探测器阵列给出 $^{12}C(\alpha, \gamma)^{16}O$ 反应出射 γ 射线的角分布信息，并通过勒让德多项式确定其中俘获反应截面中 E_1 和 E_2 两部分所占的比例，应用 R 矩阵或 K 矩阵等理论外推至天体物理感兴趣能区；② 逆运动学测量利用 $^{12}C^+$ 束流轰击 ^4He 气体靶（无窗气体靶），通过谱仪分离反应产生反冲 ^{16}O，并由相应的探测器记录。

R. Kunz 等人的研究指出，进行正运动学测量的关键有四点：一是作为弹核即 He^+ 粒子束流的强度。由于 $^{12}C(\alpha, \gamma)^{16}O$ 反应在实验测量能区截面极低，在降低 γ 射线本底的同时，需要采用高强度的束流以提高测量计数率。高强度束流必然在靶上带来大量的能量沉积，因此实验中必须解决大功率固体靶的散热问题。二是适当的靶厚及靶材料的选择。靶选得过厚或过薄，都会影响反应的截面及产额。作为靶材料，还要考虑 ^{12}C 的纯度。在实验测量的能量范围，$^{13}C(\alpha, n)^{16}O$ 与 $^{12}C(\alpha, \gamma)^{16}O$ 反应相比，截面高了近 7 个数量级，$^{13}C(\alpha, n)^{16}O$ 生成的中子与周围物质相互作用会产生 γ 射线，从而干扰 $^{12}C(\alpha, \gamma)^{16}O$ 反应的测量。^{13}C 有较高的天然同位素丰度（1.1%），需尽量减小反应靶中 ^{13}C 的含量（$^{13}C/^{12}C$ 含量比 $< 10^{-6}$）才有可能实现 $^{12}C(\alpha, \gamma)^{16}O$ 反应的测量。三是探测器的效率及背景的影响。实现 $^{12}C(\alpha, \gamma)^{16}O$ 反应在天体物理感兴趣能区附近直接测量的另一关键是建立高分辨、高效的探测系统。探测器的探测效率是很关键的一个方面，一般的 γ 射线用高纯锗探测器或 BGO 晶体进行探测，γ 射线的背景辐射对实验也有影响，比如靶材料中的杂质有可能辐射或吸收反应放出的 γ 射线，从而影响实验结果。四是测量时间。在兼顾上面三个方面的同时，测量时间也是很重要的一个原因。一般来讲，实验的结果依赖上述四个方面。因此，$^{12}C(\alpha, \gamma)^{16}O$ 反应测量必备的实验条件包括高纯度注入靶、屏蔽系统、高强度的束流（大功率靶散热系统）及高分辨、高效率探测阵列等。

$^{12}C(\alpha, \gamma)^{16}O$ 的逆运动学测量的优点是可以给出反应在实验能点的全截面数据。有了这个全截面数据，拟合外推基态和级联跃迁的数据就会有一个整体的限制。这方面 Schürmann 等人的实验$^{[29]}$较为杰出，他们结合无窗的 ^4He 气体靶在 ERNA（European Recoil Separator for Nuclear Astrophysics）的反冲质量分离器上，对 $^{12}C(\alpha, \gamma)^{16}O$ 反应产生的反冲 ^{16}O 进行直接的无窗探测，给出了这

一反应的高精度的总截面。特别是在主要的宽共振 $J^{\pi}=2_3^+$ 处,2011 年的工作给出的各个级联跃迁和基态跃迁 S 因子之和与其早期的 2005 年研究文章中的总 S 因子极为一致。

　　恒星温度处的外推 $S(E)$ 因子对 ^{16}O 核的束缚态,特别是 $J^{\pi}=1^-$(E_x= 7.12 MeV)和 $J^{\pi}=2^+$(E_x=6.92 MeV)约化 α 粒子宽度极为敏感。仅仅依靠弹性散射 ^{12}C+α 的测量时很难对相应的宽度数值做出限制,尤其是 $J^{\pi}=2^+$(E_x=6.92 MeV)这一能级的信息。转移反应 ^{12}C(^{6}Li, D)^{16}O、^{12}C(^{7}Li, T)^{16}O 和 ^{12}C(^{11}B, ^{7}Li)^{16}O 的微分反应截面给抽取这两个能级的约化 α 宽度信息提供了替代的方法[30-32]。此外,^{16}N 核 β 衰变的产物 ^{16}O 部分处于激发态,能量高于反应 ^{12}C(α, γ)^{16}O 的阈能(Q=7.162 MeV)。因此,这些处于激发态的 ^{16}O 可以发生 α 衰变,通过测量产生的 ^{12}C 核和 α 粒子,我们可以得到衰变前 ^{16}O 各自旋宇称态的信息,从而进一步确定这些能级的性质。此外,根据测量到的 α 粒子能谱,可以比较精确地定出 1^- 和 3^- 能级的 α 粒子的衰变宽度等信息。进而帮助限定 ^{12}C(α, γ)^{16}O 反应基态跃迁 S 因子 S_{E10}。中国科学院近代物理研究所的唐晓东在 ANL 实验室的 K. E. Rehm 所在的研究组做博士后研究时,出色地完成了 ^{16}N 核子的 β 延迟 α 粒子发射谱的实验测量工作,相关工作发表于 *Physical Review Letters*(*PRL*)和 *Physical Review C*(*PRC*)等知名期刊。

　　中国原子能科学研究院柳卫平牵头,联合国内外优秀的研究群体和科学家的团队,正在负责建设锦屏深地核天体物理实验平台(JUNA),并将向核天体物理研究领域最关键的"^{12}C(α, γ)^{16}O 圣杯"反应发起冲击。期待 JUNA 实验团队能够在设备研制、工程建设和调试调束等相关技术领域,汇集并发展新方法、新技术和新工艺,为国内乃至国际开展天体物理核反应精确测量提供一个新的顶级平台,帮助提供上述所需的 ^{12}C(α, γ)^{16}O 反应天体物理 S 因子数据。

8.3.4　碳燃烧与氖燃烧

　　恒星氦燃烧建立起一个富含碳和氧的惰性核心,一旦氦的密度降低至无法继续聚变的水平时,核心便会因为重力而塌缩。体积的缩小造成核心的温度和压力上升至碳燃烧的临界温度,这也会使围绕着核心周围的温度上升,使氦在邻接核心的壳层内继续聚变。于是恒星的体积增加,膨胀成为红超巨星。碳燃烧过程会将核心所有的碳几乎都耗尽,产生氧、氖、镁的核心。核心冷却会造成重力的再压缩,使密度增加和温度上升达到氖燃烧的燃点。

8.3.4.1 碳燃烧

碳燃烧发生在质量较重的恒星(诞生时至少 $4M_\odot$ 以上)耗尽了核心内较轻的元素之后。它需要高温(6×10^8 K)和高密度(大约 2×10^8 kg/m^3)。1952年 E. E. Salpeter 给出了在氦燃烧后将发生碳燃烧的主要相关核反应:

$$^{12}C+^{12}C\rightarrow^{20}Ne+\alpha, \quad ^{12}C+^{12}C\rightarrow^{23}Na+p, \quad ^{12}C+^{12}C\rightarrow^{24}Mg+\gamma$$
$$^{12}C+^{12}C\rightarrow^{23}Mg+n, \quad ^{12}C+^{12}C\rightarrow^{16}O+2\alpha$$

在上述反应中,以合成 ^{20}Ne 和 ^{23}Na 的两个反应最为重要。碳燃烧主要合成的是 ^{16}O,^{20}Ne,^{23}Na 和 $^{23,\,24}Mg$ 等核。对于中等恒星的最终演化,如果碳氧核质量增大到可以使进一步聚变发生,此时由于碳氧核是简并的,它发生碳氧燃烧时是爆炸式的燃烧,即形成超新星爆炸。典型的恒星碳燃烧温度 $T\approx$ 0.85 GK 的伽莫夫窗的范围是 $E_0\pm\Delta/2=(2.2\pm0.5)$ MeV。对于恒星爆发性的碳燃烧过程,其伽莫夫窗为 $3.0\sim5.0$ MeV。其中,$^{12}C(^{12}C,\ \alpha)^{20}Ne$ 反应和 $^{12}C(^{12}C,\ p)^{23}Na$ 反应的天体物理 S 因子如图 8 - 26 所示,在典型的恒星碳燃烧温度下,不同的数据间仍然存在着巨大的差异。

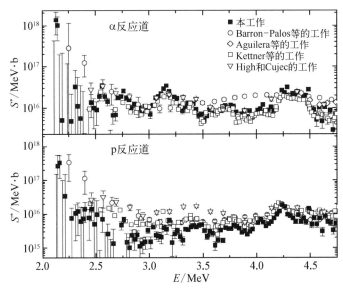

图 8 - 26 $^{12}C(^{12}C,\ \alpha)^{20}Ne$ 和 $^{12}C(^{12}C,\ p)^{23}Na$ 反应的天体物理 S 因子[33]

2015 年,由中国科学院近代物理研究所唐晓东与美国劳伦斯利物莫国家实验室 Bucher 共同领导来自 10 家单位的核天体物理团队,利用实验室中的低能加速器及低本底碳靶和灵敏中子探测器,首次成功地在星体能区对 ^{12}C

（^{12}C，n）^{23}Mg 反应概率进行了测量[34]，达到了天体物理学家所要求的精度，其工作发表在物理评论快报（PRL）上。^{12}C（^{12}C，n）^{23}Mg 反应对第一代恒星灰烬中的钠和铝的含量有重要影响。

图 8 - 27 为现有 ^{12}C（^{12}C，n）^{23}Mg 天体物理 S 因子数据。下图为 ^{12}C（^{12}C，n）^{23}Mg 在典型碳壳层燃烧温度（11 亿度）时的伽莫夫产额。以前的实验测量（空心点）高于天体物理能区（2.6 MeV＜E_{cm}＜3.7 MeV）。理论预言（黑线）与实验值的差别高达 4 倍，无法满足天体物理模型要求。该实验（黑方框）不仅首次在天体物理能区直接测量了 ^{12}C（^{12}C，n）^{23}Mg 反应截面，发现了 E_{cm}＝3.4 MeV 的新共振，而且发展了新的理论外推方法（黑圆点），大大减小了系统误差。该工作确定的反应率去除了由 ^{12}C（^{12}C，n）^{23}Mg 误差带来的对模型的影响，帮助天体物理学家更精确地预言了第一代恒星灰烬的元素丰度分布，为寻找第一代恒星的印记提供了坚实的基础。

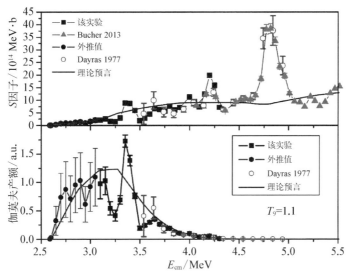

图 8 - 27 ^{12}C（^{12}C，n）^{23}Mg 反应天体物理 S 因子及外推值[34]

8.3.4.2　氖燃烧

氖燃烧过程是大质量恒星（至少 $8M_\odot$）内进行的核熔合反应，因为氖燃烧需要高温和高密度（大约 1.2×10^9 K 和 4×10^9 kg/m³），在如此高温下，光致蜕变成为很重要的作用，有一些氖核会分解，释放出 α 粒子。α 粒子很快地与其余的 ^{20}Ne 发生反应生成 ^{24}Mg：

$$^{20}\text{Ne}+\gamma\rightarrow^{16}\text{O}+\alpha，\quad^{20}\text{Ne}+\alpha\rightarrow^{24}\text{Mg}+\gamma$$

实际上,就是 $^{20}\mathrm{Ne}+^{20}\mathrm{Ne}\rightarrow^{16}\mathrm{O}+^{24}\mathrm{Mg}$,即为氖燃烧。

对于 $^{20}\mathrm{Ne}(\gamma,\alpha)^{16}\mathrm{O}$ 反应截面,实验上通常通过测量其逆反应 $^{16}\mathrm{O}(\alpha,\gamma)^{20}\mathrm{Ne}$ 的反应截面给出。在典型恒星的氦燃烧过程中(氦燃烧温度为 $T_9=0.2$),由于温度很低,$^{16}\mathrm{O}(\alpha,\gamma)^{20}\mathrm{Ne}$ 反应在 α 阈能附近的 $^{20}\mathrm{Ne}$ 的激发能级中,没有合适的自旋和宇称,其天体物理反应率较低,以致不能影响 $^{16}\mathrm{O}$ 和 $^{20}\mathrm{Ne}$ 的丰度值。当燃烧温度 $T_9>0.3$ 时,在大质量恒星壳燃烧过程中,$^{16}\mathrm{O}(\alpha,\gamma)^{20}\mathrm{Ne}$ 反应起了关键性的作用。

$^{16}\mathrm{O}(\alpha,\gamma)^{20}\mathrm{Ne}$ 反应的天体物理 S 因子包含两个主要的反应道,一个是直接跃迁到 $^{20}\mathrm{Ne}$ 基态的反应,另一个是跃迁到其第一激发态的反应。2012 年 U. Hager 等人在加拿大的 TRIUMF 实验室的 DRAGON 装置上,对 $^{16}\mathrm{O}(\alpha,\gamma)^{20}\mathrm{Ne}$ 反应的天体物理 S 因子开展了直接测量工作[35],实验直接给出了这一反应的总 S 因子与两个反应道的贡献,如图 8-28 所示。目前这一反应的数据仍然很少,并不能对恒星感兴趣能区的 $^{16}\mathrm{O}(\alpha,\gamma)^{20}\mathrm{Ne}$ 天体物理反应率给出很好的限制。

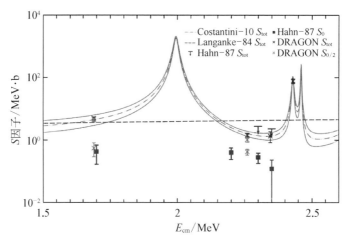

图 8-28 $^{16}\mathrm{O}(\alpha,\gamma)^{20}\mathrm{Ne}$ 天体物理 S 因子数据及拟合外推值(其中 S_{tot} 为总 S 因子,$S_{0/2}$ 分别为两个子反应道值)

$^{20}\mathrm{Ne}$ 发生光致蜕变放出的 α 粒子还可以继续与 $^{24}\mathrm{Mg}$ 发生链式反应:

$$^{24}\mathrm{Mg}+\alpha\rightarrow^{28}\mathrm{Si}+\gamma,\quad ^{28}\mathrm{Si}+\alpha\rightarrow^{32}\mathrm{S}+\gamma,$$

$$^{32}\mathrm{S}+\alpha\rightarrow^{36}\mathrm{Ar}+\gamma,\quad ^{36}\mathrm{Ar}+\alpha\rightarrow^{40}\mathrm{Ca}+\gamma$$

这是一系列的 α 粒子俘获反应,Burbidge 夫妇将其称为 α 过程。恒星碳燃烧

生成的 ^{23}Na 会吸收 α 粒子进一步发生相关反应。

^{23}Na(α，p)^{26}Mg 和 ^{23}Na(α，n)^{26}Al 反应是天体环境产生 ^{26}Mg 和 ^{26}Al 的重要反应，是影响星际 ^{26}Al 的疑难问题的关键。2014 年和 2015 年的两篇 PRL 文章，分别报道了美国 ANL 实验室 ATLAS 装置和加拿大 TRIUMF 实验室 ISAC 装置对 ^{23}Na(α，p)^{26}Mg 反应的截面的测量结果[36-37]。实验都测量给出了总的反应截面和 P_0 反应道的截面值，如图 8 - 29 所示。可以看到两家的最新结果存在着大约 1 个数量级的差别，需要有新的实验来澄清两者差别的原因。2016 年 M. L. Avila 在 ATLAS 装置测量给出了 ^{23}Na(α，n)^{26}Al 反应的截面(见图 8 - 29 中"本工作")。

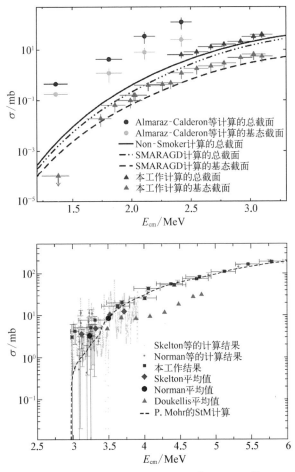

图 8 - 29 ^{23}**Na(α，p)**^{26}**Mg 反应(上)和**^{23}**Na(α，n)**^{26}**Al 反应 (下)截面的测量结果**

8.3.5 国内实验装置的优势

为解决核科学重大科技前沿及国家战略需求中的战略性、基础性和前瞻性科技问题，"十二五"以来，我国已建成并投入运行［如上海光源、中国散裂中子源（CSNS）］、正在建设［如中国锦屏地下实验室（CJPL）、强流重离子加速器装置（HIAF）］和即将建设［如加速器驱动的嬗变研究装置（China Initiative Accelerator Driven System，CIADS）］一批与核科学相关的大科学装置。本节主要介绍与核天体物理研究相关的锦屏深地核天体物理实验平台和上海激光电子伽马源。

8.3.5.1 锦屏深地核天体物理实验平台

在恒星平稳核燃烧过程中，核反应发生在相对低温、低密度的天体环境中。天体物理感兴趣的伽莫夫能量（几十到几百千电子伏特）远远低于库仑位垒，热核反应截面极小（pico～femto barn，即 10^{-36}～10^{-39} cm^2，甚至更小），由于宇宙射线和环境本底的影响，在通常的实验室条件下难以进行直接测量。为了更有效地降低宇宙射线和环境本底的影响，科学家把实验室搬到了地下深处。近 20 年来，在低能核天体反应截面直接测量方面，位于 1 400 m 岩石下方的意大利 Gran Sasso 核天体物理实验室（Laboratory for Underground Nuclear Astrophysics，LUNA）取得了一系列重要的研究成果。目前意大利批准了 LUNA 的升级计划 LUNA - MV，美国、英国和西班牙也分别提出了DIANA、ELENA 和 CUNA 深地实验室计划，力争处于该研究领域的领导者地位。

中国正在建造的国家深地实验室将充分利用四川锦屏山水电站工程建设中形成的埋深 2 500 m（世界最深）和长 16 km 的隧洞，可以将宇宙线通量降到地面水平的千万分之一至亿分之一，同时，洞内岩体本身的天然放射性也极低（见图 8 - 30），为暗物质探测、核天体物理、中微子实验等重大基础性前沿课题研究[38]提供了得天独厚的良好环境，是由多个实验与观测系统组成的多学科融合交叉的科学与工程实验室。

2014 年，我国启动了锦屏实验室二期（CJPL - Ⅱ）扩建工程，实验室空间从 4 000 立方米跃至 30 万立方米，实验室建成后，将是国际上最大的地下实验室，能够容纳更多的深地科学领域实验项目同时开展，有望逐步发展成为面向世界开放的国家级基础研究平台。2016 年 3 月 1 日，锦屏深地核天体物理实验平台（JUNA）的现场建设在四川省西昌市中国锦屏地下实验室正式启动。

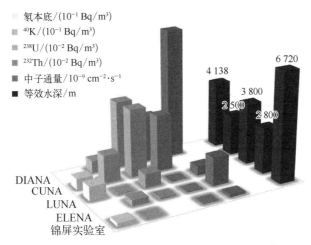

图 8 - 30　锦屏山深地实验室与其他深地核天体
物理实验室不同本底比较

项目负责人、中国原子能科学研究院柳卫平及其研究团队将在建成后的 JUNA 开展关键天体物理核反应 $^{12}C(\alpha, \gamma)^{16}O$ 的直接精确测量,该实验室将为国际上开展天体物理核反应精确测量提供一个新的顶级平台。深地核天体物理实验平台的建设将使我国在低能核天体反应研究领域占有一席之地。

　　JUNA 项目团队经过 2 年努力,近期研制成功 2.45 GHz 强流 ECR 离子源及低能束运线。高性能强流离子源及低能传输线关键设备的建成,为锦屏深地核天体物理实验加速器装置的成功研制奠定了坚实基础。依托锦屏深地核天体物理实验平台,研究者将开展恒星平稳氦燃烧阶段关键的 (α, γ) 和 (α, n) 反应及恒星平稳氢燃烧阶段关键的 (p, γ) 和 (p, α) 反应的直接精确测量,为理解恒星演化和元素起源提供关键的核物理输入量,取得核天体物理领域的原创性研究成果。

8.3.5.2　上海激光电子伽马源

　　随着近年来飞速发展的超强激光技术和高亮度电子加速器的发展,基于激光电子康普顿散射的 γ 射线源得到快速的发展。这类 γ 射线源具有能量可调、准单色、极化度高、短脉冲、方向性好、可小型化的优点,可作为第三代、第四代光源的补充来提供高亮度的兆电子伏特量级的光子,在核物理、核天体物理、医学同位素、核废料处理、国家安全、工业应用等领域具有巨大的潜力。

　　上海同步辐射光源二期光束线站"上海激光电子伽马源"(SLEGS)利用 CO_2 激光与上海光源(SSRF)的 3.5 GeV 电子束进行激光康普顿散射,得到

0.4~20 MeV 能量可连续或多个离散点调节的准单色极化 γ 束,可开展低能极化核物理、核天体物理等的应用研究。

上海激光电子伽马源(SLEGS)的光源系统包含相互作用点靶室、多通组件、激光器系统(激光器、激光检测系统、光路系统)等部分。上海激光电子伽马源的相互作用点靶室如图 8-31 所示,有两种运行模式。在斜入射模式下,外部激光通过相互作用点腔体引入储存环,与上海光源储存环(SSRF)电子束以一定的夹角发生康普顿散射产生伽马光,并通过连续改变激光和电子束夹角的办法实现伽马光能量连续可调;在背散射模式下,激光通过前端区的多通组件引入,与电子束以 180°的夹角发生康普顿散射。背散射模式下的伽马光具有高极化度。

图 8-31　上海激光电子伽马源的相互作用点靶室

实验站将配置 4π 平坦效率中子探测器(^{3}He 正比计数器)、核共振荧光探测器(HPGe+LaBr$_3$)、飞行时间中子探测器(塑闪+液闪中子探测器)和带电粒子探测器(Si strip)等。其科学目标如下:通过光核反应开展核天体物理、核结构、极化物理、介子物理等领域中的基础物理研究,特别是解决核天体物理中具有重大科学价值的问题;此外,还开展与航天、国防、核能等战略需求相关的应用基础研究,如利用伽马射线开展航天电子元器件空间辐照效应中的总剂量效应及其抗辐射加固评估的研究,以及航天伽马探测器的精确定标、核能关键光核截面、核废料嬗变截面研究等。建成的 SLEGS 装置有望成为一个开展基础物理和应用研究相结合的多功能实验平台。

8.4　超铁元素的合成

从铁到铀的重元素合成过程是 21 世纪物理学 11 个重大科学问题之一(National Research Council of the National Academies 2003,美国)。中子俘获反应存在着两种不同、彼此独立的过程,即快中子俘获过程(r 过程)和慢中子俘获过程(s 过程)。中子俘获过程的快慢取决于由中子俘获产生的不稳定原子核(质子数为 Z,质量数为 A)的中子俘获率 $\lambda_{n,\gamma}(Z, A)$ 与其 β 衰变率 $\lambda_\beta(Z, A)$ 的比较。r 过程要求:

$$\lambda_{n,\gamma}(Z, A) = n_n \langle v\sigma_{n,\gamma}(Z, A)\rangle > \lambda_\beta(Z, A) \qquad (8-3)$$

式中,n_n 为中子数密度,$\langle v\sigma_{n,\gamma}(Z, A)\rangle$ 为热平衡分布函数平均后得到的中子俘获率函数。粗略地说,如果天体环境的中子数密度为

$$n_n \geqslant 10^{18}\left[\frac{10^{-17}\,\mathrm{cm^3/s}}{\langle v\sigma_{n,\gamma}(Z, A)\rangle}\right]\left[\frac{\lambda_\beta(Z, A)}{10\,\mathrm{s^{-1}}}\right]\mathrm{cm^{-3}} \qquad (8-4)$$

那么 r 过程就会发生,相应的 $n_n \ll 10^{18}\,\mathrm{cm^{-3}}$ 则属于 s 过程的范畴。

r 过程主要发生在爆发性的天体物理环境中,如超新星爆发、双中子星的并合。s 过程则发生在恒星内部静态的氦燃烧时期(主 s 过程),如红巨星阶段或渐近巨星分支(Asymptotic Giant Branch),以及大质量恒星的核心氢燃烧和壳层碳燃烧阶段的弱 s 过程,其将铁族元素核合成为 Sr(锶)和 Y(钇)等同位素,最终经过超新星爆发过程,将这些同位素扩散至星际空间内。

8.4.1　慢中子俘获过程

1954 年 A. G. Cameron 首先指出:比铁重的原子核可以在红巨星中由铁族元素(铬、锰、钴和镍)的原子核慢俘获中子 s 过程得到。s 过程主要发生在中子密度较低和温度中等条件下的恒星中。在此条件下,原子核进行中子俘获的速率相较之下就低于 β 负衰变。稳定的同位素捕获中子,但是放射性同位素在另一次中子捕获前就先经 β 衰变成为稳定的子核,这样经 β 稳定的过程,使同位素沿着同位素列表的槽线移动。s 过程与更快速的 r 过程中子捕获不同的是它的低速率。s 过程的速度很慢,每一个中子俘获过程需 $100 \sim 10^4$ a,所以其间有充裕的时间发生不稳定衰变。s 过程创造了约另一半比铁重的元素,因此在星系化学演化中扮演着很重要的角色。

20 世纪 50 年代,Greenstein 首次在渐近巨星分支 AGB 星演化的氦燃烧阶段引入了两个对重元素核合成至关重要的中子源:一个是通过 AGB 星演化中质子混合到氦壳层而产生的 ^{13}C 中子源,它通过反应 $^{13}C(\alpha, n)^{16}O$ 释放中子;另一个是 ^{22}Ne 中子源,它通过 $^{22}Ne(\alpha, n)^{25}Mg$ 释放中子,这里的 ^{22}Ne 是由恒星氢燃烧中经过 CNO 循环生成的 ^{14}N 在热脉冲开始的早期通过反应链 $^{14}Ne(\alpha, \gamma)^{18}F(\beta^+, \nu)^{18}O(\alpha, \gamma)^{22}Ne$ 在氦壳层中自然生成的。$^{13}C(\alpha, n)^{16}O$ 和 $^{22}Ne(\alpha, n)^{25}Mg$ 反应是为 s 过程提供中子源的主要反应[39]。此外,红巨星中的氦燃烧有充足的 α 粒子在第二代或后代恒星中会含有一定数量的 ^{17}O、^{21}Ne、^{25}Mg 等比氦重的核素。通过发生在这些核上的 (α, n) 反应可为 s 过程提供中子源。

1) $^{13}C(\alpha, n)^{16}O$ 反应的天体物理反应率

$^{13}C(\alpha, n)^{16}O$ 是渐近巨星支 AGB 星中慢速中子俘获 s 过程的主中子源反应,反应的复合核 ^{17}O 的阈下共振 $1/2^+$(6.356 MeV)的宽度 $^{13}C(\alpha, n)^{16}O$ 反应影响很大。2012 年中国原子能科学研究院郭冰、柳卫平研究团队使用 HI-13 串列加速器和 Q3D 磁谱仪,首次测量了 $^{13}C(^{11}B, ^7Li)^{17}O$ 转移反应角分布,基于 FRESCO 程序和 DWBA 方法分析转移反应的实验角分布,确定了影响 $^{13}C(\alpha, n)^{16}O$ 反应最关键、最不确定的 ^{17}O 阈下共振态 $1/2^+$(6.356 MeV)的 α 宽度,从而得出天体物理能区 $^{13}C(\alpha, n)^{16}O$ 反应的 S 因子和反应率,澄清了国际上已有 S 因子数据间高达 25 倍的巨大分歧(见图 8-32)[40]。使用不同质量的 AGB 星模型模拟了最新 $^{13}C(\alpha, n)^{16}O$ 反应率对 s 过程核合成网络元素丰度的影响,计算表明新反应率数据导致恒星中铅的丰度增加了 25%。

目前,中国科学院近代物理研究所唐晓东正在利用锦屏深地实验室低中子本底的有利条件、强流粒子加速器和低本底高灵敏度的中子探测器,对

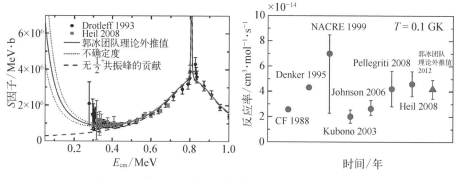

图 8-32　$^{13}C(\alpha, n)^{16}O$ 天体物理 S 因子实验值(左)及伽莫夫峰处天体物理 S 因子(右)

$^{13}C(\alpha, n)^{16}O$ 反应在 $E_{cm}=0.2\sim0.31$ MeV($E=0.26\sim0.4$ MeV)能量区间展开直接测量,覆盖 50% 的天体物理有关能区。利用直接测量的结果,将检验和校正外推模型的预言能力,减小天体物理反应率对外推模型的依赖性,为天体物理研究提供可靠的反应率。

2) 白光中子源的(n, γ)截面测量

为了能在实验室测量天体物理能区的反应截面,相应的中子源装置是必不可少的条件。目前常见的中子源包含放射性中子源、反应堆中子源和散裂中子源。其中,后两者是能够提供高通量中子的主要装置。散裂中子源是由加速器加速到吉电子伏特能量的质子轰击重金属靶而产生中子的大科学装置。其产生的中子能谱分布较宽,中子的能谱在一段区域内连续分布,呈现连续谱,常称为白光中子源。由于加速器脉冲的质子束流提供的脉冲束流中子源可与中子飞行时间测量结合,能利用中子束流中的全部中子,并有极高的中子能量分辨率,可以同时获得不同中子能段的截面数据,对中子的利用率相比反应堆提高了 100 倍以上,因此可快速完成截面测量工作。

中国散裂中子源(CSNS)的建设为我国发展较高水平的白光中子源提供了很好的机会和条件。其目前运行的反角白光中子源(Back-n)能谱的峰值在兆电子伏特附近且能谱较宽(1 eV～200 MeV),因此非常适合用于精确核数据测量工作。满功率运行条件下实验厅中子注量率最高可达到 6×10^7 cm^{-2}·s^{-1}。为提高快中子的时间分辨,CSNS 加速器运行专门研发了多个白光中子源专用模式,可在 1 eV～100 MeV 能区内均好于 1%。反角白光中子源的顺利建成填补了我国白光中子源的空白,并达到国际先进水平,满足国防和先进核能急需的中子核数据测量和核物理竞争性研究的需要。

反角白光中子源 Back-n 的布局如图 8-33 所示,沿质子束流入射方向,距散裂靶–钨靶 20 m 处设置了一块能将质子束流运动方向偏转 15° 的偏转磁铁。质子束流轰击钨靶后发生散裂反应,产生大量中子向四周发散。在入射质子束流反角方向上的那部分中子将沿着质子通道的反向飞行,也就是说:在钨靶到 15° 偏转磁铁之间,质子束流与反向的中子束流将共用一段真空束管,反向的中子束流因为不带电在偏转磁铁处与带电的质子束流自然分离。这是世界上首例将高能质子束流打靶通道的反流中子束引出所构建的白光中子源。

为适应不同实验的要求,在反角中子束流线的不同位置设计了两个实验厅(也称实验终端)。终端 1 与钨靶的距离较近(约 55 m),特点是中子束流强

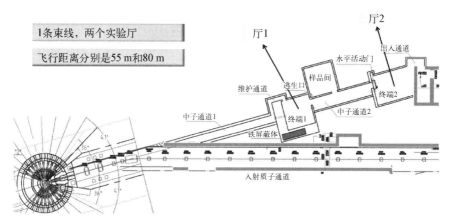

图 8‑33　中国散裂中子源 CSNS：反角白光中子源束线站 Back‑n

度较高,适于开展多种类型中子反应截面的测量;终端 2 与钨靶的距离约为 80 m,特点是时间分辨率较高,适于开展对精度要求较高的核数据测量。自 2018 年 3 月建成以来,Back‑n 已开展了一系列的核数据测量实验、探测器标定实验、中子辐照效应实验和中子照相研究,科研产出效率非常高,实验数据质量达到了研究要求,为我国多领域的科学研究和应用研究提供了一个强大的平台。

8.4.2　超新星爆发与快中子俘获过程

1) 超新星爆发过程

根据超新星光谱中是否存在氢吸收线,可以将超新星分成Ⅰ类和Ⅱ类。在这两种类型中,每种都可以依据存在于谱线中的其他元素或光度曲线的形状再进行细分。Ⅰ类超新星质量相对比较小,Ⅱ类超新星是大质量恒星(大于 8 个太阳质量)由内部塌缩引发剧烈爆炸的结果。

按照爆发机制,超新星大体上分为核心塌缩式(大质量恒星演化后期由于自身引力作用自发塌缩的过程)和非核心塌缩式两种。其中,前者占大多数,也是我们在下面主要关注的,有以下几点极其重大的意义:① 核心塌缩式超新星的核心部分将形成中子星或者黑洞。这对恒星演化,以至宇宙演化意义非凡。② 宇宙中几乎所有的比铁重的核素的形成都可以发生在核塌缩式超新星爆发过程中。这是我们的星系、太阳、地球及生命和文明形成的基本。③ 在剧烈爆炸过程中会产生大量的各种不同味的中微子、反中微子和引力波源,以供基础物理研究。④ 爆发过程密度和温度跨度极大,提供了研究各种物理的极限条件。

2) 快中子俘获过程的提出

在单颗恒星演化过程中，r 过程在核心发生塌缩的超新星中创造富含中子且比铁重的元素。此外，天文家还假设了另外一个可以发生 r 过程的天体环境——双中子星的并合过程，最新的天文观测也证实了这一假设。r 过程是目前唯一可以产生铀、钍等重元素的核合成过程，也是唯一可能在天体条件下产生超重元素的反应过程。

与 s 过程不同的是，在 r 过程中，中子俘获反应速率比其产物的 β 衰变速率要快。r 过程中每次俘获中子的时间只需 $0.1 \sim 1$ s，比 s 过程快了 10^{10} 倍。一个铁族原子核在 $10 \sim 100$ s 内最多可俘获 200 个中子，尽管其产物多数都是不稳定核，但在连续两次俘获中子之间，很难插进 β 衰变。这意味着 r 过程"沿着"中子滴线进行。随着俘获中子数目的增加，光解反应速率越来越快，最终在某些关键核素处达到俘获中子和光解反应的动态平衡。相应地，核合成过程需要等待这些核素 β 衰变之后，才能生成更重的原子核，这些关键核素称为等待点核素。等待点核素的 β 衰变性质决定了 r 过程的时间尺度，并影响最终的核素丰度分布，因此等待点核素对 r 过程的研究非常重要。只有两件事情可以阻止这个过程超越中子滴线，一是著名的中子捕获截面因为中子壳层关闭而减小，即质量数 $A = 80$、130 和 195 的快中子俘获元素的三个丰度峰的形成原因，分别对应于原子核的三个中子幻数 $N = 50$、82 和 126。二是重元素的同位素稳定区域，当这样的核变得不稳定时，便会自发地产生分裂，使 r 过程终止。当 r 过程进行到质量数为 220 左右的裂变原子核区时，裂变将会影响超铀元素的核合成过程，并终止 r 过程。

快中子俘获过程的研究涉及数千个丰中子奇特原子核的结构和反应信息。丰中子原子核的静态性质，如质量、β 衰变寿命、配分函数，都是 r 过程理论计算不可或缺的部分。同时，由于核合成是一个动态过程，所以我们对这些原子核的动态性质，即核反应（主要是中子俘获反应），也必须有详细的数据。另外，原子核俘获中子的过程不可能无休止地进行下去，当核合成进行到足够重的原子核时，自发裂变、中子诱发裂变或 β 缓发裂变等将阻止更重元素的产生，因此原子核的裂变性质自然也是回答元素起源问题的关键一环。其他重要的信息还包括 α 衰变和长寿命的同核异能素等。

3) 快中子俘获过程的相关研究进展

低能中子俘获反应是 r 过程中最重要的原子核反应。与实验室中在确定的质心系能量下进行的核反应不同，天体环境中的原子核处于热平衡状态，且能量状态按照玻耳兹曼分布律布居,即 r 过程中的中子俘获截面不仅是能量相关的,而且是状态相关的。

由于 r 过程涉及的反应能量较低,在实验室中对中子俘获截面进行直接测量非常困难。目前常用方法是通过间接反应得到相应核的能级分布,而后结合理论计算反推出相应结果。通过逆运动学的(D, p)反应可间接研究短寿命核的(n, γ)反应。这种间接方法能定出中子俘获过程所需要的约化中子宽度。γ 宽度和(n, γ)反应的共振强度可利用逆运动学的(D, pγ)反应和符合测量来确定。通过(D, p)反应测量中子转移到中子分离能接近零的激发态的概率将提供有助于进一步了解 r 过程路径和时标的新信息。

随着新一代放射性束流装置的建设和运行,r 过程中子俘获截面的测量工作将获得良好的机遇,例如在建的惠州的 HIAF 和提议中的北京 ISOL 装置等。然而,总体说来,研究 r 过程所需的核反应数据目前还只能依赖于理论预言。不同的理论模型给出的截面(或者天体物理反应率)存在着巨大的差别[41],如图 8 - 34 所示。

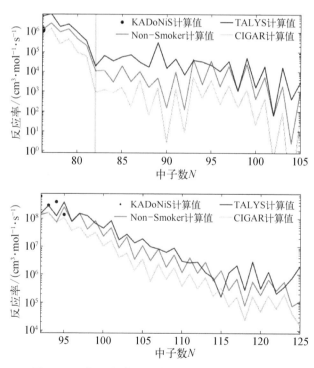

图 8 - 34　锡同位素(上)和铕同位素(下)中子俘获
反应率不同模型计算值比较

除了丰中子原子核的质量外,r 过程计算时所需的核物理观测量还包括 β 衰变率和中子俘获截面等。其中,β 衰变寿命决定了 r 过程的时间尺度。除了少数几个关键等待点外,r 过程中涉及的大部分原子核的 β 衰变寿命仍然未知。

8.4.3 双中子星的并合及引力波的电磁对应体

2016 年美国激光干涉引力波天文台 LIGO 直接探测到来自双黑洞相互绕转、并合的引力波信号,开启了天文学的一个新时代。宇宙在演化过程中会产生不同频段的引力波,通过观测可以追溯到早期的宇宙,也可以看得到恒星及其系统的形成、演化和衰亡过程。

对于地面(如 LIGO)和空间引力波探测器来说,致密双星系统是首选的引力波源,这种双星系统可以是双白矮星(WD - WD)、双中子星(NS - NS)、中子星-白矮星(NS - WD)、中子星-黑洞(NS - BH)、黑洞-黑洞(BH - BH)等。这些致密双星系统既是引力波最可能的天体物理来源,也是检验引力理论的天然实验室。

2015 年 7 月中山大学正式启动了由校长罗俊院士带队的“天琴空间引力波探测计划”。天琴计划的引力波探测包含电磁信号辅助手段,通过天文观测已确定的双星系统,清楚它们的质量、方位、距离、相互之间绕行的轨道频率等,进而更为精确地确定引力波源。

1) 引力波电磁对应体

为了优化引力波探测的科学产出,研究其电磁对应体是十分必要的。如果能探测到引力波对应的电磁信号,我们就可以从引力波信号数据中提取更多的信息。同时电磁信号能够提供引力波对应天体释放的能量、事件宿主星系及事件产生时间等信息。

对于电磁对应体的研究,关键问题就是致密双星的并合究竟产生哪些可观测的电磁信号。致密双星并合阶段时间演化如图 8 - 35 所示,除了引力波信号外,不同时间阶段能够看到不同的电磁信号。致密双星系统产物可能存在的电磁对应体包括短时标的伽马射线暴和射电余辉。① 短暴由于相对论集束效应,被准直在很小的张角内,因此大部分引力波信号可能无法与短暴同时探测到。② 致密双星并合时,会有一部分物质脱离引力束缚,从系统中抛射出来。由于并合抛射物与环境介质相互作用产生长时间的射电余辉,主要有两个部分的贡献。一部分由于喷流受到外部介质的阻挡,在几个月内减速到中等相对论时,产生了射电辐射。另一部分射电辐射的贡献来源于亚相对论的各向同性抛射物,通过快中子俘获过程(r 过程)合成重核,这些重核元素具有非常强烈的放射性,其衰变可用来加热这些抛射物,从而产生类似于超新星的天文现象。典型参数下此类事件亮度约为新星的一千倍,称此类事件为千新星(kilonova)。

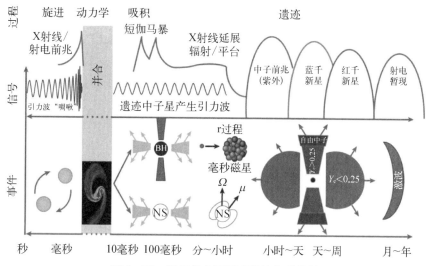

图 8-35 双星并合不同时段的电磁信号

2) 引力波电磁对应体的观测

2017 年北京时间 10 月 16 日晚 10 点,长达两小时的新闻发布会在华盛顿全国新闻俱乐部(National Press Club)召开,LIGO 执行主任大卫·莱兹(David Reitze)宣布,LIGO 激光干涉引力波天文台和 Virgo 室女座引力波天文台于 2017 年 8 月 17 日首次发现了一种前所未有的新型引力波事件。该引力波事件由两个质量分别为 1.15 个和 1.6 个太阳质量的双中子星并合所产生,根据探测日期确定编号为 GW170817,距离我们 1.3 亿光年。随后的几秒之内,美国宇航局费米伽马射线卫星和欧洲 INTEGRA 卫星都探测到了一个极弱的短时标伽马暴 GRB170817A。全球有几十台天文设备对 GW170817 开展了观测,确定这次的引力波事件发生在距离地球 1.3 亿光年之外的编号为 NGC4993 的星系中。

在后续的几个星期里,天文学家利用其他位于地面、空间和地下的天文观测站,在电磁波的各个波段(伽马射线、X 射线、紫外、红外、可见光、微波),利用中微子探测技术,对这个已经由三个独立运行的引力波观测站(LIGO

Hanford、LIGO Livingston 和 Virgo)通过伽马射线和可见光都探测到的天文事件进行了进一步详细研究。

天文学家认定,这是一次双中子星的碰撞事件。引力波 GW170817 的观测让我们测量到了两个中子星的质量。伽马射线暴 GRB170817A 让我们认识到中子星碰撞后有物质被高速抛出;后续的紫外、可见和红外光学观测和不同谱段光强的分析让我们初步确定发光来自重元素的衰变,确立了 SSS17a 是一个千新星。X 射线和射电(微波波段的无线电)观测让我们更好地了解了爆炸的能量,抛出物质的状况,以及爆炸周围的环境。

过去 4 次探测到的引力波均由黑洞触发。黑洞吸收光线,可谓“听到看不到”。这次,LIGO 在识别出比黑洞质量小得多的天体——中子星触发的引力波信号后,全球 70 多架望远镜纷纷指向 1.3 亿光年外的 NGC4993 星系,观看“焰火”[42]。在全世界众多天文学家及探测设备的协同努力之下,双中子星并合引力波事件的电磁对应体被确切地发现。这样,天文学家就初步确认了“短伽马射线暴”的物理起源,初步确认了中子星的存在并且了解了它的成分,而且对宇宙中重元素的起源有了新的实验证据。

8.5　热核反应的复杂网络分析

在前面的章节中,我们知道核天体物理学界一直都在尝试解决自然界中一些极具挑战性的问题:宇宙中的重元素起源与无机环境到生命的演化过程是怎样的? 太阳系、银河系乃至整个宇宙是如何形成并演化的? 最终它们将坍缩还是持续扩张? 其中,这些问题中核反应网络扮演着重要的角色[43]。然而,由于技术的限制,地球上的实验环境无法达到类似于星体中的高温、高密环境,使得与核反应相关的反应率、反应截面、核子质量等核数据很大部分均依赖于模型计算,然后将这些核数据输入传统的“核反应网络”中,建立若干个时间依赖的微分方程组,精确求解得到相关核反应中参与物的丰度演化情况,进而确定不同的核素合成过程[44]。目前,大家所熟知的与热核反应相关的数据集有 REACLIB[45] 和 NACRE[46-47]。

与此同时,统计物理中的复杂网络分析方法可以从反应系统的整体出发,将反应系统中的个体作为节点(node/vertex),个体间的相互关系作为边(edge/link),如此整个反应系统映射为一个网络结构。此方法已在诸多领域得到了应用,例如,人的代谢网络[48-49] 和化学反应[50]。特别地,在核反应系统中,文献[51]分析了由我国科技部建设的国家科学数据共享工程中的 1 631 个核衰变反应,这是整个核反应系统的一部分,包含 1 410 个节点和 1 275 条连边,平均度值为 1.8,认为其累积度值分布满足幂指数为 4.1 的幂律分布;文献[52]将 8 万多个反应方程作为节点,计算一组节点到网络其他节点的平均最短距离,并将此组节点作为标准反应,通过加入新反应,发现整个网络的平均最短距离减少,认为新加入的反应可以优化实验,为改进实验提出了方案。显然利用该方法对核反应系统进行统计分析,研究其宏观结构特征,是从一个新的视角来探究核天体中的核反应,是具有开创性意义的。

8.5.1 无权有向多层网络的构建与属性

1) 多层核反应网络的拓扑特性与稳定核素判据

由核天体物理联合研究所(Joint Institute for Nuclear Astrophysics,JINA)维护的热核反应率数据库 REACLIB 中包含 8 000 多个核素、8 万多个反应[45]。其数据结构以反应为单位,每个反应对应于一个条目,分为反应类型(header entry)和反应内容(set entry)两部分。反应内容中包含了反应物和产物的名字及质量数、数据来源、Q 值及用于计算反应率的 7 个拟合参数 a0～a6。图 8-36 为 REACLIB 的一个数据示例,图中列出了从 REACLIB 中抽取的三个条目,每个条目有四行数据,包含反应类型和反应内容两部分,分别对应于第一行和第二行至第四行。

```
1 1
2           n         p                                      wc12w      7.82300e-01
3 -6.781610e+00  0.000000e+00  0.000000e+00  0.000000e+00
4  0.000000e+00  0.000000e+00  0.000000e+00
        ......
165977 4
165978      he4 pm164 eu168                                  rath       2.95700e+00
165979  4.138130e+02  2.116250e+01 -2.372990e+03  1.907210e+03
165980 -5.743500e+01  1.464280e+00 -1.272930e+03
        ......
331401 11
331402      fe45  p   p   p ti42                              wc12w      1.70300e+01
331403  2.493420e+00  0.000000e+00  0.000000e+00  0.000000e+00
331404  0.000000e+00  0.000000e+00  0.000000e+00
```

图 8-36 从 REACLIB 数据中抽取的三个条目

目前将反应系统映射为网络的构网方法主要有四种:反应物-产物网络(reactant-product network,即反应物连接一条边到产物)、基质网络(substrate-substrate network,即反应物之间相互连边,生成物之间相互连

边)、物质网络(substance network,即前两
种构网方式的组合)及反应方程网络
(reaction network,即将反应方程作为节
点,若两个反应方程有共同的物质,则该节
点对之间存在连边)[53]。其中反应物-产物
构网方法在基本获得完整信息的情况下更
简洁地得到了网络结构,是研究中最常用
的方法。朱亮、马余刚等基于这种构网方
法,结合 REACLIB 数据集,将核素作为节
点,反应关系作为连边,参与反应的核素连
接至产物核素,首次得到一个有向无权的
核反应网络[54],并根据反应物中是否有中
子、质子、α 粒子和其他物质将整个反应网
络分为四层网络,分别对应于 n 层、p 层、h
层和 r 层。他们以数据库中^{40}Ca 为例,首先

$$^{40}\text{Ca} \rightleftharpoons \text{n}+^{39}\text{Ca}$$
$$^{40}\text{Ca} \rightleftharpoons \text{p}+^{39}\text{K}$$
$$^{40}\text{Ca} \rightleftharpoons ^{4}\text{He}+^{36}\text{Ar}$$
$$\text{n}+^{40}\text{Ca} \rightleftharpoons \text{p}+^{40}\text{K}$$
$$\text{p}+^{40}\text{Ca} \rightleftharpoons \text{n}+^{40}\text{Sc}$$
$$\text{p}+^{40}\text{Ca} \rightleftharpoons ^{4}\text{He}+^{37}\text{K}$$
$$^{4}\text{He}+^{40}\text{Ca} \rightleftharpoons \text{n}+^{43}\text{Ti}$$
$$^{4}\text{He}+^{40}\text{Ca} \rightleftharpoons \text{p}+^{43}\text{Sc}$$
$$^{41}\text{Ca} \rightleftharpoons \text{n}+^{40}\text{Ca}$$
$$^{41}\text{Sc} \rightleftharpoons \text{p}+^{40}\text{Ca}$$
$$^{44}\text{Ti} \rightleftharpoons ^{4}\text{He}+^{40}\text{Ca}$$
$$^{4}\text{He}+^{37}\text{Ar} \rightleftharpoons \text{n}+^{40}\text{Ca}$$
$$^{40}\text{K} \longrightarrow ^{40}\text{Ca}$$
$$^{40}\text{Sc} \longrightarrow ^{40}\text{Ca}$$
$$^{41}\text{Ti} \longrightarrow \text{p}+^{40}\text{Ca}$$
$$\text{p}+^{43}\text{Sc} \longrightarrow ^{4}\text{He}+^{40}\text{Ca}$$
$$^{43}\text{Cr} \longrightarrow \text{p}+\text{p}+\text{p}+^{40}\text{Ca}$$

图 8-37 REACLIB 数据库中^{40}Ca
参与的所有反应[55]

提取出该元素所涉及的所有反应,具体如图 8-37 所示。

其中,第一个反应式将映射为一条从^{40}Ca 到^{39}Ca 的 r 边和一条从^{39}Ca
到^{40}Ca 的 n 边,依次类推,根据^{40}Ca 的所有反应方程可以得到该核素对应节点
与其邻居节点的四层网络及其聚合网络(即四层网络的聚合),如图 8-38 所
示。如此所有核素均经过同样的映射过程得到整个多层结构的核反应网络
系统。

首先,根据构成的多层无权有向核反应网络,定义节点 i 在 α 层的入度
$k_{i,\text{in}}^{[\alpha]}$ 和出度 $k_{i,\text{out}}^{[\alpha]}$ 为

$$k_{i,\text{in}}^{[\alpha]} = \sum_j a_{ji}^{[\alpha]}, \ k_{i,\text{out}}^{[\alpha]} = \sum_j a_{ij}^{[\alpha]} \tag{8-5}$$

节点 i 在聚合网络中的度值为

$$k_{i,\text{in}} = \sum_j a_{ji}, \ k_{i,\text{out}} = \sum_j a_{ij} \tag{8-6}$$

式中,如果节点 i 到节点 j 在网络中有边则 $a_{ij}=1$,否则 $a_{ij}=0$,则有 $k_i \leqslant$
$\sum_\alpha k_i^{[\alpha]}$,α 取值为[1,2,3,4]。为了体现多层核反应网络中单个核素的特性,
在 Z-N 平面上绘制了各个节点的度值以体现不同度值在位置上(关于核素

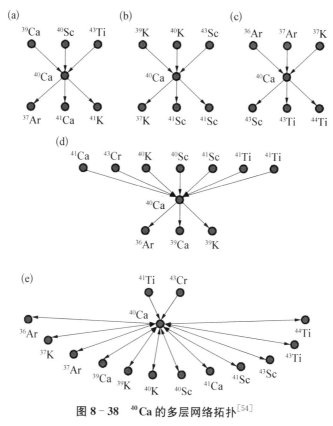

图 8 - 38 ^{40}Ca 的多层网络拓扑[54]

(a) n 层;(b) p 层;(c) h 层;(d) r 层;(e) 聚合网络

的质子和中子数)的分布,度值的大小由颜色的深浅表示。从图 8 - 39 可以看出,n、p、h 三层网络的入度和出度主要都以 $k=3$ 为主,显示出极高的规律性,只有少数其他值分布在核素图的边缘。而从图 8 - 40 可以看出 r 层和聚合网络的入度和出度分布相对较复杂,在度值差异的区域边界可以观察到若干条带状形状。如此丰富的拓扑特征也意味着大量信息蕴藏在聚合网络和 r 网络的结构中。

由构建核反应网络的方法和度值的定义可以看出入度对应于核素的生成,出度对应于核素的消耗,两者平衡的情况更有可能使核素保持稳定,与稳定核素具有一定的相关性。根据 β 稳定线的经验公式:

$$Z = 0.5A - 0.3 \times 10^{-2} A^{\frac{5}{3}} \tag{8-7}$$

$$Z = A(1.98 + 0.0155 A^{\frac{2}{3}})^{-1} \tag{8-8}$$

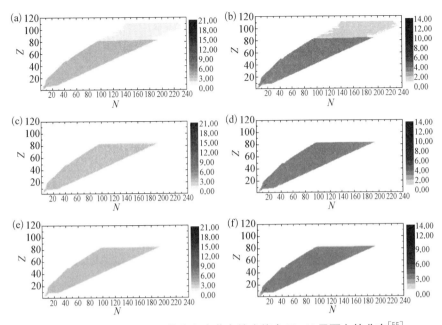

图 8 - 39　n、p、h 三层网络中各个节点的度值在 Z - N 平面上的分布[55]

（a）n 层入度；（b）n 层出度；（c）p 层入度；（d）p 层出度；（e）h 层入度；（f）h 层出度

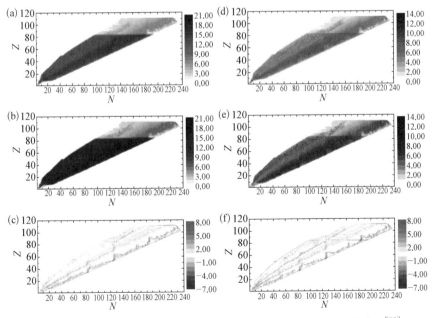

图 8 - 40　聚合网络和 r 层网络中节点的度值在 Z - N 平面上的分布[55]

（a）聚合网络的入度；（b）聚合网络的出度；（c）聚合网络的度值差；（d）r 层网络的入度；
（e）r 层网络的出度；（f）r 层网络的度值差

将 β 稳定线添加进 r 层网络的度值差图中,可以看出,r 层网络的条带状形状
与 β 稳定线能较好拟合,如图 8-41 所示。图中实线和点画线分别是根据不同
β 稳定线的经验公式得到的拟合 β 稳定线,虚线为 $Z=N$ 辅助线;内插图展示
了"稳定核素度值条件"的拟合结果,黑色点代表符合该条件的 192 个核素,空
心圆代表被该条件纳入的 31 个不稳定核素,灰色点代表该条件遗漏的 40 个
稳定核素。这说明度值差模式能描述大部分核素,进一步与已知的稳定核素
进行对比,发现 80% 以上的稳定核素都满足 r 层网络度值差为 2,聚合网络度
值差为 0 的条件,即稳定核素度值条件为 $(k_{i,\,\text{in}}^{[r]} - k_{i,\,\text{out}}^{[r]} = 2) \bigcap (k_{i,\,\text{in}} - k_{i,\,\text{out}} = 0)$。这也说明了稳定核素对应的节点在其他三层网络中的邻居往往在大部分
节点上相同,仅在连边反转的节点上存在不同,使得 r 层中的度值差得到补
偿,消除了在聚合网络中的差异,此时入度等于出度。

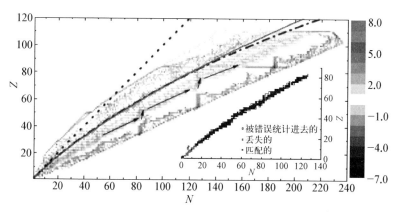

图 8-41 r 层网络根据度值条件进行的 β 稳定线拟合[55]

为了评价节点在不同网络层中连边的分布,即节点与其邻居重叠连边的
聚合情况,在连边重叠度[56](即节点 i 和 j 之间位于不同网络层上的连边总
数)的基础上定义了一个归一化的节点重叠系数 o_i,公式如下:

$$o_{i,\,\text{in}} = \frac{1}{k_{i,\,\text{in}}} \sum_j \frac{\sum_\alpha a_{ji}^{[\alpha]} - 1}{M - 1} \tag{8-9}$$

$$o_{i,\,\text{out}} = \frac{1}{k_{i,\,\text{out}}} \sum_j \frac{\sum_\alpha a_{ij}^{[\alpha]} - 1}{M - 1} \tag{8-10}$$

式中,k_i 是节点 i 在聚合网络中的度值,$\sum_\alpha a_{ij}^{[\alpha]}$ 即连边重叠度,M 为层数。节

点重叠系数 o_i 将节点每条边的连边重叠度用层数进行归一化后积累,再用聚合网络中的度值 k_i 进行再次归一化,得到节点在每层网络每条连边上的平均重叠情况。对于稳定核素而言,邻居在大部分节点上相同这一结构意味着其对应节点具有较高的重叠系数。从图 8 - 42 可以看出,稳定核素的入度重叠系数较高,出度重叠系数较低,这也进一步验证了前面提出的稳定核素判据的度值条件的合理性,也为稳定核素给出了新的判断条件。

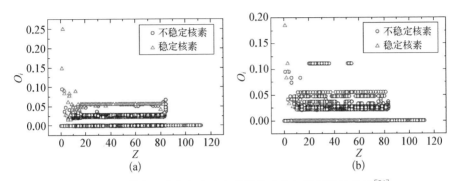

图 8 - 42　节点入方向和出方向的重叠系数与质子数的关系[54]

(a) 入方向;(b) 出方向

2) 原子核版图中热核反应的网络结构

由 n、p、h、r 层上节点的度值在 $Z-N$ 平面上的分布图可以看出,n、p、h 三层核反应网络上核素节点的度值有相似的规律,都比较单一,而 r 层上核素节点的度值分布相对较复杂,但是均在质子数等于 82(幻数中的其中一个)附近出现拓扑特性的变化,这可能是由于中子的活跃度导致了 n 层和 r 层网络中的核素更易发生反应。图 8 - 43 展示了不同核反应网络层中核素节点的度值-度值关联性[57]。可以看出,np、nh 和 ph 层中核素节点的度值具有正关联,而 r 层与其他三层(n、p、h)网络中的核素节点具有相对较弱的正关联。以上所有的研究都是从整个网络的视角出发,展现整个网络的拓扑特性。但是整个网络中的单个核素节点的具体结构目前还没有得到研究。

在现实的真实系统中重复结构是普遍存在的[58-59],例如生物体中的分子结构、时变系统中规律性的时序模式[60-61],以及计算机科学中大家熟知的重复调用的子函数[62]。核反应系统也不例外,特别是 n、p、h 三层,从图 8 - 38 可以看出,除了边界和轻核区,大部分是非常规律的。而这样的拓扑特征在网络科学中称为模体(motif)。其定义如下:模体是若干节点之间拓扑模式的组合,

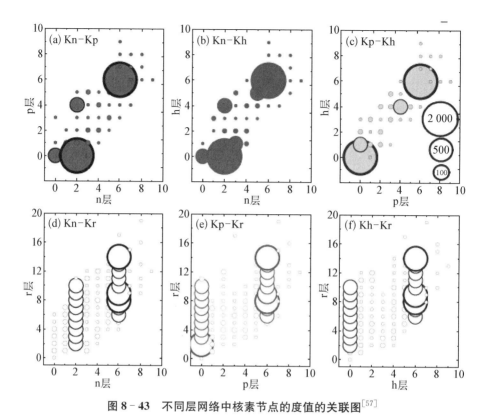

图 8 - 43 不同层网络中核素节点的度值的关联图[57]

注：不同大小的圆圈代表的是不同两层网络中度值的关联的频率。

通常将各种模体加以统计，与对应随机网络中出现的模体进行对比，此随机网络的尺寸、连边数及每个节点的度值均与所研究的网络一致。令 Z_i 为第 i 种模体的得分：

$$Z_i = \frac{N_i^{(\text{real})} - \langle N_i^{(\text{rand})} \rangle}{\sigma_i^{(\text{rand})}} \tag{8 - 11}$$

式中，$N_i^{(\text{real})}$ 表示所研究网络中编号为 i 的模体的出现次数，$\langle N_i^{(\text{rand})} \rangle$ 表示对应随机网络中相应模体出现次数的平均值，$\sigma_i^{(\text{rand})}$ 表示对应随机网络相应模体出现次数的平均方差。较为常见的模体统计软件有 mfinder[63]、MAVisto[64]、FANMOD[65] 等。但是为了具体了解核反应网络中单个核素的特性，传统的模体定义已经无法满足研究的需求。因此，刘焕玲、马余刚等将核反应网络中的每个核素节点认为是一个模体，即单节点模体，以具体地分析核反应网络中核素节点的结构特征，他们发现每一层都有其各自独特的模体结构[57]。

图 8-44 给出了核反应系统分层网络中的典型模体结构,其中图(a)(b)(c)分别代表 n、p、h 层网络,图(d)(e)(f)为 r 层网络的三种典型模体结构。尽管 n、p、h 三层网络的单节点模体在度值上是相同的,但是中子、质子、α 粒子反应对核素中子、质子数改变的影响服从物理规律,因而决定了三者的模体具有不同的空间特征。图(d)是 r 层网络丰质子侧的主要模体,图(e)与(f)是丰中子侧的两种主要模体。在 n 层网络中,对于位置在 (N, Z) 的核素,其单节点模体的入边来源包括 $(N-1, Z)$、$(N-1, Z+1)$、$(N+1, Z+2)$,出边指向的节点为 $(N+1, Z)$、$(N+1, Z-1)$、$(N-1, Z-2)$。从 Pb 开始的重核在 n 层不再具有该模体,过渡到简单的横线结构,即从 $(N-1, Z)$ 连接到 (N, Z) 再到 $(N+1, Z)$。p 层网络中,对于 (N, Z) 核素,其单节点模体的入边来源包括 $(N+2, Z+1)$、$(N+1, Z-1)$、$(N, Z-1)$,出边指向的节点为 $(N-2, Z-1)$、$(N-1, Z+1)$、$(N, Z+1)$。从 Bi 开始的重核在 p 层不再具有该模体,$Z>84$ 后不再有 p 边。h 层网络对于 (N, Z) 核素,其单节点模体的入边来源包括 $(N-1, Z-2)$、$(N-2, Z-2)$、$(N-2, Z-1)$,出边指向的节点为 $(N+1, Z+2)$、$(N+2, Z+2)$、$(N+2, Z+1)$,从 Tl 开始的重核不再具有该模体,$Z>85$ 后不再有 h 边。而相对较复杂的 r 层网络,对于 (N, Z) 核素,

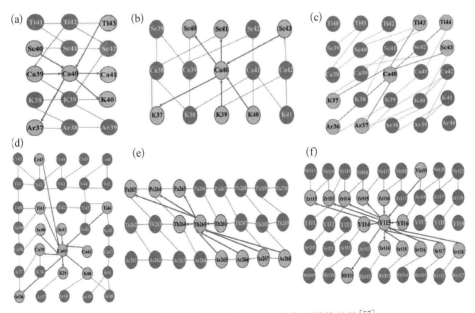

图 8-44　核反应系统分层网络中的典型模体结构[57]

该模体的入边来源包括(N+1, Z)、(N+2, Z−1)、(N+1, Z−1),出边指向的节点为(N−1, Z)、(N−2, Z+1)、(N−1, Z+1)。Z>84 的重核的单节点模体的出边和入边均变为 3。

8.5.2　多层加权有向核反应网络的属性

由前面介绍的无权有向多层核反应网络的属性可以看出,每个连边仅代表从反应物到产物的反应是否可以发生,同时,反应率代表每个反应的难易程度。为了获得更复杂的核反应网络结构,刘焕玲、韩定定等[66]在原来无权有向的多层核反应网络中,将反应率作为权重,构建了更复杂的加权有向的多层核反应网络。在 REACLIB 中,每个反应几乎都是可逆的,包括正反应和逆反应。对于正反应,其反应率可以利用关于温度(T_9)的拟合公式来计算:

$$\lambda = \exp\left(a_0 + \sum_i^5 a_i T_9^{\frac{2i-5}{3}} + a_6 \ln T_9\right) \tag{8-12}$$

式中,T_9 是以 10^9 K(Gigakelvin)为单位的温度值[45],$a_0 \sim a_6$ 由 REACLIB 数据集提供。而对于逆反应的反应率,反应率的拟合参数并没有直接给出,而是需要结合配分函数 WINVN[67]来计算,其逆反应率等于正反应率乘以相应的配分函数。计算出每个反应的反应率后,将其赋给连边作为边权。他们发现,在不同的 T_9 温度下,不同网络层中反应率 λ 的覆盖范围很广,从 10^{-300} 量级到 10^{50} 量级。对四层网络中的核反应率进行逐温度分析,发现 r 层网络中核素参与反应的反应率随着温度 T_9 的增加,会有一个单峰分布到双峰分布的转变,对其峰值位置进行高斯拟合,如图 8-45 所示,其中曲线是对峰值进行高斯拟合,峰值位置分别为 $\lambda = 10^{0.645\,4}$[图(a)]、$\lambda = 10^{0.671\,4}$ 和 $\lambda = 10^{11.418}$[图(b)]。

在核素合成的过程中,主要参与的反应有(n, γ)、(n, p)、(n, α)、(p, γ)、(p, n)、(p, α)、(α, γ)、(α, n)、(α, p)、(γ, n)、(γ, p)、(γ, α)、β^+ 和 β^-[67]。根据构建网络的方法可知,r 层网络主要涉及的是衰变过程,这与核素的稳定性密切相关,所以定义节点强度 s_i 为该节点所有连边的边权之和,对入边和出边分别进行计算,如下所示:

$$s_{i,\,\mathrm{in}}^{[\alpha]} = \sum_j \lambda_{ji} \cdot a_{ji}^{[\alpha]} \tag{8-13}$$

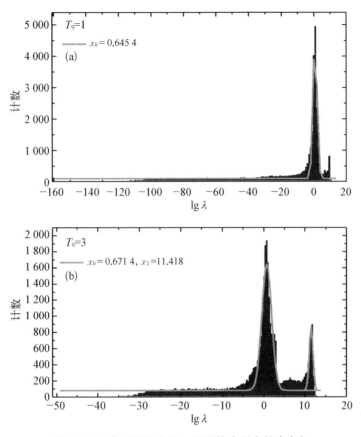

图 8 - 45　在不同温度下, r 层网络中所有核素参与
反应的反应率分布[66]

(a) $T_9=1$; (b) $T_9=3$

$$s_{i,\,\text{out}}^{[a]} = \sum_j \lambda_{ij} \cdot a_{ij}^{[a]} \tag{8-14}$$

当 $T_9 \leqslant 3$ 时,通过对数据点(数据来源 NuDat)的拟合发现,核素的半寿命值 t^h 与 r 层节点的出强度 $s_{\text{out}}^{[r]}$ 存在倒数关系。如图 8 - 46 所示,拟合结果如下所示:

$$t_i^h \approx \frac{1}{e^{0.4} \cdot s_{i,\,\text{out}}^{[r]}} \tag{8-15}$$

只要知其与邻居的反应速率,该结果可帮助我们预测未知核素的半衰期[54]。

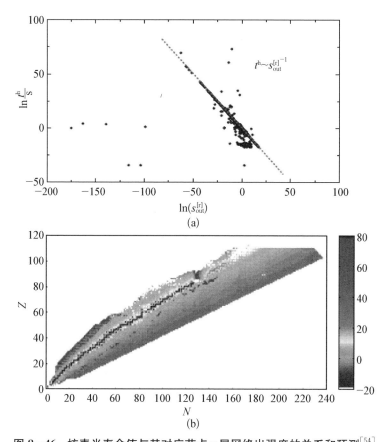

图 8 - 46 核素半寿命值与其对应节点 r 层网络出强度的关系和预测[54]

(a) 在 $T_9 = 0.01$ 时，约 3 000 个已知半寿命值的核素中，有 2 500 个核素的半寿命符合与节点 r 层出强度的倒数规律，其中 t^h 单位为秒；(b) 基于半寿命拟合公式预测得到的所有核素半寿命，$\ln(t^h)$ 的值由颜色表示

参考文献

[1] Patrignani C, Agashe K, Aiell G, et al. (Particle Data Group). Review of particle physics [J]. Chinese Physics C, 2016, 40: 100001.

[2] Cyburt R H, Fields B D, Olive K A, et al. Big bang nucleosynthesis: present status [J]. Reviews of Modern Physics, 2016, 88(1): 015004.

[3] Tumino A, Sparta R, Spitaleri C, et al. New determination of the h-2(d, p)h-3 and ^{2}H(d, n)^{3}He reaction rates at astrophysical energies [J]. The Astrophysical Journal, 2014, 785(2): 96.

[4] Laskaris G, Yan X, Mueller J M, et al. Measurement of the doubly-polarized ^{3}He ((gamma)over-right-arrow, n)pp reaction at 16. 5 MeV and its implications for the GDH sum rule [J]. Physics Letters B, 2015, 750: 547 - 551.

［5］ Barbui M, Bang W, Bonasera A, et al. Measurement of the plasma astrophysical S factor for the ^{3}He(d, p)^{4}He reaction in exploding molecular clusters [J]. Physical Review Letters, 2013, 111: 082502.

［6］ Raut R, Tornow W, Ahmed M W, et al. Photodisintegration cross section of the reaction ^{4}He(γ, p)^{3}H between 22 and 30 MeV [J]. Physical Review Letters, 2012, 108: 042502.

［7］ Tornow W, Kelley J H, Raut R, et al. Photodisintegration cross section of the reaction ^{4}He(γ, n)^{3}He at the giant dipole resonance peak [J]. Physical Review C, 2012, 85: 061001(R).

［8］ Barbagallo M, Musumarra A, Cosentino L, et al. ^{7}Be(n, α)^{4}He reaction and the cosmological lithium problem: measurement of the cross section in a wide energy range at n_TOF at CERN [J]. Physical Review Letters, 2016, 117: 152701.

［9］ Anders M, Trezzi D, Menegazzo R, et al. First direct measurement of the ^{2}He(α, γ)^{6}Li cross section at big bang energies and the primordial lithium problem [J]. Physical Review Letters, 2014, 113(4): 042501.

［10］ He J J, Chen S Z, Rolfs C E, et al. A drop in the ^{6}Li(p, γ)^{7}Be reaction at low energies [J]. Physics Letters B, 2013, 725: 287 – 291.

［11］ Lamia L, Spitaleri C, Pizzone R G, et al. An updated ^{6}Li(p, α)^{3}He reaction rate at astrophysical energies with the trojan horse method [J]. The Astrophysical Journal, 2013, 768: 65.

［12］ Li Q, Görres J, deBoer R J, et al. Cross section measurement of ^{14}N(p, γ)^{15}O in the CNO cycle [J]. Physical Review C, 2016, 93: 055806.

［13］ Daigle S, Kelly K J, Champagne A E, et al. Measurement of the $E_r^{cm} = 259$ keV resonance in the ^{14}N(p, γ)^{15}O reaction [J]. Physical Review C, 2016, 94: 025803.

［14］ Bellini G, Benziger J, Bick D, et al. Neutrinos from the primary proton-proton fusion process in the sun [J]. Nature, 2014, 513: 383 – 386.

［15］ Antonelli V, Miramonti L, Pena-Garay C, et al. Solar Neutrinos[C/OL]. [2012 – 8 – 7]. http://arxiv.org/abs/1208.1356.

［16］ Beacom J F, Chen S M, Cheng J P, et al. Physics prospects of the Jinping neutrino experiment [J]. Chinese Physics C, 2017, 41: 023002.

［17］ Wang Z Y, Wang Y Q, Wang Z, et al. Design and analysis of a 1-ton prototype of the Jinping Neutrino Experiment [J]. Nuclear Instruments and Methods in Physics Research Section A, 2017, 855: 81 – 87.

［18］ Kelley J H, Purcell J E, Sheu C G. Energy levels of light nuclei $A = 12$ [J]. Nuclear Physics A, 2017, 968: 71 – 253.

［19］ Fynbo H O U, Diget C A, Bergmann U C, et al. Revised rates for the stellar triple-α process from measurement of ^{12}C nuclear resonances [J]. Nature, 2005, 433: 136 – 139.

［20］ Angulo C, Arnould M, Rayet M. et al. A compilation of charged-particle induced thermonuclear reaction rates [J]. Nuclear Physics A, 1999, 656: 3 – 183

（NECRE）.

[21] Hyldegaard S, Forssén C, Aa Diget C, et al. Precise branching ratios to unbound ^{12}C states from ^{12}N and ^{12}B β-decays [J]. Physics Letters B, 2009, 678: 459 – 464.

[22] Zimmerman W R, Ahmed M W, Bromberger B, et al. Unambiguous identification of the second 2^+ state in ^{12}C and the structure of the hoyle state [J]. Physical Review Letters, 2013, 110: 152502.

[23] Oberhummer H, Csótó A H. Stellar production rates of carbon and its abundance in the universe [J]. Science, 2000, 289: 88 – 90.

[24] Guo H Y, Binderbauer M W, Tajima T, et al. Achieving a long-lived high-beta plasma state by energetic beam injection [J]. Nature Communications, 2015 (6): 6897.

[25] Picciotto A, Margarone D, Velyhan A, et al. Boron-proton nuclear-fusion enhancement induced in boron-doped silicon targetsby low-contrast pulsed laser [J]. Physical Review X, 2014(4): 031030.

[26] Labaune C, Baccou C, Depierreux S, et al. Fusion reactions initiated by Laser-accelerated particle beams in a laser-produced plasma [J]. Nature Communications, 2013(4): 2506.

[27] An Z D, Chen Z P, Ma Y G, et al. Astrophysical S factor of the ^{12}C(α, γ)^{16}O reaction calculated with reduced R-matrix theory [J]. Physical Review C, 2015, 92: 045802.

[28] An Z D, Ma Y G, Chen Z P, et al. New astrophysical reaction rate for the ^{12}C(α, γ)^{16}O reaction [J]. The Astrophysical Journal Letters, 2016, 817: L5.

[29] Schürmann D, Leva A D, Gialanella L, et al. Study of the 6. 05 MeV cascade transition in ^{12}C(α, γ)^{16}O [J]. Physics Letters B, 2011, 703: 557 – 561.

[30] Avila M L, Rogachev G V, Koshchiy E, et al. Constraining the 6. 05 MeV 0^+ and 6. 13 MeV 3^- cascade transitions in the ^{12}C(α, γ)^{16}O reaction using the asymptotic normalization coefficients [J]. Physical Review Letters, 2015, 114: 071101.

[31] Shen Y P, Guo B, Ma T L, et al. First experimental constraint of the spectroscopic amplitudes for the α-cluster in the ^{11}B ground state [J]. Physics Letters B, 2019, 797: 134820.

[32] Shen Y P, Guo B, Li Z H, et al. Astrophysical S – E(2) factor of the ^{12}C(α, γ)^{16}O reaction through the ^{12}C(^{11}B, ^{7}Li)^{16}O transfer reaction [J]. Physical Review C, 2019, 99: 025805.

[33] Spillane T, Raiola F, Rolfs C, et al. ^{12}C $+$ ^{12}C fusion reactions near the Gamov energy[J]. Physical Review Letters, 2007, 98: 122501.

[34] Bucher B, Tang X D, Fang X, et al. First direct measurement of ^{12}C(^{12}C, n)^{23}Mg at stellar energies [J]. Physical Review Letters, 2015, 114: 251102.

[35] Hager U, Buchmann L, Davids B, et al. Direct measurement of the ^{16}O(α, γ)^{20}Ne reaction at $E_{cm} = 2.$ 43 MeV and 1. 69 MeV [J]. Physical Review C, 2012, 86: 055802.

［36］ Almaraz-Calderon S, Bertone P F, Alcorta M, et al. Direct measurement of the ^{23}Na(α, p)^{26}Mg reaction cross section at energies relevant for the production of galactic ^{26}Al [J]. Physical Review Letters, 2014, 112: 152701.

［37］ Tomlinson J R, Fallis J, Laird A M, et al. Measurement of ^{23}Na(α, p)^{26}Mg at energies relevant to ^{26}Al production in massive stars [J]. Physical Review Letters, 2015, 115: 052702.

［38］ Cheng J P, Kang K J, Li J M, et al. The China Jinping Underground Laboratory and its early science [J]. Annual Review of Nuclear and Particle Science, 2017, 67: 231 – 251.

［39］ Boothroyd A I. Heavy elements in stars [J]. Science, 2006, 314: 1690 – 1691.

［40］ Guo B, Li Z H, Lugaro M, et al. New determination of the ^{13}C(α, n)^{16}O reaction rate and its influence on the s-process nucleosynthesis in AGB stars [J]. Astrophysical Journal, 2012, 756: 193.

［41］ Mumpower M R, Surman R, McLaughlin G C, et al. The impact of individual nuclear properties on r-process [J]. Progress in Particle and Nuclear Physics, 2016, 86: 86 – 126.

［42］ Abbott B P, Abbott R, Abbot T D, et al. Multi-messenger observations of a binary neutron star merger [J]. The Astrophysical Journal Letters, 2017, 848: L12.

［43］ Fowler W A. Experimental and theoretical nuclear astrophysics: the quest for the origin of the elements [J]. Reviews of Modern Physics, 1984, 56(2): 149.

［44］ Serpico P D, Esposito S, Iocco F, et al. Nuclear reaction network for primordial nucleosynthesis: a detailed analysis of rates, uncertainties and light nuclei yield [J]. Journal of Cosmology and Astroparticle Physics, 2004, 12: 010.

［45］ Cyburt R H, Amthor A M, Ferguson R, et al. The jina reaclib database: its recent updates and impact on type-i X-ray bursts [J]. The Astrophysical Journal Supplement Series, 2010, 189: 240.

［46］ Angulo C, Arnould M, Rayet M, et al. A compilation of charged-particle induced thermonuclear reaction rates [J]. Nuclear Physics A, 1999, 656(1): 3 – 183.

［47］ Xu Y, Takahashi K, Goriely S, et al. NACREII: an update of the NACRE compilation of charged-particle-induced thermonuclear reaction rates for nuclei with mass number $A<16$ [J]. Nuclear Physics A, 2013, 918: 61 – 169.

［48］ Hawoong J, Bálint T, Réka A, et al. The large-scale organization of metabolic networks [J]. Nature, 2000, 407(6804): 651 – 654.

［49］ Réka A, Hawoong J, Barabási A-L. Error and attack tolerance of complex networks [J]. Nature, 2000, 406(6794): 378 – 382.

［50］ 韩定定,朱亮. 复杂网络视角研究反应系统[J]. 现代物理知识,2015(3): 15 – 18.

［51］ Li Y, Fang J Q, Liu Q. Mapping nuclear decay to a complex network [J]. Communications in Theoretical Physics, 2012, 57(3): 490.

［52］ Hirdt J A, Brown D A. Data mining the exfor database using network theory [C/OL]. [2013 – 12 – 21]. http: //arxiv. org/abs/1312. 6200.

[53]　Holme P. Model validation of simple-graph representations of metabolism [J]. Journal of the Royal Society Interface, 2009, 6(40): 1027 - 1034.

[54]　Zhu L, Ma Y G, Chen Q, et al, Multilayer network analysis of nuclear reactions [J]. Scientific Reports, 2016(6): 31882.

[55]　朱亮. 核反应系统的多层网络结构特征研究[D]. 上海：中国科学院上海应用物理研究所, 2016.

[56]　Bianconi G. Statistical mechanics of multiplex networks: entropy and overlap [J]. Physical Review E, 2013, 87(6): 062806.

[57]　Liu H L, Han D D, Ma Y G, et al. Network structure of thermonuclear reactions in nuclear landscape [J]. Science China: Physics, Mechanics and Astronomy, 2020 (63): 112062.

[58]　Milo R, Shen-Orr S, Itzkovitz S, et al. Network motifs: simple building blocks of complex networks [J]. Science, 2002, 298(5594): 824 - 827.

[59]　Tran N H, Choi K P, Zhang L. Counting motifs in the human interactome [J]. Nature Communications, 2013(4): 2241.

[60]　Kovanen L, Kaski K, Kertész J, et al. Temporal motifs reveal homophily, gender-specific patterns, and group talk in call sequences [J]. Proceedings of the National Academy of Sciences, 2013, 110(45): 18070 - 18075.

[61]　Kovanen L, Karsai M, Kaski K, et al. Temporal motifs in time-dependent networks [J]. Journal of Statistical Mechanics: Theory and Experiment, 2011(11): P11005.

[62]　Alon U. Network motifs: theory and experimental approaches [J]. Nature Reviews Genetics, 2007, 8(6): 450 - 461.

[63]　Kashtan N, Itzkovitz S, Milo R, et al. Mfinder tool guide [R]. Technical report. Department of Molecular Cell Biology and Computer Science and Applied Mathematics, Weizmann Institute of Science, Rehovot Israel, 2002.

[64]　Schreiber F, Schwöbbermeyer H. Mavisto: a tool for the exploration of network motifs [J]. Bioinformatics, 2005, 21(17): 3572 - 3574.

[65]　Wernicke S, Rasche F. Fanmod: a tool for fast network motif detection [J]. Bioinformatics, 2006, 22(9): 1152 - 1153.

[66]　Liu H L, Han D D, Ji P, et al. Reaction rate weighted multilayer nuclear reaction network [J]. Chinese Physics Letters, 2020, 37(11): 112601.

[67]　Rauscher T, Thielemann F-K. Astrophysical reaction rates from statistical model calculations [J]. Atomic Data and Nuclear Data Tables, 2000, 75: 1 - 351.

第 9 章
相对论重离子碰撞进展

本章将从量子色动力学的基本概念出发,介绍如何通过相对论重离子碰撞来加热或者压缩普通核物质形成一种新的核物质状态——夸克-胶子等离子体,结合国际上大型加速器上相关实验研究的重要结果,对相对论重离子碰撞物理和夸克-胶子等离子的相关性质研究做全景式介绍。

9.1 概述

众所周知,原子由原子核与电子组成,原子核由核子(质子和中子)组成。比核子更小的微观粒子是夸克和胶子,它们之间通过强相互作用来构成核子。描述强相互作用的基本理论是量子色动力学(QCD),我们将介绍量子色动力学和强相互作用特征及格点量子色动力学对 QCD 物质热力学性质的理论预言。

9.1.1 强相互作用与量子色动力学

量子色动力学是描述强相互作用的基本理论,其中最重要的特点是渐近自由(asymptotic freedom)和色禁闭(color confinement)。1973 年,三位科学家(David J. Gross、H. David Politzer 和 Frank Wilczek)发现当两个带有色荷夸克靠得越近或它们之间传递的动量越大时,它们之间的相互作用也就越弱;反之,当它们离得越远或它们之间传递的动量越小时,它们之间的相互作用就会越强,这是著名的"渐近自由"现象。上述三位科学家因此于 2004 年被授予诺贝尔物理学奖。此外,当两个夸克之间的距离增加到一定程度后,继续增加距离所需要的能量将大于产生一对新的正反夸克所需要的能量,这时新的夸克对会出现(即夸克的碎裂机制)。由此可以看出,夸克只能是夸克或反夸克一起以色中性的强

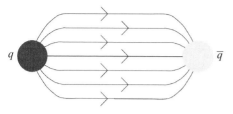

图 9-1　正反夸克对之间的色场
将它们束缚在一起[1]

子形式存在,这是夸克的"色禁闭"现象,如图 9-1 所示。正是因为色禁闭现象的存在,自由的夸克从未被观测到。

量子色动力学是描述强相互作用的基本规范理论,对应的拉格朗日密度可以表示为

$$L_{QCD} = \overline{\psi}_f (i\gamma^\mu D_\mu - m)\psi_f - \frac{1}{4}G_{\mu\nu}^\alpha G_\alpha^{\mu\nu} \tag{9-1}$$

拉格朗日密度描述夸克和胶子之间的强相互作用。这里 $D_\mu = \mu - igA_\mu^a\lambda_a$ 是协变微商,g 是 QCD 无量纲的耦合参数,A_μ^a 是 SU(3)李代数表示的胶子场,λ_a 是盖尔曼矩阵,$G_{\mu\nu}^\alpha$ 是非阿贝尔规范场场强张量。耦合常数 g 涉及夸克和胶子相互作用强度的耦合函数 α_s,是动量传递 Q 的函数,等效于式(9-1)中的 QCD 无量纲的耦合参数。图 9-2 给出了 QCD 理论和实验测量到的耦合函数 α_s 的动量传递依赖性。了解 QCD 耦合函数 α_s 在整个 Q 范围内的行为,可以帮助我们描述长程和短程距离的强子相互作用。从图 9-2 中可以看出,随着动量传递 Q 的减少,色荷之间的相互作用迅速增加。在高动量传递 Q(短距离)中,需要精确地了解 α_s,以符合强子

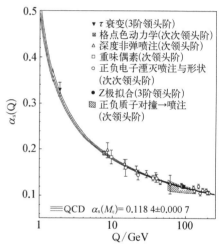

图 9-2　QCD 跑动耦合常数[2]

散射实验的增长精度要求及用来测试强模型和电弱力等高能量模型。为了解强子结构、夸克禁闭和强子化过程,还需要知道 α_s 在低动量传递 Q(长距离)下的行为,例如涉及接近阈值的重夸克的产生过程需要在低动量尺度上的 QCD 相互作用耦合性的知识。深入对强耦合函数 α_s 的了解将有助于在长距离夸克禁闭特征和短距离微扰计算之间建立明确的关系。

9.1.2　格点 QCD 的理论结果

正如图 9-2 所示,由于 QCD 耦合函数 α_s 在低能量下变大,就不能再依赖

微扰 QCD 理论。但是 1974 年由 Wilson 等人提出的格点 QCD 是目前一种权威的非微扰理论方法来解决夸克和胶子相互作用的 QCD 理论,它是构建在空间和时间上的网格或格点上形成的格点规范理论。当格子的大小取无穷小且其位置无限接近时,它就恢复成为连续 QCD 理论。格点 QCD 理论在粒子物理与核物理领域有着广泛的应用。例如借助超级计算机,格点 QCD 使用蒙特卡罗方法给出了 QCD 物质的相图,如图 9 - 3 所示,横轴是重子数化学势 μ_B(更高的 μ_B 通常意味着夸克/重子的更高密度),纵轴是温度。在低重子数密度、低温度区域,夸克都被禁闭在强子内部。如果增加重子数化学势且保持低温,就会进入一个越来越压缩的核物质的阶段,沿着这条路径,现实对应的是致密中子星中的状态,一些强子模型预言这种相变可能是一个一级相变。最终,在未知的 μ_B 临界值下,存在夸克物质的相变,例如在超高密度下,我们期望找到色超导夸克物质的色味锁定(CFL)相。此外,如果我们加热 QCD 物质系统而不引入有限的重子化学势,这对应于沿着纵向温度轴垂直向上移动。首先,当夸克仍然被限制时,可以产生强子气体(主要是 π 介子)。在温度 $T=$ 150 MeV 附近,存在与夸克-胶子等离子体的交叉相变区域,在那里的热涨落将使 π 介子破裂,我们预期发现夸克、反夸克和胶子的等离子体,即夸克-胶子等离子体(QGP)相变。QGP 被认为是宇宙大爆炸后不久(百万分之一秒)的宇宙早期状态,这种相变由格点 QCD 的计算结果表明可能是一个二级相变或平滑过渡。如果以上猜测无误的话,在两种相变的交界处可能会存在一个相变临界点(critical point)。目前只有通过重离子碰撞实验可以帮助我们了解

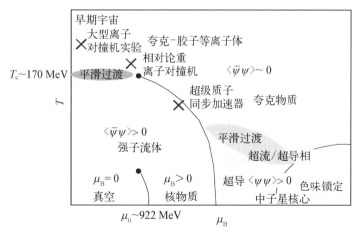

图 9 - 3　QCD 物质的相图[3]

这样一个核物质相图的结构。美国布鲁克海文国家实验室的相对论重离子对撞机(RHIC)正在开展束流能量扫描实验,通过降低重离子碰撞的能量,并在很大范围内调整对撞能量,RHIC束流扫描实验有可能覆盖相变临界点。目前,寻找相变临界点也成为 RHIC 实验一个很重要的工作,我们将在后面详细讨论。在理论方面,对于相图的完整描述,需要完全理解致密、强相互作用的强子物质和强相互作用的夸克物质的性质,这是由 QCD 的基本规律所决定的。由于这样的描述需要正确理解 QCD 的非微扰机制,然而QCD 的非微扰机制还远未被完全理解,所以这个理论方向的发展是非常具有挑战性的。

通过在时空格点上定义 QCD 开展非微扰 QCD 计算,能够给出 QCD 物质的基本特征与状态方程。这也是求解重离子碰撞流体动力学模型的一个重要组成部分。此外对高温高密 QCD 核物质物态方程的研究对于早期宇宙演化的理解也有重要科学意义,由于在宇宙学中爱因斯坦方程决定了早期宇宙的时空演化,QCD 物质的状态方程是早期宇宙物质演化的一个重要输入信息。图 9 - 4 给出了格点 QCD 计算出的能量密度与温度的关系。可以看出能量密度在相变温度 T_c 时跳变,在高温极限下与斯特蓄-玻耳兹曼极限有偏离,说明即使在很高的温度下粒子之间仍然存在较强的相互作用。这样,状态方程表征了从强子阶段到 QGP 阶段的转变,体现了自由度数量的跳跃,即"退禁闭"。

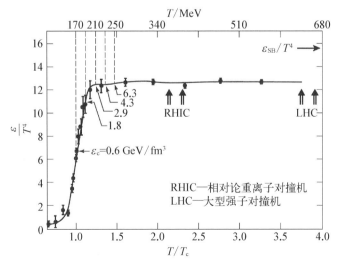

图 9 - 4 格点 QCD 计算出的 QCD 物质的状态方程[4]

为了在实验上研究 QCD 物质的这些重要物理性质,1974—1975 年李政道等人建议采用高能重离子对撞的方式,产生极高的温度实现解除夸克紧闭来产生夸克-胶子等离子体这种新物质形态。经过几十年的建设,目前国际上的相关实验装置如雨后春笋般迅速发展,下面介绍一下国际上开展相对论重离子碰撞的几个主要的大型实验装置。

9.2　实验装置

从 20 世纪 80—90 年代开始,欧洲核子研究中心(CERN)的超级质子对撞机(super proton synchrotron, SPS)就已经开始了对夸克-胶子等离子体(QGP)的实验研究。但是,QGP 只存在于碰撞之后的极小尺寸、极短时间内,我们无法对其进行直接观测,而只能通过对碰撞末态的相关观测量来间接地进行研究。目前,欧洲核子中心的大型强子对撞机(LHC)和美国布鲁克海文国家实验室(BNL)的相对论重离子对撞机(RHIC)正在进行相关研究。同时,德国重离子研究中心亥姆霍兹重离子研究中心(GSI Helmholtz Centre for Heavy Ion Research)也正在建造反质子与离子研究装置(FAIR)。我国目前已经在广东省惠州市启动了新一代重离子加速器——强流重离子加速器装置(HIAF)的建设,预计未来几年后竣工。下面我们以 RHIC 和 LHC 加速器装置为例,简单介绍如何在实验上开展相对论重离子碰撞中的实验测量工作。

9.2.1　相对论重离子对撞机

位于美国纽约长岛的布鲁克海文国家实验室的世界顶级科学研究设备——相对论重离子对撞机(RHIC)经过十多年的建设,于 2000 年正式运行。科学家们试图利用 RHIC 研究宇宙起源的最初时刻所发生的事情。该加速器驱动两束金离子束流对撞,可以帮助人们理解从最小的粒子物理世界到最大的恒星世界的运作方式和原理。RHIC 由脉冲溅射离子源(pulsed sputter ion source)串列发射金离子束,金离子离开电子束离子源时的动能约为 2 MeV,经过一系列的串列静电加速器和电荷剥离器,离子被加速到每核子 100 MeV,然后被注入交变梯度同步加速器(alternating gradient synchrotron, AGS)中,进一步被加速到每核子 10.8 GeV,最终注入 RHIC 储存环中,在储存环内离子束进一步加速,束流的储存寿命可以达到 10 小时。通过最后一个剥离器剥离所有电子,AGS 束流中的金离子电荷已达+79e。在外加磁铁的作用下,金核束流在储存环中进一步加速直到达到所需的碰撞能量,并在碰撞点完成碰撞。对于重离子束流,RHIC 上的加速器可以将其最终加速至每核子 100 GeV 的能量,对于质子束流则可以达到每核子 250 GeV。此外 RHIC 还具有开展高能量下极化质子束碰撞的能力。

RHIC 对撞机上一共有四个主要的探测器,分别为 BRAHMS、PHENIX、PHOBOS、STAR。以 RHIC - STAR 探测器为例[5],称为 RHIC 上的螺线管径迹探测器(solenoidal tracker at RHIC,STAR),是相对论重离子对撞机 RHIC 上的四个重要的探测器之一,它位于美国布鲁克海文国家实验室,重约 1 200 t。STAR 探测器实验装置由多个子探测器系统组成,它能够重建重离子碰撞事件中产生的上万个带电粒子的径迹,并有效地鉴别其类别及性质。STAR 的主要科学目标是在相对论重离子对撞机 RHIC 上寻找和研究夸克-胶子等离子体(QGP)及研究核子内部部分子结构,检验量子色动力学规律。STAR 合作组拥有来自 13 个国家 55 个科研院所的约 500 名合作组正式成员。图 9 - 5 给出了 STAR 探测器的内部构造示意图。

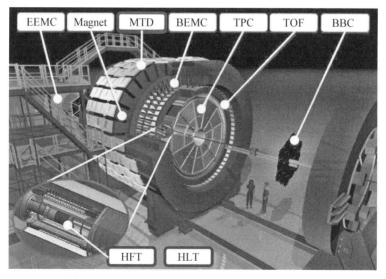

EEMC—电磁量能器;Magnet—磁铁;MTD—缪子望远镜;BEMC—桶部电磁量能器;TPC—时间投影室;TOF—飞行时间探测器;BBC—束流计数器;HFT—重味径迹探测器;HLT—高价触发器。

图 9 - 5 RHIC - STAR 探测器的内部构造示意图[5]

从图 9-5 中可以看出 STAR 探测器具有 2π 全空间方位角覆盖,能够提供全方位的粒子鉴别。STAR 探测器外层由筒形磁铁环绕,磁铁产生中心快度区的匀强磁场,协同各个子探测器发挥最大功能,具有较大的方位角覆盖和优异的粒子鉴别能力。STAR 探测器内部结构复杂,包含多个子探测器,中心快度区主要包括时间投影室(time projection chamber,TPC)、飞行时间探测器(TOF)、桶部电磁量能器(barrel electro magnetic calorimeter,BEMC)、缪子望远镜(muon telescope detector,MTD)和重味径迹探测器(heavy flavor tracker,HFT)。在前向快度区,依次排布着端部电磁量能器(endcap electro-magnetic calorimeter,EEMC)、前向介子探测器(forward meson spectrometer,FMS)、束流计数器(beam beam counter,BBC)、赝顶点位置探测器(pseudo vertex position detectors,pVPD)和零角度量能器(zero degree calorimeters,ZDC)。在 STAR 过去 15 年运行中也曾研发建造和投入使用过一类子探测器(目前已从 STAR 内部移除),如前向时间投影室(forward time projection chamber,FTPC)和硅顶点探测器(silicon vertex tracker,SVT)。中国合作组在 RHIC-STAR 合作中发挥了非常重要的作用,如图 9-6 所示,当将中国合作组制造的飞行时间探测器应用于 RHIC-STAR 探测器后,可使 π/K 分辨和 K/P 分辨从目前的 0.65 GeV/c 和 1.3 GeV/c 分别提高到 1.5 GeV/c 和 3.0 GeV/c 以上。

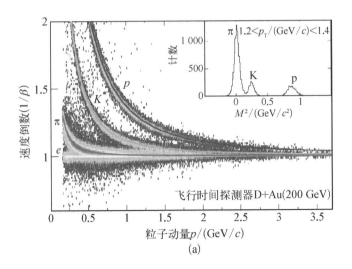

(a)

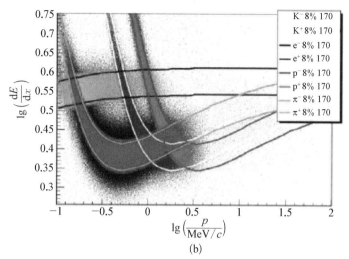

图 9-6 RHIC-STAR 实验中飞行时间探测器(a)与时间
投影室(b)对不同种类粒子的分辨图

9.2.2　大型强子对撞机

大型强子对撞机(LHC)是世界上最大、能量最高的粒子加速器,由 40 个国家建造,有来自大约 80 个国家的 7 000 名科学家和工程师在此开展工作。LHC 是一种将质子加速对撞的高能物理设备,它是一个圆形加速器,深埋于地下 100 m,它的环状隧道有 27 km 长,坐落于瑞士日内瓦的欧洲核子研究中心(CERN),横跨法国和瑞士的边境。LHC 加速环的四个碰撞点建设有四个主要的大型探测装置,包括大型离子对撞器(ALICE)、超环面仪器探测器(ATLAS)、紧凑缪子线圈探测器(CMS)、LHC 底夸克探测器(LHCb)。中国科学家广泛参与了 LHC 不同实验组的合作,许多重要的物理成果的取得都与他们的努力密切相关。

以 LHC-ALICE 探测器为例[6],为了识别从高能重离子碰撞中产生出来的所有粒子,ALICE 使用多种探测器组合,可以给出关于粒子的质量、速度和电荷等综合信息。图 9-7 给出了 LHC-ALICE 探测器的结构示意图,主要包括时间投影室、内径迹系统(inner tracking system,ITS)、跃迁辐射探测器(transition radiation detector,TRD)、飞行时间探测器、高动量粒子鉴别探测器(high momentum particle identification detector,HMPID)、光子谱仪(photon spectrometer,PHOS)、光子多重数探测器(photon multiplicity detector,PMD)、电磁量能器(electro-magnetic calorimeter,EMC)、前向多重数探测器(forward multiplicity detector,FMD)、μ 介子谱仪(muon spectrometer)、零角度量能器、V0 探测器（V0 detector）、T0 探测器（T0 detector)等。由这些复杂的子探测器组成的 ALICE 探测器的科学目标就是通过探测高能重离子碰撞,研究如质心能量为每核子对最高达 5.02 TeV 铅核＋铅核碰撞中强相互作用物质在极端高温下的物理现象,主要研究夸克-胶子等离子体的产生及其性质等关键问题。

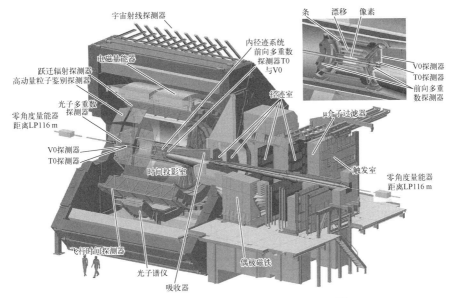

图 9 - 7　LHC - ALICE 探测器的结构示意图[6]

科学家通过几十年的不懈努力,借助这些实验大装置已经成功利用相对论重离子碰撞制造产生了新的热密 QCD 物质形态,下面我们将结合实验结果介绍相对论重离子碰撞物理和高温高密 QGP 物质的性质。

9.3　QGP 的完美流体性

QCD强相互作用具有渐近自由的特点,这是非阿贝尔规范理论的独特性质,与色荷的反屏蔽效应相关,这造成了在长距离或低能时,QCD 相互作用变得很强,即色禁闭,导致夸克无法孤立存在总是被禁闭在强子之中。为了释放因禁在强子中的夸克和胶子,就要利用 QCD 相互作用中的渐近自由特性,一般有两种方式来产生夸克-胶子等离子体（QGP）,即加热或者加压的方法来提高核物质的能量密度 ε 使之发生相变,因为热力学能量密度 $\varepsilon = Ts + \mu n - p$,

这里 T 是温度,s 是熵密度,μ 是化学势,n 是粒子数密度,p 是压强。目前我们可能找到夸克-胶子等离子体的唯一实验手段就是通过相对论重离子碰撞实验来产生高温高密的环境从而制造出这种新的 QCD 物质状态。世界上不同的重离子加速器实验可以通过重离子碰撞将核物质激发到不同的温度和重子化学势条件下,如果达到了相变条件,原则上就会产生夸克-胶子等离子体相变。根据定义,夸克-胶子等离子体必然是一种高温或者高密的退禁闭的部分子物质,此外近来的实验发现它还具有强耦合性、低黏滞度、高涡旋度、强磁场伴随产生等重要的物理特性。下面将以几个重要特性为例进行介绍。

9.3.1　AdS/CFT 对偶理论预言

通过相对论重离子碰撞可以产生目前实验室条件下温度最高、密度最大的环境,核物质在这样的条件下会由禁闭的强子物质变为退禁闭的夸克-胶子等离子体。此外,高能弦论中 AdS/CFT 对偶是两种物理理论间的假想联系,对偶的一边是共形场论,是量子场论的一种,量子场论中还包括与描述基本粒子的杨-米尔斯理论相近的其他理论,而对偶的另一边则是反德西特空间(AdS),是用于量子引力理论的空间。此对偶代表着人类理解弦理论和量子引力的重大进步,因为它为某些边界条件的弦理论表述提供了非摄动表述,同时也是全息原理最成功的展演,全息原理是量子引力的概念,最初由杰拉德·特·胡夫特提出,之后由李奥纳特·萨斯坎德完善。通过应用 AdS/CFT 对偶,利用五维时空的黑洞来描述夸克-胶子等离子体,Ads/CFT 弦理论预言世界上所有物质的剪切黏滞系数和熵的比值 η/s 具有一个普适的下限 $1/(4\pi)$[7]。而通过黏滞流体力学模型和实验数据(如图 9 - 8 所示椭圆流的横向

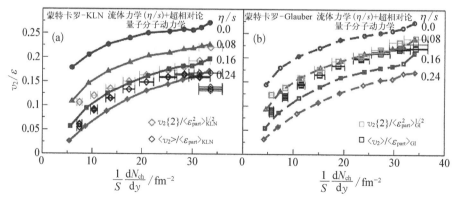

图 9 - 8　黏滞流体力学模型中椭圆流/偏心率比值的中心度依赖性[8]

动量和赝快度依赖性)比较得到的夸克-胶子等离子体的 η/s 非常接近 $1/(4\pi)$，是迄今世界上已知物质中最接近这个下限的物质，即近似完美的流体物质。

9.3.2　QGP 的总体性质

夸克-胶子等离子体(QGP)相变条件决定了 QGP 物质是一种高温高密的以夸克和胶子为基本自由度的退禁闭物质。要产生 QGP 需要借助高能的重离子碰撞将对撞能量转变为碰撞体系的温度或者重子化学势，从而达到 QGP 相变的要求，这些内容与 QCD 的相图有关，将在后面 9.7 节进行详细介绍。除此之外，高能重离子碰撞实验还发现了这种高温高密的 QCD 物质呈现以下一些奇特的性质。

上面提到 AdS/CFT 对偶理论预言了夸克-胶子等离子体的 η/s 非常接近 $1/(4\pi)$，然而在高能重离子碰撞实验中提取 η/s 有很大误差不确定度，这主要是由于提取 η/s 一般使用流体力学模型，而我们对相对论重离子碰撞早期形成物质的初始状态了解具有不确定性，就流体力学模型而言就有不同模型的初始化条件。就 η/s 而言，它原则上是与物质的温度相关的，如图 9-9 所示。理论学家通过把不同黏滞度的温度依

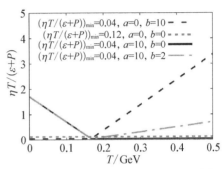

图 9-9　核物质黏滞度的温度依赖性[9]

赖性放入流体力学模型中，与 QGP 物质的状态方程联系起来，与实验结果对比可以帮助我们更好地理解 QGP 物质的内在性质。

除了通过集体流软探针来研究剪切黏滞系数 η/s，通过硬探针喷注和 QGP 物质的相互作用也可以得到剪切黏滞系数的信息。式(9-2)给出了喷注的输运参数 $\hat{q}$ 的定义，它表示出了喷注穿过介质过程中单位距离的垂直于喷注运动方向的横向动量平方的展宽。理论上预言温度的立方与 $\hat{q}$ 的比值和介质性质剪切黏滞系数与熵的比值 η/s 存在天然的关系[10]，如式(9-3)所示。由于 η/s 在强耦合系统中存在 $1/(4\pi)$ 的下限限制，而 $T^3/\hat{q}$ 可以一直增长，所以 $T^3/\hat{q}$ 对于描述强耦合系统的相互作用强度可能是一个更好的探针。由涨落耗散定义出发，剪切黏滞系数对应着 QGP 能动量张量分量的涨落，所以人们可以使用格林-库伯方法来提取剪切黏滞系数[11]。

$$\hat{q}(E,\,T,\,\alpha_{\max}) = \rho_g(T) \int^{q_{\max}} \mathrm{d}q_\perp^2 \; q_\perp^2 \; \frac{\mathrm{d}\sigma}{\mathrm{d}q_\perp^2} \qquad (9-2)$$

$$\frac{T^3}{\hat{q}} = \begin{cases} \approx \dfrac{\eta}{s}, \text{弱耦合} \\[2ex] \ll \dfrac{\eta}{s}, \text{强耦合} \end{cases} \qquad (9-3)$$

此外,由于携带电荷的重离子互相高速穿过时会产生强大的电磁场,理论计算表明碰撞早期的磁场强度可以达到 10^{18} 高斯的量级[12]。然而磁场的寿命长短取决于 QGP 物质的电导率的大小,所以 QGP 物质的电导率也是一个重要的物理学性质,它对相对论重离子碰撞早期电磁场的寿命有着重要的影响,如图 9-10 所示,人们使用电流关联的格林函数方法、格点 QCD 和粒子输运模型,提取出了较为一致的电导率[13]。电导率的研究对于初始磁场的寿命等与手征磁效应相关的物理问题有着至关重要的作用,我们将在下面进行详细的阐述。

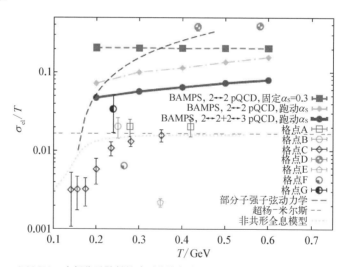

BAMPS—多部分子散射的玻耳兹曼方法;pQCD—微扰量子色动力学。

图 9-10　不同理论模型给出的核物质电导率的温度依赖性[12]

由于高能周边重离子碰撞中系统具有巨大的角动量,这些角动量可通过轨道角动量和自旋耦合作用造成夸克-胶子等离子中局域的强涡旋度,理论计算表明可以达到 10^{21} 转/秒[14]。由于在 QGP 中退禁闭的夸克存在自旋或手征自由度,在手征对称性恢复的条件下,人们期望在强大的电磁场和涡旋度下产生反常的手征输运现象和整体或局域极化现象,甚至改变 QCD 相图结构,对于这些物理现象和规律我们将在后面给予具体介绍。

9.4 集体流

相对论重离子碰撞在各个方向产生大量的粒子,这些粒子的集体运动即集体流。强集体流的存在被认为是夸克-胶子等离子体新物质相存在的有力证据,已被描述为相对论重离子对撞机和大型强子对撞机的重离子碰撞实验测量的最重要的观测量之一。集体流相关观测量可以给我们提供关于 QCD 物质状态方程和输运性质的重要信息。粒子产生中的方位角各向异性是重离子碰撞中集体流最清晰的实验特征,如图 9-11 所示,这种所谓的各向异性集体流是由非中心碰撞产生的系统几何的初始不对称引起的,这些初始位置空间的长椭球分布通过末态相互作用转化为末态动量空间的扁椭圆分布的集体运动学行为。

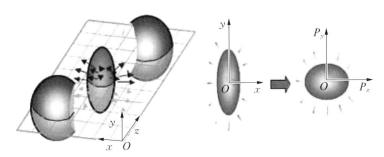

图 9-11 相对论重离子非中心碰撞产生椭圆流机制示意图

实验上一般通过对末态粒子动量空间的方位角分布利用如式(9-4)所示的傅里叶分解将粒子方位角分布展开,其中的各阶次的傅里叶展开系数 v_n 就对应各阶次集体流运动,$n=1$ 对应定向流,$n=2$ 对应椭圆流,$n=3$ 对应三角流等。

$$E \frac{\mathrm{d}^3 N}{\mathrm{d}^3 p} = \frac{1}{2\pi} \frac{\mathrm{d}^2 N}{p_t \mathrm{d} p_t \mathrm{d} y} \left(1 + \sum_{n=1}^{\infty} 2v_n \cos\left[n(\phi - \Psi_r)\right]\right) \qquad (9-4)$$

9.4.1 初态密度涨落和集体流的关系

图 9-11 仅仅给出了集体流中椭圆流的形成机制,对于其他阶次的集体流的形成主要与碰撞早期的能量密度分布的涨落密切相关。在相对论重离子碰撞早期,当两个核碰撞在一起后,能量密度的分布存在剧烈的涨落。

图 9-12 所示为不同理论模型给出的相对论重离子碰撞早期初始 QCD 物质的能量密度涨落分布[15]。

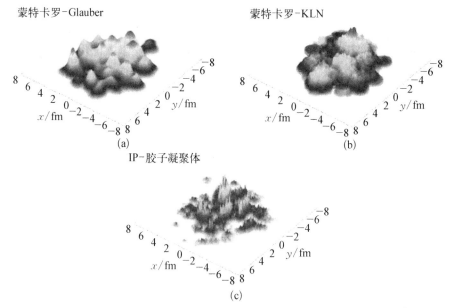

蒙特卡罗-Glauber

蒙特卡罗-KLN

(a)

(b)

IP-胶子凝聚体

(c)

图 9-12 不同理论模型给出的碰撞早期初始部分子物质的能量密度分布[15]

研究这些能量密度涨落的存在有非常重要的物理意义,因为实验上发现这些初始涨落经过碰撞过程的演化可以转变为末态强子动量分布的各向异性流。但是在传统理论中,人们曾一直认为金核＋金核的碰撞中初始的能量密度分布是光滑的分布。后来一些研究者从多相输运模型中得到启发,发现了初始能量密度的涨落可以解释当时的两粒子方位角关联中的马赫和山脊结构之谜[16]。多相输运模型(AMPT)研究发现,如果逐事件地看的话,能量密度分布对于每个事件都是不同的,存在着剧烈涨落,有的事件分布是圆形的,有的是椭圆形的,有的是三角形的,如图 9-13(a)～(c)所示。而如果把无穷多的事件加起来,平均来看则是光滑分布。这个研究揭示了这样一个事实,就是相对论重离子碰撞的初始状态是剧烈涨落的。这些初始涨落会给相对论重离子碰撞带来什么样的物理结果呢? 由于末态部分子物质的强相互作用过程会将初始的能量密度几何分布的不对称性转化为末态粒子动量空间分布的各向异性,即不同阶次的集体流,如图 9-13(d)～(f)所示,多相粒子输运模型中的部分子级联散射产生了椭圆流和三角流等,同理 QGP 流体力学演化也可以起到相同的作用。

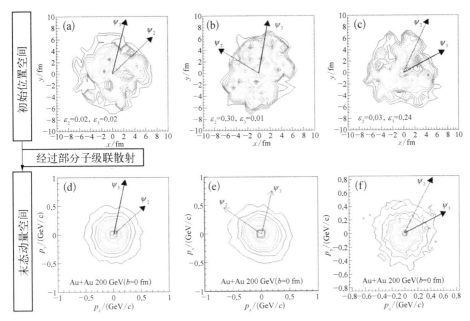

图 9-13　AMPT 模型给出的金核+金核中心碰撞早期初始部分子物质的能量密度分布[(a)~(c)]和部分子级联过程转变成末态粒子的各阶集体流[(d)~(f)][17]

　　图 9-14 所示为马国亮等使用 AMPT 模型计算出的 200 GeV 的金核+金核中心碰撞中各级集体流的横向动量依赖性,由图可知初始的涨落经过 QGP 的演化最终转变成了末态粒子的各阶次的集体流[17]。这个理论预言与 LHC-ALICE 实验中测量到的铅核+铅核极中心碰撞中的集体流的实验结果相一致[18]。

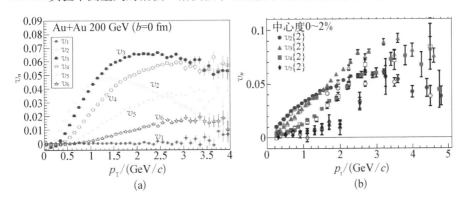

图 9-14　相对论重离子中心碰撞中各级集体流的横向动量依赖性

(a) AMPT 模型给出的 200 GeV 的金核+金核中心碰撞中各级集体流的横向动量依赖性[17];
(b) LHC-ALICE 实验中测量到的铅核+铅核中心碰撞中的集体流[18]

此外,这些集体流也被认为是产生实验上"山脊"结构的主要物理原因[19],图 9‑15 给出了 LHC‑ATLAS 实验中测量到铅核＋铅核碰撞中产生的两粒子的方位角差 $\Delta\Phi$ 和赝快度差 $\Delta\eta$ 的分布,"山脊"结构出现在 $\Delta\Phi=0$ 的沿着 $\Delta\eta$ 的方向上。集体流可以成功地解释两粒子方位角关联中的长程关联结构形成之谜,相对论重离子碰撞实验中测量到这些两粒子方位角长程关联可以成功地分解为各阶次集体流的贡献,表征着碰撞初始密度涨落经过末态相互作用转变为各阶次集体流这一事实。

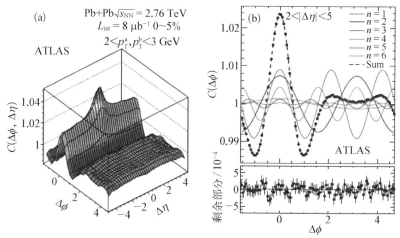

图 9‑15 铅核＋铅核对撞事件中方位角差 $\Delta\Phi$ 和赝快度差 $\Delta\eta$ 的分布与对应的 $\Delta\Phi$ 关联的傅里叶级数拟合[19]

9.4.2 集体流相关的实验测量结果

如图 9‑16 所示,RHIC 实验结果发现了金核＋金核 200 GeV 碰撞中不同末态强子的椭圆流的横向动量依赖性在低横动量区具有质量排序的特性,轻的粒子有较大的椭圆流,这可以由流体力学描述[20]。而在中间横动量区域粒子的椭圆流可以分为两类:重子和介子,即满足组分夸克标度律,即重子的椭圆流可分解为三个组分夸克的椭圆流,而介子的椭圆流可分解为两个组分夸克的椭圆流[21]。这些实验现象表明,在相对论重离子碰撞的早期确实形成了退禁闭的部分子自由度的强耦合性质的流体物质。

LHC 实验中用不同方法测量了不同阶次的集体流,比如 ALICE 实验组使用带有快度间隔的两粒子方位角关联方法和多粒子累积矩的方法测量了铅核＋铅核的 2.76 TeV 和 5.02 TeV 碰撞中不同中心度的集体流,可以由流体

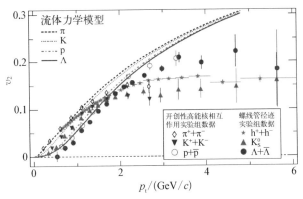

图 9 - 16　RHIC 实验中 200 GeV 能量下金核＋金核碰撞中产生的不同种类粒子的椭圆流的横向动量依赖性[21]

力学模型很好地描述[22]。由于集体流起源于初始能量密度涨落带来的空间不对称性,然而这些初始不对称性是逐事件涨落的,研究末态集体流的逐事件分布也可以帮助我们了解初始不对称性的涨落及末态相互作用的涨落等重要信息。图 9 - 17 给出了 LHC - ATLAS 实验组测量的铅核＋铅核 2.76 TeV 碰撞中不同中心度的椭圆流和三角流的涨落分布[23],这些涨落不仅来自初始能量密度的逐事件涨落,也包含了碰撞中心度涨落和动力学涨落等。

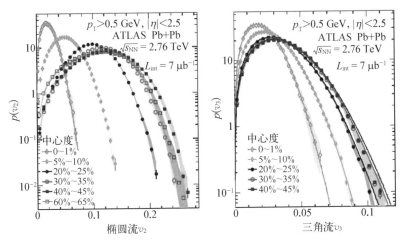

图 9 - 17　LHC - ATLAS 实验组测量的铅核＋铅核 2.76 TeV 碰撞中不同中心度的椭圆流和三角流的涨落分布[23]

既然集体流是来自对初始能量密度几何分布的反馈,那么不同阶次的集体流之间是绝对独立的吗? 还是存在关联的? 如图 9 - 18 所示,ALICE 实验测量了椭圆流 v_2 与三角流 v_3 之间和椭圆流 v_2 与四阶流 v_4 之间的对称关联累积矩,发现 v_2 和 v_3 是反关联的而 v_2 和 v_4 之间是正关联的,它们的关联强度对剪切黏滞系数和熵的比值 η/s 非常敏感[24]。

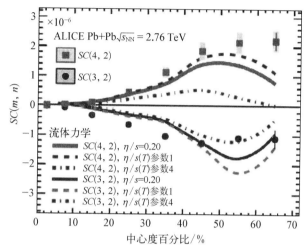

图 9-18 LHC - ALICE 实验测量的铅核十铅核 2.76 TeV 碰撞中椭圆流 v_2 与三角流 v_3 之间和椭圆流 v_2 与四阶流 v_4 之间的对称关联累积矩的中心度依赖性[24]

对于相对论重离子碰撞中形成的 QGP 物质的三维演化的流体物质研究,除了横向平面外,在束流纵向上的演化动力学研究也非常重要。在理想的 Bjorken 的图像下纵向演化是平移不变的,然而相对论重离子碰撞并不是理想的 Bjorken 流体。LHC - CMS 实验通过测量纵向的集体流退关联效应可帮助我们更好地理解 QGP 纵向演化动力学,如图 9-19 所示,实验结果揭示退关

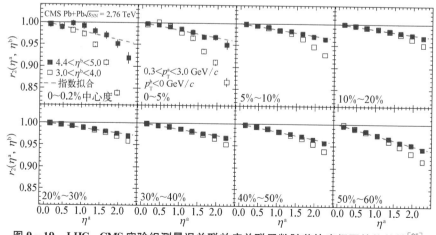

图 9-19 LHC - CMS 实验组测量退关联效应关联函数随着快度间隔的依赖性[25]

联效应随着快度间隔的增加而增强[25],而且这种退关联效应被预言在较低能
量下将会变强。

各阶次的事件平面是集体流研究中的重要物理量,它们和集体流之间存在
着天然的关联。研究各阶次的事件平面之间的关联对于理解碰撞早期能量密度
涨落和 QGP 的性质尤其是关联强度对剪切黏滞系数与熵的比值 η/s 有很大的帮
助。如图 9 - 20 所示,LHC - ATLAS 测量了铅核+铅核 2.76 TeV 各阶次的事件
平面之间的关联与流体力学预言结果的比较[26],发现其确实对 η/s 非常敏感。

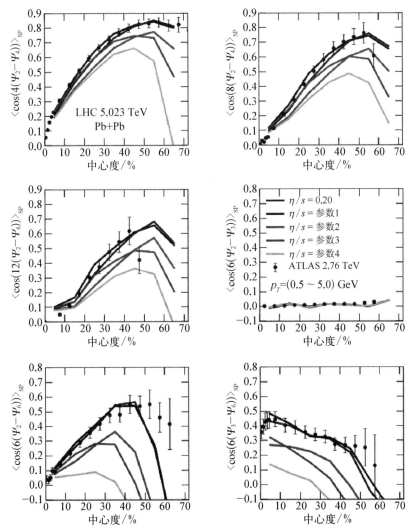

图 9 - 20   LHC - ATLAS 测量的铅核+铅核 2.76 TeV 的各阶次的事件平面
之间的关联和相应的流体力学理论结果[26]

9.5　喷注淬火

在相对论重离子碰撞中,喷注作为研究解禁闭的夸克-胶子等离子体(QGP)的重要探针已得到广泛研究。喷注穿过高温高密介质过程中,会与介质发生相互作用,会有明显的能量损失,包括如图 9-21 所示的弹性碰撞能量损失和非弹性辐射能量损失,这称为喷注淬火现象[27-28]。

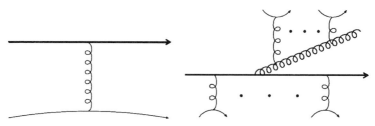

图 9-21　喷注穿过核物质过程中的弹性碰撞和非弹性碰撞的费曼图[28]

9.5.1　领头粒子测量方法

实验上首次发现喷注淬火现象是从相对论重离子对撞机(RHIC)上金核-金核中心碰撞中背向峰的消失现象中观测到的[29],如图 9-22 所示,这说明背向喷注穿过形成的热密物质时产生了很大的能量损失,形象地说即被"吃掉"了。

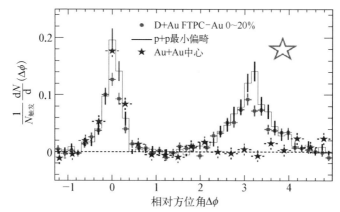

图 9-22　200 GeV 的金核＋金核中心碰撞、氘核＋金核的 0~20%中心度碰撞和质子＋质子的最小偏畸碰撞中两粒子方位角关联分布[29]

对于喷注淬火现象的另外一个重要的实验观测量是产生粒子的核修正因子,定义如下:

$$R_{AA}(b_{min}, b_{max}) = \cfrac{\cfrac{d^2 N_{AA}(b_{min}, b_{max})}{d^2 p_T dy}}{\langle N_{bin}(b_{min}, b_{max})\rangle \cfrac{d^2 N_{pp}}{d^2 p_T dy}} \qquad (9-5)$$

图 9-23 所示是 LHC 能量下 2.76 TeV 和 5.02 TeV 的铅核+铅核和 RHIC 能量下 200 GeV 的金核+金核、SPS 能量下 17.3 GeV 的铅核+铅核中心碰撞中核修正因子 R_{AA} 的横向动量依赖性。R_{AA} 在高横动量时小于 1 是由于高横动量的喷注穿过高温高密物质能量损失的直接结果[30]。

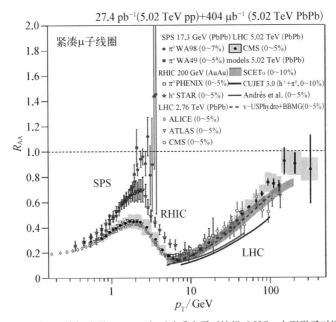

SPS—超级质子回旋加速器;RHIC—相对论重离子对撞机;LHC—大型强子对撞机。

图 9-23　2.76 TeV 的铅核+铅核和 200 GeV 的金核+金核中心碰撞中核修正因子 R_{AA} 的横向动量依赖性[30]

9.5.2　整体喷注测量方法

早期对于喷注淬火的研究都是基于单个高横动量的粒子的产额,因此此类传统的测量仅仅表示由于喷注能量损失带来的单个高横动量的粒子产额的压低。由于喷注是包含伴随粒子的一束粒子的集合,如图 9 - 24 所示,喷注是圆锥形状发射的一束粒子,所以测量整体喷注的性质将告诉我们更多的信息。早期的 200 GeV 的金核＋金核中的初步测量结果已经验证并支持整体喷注存在的优势[31]。

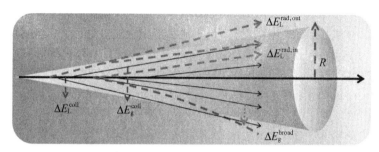

coll—碰撞;rad—辐射;ΔE—能量损失;broad—扩展。

图 9 - 24 整体喷注在穿过核物质中的能量损失示意图[28]

近年来,位于欧洲核子中心的大型强子对撞机(LHC)上的超环面仪器(a toroidal LHC apparatus, ATLAS)和紧凑 μ 子线圈(compact muon solenoid, CMS)两个实验组通过重构整体喷注的方法,陆续观测到由于喷注淬火现象的发生带来的双喷注横向动量不对称、喷注的形状改变和喷注内部能量分布的变化。比如 LHC 实验观察到了一个大的双喷注横向动量不对称性[32],如图 9 - 25 所示,与喷注在 QGP 介质中的喷注能量损失机制预期一致。

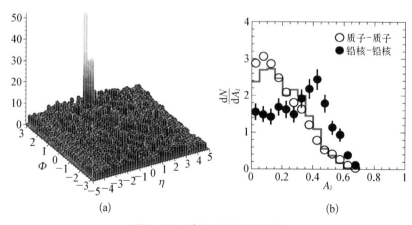

图 9 - 25 高能喷注事件特征

(a) LHC - ATLAS 实验测得的一个单喷注事件;(b) 7 TeV 的质子＋质子碰撞和 2.76 TeV 的铅核＋铅核碰撞中双喷注不对称因子分布[32]

因为喷注和高温 QCD 物质发生强烈的相互作用，它自身的形状也会发生改变。如图 9 – 26 所示，在不同碰撞中心的铅核＋铅核碰撞中测量的喷注形状与基于质子＋质子碰撞的参考分布进行比较。我们在更中心的铅核＋铅核碰撞中观察到喷注形状的依赖性与质子＋质子碰撞的结果相比呈现出更大的修正效应，表明喷注锥内能量进行了再分配。该测量提供了关于重离子碰撞中产生的热密介质中的部分子喷注的能量损失机制的信息[33]。

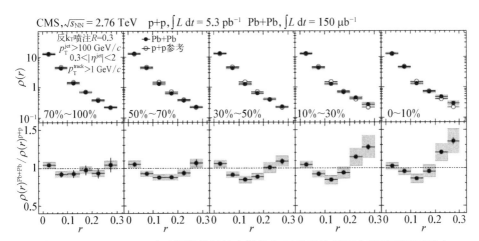

图 9 – 26　** LHC – CMS 实验测得的铅核＋铅核 **2.76 TeV 和质子＋质子碰撞不同中心度中喷注的径向形状分布(上)及相对的形状改变因子(下)[33]

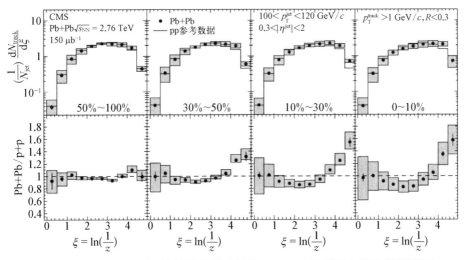

图 9 – 27　** LHC – CMS 实验测得的铅核＋铅核 **2.7 6TeV 和质子＋质子碰撞不同中心度中喷注的碎裂函数(上)及相对的碎裂函数修正因子(下)[34]

此外,因为喷注损失了能量,造成喷注中组分粒子的能量分布也发生了变化。LHC 近期的实验测量了铅核-铅核碰撞与质子-质子碰撞的喷注碎裂函数比值,如图 9 - 27 所示,结果表明在低 ξ(其中 $\xi = \ln\left(\dfrac{1}{z}\right)$ 为刻画喷注碎裂函数的变量,$z = p_{\text{track}}^{\parallel} / p_{\text{jet}}$ 是沿喷注方向的径迹动量分量与喷注动量之比)区域基本保持不变,在中 ξ 区域出现压低,在高 ξ 区域出现增强,表明喷注锥内由于喷注能量损失带来了高能粒子的压抑和低能粒子的激发现象[34]。

9.5.3　喷注淬火参数的提取

为了理解有关喷注淬火的重要实验结果,理论学家提出了很多理论模型来研究喷注和 QGP 物质的相互作用。比如为了统一且定量研究喷注的输运性质,大家定义并且提取喷注的输运系数 $\hat{q}$,它表示了喷注穿过介质过程中单位距离的垂直于喷注运动方向的横向动量平方的展宽。如图 9 - 28 所示,理论家在 RHIC 和 LHC 能量下提取的 $\hat{q}/T^3$ 这个无量纲的输运系数,要远远大于从深度非弹散射(DIS)中提取的冷核物质中的喷注输运系数[35]。而且这样一个无量纲的输运系数和 QGP 的剪切黏滞系数与熵的比值 η/s 有着重要的联系,参见式(9 - 2)与式(9 - 3)及前面的介绍。

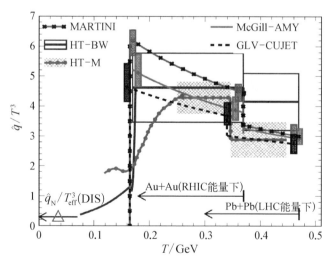

图 9 - 28　在 RHIC 和 LHC 能量下提取的 $\hat{q}/T^3$ 这个无量纲
喷注能量损失输运系数的温度依赖性[35]

此外,一个重要的物理问题是喷注损失掉的能量去哪了? LHC 实验通过重构整体喷注技术研究了 $\langle p_{\top}^{\parallel} \rangle$,实验结果表明喷注损失的能量扩散到了远离喷注轴的角度区域[36]。另外因为喷注在 QGP 中运动的速度接近光速,远远大于 QGP 中的声速,所以人们对喷注是否可以激发出马赫冲击波这个问题有着非常浓厚的兴趣[37-38]。如图 9-29 所示弦理论预言了马赫冲击波现象的存在[39],但是目前在实验上并没有确凿的观测证据。

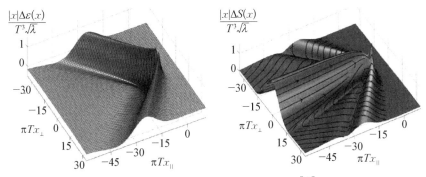

图 9-29 弦理论预言的马赫冲击波[39]

9.6 反物质原子核与相互作用

普通物质是由一般粒子(正粒子)组成的,而反物质则由反粒子所组成。目前人类所观测的世界都是由正物质所组成的,反物质极其稀少,人们只能在特殊的实验条件下产生极少量的反物质。根据宇宙大爆炸理论,在宇宙诞生之初,产生了等量的正粒子与反粒子,然而我们所观测到的世界却大多数由正粒子组成,这种正反物质的非对称性是困扰粒子物理学及宇宙学的一个未解之谜,因此寻找反物质和研究反物质的相互作用性质一直是科学家所关心的重大问题。

9.6.1 研究简史

反物质概念的最早提出可以追溯到 1898 年,A. Schuster 在写给 *Nature* 的一篇快报"Potential Matter - A Holiday Dream"中,大胆地提出了反物质存在的可能性。随着量子力学的快速发展,1928 年,英国物理学家狄拉克为了解释狄拉克方程负能解,正式提出了正电子概念,并预言了正负电子对的湮灭和产生。1930 年,中国科学家赵忠尧在实验上发现重核对于硬光子的吸收系数远大于 Klein-Nishina 方程的期望值,后来发现这正是由于反应中产生了正负电子对。这是人类发现的第一个正电子存在的间接信号。1932 年美国物理学家卡尔·安德森在宇宙射线中观测到正电子,这是人类历史上发现的第一个反粒子,打开了反物质研究的大门,安德森因此获得了 1936 年的诺贝尔物理学奖。接下来,1959 年塞格雷和张伯伦在加利福尼亚大学的劳伦斯辐射实验室中的回旋加速器上发现了反质子,他们因此获得了 1959 年的诺贝尔物理学奖。1965 年,由丁肇中领导的研究小组在美国布鲁克海文国家实验室的交互梯度质子同步加速器 BNL-AGS 上成功探测到反氘核。1971 年苏联科学家观测到了反氦 3,他们同时研究了反质子、反氘、反氦 3 的产生截面随着质量数的关系,研究发现反物质原子核的产生截面随着质量数的增加会相应地减少若干个数量级。因此,在同样实验条件下,要观测到较重的反物质,所需要的实验统计量会相应地高几个数量级。因此时隔数十年,反氦 4 才在 2011 年被位于美国布鲁克海文国家实验室的 RHIC-STAR 实验组所发现。

9.6.2 反超核

相对论重离子对撞实验利用加速到接近光速的两束原子核进行对撞来模拟宇宙大爆炸初期的状态,其对撞能量极高,对撞可以产生类似宇宙大爆炸早期的物质。前面提到这种物质是由夸克、胶子所组成的等离子体,即 QGP,它的温度相当于太阳中心温度的 250 000 倍。这种物质形态会迅速冷却,形成大量的正粒子与反粒子,这为我们发现和研究反物质提供了极佳的场所。

借助相对论重离子对撞产生的这样得天独厚的实验条件,人们开展了一系列重要的反物质相关实验研究。例如 STAR 探测器是相对论重离子对撞机 RHIC 实验中由许多不同子探测器所组成的一个大型复合探测器,它能够重构和鉴别各种正反粒子,其优异的粒子鉴别能力为发现和研究反物质提供了可能。如图 9-30 所示,STAR 实验组的陈金辉、马余刚、许长补等人通过分析海量的数据,共发现了 2 168 个反 He^3 信号及 5 810 个 He^3 信号。通过将这些反 He^3 与同一个碰撞事例中的带正电的 π 介子进行组合,得出它们的不变质量谱。通过 STAR 探测器精确地鉴别反超核衰变的次级顶点,可以扣除大部分背景,最终找到了大约 70 个反超氚核信号,同时用同样的方法测到了超氚核的信号,进一步验证了方法的可靠性[40]。在 STAR 发现反超氚核不久,欧洲核子中心的 LHC-ALICE 实验也宣布发现了反超氚核[41]。

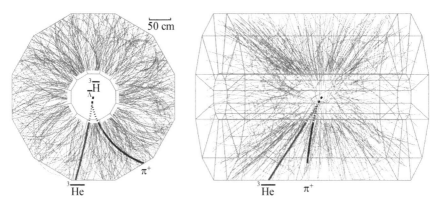

图 9-30　RHIC-STAR 探测器记录到的一个典型的反超氚衰变事件[40]

如图 9-31 所示,最新 STAR 实验中测得的超氚核的寿命非常短,约为 150 ps,小于 Λ 粒子的寿命[42]。人们目前发现的两类超核包括 Λ 超核及 Σ 超核。通过研究超子-核子(Y-N)相互作用,人们可以得到中子星内部奇异物质状态方程的初始代入参数,为理解中子星的结构提供依据,并且在反奇异性自由度上拓展了三维核素图。

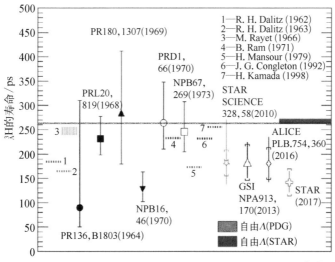

图 9-31　世界现有超氚核寿命实验测量和理论计算结果[42]

9.6.3　反氦 4

相对论重离子对撞机(RHIC)利用两束接近于光速的金核对撞来模拟宇宙大爆炸,产生数量相当的夸克和反夸克物质,其中一部分稳定的反物质可以在与正物质湮灭之前在 STAR 探测器中留下清晰的信号。只利用原有的时间投影室(TPC)虽然可以区分带有正负电荷的正反粒子,但是统计量非常有限,如图 9-32(a)所示。然而 STAR 合作组的薛亮、马余刚、唐爱洪等人利用 TPC 并且借助中国组主持研制的先进大型飞行时间探测器(TOF)大大提高了粒子的质量鉴别能力,最终探测到 18 个反物质氦 4 原子核的信号[见图 9-32(b)][43]。

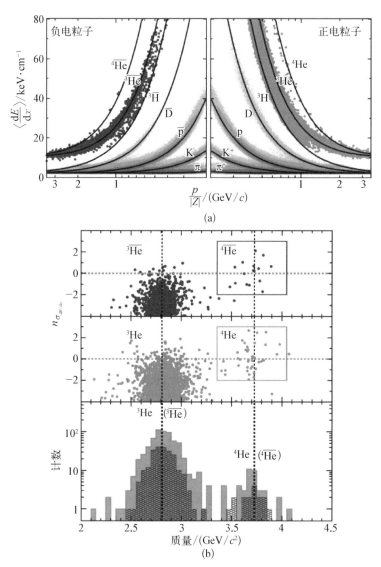

图 9-32　RHIC-STAR 实验中时间投影室(TPC)对带有正负电荷的正反粒子的电离能量损失及对反氦 4 的鉴别[43]

这种新发现的反氦 4 和其同位素反氦 3 的质量均在其期待值附近。这个实验的难度在于,实验信号的稀少是因为在重离子碰撞中每增加一个核子重子数,对应原子核的产额就会减少至少 3 个数量级[44]。

9.6.4 反物质相互作用与基本对称性

那么这些反粒子是如何组成反物质的呢?目前人类所知道的作用力有四种,分别是电磁作用、弱相互作用、强相互作用和引力相互作用。原子核物理的一个重要目的就是理解和研究核子间的相互作用力,核子间的相互作用力是理解原子核的结构及它们如何相互作用的基础。1911 年,卢瑟福通过 α 散射实验发现了原子核式结构,正式揭开人类认识原子核的序幕。一个多世纪以来,人类通过研究原子核或者核子,得到了很多关于原子核和核子的性质,包括强子结构的夸克模型,描述强相互作用的量子色动力学(QCD)及通过实验测得核子-核子的作用力,然而对于反原子核或者反核子,人类所了解的性质并不多,其中关于它们的相互作用力也一直未有实验涉及。RHIC 利用两束接近于光速的金原子核对撞来模拟宇宙大爆炸,产生类似于大爆炸之后几个微秒时刻的高温物质形态。这些物质形态迅速冷却产生大约等量的质子与反质子。STAR 合作组的张正桥、马余刚、唐爱洪等人从中选取同事件中产生的两个反质子样本并获得相对动量分布如图 9‑33 所示,同时除去不相关两事件中的两个反质子相对动量分布,再扣除其中次级产生的反质子关联性"污染"干扰,精确地构建了反质子‑反质子间的关联函数,如式(9‑6)和图 9‑34(a)所示,首次测得了两个描述强相互作用的重要参数,即散射长度 f_0(scattering

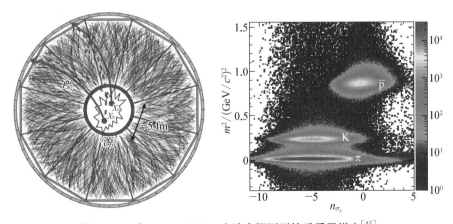

图 9‑33 在 RHIC‑STAR 实验中探测到的反质子样本[45]

length)和有效力程 d_0(effective range)。反质子-反质子作为最简单的反核子(反原子核)系统,其相互作用信息可以为我们研究更复杂的反原子核的结构和性质提供初始输入参数。这个研究表明,在实验精度内,反物质间的相互作用与正物质并没有差别,如图 9-34(b)所示,反质子-反质子之间的强相互作用存在着吸引力[45]。

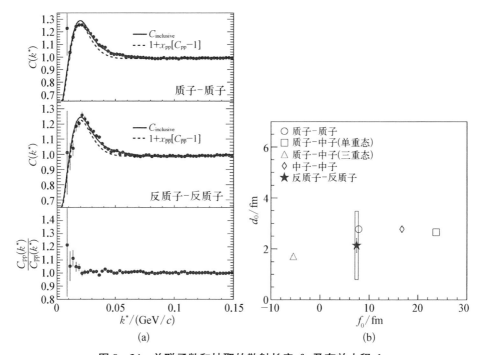

图 9-34　关联函数和抽取的散射长度 f_0 及有效力程 d_0

(a) 质子-质子和反质子-反质子关联函数及它们的比值的相对动量依赖性;(b) 抽取出的反质子-反质子相互作用所对应的散射长度 f_0 和有效力程 d_0[45]与质子-质子数据的比较

$$C_{\text{inclusive}}(k^*) = 1 + x_{\text{pp}}[C_{\text{pp}}(k^*; R_{\text{pp}}) - 1] + x_{\text{p}\Lambda}[\widetilde{C}_{\text{p}\Lambda}(k^*; R_{\text{p}\Lambda}) - 1] +$$
$$x_{\Lambda\Lambda}[\widetilde{C}_{\Lambda\Lambda}(k^*) - 1] \tag{9-6}$$

9.6.5　正反物质质量差与超核结合能的精确测量

对称性在自然界中普遍存在。在历史上很长一段时间里,科学家一直认为所有物理规律具有宇称(parity)对称性。直到 1956 年,李政道和杨振宁首先在理论上提出在弱相互作用下宇称不守恒,随后吴健雄在实验上验证了该理论,1957 年宇称不守恒的发现获得诺贝尔物理学奖。宇称破缺发现后没多久,实验物理学家就在中性 K 介子衰变中发现了电荷宇称联合变换破缺(CP violation)现象并因此获得诺贝尔物理学奖。目前电荷-宇称-时间反演对称 (charge-parity-time reversal symmetry,CPT)理论认为所有物理规律在电荷 共轭变换、宇称反射、时间反演的共同变化下具有不变性,并预测正反物质具 有完全相同的质量。在实验上对 CPT 对称性进行测量将对基础物理学的发 展发挥重要作用。目前实验上已经做了大量的相关测量,如图 9 - 35 所示。 对正反中性 K 介子相对质量差别测量显示其在 10^{-18} 精度上与 0 一致[46],这 是目前对 CPT 对称性最为精确的验证。

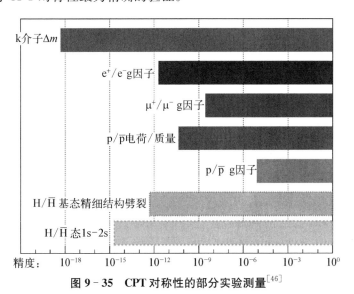

图 9 - 35　CPT 对称性的部分实验测量[46]

尽管对正反中性 K 介子的测量精度达到了 10^{-18} 量级,但是目前在原子 核层面上验证 CPT 对称性的相关实验测量很少,这是因为在实验上产生大量 反物质原子核存在很大的挑战。在新的系统中测量 CPT 对称性是否成立,意 义重大。2015 年 LHC - ALICE 合作组利用铅核＋铅核在对撞能量为 2.76 TeV 下的对撞实验数据精确测量了正反氘核和正反氦 3 核的相对质量 差别,结果显示正反氘核和正反氦 3 核的相对质量分别在 10^{-4} 和 10^{-3} 精度 上无差别[47]。随后,RHIC - STAR 合作组的刘鹏、陈金辉、马余刚、许长补等 人于 2020 年利用金核＋金核在对撞能量为 200 GeV 下的对撞实验数据精确 测量了正反超氚核的相对质量差别,结果显示正反超氚核的相对质量差别在 10^{-4} 精度上无差别,这是历史上首次在超核层面上验证 CPT 对称性,这也是 迄今为止 CPT 对称性验证的最重的反物质原子核[48]。RHIC - STAR 合作组基于对正反超氚核的测量重新计算了正反氦 3 核的相对质量差别,结果显示正反氦 3 核的相对质量差别在 10^{-4} 精度上无差别[48],这比 LHC - ALICE 合作组于 2015 年的测量结果精度高一个数量级。在原子核层面上验证 CPT 对称性的相关重离子碰撞实验测量汇总于图 9 - 36 中。未来,随着实验技术的不断发展和重离子对撞实验数据的不断积累,科学家有望以更高的精度测量正反氘核、正反氦 3 核的质量差别,有望首次在正反氦 4 系统上验证 CPT 对称性是否成立。

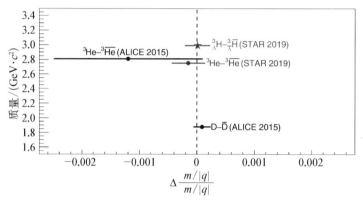

ALICE—大型离子对撞实验组;STAR—螺线管径迹探测器实验组。

图 9 - 36 正反氘核、正反氦 3 核、正反超氚核的相对质量差别测量[48]

超核里面包含一个或多个超子,因此超核作为天然的超子-核子相互作用系统,其结合能大小直接与超子-核子相互作用强度相关联。通过精确测量超核结合能,就能间接探索超子-核子相互作用强度信息,而超子-核子相互作用信息对理解强相互作用、超核物质状态方程和中子星性质起着十分重要的作用。历史上通过核乳胶实验对轻 Λ -超核做了大量测量,然而早期测量存在一些问题。尽管对早期测量进行了再刻度,但是早期测量仍然存在一个未知的较大的系统误差,这就要求利用现代的测量技术对超核结合能进行更为精确的测量[49]。

超氚核作为最轻、组成最简单的超核,其结合能的精确测量十分重要。RHIC - STAR 合作组于 2020 年利用金核+金核在对撞能量为 200 GeV 下的对撞实验数据精确测量了超氚核的 Λ 分离能,即把 Λ 超子从超氚核里面移出所需的能量[48]。图 9 - 37 对比了 RHIC - STAR 合作组的测量结果与早期测量结果及理论计算结果。从图中可以看出,早期的测量结果显示 Λ 分离能在统计误差范围内与 0 相吻合,这让物理学家认为超氚核是一个很弱的束缚系统。然而,RHIC-STAR 测量显示其在统计误差 3.4σ 显著度上大于 0,并且 RHIC-STAR 测量结果的中心值比目前理论计算中广泛使用的 1973 年的实验值大约 3 倍,这表明超氚核束缚得要比早期科学家预期的紧。从图中也可以看出,不同理论计算结果之间存在较大的差别,RHIC-STAR 的实验结果将为理论研究提供更为精确的实验限制。

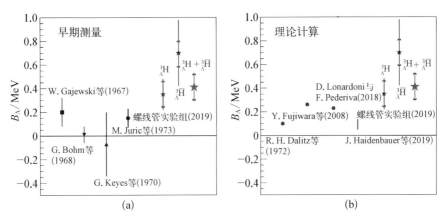

图 9-37 RHIC-STAR 合作组测量的超氚结合能与
早期测量(a)及理论计算对比(b)[48]

未来,随着超核实验技术的不断发展,科学家将有望对更多超核进行精确测量,同时也有望找到更多种类的超核,比如奇异性为 2 的超核等。

9.7 QCD 相图和临界点

由大量微观粒子组成的物质在不同的环境中是以不同的状态或物质相存在的。在一定的条件下物质相会发生转变,即相变,例如水存在气态、液态、固态三种相和之间的相变。相变除了与物质的微观粒子属性相关外还主要取决于微观粒子之间的相互作用。QCD 物质也不例外,下面将介绍 QCD 物质的相和相变规律。

9.7.1 QCD 相结构

上面介绍到量子色动力学是一个重要的描述强相互作用的基本理论。渐近自由性质是 QCD 短距离尺度下描述基本微观自由度——夸克和胶子相互作用的重要特性。该理论描述了大量现象——从强子的质谱到深度非弹性的过程,包括 QCD 也应该具有明确定义的热力学性质,对于理解致密天体和涉及相对论重离子碰撞实验中的现象是必不可少的。在相对论重离子碰撞中,参与碰撞的高能核子众多,由于密度效应和温度效应极易产生高温、高能量密度的情况,因此导致 QCD 相变。一个系统的热力学性质最容易用热力学参数空间中的相图表示——在 QCD 的情况下,作为 T-μ_B 相图。图上的每个点对应于一个稳定的热力学状态,其特征体现于各种热力学函数,例如压力、重子密度等(以及输运系数,例如扩散系数或黏度系数,或各种相关函数的其他性质)。QCD 的相变点的寻找变得极为重要,现在美国的 RHIC 实验室正在进行束流能量扫描(beam energy scan)项目,通过观测各种实验数据的能量依赖性,以此来寻找 QCD 相变点和相变的边界,如图 9-38 所示。将 QCD 相图映射为温度 T 和重子数化学势 μ_B 的函数。由于渐近自由,QCD 的高温和高重子密度相描述以夸克和胶子作为自由度,而不是强子。在高密度下,夸克形成库珀对和新凝聚物,这些色超导相的形成需要弱吸引相互作用,然而这些相可能会破坏手性对称性。理论上预言这样的冷密夸克物质相可能出现在中子星的中心。

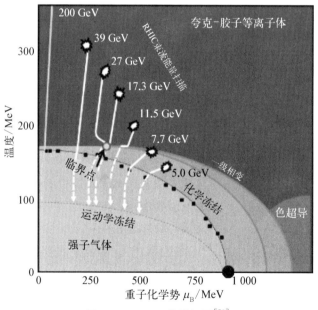

图 9-38 QCD 物质相图[50]

在 $\mu_B = 0$ 处有限温度的 QCD 计算预言在强子相和夸克-胶子等离子体相之间存在一个平滑过渡,即二级相变。在更大的 μ_B 范围里,基于强子模型预测 QCD 物质存在一级相变。所以一级相变的终点位置和二级相变就存在一个交点,这个点也称为 QCD 临界点。由于在有限的 μ_B 范围内的信号问题,预测相变点是非常困难的,甚至它的存在也不能完全确定,因此实验上验证相变点的存在对于深入理解 QCD 相互作用机制具有十分重要的科学意义。

9.7.2　守恒荷涨落与 QCD 相变

在格点 QCD 理论中,QCD 系统的配分函数定义为

$$Z = \mathrm{tr}\left[\exp\left(-\frac{H - \sum_i \mu_i Q_i}{T}\right)\right] \tag{9-7}$$

从配分函数我们可以推导出体系的热力学参量,比如各种守恒荷的磁化率:

$$\chi^{B, S, Q}_{n_B, n_S, n_Q} \equiv \frac{1}{VT^3} \frac{\partial^{n_B}}{\partial \hat{\mu}_B^{n_B}} \frac{\partial^{n_S}}{\partial \hat{\mu}_S^{n_S}} \frac{\partial^{n_Q}}{\partial \hat{\mu}_Q^{n_Q}} \ln Z \tag{9-8}$$

式中,B,S,Q 分别表示重子数、奇异数、电荷。

图 9-39 给出了格点 QCD 计算的各种磁化率的温度依赖性,我们可以看出二阶和四阶磁化率在临界温度附近有跳跃和发散行为出现。为了在实验中测量临界点附近的这些发散行为,需要借助于这些磁化率和相应守恒荷的中心累积矩,在理论上我们引入各阶的累积量及中心矩的关系,如式(9-9)所示。

$$\left.\begin{aligned}
&M_q = \langle N_q \rangle = VT^3 \chi_1^q, \ \sigma_2^q = C_2^q = \langle (\delta N_q)^2 \rangle = VT^3 \chi_2^q \\
&C_3^q = \langle (\delta N_q)^2 \rangle = VT^3 \chi_3^q, \ C_4^q = \langle (\delta N_q)^4 \rangle - 3\langle (\delta N_q)^2 \rangle^2 = VT^3 \chi_4^q \\
&C_5^q = \langle (\delta N_q)^5 \rangle - 10\langle (\delta N_q)^3 \rangle \langle (\delta N_q)^2 \rangle = VT^3 \chi_5^q \\
&C_6^q = \langle (\delta N_q)^6 \rangle - 15\langle (\delta N_q)^4 \rangle \langle (\delta N_q)^2 \rangle - 10\langle (\delta N_q)^3 \rangle^2 + \\
&\qquad 30\langle (\delta N_q)^2 \rangle^3 = VT^3 \chi_6^q
\end{aligned}\right\} \tag{9-9}$$

式中,M_q 和 σ_2^q 是质量和方差,C_n^q 是第 n 阶累积量,$n = B, Q, S$。$\delta N_q = N_q - \langle N_q \rangle$。同时人们引入高阶矩 skewness($S$)和 kurtosis($\kappa$),如式(9-10)所示。由于对于高斯分布,两者都为 0,所以可利用它们来研究动力学分布是否偏离高斯分布从而寻找非平庸的临界涨落现象。

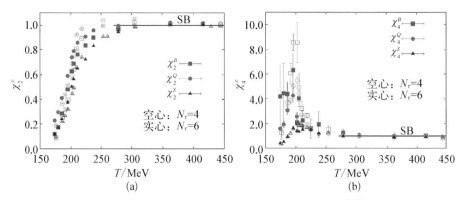

图9-39　QCD计算的各种磁化率的温度依赖性[51]

$$S_q = \frac{\langle (\delta N_q)^3 \rangle}{\langle (\delta N_q)^2 \rangle^{3/2}} = \frac{C_3^q}{(\sigma_2^q)^{3/2}} \left.\begin{matrix} \\ \\ \end{matrix}\right\}$$

$$\kappa_q = \frac{\langle (\delta N_q)^4 \rangle}{\langle (\delta N_q)^2 \rangle^2} - 3 = \frac{C_4^q}{(\sigma_2^q)^2}$$

$$(9-10)$$

下面的式(9-11)反映了各种量之间的关系:

$$\frac{\sigma_q^2}{M^q} = \frac{C_2^q}{M_q} = \frac{\chi_2^q}{\chi_1^q}, \; S_q \sigma_q = \frac{C_3^q}{C_2^q} = \frac{\chi_3^q}{\chi_2^q} \left.\begin{matrix} \\ \\ \end{matrix}\right\}$$

$$\kappa_q \sigma_q^2 = \frac{C_4^q}{C_2^q} = \frac{\chi_4^q}{\chi_2^q}, \; \frac{\kappa_q \sigma_q}{S_q} = \frac{C_4^q}{C_3^q} = \frac{\chi_4^q}{\chi_3^q}$$

$$(9-11)$$

通过上述理论可以帮助我们将守恒荷涨落分布的高阶矩实验结果和格点QCD等理论计算连接在一起。

　　根据在重离子碰撞中的化学冻结曲线,用强子共振态气体 HRG 模型计算出电荷和奇异数磁化率,我们可以发现电荷和奇异数的磁化率为 χ_2/χ_1 或者 χ_3/χ_2,它表现为强烈的能量依赖性,而 χ_4/χ_2 伴随能量的变化较小,由于贡献多电荷态 $Q=2$ 或 $S=2,3$,电荷和奇异数 χ_4/χ_2 是偏离 1 的,如图 9-40 所示。

　　图 9-41 表示来自两个独立的格点 QCD 研究组(HotQCD 和 Wuppertal Budapest)计算的 QCD 物质的状态方程,两个结果彼此符合。通过设 $\mu_Q = \mu_S = 0$,我们可以将 P/T^4 在有限的 μ_B 区域内进行泰勒展开,因为 QCD 的对称性,这个展开式的奇数阶次部分被消去,只剩下偶数阶次部分,如式(9-12)所示,从而可开展有限重子化学势下的相关研究。

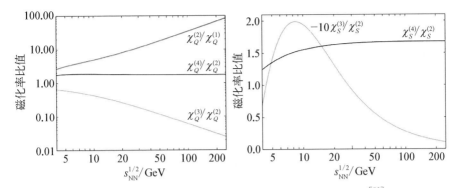

图 9‑40　电荷磁化率和奇异数磁化率的碰撞能量依赖性[52]

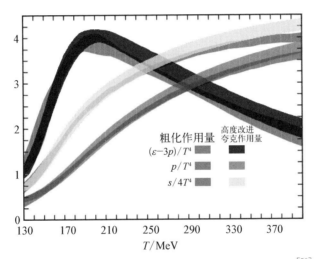

图 9‑41　有关 QCD 物质状态方程的格点 QCD 计算结果[53]

$$\frac{P(T, \mu_B) - P(T, 0)}{T^4}$$

$$= \frac{1}{2}\chi_2^B(T)\left(\frac{\mu_B}{T}\right)^2 \times \left[1 + \frac{1}{12}\frac{\chi_4^B(T)}{\chi_2^B(T)}\left(\frac{\mu_B}{T}\right)^2 + \frac{1}{360}\frac{\chi_6^B(T)}{\chi_2^B(T)}\left(\frac{\mu_B}{T}\right)^4\right] + O(\mu_B^8)$$

$$(9-12)$$

关于临界涨落的理论计算有很多,如图 9‑42 所示为 σ 场模型计算首次定性地讨论了 QCD 临界点附近多重数波动的第四阶矩(峰度)的普遍临界行为[54],这是通过粒子与序参量场的耦合来实现的,序参量场在相图的不同位置可以是正负值,虚线表示重离子碰撞中的化学冻结曲线,当化学冻结曲线通过临界点来到交叉侧时,关于 σ 场的概率分布就从高斯贡献变到双峰的非高斯贡献,并且对应于四阶累积量从零到正值或负值的变化。但是这里只考虑临界点和统计涨落贡献,然而重离子碰撞中的其他动力学效应,如重子数守恒、强子散射和共振衰变的影响,都没有考虑。此外,有限尺寸和有限时间效应、非平衡记忆效应也是重要的,也需要仔细研究。

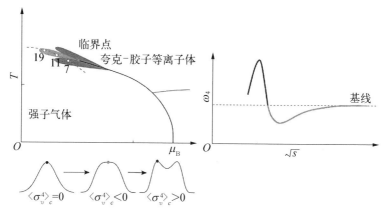

图 9-42　使用重子数四阶累积量来探索 QCD 临界点原理示意图[54]

9.7.3　净重子数涨落

由于前面提到守恒荷净重子数的涨落直接对应着相变临界点处重子化学势磁化率的发散行为,目前成为相对论重离子碰撞领域的一个研究热点,通常实验上以净质子作为净重子的代表。JAM 强子模型计算了在低能的重离子碰撞中的 C_2/C_1,C_3/C_1,C_3/C_2 和 C_4/C_2,当我们提高 Δy 时,净质子/净重子会降低,达到最小值时,会再升高,这是重子数守恒的典型效应。对于不同的累积量比,这个最小值的位置是不同的。它表明平均势场和软化的状态方程(EOS)对于累积量比不会导致一个大的提高。反而,由于重子数守恒,抑制净质子(重子)涨落的现象可以被观测到[55]。

在实验中测量守恒荷高阶矩涨落要仔细考虑多种因素的影响,研究者利用超相对论量子分子动力学模型(UrQMD)计算了不同碰撞中心度的结果发现,考虑中心度宽度修正效应(centrality bin width correction, CBWC)是十分必要的。对于不同中心度,很清楚地观测到有 CBWC 的结果和没有 CBWC 的结果的不同,这表明空间涨落在宽的中心度范围内对累积量的值有显著的影响[55]。

图 9-43(a)和图 9-44(a)给出了目前实验上测量的关于金核+金核碰撞能量依赖于净质子的累积量比和净电荷分布。其中 Skellam 期望反映了一个

不相关的、统计学的随机粒子的产生。在强子共振气体模型中,它表明了 $\kappa\sigma^2$ 和 $S\sigma$ 与 Skellam 期望是基本一致的。对于净质子结果,在 0～5‰金核＋金核碰撞中,相对于 Skellam 分布中的最大偏差是在 19.6 GeV 和 7.7 GeV 能量下观察到的。在 39 GeV 以上的能量情况下,其结果接近 Skellam 期望值。UrQMD 模型计算结果表明 $\kappa\sigma^2$ 随着束流能量的降低单调递减,可能是来自重子数守恒等的影响。然而图 9-43(b)中的净电荷分布的高阶矩并没有显示出非单调的能量依赖性行为。

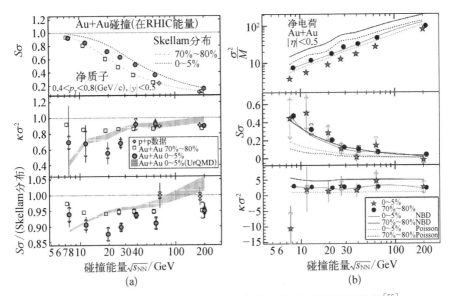

图 9-43　净质子分布高阶矩和净电荷分布高阶矩的能量依赖性[55]

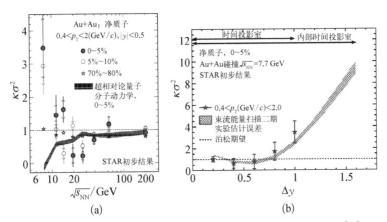

图 9-44　净质子分布高阶矩 $\kappa\sigma^2$ 的能量依赖性和快度依赖性[55]

此外 RHIC - STAR 实验发现在金核＋金核碰撞中的净质子分布高阶矩 $\kappa\sigma^2$ 随两个质子之间的快度分离增加而增加[55]，说明它可能是一种长程关联，如图 9 - 44(b)所示。总之，由于这些守恒荷已经被预测对系统关联长度敏感，并且直接联系到格点 QCD 计算中所对应的磁化率，因此对净重子数(B)、电荷(Q)和奇异性(S)，特别是它们的高阶累积量的逐事件涨落的分析将发挥核心作用，将揭示 RHIC 和 LHC 中重离子碰撞中产生的物质的热力学，目前已经作为研究重离子碰撞中的相变和寻找相变临界点的一种有力观测手段。

9.8　手征效应

手征(chirality)概念是生命起源，乃至自然界宏观和微观非对称性产生的基本问题。生物体对手征结构体具有严格选择性，即只包含对应结构体中的一种手征(左旋或右旋)分子，例如构成蛋白质的氨基酸都是左旋的，而构成核酸中核苷酸的核糖和脱氧核糖都是右旋的。这个问题引起了人们的深思，这种选择性产生的物理机制是什么？手征物质研究可追溯到 Arago(1811 年)和 Biot(1815 年)时期所采用的光学方法，即光偏振平面的旋转特性——旋光性(optical activity, OA)和"圆二色性"(circular dichroism, CD)，即平面偏振光在手征分子介质中传播时，两个圆偏振光被手征(左旋或右旋)分子吸收的程度不相等。手征概念在许多科学领域起着重要作用，例如基本粒子物理、分子、晶体、生命物质和药物设计等。基于手征物质的重要性，研究者在不同研究领域使用光学方法详细研究手征物质取得了卓越的成就，如区别手征分子的对应体、它们的结构和动力学特征等[56]。

9.8.1　手征反常效应简介

在高温高密的夸克-胶子等离子体中，对轻夸克来说手征对称性是恢复的。对这些手征费米子的每个特殊的"味"，可以引入相应的矢量流 $\boldsymbol{J}^\mu$ 和轴流 $\boldsymbol{J}_5^\mu$：

$$\boldsymbol{J}^\mu = \langle \overline{\Psi} \gamma^\mu \Psi \rangle, \ \boldsymbol{J}_5^\mu = \langle \overline{\Psi} \gamma^\mu \gamma^5 \Psi \rangle \tag{9-13}$$

由于手征对称性，还可以单独引入右手(RH)和左手(LH)费米子，并将它们与上述电流 $\boldsymbol{J}_{R/L}^\mu = (\boldsymbol{J}^\mu \pm \boldsymbol{J}_5^\mu)/2$ 相关联。等同于 $\boldsymbol{J}^\mu = \boldsymbol{J}_R^\mu + \boldsymbol{J}_L^\mu$ 和 $\boldsymbol{J}_5^\mu = \boldsymbol{J}_R^\mu - \boldsymbol{J}_L^\mu$。

　　轴化学势 μ_5（与轴子数密度 J_5^0 有关）表征系统中右手和左手费米子的不平衡。基于逐事件的方法，这种手征对称性破缺的 QGP 可以通过各种机制（例如，在胶子场的拓扑涨落、胶子通量管，或仅在夸克部分的涨落）在重离子碰撞中局部地产生。另外还可以相应地引入右手和左手化学势 $\mu_{R/L} = \mu \pm \mu_5$。胶子场的拓扑性质可以用以下的 QCD 的拓扑荷式（9 - 14）表征，

$$Q_{\mathrm{w}} = \frac{1}{32\pi^2} \int \mathrm{d}^4 x \, (g G_a^{\mu\nu}) \cdot (g \widetilde{G}_{\mu\nu}^a) = \frac{C_A}{2} \int_{\mathrm{boundary}} \mathrm{d}\Sigma^\mu \cdot K_\mu \qquad (9 - 14)$$

　　我们以费米子为例来简单地讨论反常手征效应，包括多味和多色的情况。由于实验测量通常关心电荷或重子数，而不是夸克级别的电流。可以通过对相关夸克的味和色求和来构建夸克的电流守恒，例如：

$$J_Q^\mu = N_c \sum_f e Q_f J_f^\mu, \quad J_B^\mu = N_c \sum_f B_f J_f^\mu \qquad (9 - 15)$$

式中，Q_f 和 B_f 是给定味的电荷和重子数，例如，对三种轻质量味（u，d，s）而言，$Q_f = \left(\dfrac{2}{3}, -\dfrac{1}{3}, -\dfrac{1}{3} \right)$，$B_f = \left(\dfrac{1}{3}, \dfrac{1}{3}, \dfrac{1}{3} \right)$。

　　我们探索物质输运属性的重要方法是应用外部电磁场，探测物质的反馈。例如，一个导电介质可以在存在外部电场的情况下产生电流：

$$J = \sigma E \qquad (9 - 16)$$

这是著名的欧姆定律，其中 σ 是表征物质的矢量电荷传输性质的电导率。然而有关 QGP 输运可能会有更多有趣的问题。如果对 QGP 物质施加外部磁场 B 会发生什么？类似于式（9 - 13）的矢量电流可以产生吗？通常这是被对称性所禁止的：电流 J 为奇宇称的矢量特性，而磁场 B 为偶宇称的轴矢量特性。但如果潜在的介质本身是手征的，那么这种情况是不同的，例如具有非零 μ_5 的手征 QGP，其宇称镜像有相反的 μ_5。这种情况称为手征磁性效应（CME），其预测的矢量电流的产生表示为

$$J = \sigma_5 B \qquad (9 - 17)$$

式中，$\sigma_5 = \dfrac{Q}{2\pi^2} \mu_5$ 是手征磁导率［如果要特别考虑电流，那么 $J \rightarrow Qe J = (Qe)^2 / (2\pi^2) \mu_5 B$］。Vilenkin 首先讨论了在手征不平衡的情况下产生矢量电流。然而，手征不平衡本身是 CME 的必要但不充分的条件——仅当手征电荷

不守恒时,即存在手征反常时,相应的电流才不会消失。由于CME和相关现象都涉及手征不平衡和手征反常,所以我们将其统称为"手征反常效应"。

其实 CME 可以用如下方式直观地理解,如图 9-45 所示。磁场导致自旋极化(即"磁化")效应,其中夸克自旋优先沿着 $\boldsymbol{B}$ 的方向排列,这意味着 $\langle s \rangle \propto (Qe)\boldsymbol{B}$。具有特定手征的夸克自旋方向 $\boldsymbol{s}$ 和动量方向 $\boldsymbol{p}$ 有关联:$\boldsymbol{p} \parallel \boldsymbol{s}$ 的是右手夸克,$\boldsymbol{p} \parallel (-\boldsymbol{s})$ 的是左手夸克。手征不平衡的出现,如 $\mu_5 \neq 0$,会导致平均自旋和动量之间存在净关联 $\langle \boldsymbol{p} \rangle \propto \mu_5 \langle \boldsymbol{s} \rangle$。例如,如果 $\mu_5 > 0$ 有更多的右手夸克,则动量趋向于与自旋平行。因此很明显 $\langle \boldsymbol{p} \rangle \propto (Qe)\mu_5 \boldsymbol{B}$,这意味着这些夸克的矢量电流 $\boldsymbol{J} \propto \langle \boldsymbol{p} \rangle \propto (Qe)\mu_5 \boldsymbol{B}$。

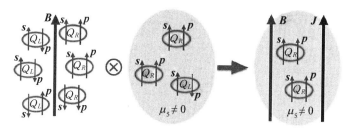

图 9-45　手征磁效应的示意图

我们假设一个CME感应的电流为 $(Qe)\boldsymbol{J} = (Qe)\mu_5 \boldsymbol{B}$,为了探测这种电流的存在,打开一个任意小的辅助电场 $\boldsymbol{E} \parallel \boldsymbol{B}$,并检查系统的能量变化率。这样的电场功率是 $P = \int_x \boldsymbol{J} \cdot \boldsymbol{E} \, \mathrm{d}V = \int_x [(Qe)\sigma_5] \boldsymbol{E} \cdot \boldsymbol{B} \, \mathrm{d}V$。或者,对于这种手征费米子系统,(电磁)手征反常表明以 $\dfrac{\mathrm{d}Q_5}{\mathrm{d}t} = \int_x C_A \boldsymbol{E} \cdot \boldsymbol{B} \, \mathrm{d}V$ 的速率产生轴电荷,其中 $C_A = (Qe)^2/(2\pi^2)$ 是普适的反常系数。现在非零轴化学电位 $\mu_5 \neq 0$ 意味着用于产生每单位轴电荷的能量消耗,因此通过反常计数的能量变化率将给出功率 $P = \mu_5 \dfrac{\mathrm{d}Q_5}{\mathrm{d}t} = \int_x [C_A \mu_5] \boldsymbol{E} \cdot \boldsymbol{B} \, \mathrm{d}V$。因此,对任何辅助电场 $\boldsymbol{E}$ 推导出以下关系:

$$\int_x [(Qe)\sigma_5] \boldsymbol{E} \cdot \boldsymbol{B} \, \mathrm{d}V = \int_x [C_A \mu_5] \boldsymbol{E} \cdot \boldsymbol{B} \, \mathrm{d}V \tag{9-18}$$

因此,σ_5 必须具有被手征反常完全固定的普适值 $\dfrac{C_A \mu_5}{Qe} = \dfrac{Qe}{2\pi^2}\mu_5$。手征磁导率 σ_5 是时间反演不变的输运系数,而通常的电导率 σ 是时间反演变号的,这表明 CME 电流可以作为平衡电流产生而不产生更多的熵,这不同于通常的耗散电流$^{[57-58]}$。

在某些情况下响应外磁场的作用是否会有轴电流产生? 理论上认为确实存在与 CME 互补的输运现象,称为手征分离效应(CSE):

$$\boldsymbol{J}_5 = \sigma_S \boldsymbol{B} \tag{9-19}$$

其中右手和左手电流 $\boldsymbol{J}_{R/L}$ 如下所示:

$$\boldsymbol{J}_{R/L} = \frac{(\boldsymbol{J} \pm \boldsymbol{J}_5)}{2} = \pm \sigma_{R/L} \boldsymbol{B} \tag{9-20}$$

式中, $\sigma_{R/L} = \dfrac{Qe}{4\pi^2} \mu_{R/L}$。 以上简单的互交性正如 CME 分别是纯粹的右手和纯粹的左手的 Weyl 费米子一样。它揭示了 CME 和 CSE 是同一个硬币的两面,这就是为什么它们的电导率都是由手征反常系数决定的。

此外,可以响应外电场的轴电流能否产生呢? 一种称为手征电分离效应(CESE)的新效应已经提出$^{[59]}$:

$$\boldsymbol{J}_5 = \sigma_{\chi_e} \boldsymbol{E} \tag{9-21}$$

通常这是被对称理论所禁止的:$\boldsymbol{J}_5$ 是宇称为偶的轴矢量,而 $\boldsymbol{E}$ 是宇称为奇的向量。上述 CESE 是一种反常的输运过程,仅在 $\mu_5 \neq 0$ 的手征不平衡环境中才可能发生。然而,不同于 CME,CESE 不是来源于手征反常,而是与通常电场中的导电现象有关。它的系数 $\sigma_{\chi_e} = \chi_e(Qe) \mu \mu_5$ 称为 CESE 的电导率,取决于特定的动力学系统,并且已被用于计算弱耦合 QED 和 QCD 等离子体及某种强耦合全息系统。

总之,四种输运效应(欧姆定律、手征磁效应、手征分离效应和手征电分离效应)可以总结如下:

$$\begin{pmatrix} \boldsymbol{J} \\ \boldsymbol{J}_5 \end{pmatrix} = \begin{pmatrix} \sigma & \sigma_5 \\ \sigma_{\chi_e} & \sigma_s \end{pmatrix} \begin{pmatrix} \boldsymbol{E} \\ \boldsymbol{B} \end{pmatrix} \tag{9-22}$$

式(9-22)反映了关于响应外部电磁场在手征夸克-胶子等离子体中产生电流的机制。

当手征费米子系统正在经历全局旋转时,反常输运效应也会发生。这样的流体旋转可以通过涡度 $\boldsymbol{\omega} = \dfrac{1}{2} \boldsymbol{V} \times \boldsymbol{v}$ 来量化,其中 v 是流速场。流体旋转和电磁场之间存在有趣的类比：v 类似于矢量规范势 A，涡度 ω 类似于磁场 $B = V \times A$。考虑一个带电粒子沿着一个垂直于常数 B 场的圆环运动,量子力学效应产生相位因子 $\mathrm{e}^{\mathrm{i}(Q e)\Phi_B/\hbar}$（$\Phi_B$ 是通过圆环的磁通量）。类似地,当这样的粒子在垂直于常数 ω 场中运动时,它有一个相位因子 $\mathrm{e}^{\mathrm{i}L/\hbar}$（$L$ 是相应的角动量）。鉴于这样的相似性,因此期望可能发生类似于 CME 和 CSE 的涡旋效应。

这种涡旋效应在全息模型中可定量鉴定,后来在反常流体动力学框架中得到理解。对于给定的涡度 ω,手征涡旋效应(CVE)沿涡度方向产生矢量电流 J：

$$J = \frac{1}{\pi^2} \mu \mu_5 \boldsymbol{\omega} \tag{9-23}$$

虽然 CME[式(9-17)]由 B 驱动,上述 CVE 在 $\mu_5 \neq 0$ 的手征介质中由 $\mu \omega$ 驱动。直观地,以下方式可以理解上述 CVE,如图 9-46 所示。在全局旋转的存在下,潜在的费米子在它们的局域静止系中经历一种有效的相互作用形式 $\sim \boldsymbol{\omega} \cdot \boldsymbol{S}$,其中 $\boldsymbol{S}$ 是费米子的自旋。这导致自旋极化效应(如在其他背景下发现的那样),即费米子将使它们的自旋趋向于沿着 $\boldsymbol{\omega}$。我们强调这种自旋极化 $\langle \boldsymbol{S} \rangle \propto \boldsymbol{\omega}$ 是与电荷无关的,这不同于磁化。给定非零值 μ_5(如考虑 $\mu_5 > 0$) 将会有比左手粒子更多的右手粒子,净右手粒子(夸克和反夸克)由于 $\langle \boldsymbol{p} \rangle \propto \langle \boldsymbol{S} \rangle \propto \boldsymbol{\omega}$,沿着 $\boldsymbol{\omega}$ 再提供一个非零的 μ(如考虑 $\mu > 0$),将会有比反夸克更多的右手夸克：这个右手夸克的净数目沿着 $\boldsymbol{\omega}$ 运动并贡献一个矢量电流 $J \propto \mu \mu_5 \boldsymbol{\omega}$。但是 $\mu = 0$ 或 $\mu_5 = 0$ 时,该电流不再存在。

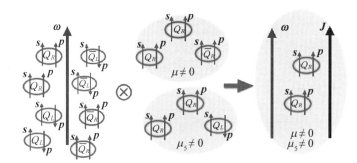

图 9-46 手征涡旋效应的示意图

实际上与 CSE 类似,在全局旋转下也可以产生轴电流：

$$J_5 = \left[\frac{1}{6} T^2 + \frac{1}{2\pi^2} (\mu^2 + \mu_5^2) \right] \boldsymbol{\omega} \tag{9-24}$$

再次,可以用手征电流 $\boldsymbol{J}_{R/L}$ 来重写涡旋效应如下:

$$\boldsymbol{J}_{R/L} = \pm\left(\frac{1}{12}T^2 + \frac{1}{4\pi^2}\mu_{R/L}^2\right)\boldsymbol{\omega} \qquad (9-25)$$

上述可以分别解释为 RH/LH 粒子的 CVE。类似于 CME 情况下的 $\frac{\sigma_5}{2} = \frac{Qe}{4\pi^2}$,在化学势项前面的系数 $\frac{1}{4\pi^2}$ 由手征反常决定。

下面我们考虑在外部磁场 $\boldsymbol{B}$ 中的 QGP,假设有一个非零轴密度波动 δJ_5^0,并且意味着局部非零 $\mu_5 \propto (\delta J)_5^0$,其通过等式(9-17)诱导 CME 矢量流 $\boldsymbol{J}$。这样的电流将沿 $\boldsymbol{B}$ 方向传输矢量电荷,从而导致附近的矢量密度波动平衡。反过来非零矢量密度波动 δJ^0 意味着局部非零 $\mu \propto \delta J^0$,其通过式(9-19)诱导 CSE 轴电流 $\boldsymbol{J}_5$。这样的电流将沿着 $\boldsymbol{B}$ 方向输送轴电荷,并进一步导致附近的轴密度波动平衡。以这种方式,矢量和轴密度波动相互诱导,并且通过 CME 和 CSE,它们的演变显著地纠缠在一起。结果,这些密度波动随着时间沿着外部 $\boldsymbol{B}$ 方向传播到远处,因此形成了传播波,如图 9-47 所示。这种集体模式称为 CMW(手征磁波)。同理,类比于磁场的作用,涡旋场作用下也会产生类似的集体模式,称为手征涡波。

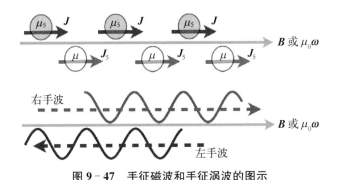

图 9-47　手征磁波和手征涡波的图示

在数学上,描述 CMW 的波动方程可以通过 CME 和 CSE 的 RH/LH 组合得到 RH/LH 电流的连续性方程 $\partial_t J_{R/L}^0 + \boldsymbol{V} \cdot \boldsymbol{J}_{R/L} = 0$:

$$\left(\partial_0 \pm \frac{(Qe)}{(4\pi^2)\chi}\boldsymbol{B} \cdot \boldsymbol{V}\right)\delta J_{R/L}^0 = (\partial_0 \pm v_B\partial_B)\delta J_{R/L}^0 = 0 \qquad (9-26)$$

在式(9-26)里我们可以识别波的传播速度,$v_B \equiv \frac{(Qe)B}{(4\pi^2)\chi}$。参数 χ 是连

接密度与化学势的热力学敏感度/磁化系数，即 $\chi_{B/L} = \partial J^0_{R/L}/\partial\mu_{R/L}$（其可以与常规矢量和轴磁化率 $\chi = \partial J^0/\partial\mu$ 和 $\chi_5 = \partial J^0_5/\partial\mu_5$ 相关）。上述波动方程以易懂的方式揭示了 CMW 的性质：它实际上在相同的速度 v_B 下由两个手征无间隔模式传播组成，其中 RH（右手）波在与 $\boldsymbol{B}$ 平行的方向上输送 RH 密度和电流，LH（左手）波在反向平行于 $\boldsymbol{B}$ 的方向上传输 LH 密度和电流。在现实系统中，会有耗散的影响，如电导率及电荷密度的差异。通过贡献频率的虚数项将改变波的色散关系式。在 CMW 的情况下，这样的贡献形式取为 $-\mathrm{i}(Qe\sigma/2 + D_L k^2 + D_\perp k_\perp^2)$，其中 σ 是电导率，D_L 和 $D_\perp$ 分别是沿着和垂直于 $\boldsymbol{B}$ 方向的扩散常数。在重离子碰撞中，扩散效应会稍微降低 CMW 的信号。

描述上述手征反常量子输运现象的运动学方程称为手征运动学方程，如式（9-27）所示，它可以看作是经典玻耳兹曼输运方程的手征量子版本，这里 $\boldsymbol{G}_x$ 和 $\boldsymbol{G}_p$ 表示手征粒子对应的量子的广义速度和广义力。这主要是由于对手征粒子而言存在重要的动量空间 Berry 曲率 $\boldsymbol{b}_\chi$ 的贡献，它反映了在强电磁场下手征粒子满足的量子输运规律，目前已经成为该领域研究的一个重要理论前沿方向[60-61]。

$$\{\partial_t + \boldsymbol{G}_x\cdot\boldsymbol{\nabla}_x + \boldsymbol{G}_p\cdot\boldsymbol{\nabla}_p\}f^{(q)}(t,x,p) = C[f^{(q)}]$$
$$\boldsymbol{G}_x = \frac{1}{\sqrt{G}}[\boldsymbol{v} + \hbar q(\boldsymbol{v}\cdot\boldsymbol{b}_\chi)\boldsymbol{B} + \hbar q\boldsymbol{E}\times\boldsymbol{b}_\chi]$$
$$\boldsymbol{G}_p = \frac{q}{\sqrt{G}}[\boldsymbol{E} + \boldsymbol{v}\times\boldsymbol{B} + \hbar q(\boldsymbol{E}\cdot\boldsymbol{B})\boldsymbol{b}_\chi] \tag{9-27}$$

9.8.2　手征反常效应相关的实验测量结果

到目前为止，我们介绍了几种反常手征效应的物理概念。下面我们专注于在相对论重离子对撞机（RHIC）和大型强子对撞机（LHC）的重离子碰撞实验中如何寻找在夸克-胶子等离子体中产生的反常手征效应。

手征磁效应产生一个沿着磁场方向的电流，从而导致在这个方向上正电和负电的电荷产生分离现象。电荷分离的强度对应着式（9-28）中粒子的方位角分布中测量 a_1 的大小，然而由于电磁场的方向上每个事件是涨落的，直接测量 a_1 的事件平均值 $\langle a_1\rangle$ 将是一个零数值。

$$\frac{\mathrm{d}N_\alpha}{\mathrm{d}\phi} \propto 1 + 2v_{1,\alpha}\cos(\Delta\phi) + 2v_{2,\alpha}\cos(2\Delta\phi) + \cdots +$$

$$2a_{1,\alpha}\sin(\Delta\phi) + 2a_{2,\alpha}\sin(2\Delta\phi) + \cdots \qquad (9-28)$$

所以 Voloshin[62] 提出了抑制这些背景效应的一种方法，即期望的平面外关联和平面内关联相减来得到与 $\langle a_1^2 \rangle$ 相对应的物理量：

$$\gamma \equiv \langle\cos(\phi_\alpha + \phi_\beta - 2\Psi_{RP})\rangle = \langle\cos\Delta\phi_\alpha\cos\Delta\phi_\beta\rangle - \langle\sin\Delta\phi_\alpha\sin\Delta\phi_\beta\rangle$$

$$= [\langle v_{1,\alpha}v_{1,\beta}\rangle + B_{in}] - [\langle a_\alpha a_\beta\rangle + B_{out}]$$

$$\approx -\langle a_\alpha a_\beta\rangle + [B_{in} - B_{out}] \qquad (9-29)$$

式中，$\Delta\phi = (\phi - \Psi_{RP})$，并且对一个事件中的所有粒子和所有事件进行平均。$B_{in}$ 和 B_{out} 表示偶宇称背景过程的贡献。2009 年，RHIC - STAR 国际实验合作组首次利用两粒子方位角关联量 $\gamma = \langle\cos(\Phi_\alpha + \Phi_\beta - 2\Psi_{RP})\rangle$ 对手征磁效应开展了实验测量研究，发现测量结果和手征磁效应产生的电荷分离现象的预期一致[63]。随后 LHC - ALICE 也开展了相关的实验研究，实验结果和 STAR 的实验结果具有惊人的相似性，有观点认为这可能是尽管 LHC 能量下的磁场强度比 RHIC 能量下的磁场强度高，但是磁场的寿命大大缩短，从而造成对手征磁效应的净的贡献和 RHIC 能量下的类似。所以对手征磁效应对应实验观测量的能量依赖性的研究非常必要，RHIC - STAR 实验组利用 BESI 能量扫描的实验数据开展了此方面的研究，如图 9 - 48 所示，随着能量的降低

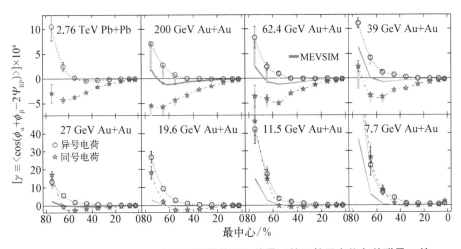

图 9 - 48　RHIC - STAR 实验组测量的不同能量下的两粒子方位角关联量 γ 的碰撞中心度依赖性[64]

同号和异号电荷的关联量 γ 的幅度（和两者间差异）逐渐变小，直至最低能量点 7.7 GeV 时两者接近重合，可能预示着手征磁效应随着能量的降低逐渐减小直至消失。由于手征磁效应的形成需要两个必要条件，即不仅要有很强的磁场还需要非零手征性化学势的退紧闭夸克-胶子等离子体环境，所以通过测量手征磁效应的能量依赖性对于我们探测手征对称性相变和退紧闭夸克-胶子等离子体相变的相变边界有着十分重要的科学意义。

但是由于实验观测量 γ 中除了手征磁效应的信号外还主要含有椭圆流等背景效应的贡献，实验上采用了一种由理论家提出的 H 因子的方法来提取手征磁效应的信号[65]。如图 9-49 所示，同号和异号电荷 H 因子的差异呈现出在中间能量区间较大，而在低能和高能端较小的特点，这与手征磁效应的预期相符，即低能量处由于手征对称性恢复相变或者退禁闭相变没有发生而高能量处磁场的寿命太短无法（或不足以）产生出足够强的手征磁效应信号。但是此方法是否能够准确合理地扣除背景的贡献目前还有待检验。

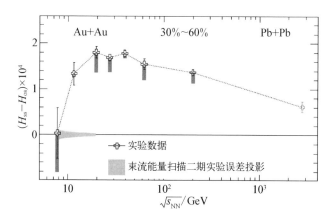

图 9-49　高能重离子碰撞实验测量的手征磁效应 H 因子的碰撞能量依赖性[64]

对应于手征磁效应，还有一种互补的手征分离效应，即在强磁场下如果存在矢量守恒荷的不对称性将会导致手征荷沿着磁场方向的分离现象。当手征磁效应和手征分离效应交替作用时，理论家预言会产生一种手征磁波的集体运动模式[66]，在相对论重离子碰撞中对应为电四极矩的产生，最终将通过末态相互作用导致正负电荷粒子的椭圆流的劈裂。理论家提出实验中可以通过测量正负 π 粒子椭圆流相对于电荷不对称度的斜率 r 来探测手征磁波的存在和强度。如图 9-50 所示，RHIC-STAR 实验已经测量 RHIC 能区不同能量下

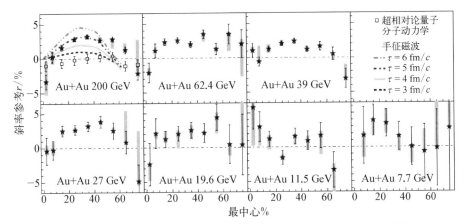

图 9 - 50 **RHIC - STAR** 实验组测量的不同能量下的手征磁波观测量
斜率 r 的碰撞中心度依赖性[67]

的斜率 r 的中心度依赖性,测量结果和手征磁波的理论预言是一致的,而没有手征磁波机制的模型例如 UrQMD 则不能描述实验结果。

实验观测手征磁效应的关联量 γ 的有效性是建立在磁场方向与事件平面具有较强的关联这个假设基础之上的,在高能重离子对称碰撞系统中这种关联在理论上证明是严格存在的。然而在小尺寸非对称碰撞系统(如质子＋铅核)中,磁场方向和事件平面是无关的,所以原则上使用关联量 γ 是无法测得手征磁效应信号的,只能测量到背景。然而 LHC - CMS 实验中发现 p＋Pb 的碰撞中的关联量 γ 和 Pb＋Pb 碰撞中的结果几乎相同,如图 9 - 51 所示,所以 LHC 能量下关联量 γ 可能几乎都是背景的贡献导致的。因此,小尺寸系统中的测

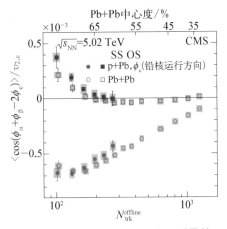

图 9 - 51 **LHC - CMS** 实验组测量的在质子＋铅核和铅核＋铅核碰撞中两粒子方位角关联量 γ 的碰撞中心度依赖性[68]

量结果对手征磁效应的存在提出了极大的挑战。

与此同时,在 RHIC 能区实验学家也针对手征磁效应使用其他不同实验观测量进行了测量,比如使用不同的事件平面,采用不变质量方法消除共振态粒子的贡献,使用事件形状控制技术等。图 9 - 52 给出了目前使用不同的实验测量手段得到的手征磁效应在关联量 γ 中的比重,处于大约小于 10% 的量级。

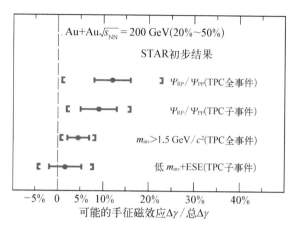

图 9-52　在 200 GeV 的金核＋金核碰撞（中心度为 20%～
50%）中 RHIC‐STAR 实验组不同测量方法给出
的手征磁效应信号贡献的比重[69]

　　由于在对手征磁效应的实验测量中最大困难是来自巨大的背景影响,所
以人们想出了很多办法来寻找手征磁效应。其中同质异位素碰撞就是目前最
有可能鉴别手征磁效应是否存在的一个重要实验手段。同质异位素碰撞就是
质量数相同但是电荷数不同的元素,比如 $^{96}_{44}$ 钌＋$^{96}_{44}$ 钌和 $^{96}_{40}$ 锆＋$^{96}_{40}$ 锆两种碰撞,
相同的原子质量保证这两种碰撞具有类似的背景效应,不同的电荷数会产生
不同的手征磁效应的强度,所以通过在实验中测量两种碰撞中手征磁效应观
测量的不同来寻找手征磁效应的存在。如图 9‐53 所示,理论上给出了假设

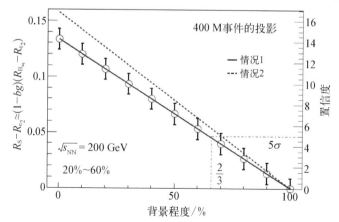

图 9-53　理论预言的在 4×10^8 个 200 GeV 的同质异位素碰撞
（中心度 20%～60%）中不同大小背景下可以观测到手
征磁效应信号的置信度[70]

注：纵坐标中 bg 表示背景贡献。

在 2/3 的背景比例下,背景效应正比于偏心率而手征磁效应来自参数化的金核+金核的数据并与磁场的大小相关,发现在两种不同的同质异位素碰撞中手征磁效应的实验观测量的相对区别可以达到 5% 左右,并且有 5σ 的实验显著性。目前同质异位素碰撞实验数据分析正在进行之中,其实验结果将为鉴别手征磁效应是否存在提供一个重要实验判据。

9.9　小系统

相对论重离子碰撞的重要科学目标是通过原子序数较大的重离子间的剧烈碰撞产生 QCD 退禁闭的高温高密相变条件来制造出夸克-胶子等离子体。然而相对于重离子碰撞的大系统而言,质子与质子之间或者质子与重离子碰撞称为小系统。最新的小系统的碰撞实验结果对于理解大系统中夸克-胶子等离子体的产生机制和特性有着十分重要的科学意义。

9.9.1　小系统之谜

前面提到相对论重离子碰撞可以产生夸克-胶子等离子体(QGP)的新的退禁闭的高温高密部分子物质状态,QGP 冷却后,部分子将退回到禁闭的强子物质相,强子之间相互作用结束后,强子动量空间将冻结,最终被我们的实验探测器所接收。通过对重离子碰撞事件产生的成千上万条粒子径迹的动量信息分析,实验上发现在两粒子的方位角差 $\Delta\Phi$ 和赝快度差 $\Delta\eta$ 的分布中存在一个长程"山脊"关联结构出现在 $\Delta\Phi=0$ 的沿着 $\Delta\eta$ 的方向上,将山脊结构向着 $\Delta\Phi$ 轴做投影可以得到方位角差 $\Delta\Phi$ 的分布,通过傅里叶拟合可以提取出各阶次的集体流系数。这些集体流的性质可以很好地被流体力学所描述,表明了在相对论能量下核-核碰撞($A+A$)系统中确实产生了强耦合的夸克-胶子等离子体或者近似完美的流体物质。

相对于尺寸较大的核-核碰撞系统而言,质子-质子(p+p)或质子-核(p+A)碰撞可以称为小碰撞系统。人们原来预期在这些小碰撞系统中集体流应该接近于零,或者即使有的话也应比核-核系统弱得多。然而如图 9-54 所示,在最近的 LHC 能量下的高多重数的 p+p 和 p+Pb 的碰撞实验中也发现了类似的长程关联结构。人们从这些长程关联结构中以同样的方法也提取出了集体流系数。这个惊奇的实验结果向我们现有的对相对论重离子碰撞物理中集体流的理解提出了极大的挑战。

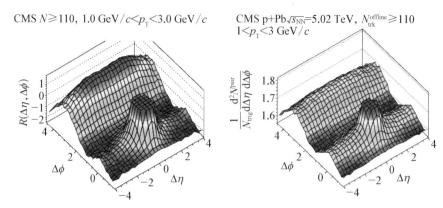

CMS $N \geqslant 110$, $1.0\ \text{GeV}/c < p_\text{T} < 3.0\ \text{GeV}/c$

CMS p+Pb $\sqrt{s_\text{NN}} = 5.02\ \text{TeV}$, $N_\text{trk}^\text{offline} \geqslant 110$
$1 < p_\text{T} < 3\ \text{GeV}/c$

图 9-54 高粒子多重数质子＋质子、质子＋铅核碰撞事件中的方位角差 $\Delta\Phi$ 和赝快度差 $\Delta\eta$ 的分布

9.9.2 小系统现象相关的理论解释

为了理解这些小碰撞中的集体流的来源，人们使用不同的理论模型来研究。这些理论成果可以根据长程关联起源是来自末态效应还是初态效应分为两大类。第一类如图 9-55 所示，流体力学模型通过满足流体能量-动量守恒方程的压力梯度将初始几何不对称转换为动量各向异性流，能够很好地描述小尺寸碰撞中的实验观测量。但是由于小碰撞系统产生的系统的横向尺寸与大碰撞系统相比非常小并且寿命较短，所以关于流体动力学是否适用于小碰撞系统目前还存在争议。如图 9-56 所示，使用基于玻耳兹曼输运方程的多

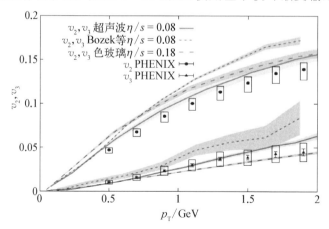

PHENIX—开创性的高能核相互作用实验组。

图 9-55 氦 3 核＋金核碰撞中的集体流 v_2 和 v_3 的横动量依赖性与流体力学模型的结果[71]

相输运模型(AMPT),通过部分子散射来模拟末态相互作用,很好地描述了小碰撞系统和大碰撞系统中的椭圆流和三角流的实验结果。输运模型和流体力学机制的本质区别和联系究竟是什么,这些问题都非常需要进一步深入研究。

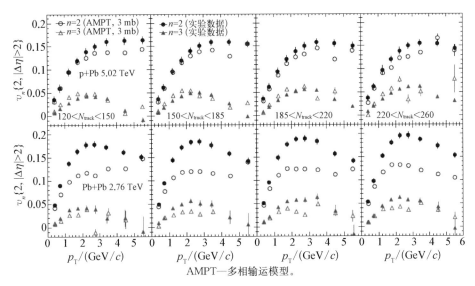

AMPT—多相输运模型。

图9-56 质子十铅核和铅核十铅核碰撞中的集体流 v_2 和 v_3 的
横动量依赖性与多相输运模型(AMPT)的结果[72]

第二类认为是来自初态效应的结果。色玻璃凝聚(CGC)理论方法也提出了解释小碰撞系统中的这些实验观测量的可能方案。如图9-57所示,基于初始相互作用的胶子凝聚态理论的图像及喷注的产生可以解释小碰撞系统中的长程关联和集体流系数。基于色玻璃凝聚框架,研究人员发现两粒子长程关

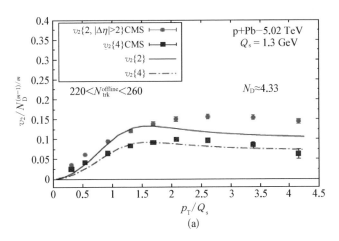

(a)

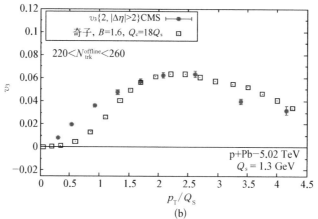

(b)

图 9‑57　质子＋铅核碰撞中的集体流 v_2 和 v_3 实验数据与相应的
胶子凝聚态理论结果[73]

(a) 椭圆流的横向动量依赖性；(b) 三角流的横向动量依赖性

联和傅里叶 v_n 系数可以通过两个胶子发射的 glasma 费曼图中的机制产生出来。这些 CGC 理论主要反映了来自胶子饱和效应的初始动量关联效应[71-73]。

9.9.3　小系统相关的最新实验结果

为了理解不同大小碰撞系统中长程关联和集体流的物理来源的异同，如图 9‑58 所示实验上测量多粒子的累积矩的椭圆流系数，发现四粒子以上的椭圆流都重合在一起，这表明小碰撞中的椭圆流系数确实来源于某种集体运动学行为。此外如图 9‑59 所示，在 p＋Pb 碰撞中也发现了不同粒子的椭圆流满足质量排序的分布规律，这也与大碰撞系统中的集体流行为类似，满足流体力学的规律。

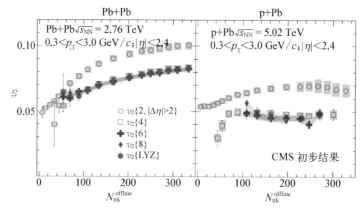

图 9‑58　Pb＋Pb 和 p＋Pb 的碰撞中的多粒子累积矩集体流 v_2 的
事件多重数依赖性[74]

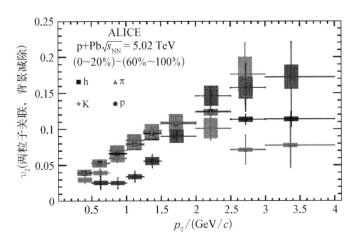

图 9‑59　p＋Pb 的碰撞中的两粒子关联的集体流 v_2 的横向动量依赖性[75]

　　多粒子的累积矩的集体流系数由于可以很好地压抑"非流"的背景贡献，所以对于反映多粒子的集体运动有着得天独厚的优势。如图 9‑60 所示，实验上测量到在小碰撞系统中四粒子的累积矩的集体流系数随着产生粒子多重

数的增加而减少，而且在某个多重数发生符号变号的行为。由于四粒子的累积矩的集体流系数对应正的椭圆流，所以理解四粒子的累积矩变号的原因对于找到集体运动的起始点有着重要的物理意义。然而，影响四粒子的累积矩变号的原因有很多，比如喷注带来的非流的贡献。为了消除这些非流的贡献对四粒子累积矩的影响，子事件粒子的累积矩的方法最近被提出来，如图 9‑61 所示，采用这种新的方法可以很好地将四粒子的累积矩变号的位置缩小到较小的粒子多重数。这表明小碰撞中集

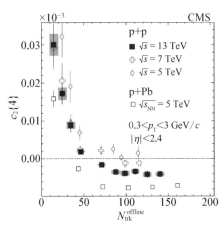

图 9‑60　p＋p 和 p＋Pb 碰撞中四粒子累积矩的集体流 $c_2\{4\}$ 对粒子多重数的依赖性[75]

体运动学行为很可能仅仅需要很少的粒子多重数，也就是说在较小的碰撞系统中很可能也出现了退禁闭的夸克‑胶子等离子体。

　　然而，喷注淬火现象作为夸克‑胶子等离子体产生的另一个重要实验证据

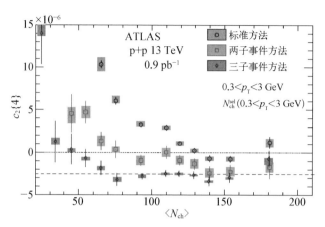

图 9‑61　p＋p 碰撞中不同方法的四粒子累积矩集体流 $c_2\{4\}$ 对粒子多重数的依赖性[76]

在小碰撞系统中却没有被发现。如图 9‑62 所示，p＋Pb 碰撞有着比 Pb＋Pb 碰撞中大很多的粒子产额的核修正因子，而且大于 1，这与小碰撞系统中夸克‑胶子等离子体产生相悖。目前为止，关于小碰撞系统中有大的集体流却没有喷注淬火现象发生的原因还是个未解之谜，期待未来更多实验和理论研究来发现背后真正的秘密。

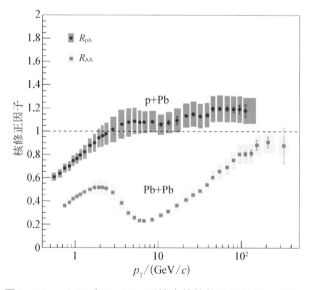

图 9‑62　p＋Pb 和 Pb＋Pb 碰撞中的核修正因子 R_{pA} 和 R_{AA} 对横向动量的依赖性[77]

9.10　初始几何结构及其涨落

在前述章节,我们涉及了几个重要课题:① 第 6 章讨论了特殊核结构问题,一些轻核具有本征的团簇结构(α 团簇),认为这些核具有一些特殊的本征几何结构;② 第 9 章介绍了初始动力学涨落会造成碰撞初期的几何分布,进而影响末态动量空间的特性;③ 同时,在第 9 章中展示了近期实验和理论上针对小系统的工作进展。从上述讨论中,我们可以提出以下几个问题:① 初始的本征几何结构如何影响末态的物理观测;② 初始的几何结构或涨落如何通过动力学演化转移到动量空间;③ 如何理解高多重数小系统观测到类似于大系统的物理现象;④ 小的与大的系统经历的动力学过程、系统黏滞性是否类似。这些问题往往是关联在一起的,下面重点介绍这方面的一些进展,并对接下来的实验提供一些参考。

α 团簇结构在第 6 章进行了详细的介绍,从核结构的角度告诉人们,理论上存在一类原子核,其内部结构可能是由一些 α 粒子相互作用构成的更复杂(更重)的原子核。对 α 团簇核的寻找一直是一个热点问题,当人们考虑对核反应末态物理量进行测量的时候,就会提出两个看起来似乎是同一回事的问题:① 当一个具有某种几何构型的 α 团簇原子核与另外一个原子核(内部核子近似均匀分布)发生反应,这一特殊构型是否会随着系统的演化而转移到动量空间,之所以这样考虑是由于我们的测量始终在动量空间进行,同时这种几何构型的不对称性向动量空间的转移表达了一些潜在的动力学机制;② 如果问题①是一个肯定的答案,那么我们是否能够利用核反应,特别是高能核反应的方法进行 α 团簇结构的鉴别。2014 年,Broniowski 等人建议可以利用碳核＋金核的相对论重离子反应进行碳核 α 团簇结构的研究[78-79],图 9 - 63(a)给出了 α 团簇碳核与金核碰撞的模拟示意图,并给出了碰撞体系的二阶和三阶偏心率与参与者核子数目间的关系。在文献[79]中,进一步详细介绍了通过 4 粒子累积和 2 粒子累积的方法计算的集体流与参与者核子数目间的依赖性。其工作结论表明,集体流(或几何空间偏心率)与参与者核子数目的关系敏感于初始核的几何构型。

基于类似考虑,研究人员利用更复杂的输运模型并采用多种集体流的处理方法,研究了碳核＋金核碰撞中的集体流和偏心率,表明末态集体流的特性敏感于初始的原子核几何构型[80-81]。研究者考虑了碳原子核可能的几何构型,包括链状、三角形和传统的 Woods - Saxon 分布,图 9 - 64(a)给出了几种

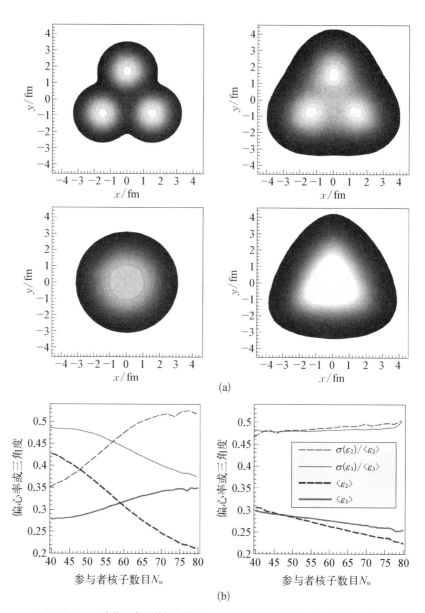

$\langle \varepsilon_2 \rangle$、$\sigma(\varepsilon_2)$—二阶偏心率及其标准偏差；$\langle \varepsilon_3 \rangle$、$\sigma(\varepsilon_3)$—三阶偏心率及其标准偏差。

图 9-63 α 团簇碳核与金核碰撞特征

(a) α 团簇碳核与金核碰撞的模拟示意图；(b) 体系几何空间二阶和三阶偏心率与参与者核子数目的关系[78]

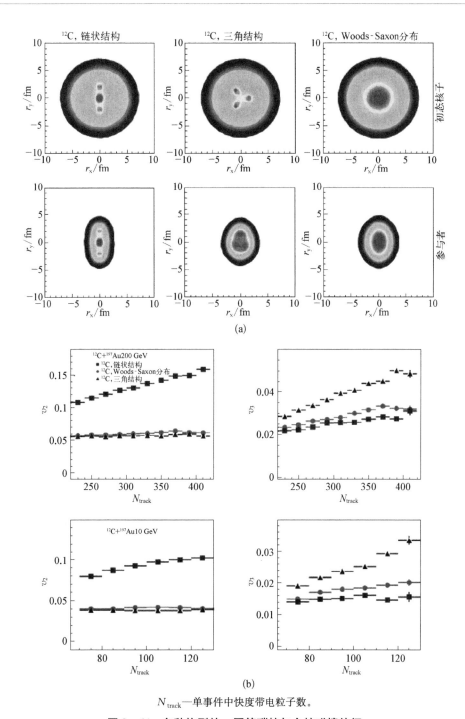

(a)

(b)

N_{track}—单事件中快度带电粒子数。

图 9-64 多种构型的 α 团簇碳核与金核碰撞特征

(a) 多种构型的 α 团簇碳核与金核碰撞的模拟示意图;(b) 碰撞能量 200 GeV(上)和 10 GeV(下)的不同碳核构型情形椭圆流(v_2)和三角流(v_3)的计算结果[80-81]

构型的核子和参与者核子的空间分布图,表明参与者核子继承了碳原子核具有的本征几何构型,通过系统的演化,椭圆流(v_2)和三角流(v_3)的计算结果列于图 9-64(b),碰撞能量为 200 GeV 和 10 GeV,发现在不同能量下均表现出椭圆流在链状结构中更为显著,而三角流(v_3)在三角构型中更为明显,这说明末态集体流对初始的几何构型是敏感的观测量。

上述结果虽然所用物理模型和具体的集体流处理方法有所区别,但是都表明末态集体流的一些特性和初始的本征几何构型是敏感的,通过合适的观测量,可以有效地区分初始的几何构型,为实验上寻找 α 团簇结构提供了一个重要的思路。另外,与几何信息密切相关的 HBT 关联方法也被用到 α 团簇核的研究中[82],图 9-65 给出了在不同几何构型碳核+金核碰撞中的 HBT 计算结果,三阶 HBT 半径的平方与二阶 HBT 半径的平方比对于不同的初始几何构型呈现出不同的排序,其随着强子相互作用时间的演化基本能够保持这种排序,这也是一个潜在的鉴别 α 团簇核的探针之一。

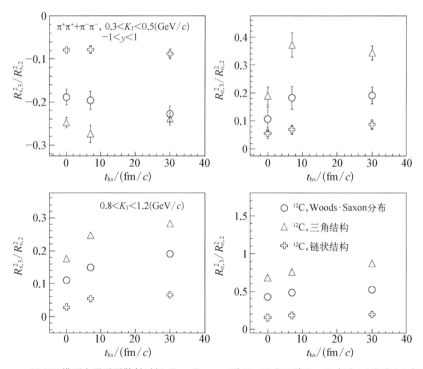

t_{hs}—AMPT 模型中强子再散射时间;$R_{s,i}$,$R_{o,i}$—二阶($i=2$)和三阶($i=3$)在边(s)和出(o)方向的 HBT 半径;y—快度。

图 9-65 三阶 HBT 半径平方与二阶 HBT 半径平方比随着强子相互作用时间的演化[82]

　　同时,α 团簇核的特殊核结构对相对论重离子碰撞早期的电磁场也会有一定的影响。文献[83]利用多相输运模型模拟了一系列非对称核-核碰撞系统下的电场和磁场与碰撞参数的关系。如图 9 - 66 所示,当碳核具有 α 团簇结构时在半中心碰撞中,电场和磁场的强度明显不同于 Woods - Saxon 分布情形,这一特性在前面叙述的手征电磁效应研究中可以进一步进行分析,尤其对于电场的差异更为显著。

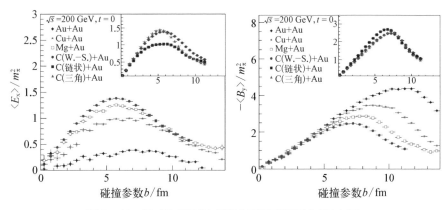

图 9 - 66　相对论重离子碰撞中不同系统下电场(左)和磁场(右)与碰撞参数的关系[83]

　　在相对论重离子碰撞中,除了 α 团簇核结构带来的效应,人们也关注了中子皮等奇异核结构可能带来的影响,或者通过相对论重离子碰撞对中子皮参数进行测量。研究人员通过详细计算带电强子多重数在两种同质异位素$(^{96}_{44}\text{Ru}+^{96}_{44}\text{Ru}$ 和 $^{96}_{40}\text{Zr}+^{96}_{40}\text{Zr})$碰撞系统中的分布差异,发现其结果对中子皮和对称能非常敏感。研究人员通过计算在 $^{96}_{44}\text{Ru}+^{96}_{44}\text{Ru}$ 和 $^{96}_{40}\text{Zr}+^{96}_{40}\text{Zr}$ 碰撞系统下的电磁场分布,同样发现其结果对于质子和中子的分布具有敏感性。另外,通过中子和质子分布,研究人员讨论了中子皮对 $W^{+/-}$ 粒子产生的影响,进而提出在 LHC 能量下的相对论重离子碰撞中心度的确定应该考虑该因素,并可以将 $W^{+/-}$ 粒子的产额作为中心度定标的依据。

　　上面讨论的是原子核的特殊几何结构对末态观测量的影响,我们知道相对论重离子碰撞中的初始动力学涨落同样会造成不对称的几何分布,这样就会提出另外一个问题,初始动力学涨落会不会影响到对初始几何结构的研究,答案是肯定的,问题是这一影响是随着系统尺寸渐变的还是突变的。前述章节已经介绍了小系统和一些系统依赖的实验和理论进展,在此不再赘述,下面我们主要讨论两个问题：① 通过系统扫描可以获得什么样的新物理；② 系统扫描对于研究 α 团簇核可以提供哪些参考。对目前小系统物理的理解，需要慎重考虑初始几何构型、动力学涨落及后期相互作用带来的影响，一些工作建议可以通过系统扫描实验对这些因素进行区分，例如通过对小系统下初始几何信息到末态动量空间的变化进行详细分析，认为在小系统中初始几何构型相比动力学涨落显得更为重要，同时末态观测的集体流与初始的几何构型是密切相关的，其中都给出了集体流观测量。有观点提出的观测量重点在重味介子的核修正因子，如前面章节所述，这是小系统研究中的重要探针之一。分别利用流体力学模型和多相输运模型给出系统扫描工作的集体流预言，并重点讨论了高阶流线性和非线性模式的系统依赖性，对集体流和偏心率的线性模式和非线性进行了标度，提取了单位熵密度的系统黏滞系数，线性模式下与目前实验上中心度依赖结果提取值相近，而非线性模式提取值要明显低于线性项提取值（实验上目前并没有给出结果）。上述这些结果为接下来的系统扫描实验提供了重要的理论预言。接下来讨论关于第②个问题，一些研究给出跨度比较大的多系统扫描计算结果，偏心率和集体流随着系统尺寸的变化是光滑渐变的，并对不同体系的集体膨胀参数（运动学冻出温度、平均径向速度也称为径向流）、化学特性（化学冻出温度、化学势）进行了计算，结果显示这些物理量随着系统尺寸的变化也是光滑渐变的。特别指出的是，一些计算用到的碳核与氧核采用的是 Woods－Saxon 分布。这些研究为接下来的理论和实验工作提供了一个重要参考，如果对于碳核或者氧核存在某种特殊几何构型，在系统扫描实验中可以预期在碳核＋重核或氧核＋重核等碰撞系统位置的偏心率或集体流可能存在突变的行为。

参考文献

[1]　Deur A，Brodsky S J，Teramond G F，et al. The QCD running coupling [J]. Progress in Particle and Nuclear Physics，2016，90：1－74.

[2]　Stephanov M A. QCD phase diagram：an overview [J]. Proceedings of Science (Lattice 2006)，2006，032：024.

[3]　Nakamura K，Hagiwara K，Hikasa K，et al. Review of particle physics [J]. Journal of Physics G：Nuclear and Particle Physics，2010，37：075021.

[4]　Bazavov A，Bhattacharya T，Buchoff M，et al. The QCD equation of state [J]. Nuclear Physics A，2014，931：867－871.

[5]　Adams J，Aggarwal M M，Ahammed Z，et al. Experimental and theoretical challenges in the search for the quark gluon plasma：The STAR Collaboration's

critical assessment of the evidence from RHIC collisions [J]. Nuclear Physics A, 2005, 757: 102 - 183.

[6]　Aamodt K, Quintana A A, Achenbach R, et al. The ALICE experiment at the CERN LHC [J]. Journal of Instrumentation, 2008, 3: S08002.

[7]　Kovtun P, Son D T, Starinets A O. Viscosity in strongly interacting quantum field theories from black hole physics [J]. Physical Review Letters, 2005, 94: 111601.

[8]　Song H, Bass S A, Heinz U, et al. 200 A GeV Au+Au collisions serve a nearly perfect quark-gluon liquid [J]. Physical Review Letters, 2011, 106: 192301.

[9]　Denicol G, Monnai A, Schenke B. Moving forward to constrain the shear viscosity of QCD matter [J]. Physical Review Letters, 2016, 116: 212301.

[10]　Solana J C, Wang X N. Energy dependence of jet transport parameter and parton saturation in quark-gluon plasma [J]. Physical Review C, 2008, 77: 024902.

[11]　Demir N, Bass S A. Shear-viscosity to entropy-density ratio of a relativistic hadron gas [J]. Physical Review Letters, 2009, 102: 172302.

[12]　Deng W T, Huang X G. Event-by-event generation of electromagnetic fields in heavy-ion collisions [J]. Physical Review C, 2012, 85: 044907.

[13]　Ding H T, Karsch F, Mukherjee S. Thermodynamics of strong-interaction matter from Lattice QCD [J]. International Journal of Modern Physics E, 2015, 24 (10): 1530007.

[14]　Jiang Y, Lin Z W, Liao J. Rotating quark-gluon plasma in relativistic heavy ion collisions [J]. Physical Review C, 2017, 95: 049904.

[15]　Schenke B, Tribedy P, Venugopalan R, et al. Fluctuating glasma initial conditions and flow in heavy ion collisions [J]. Physical Review Letters, 2012, 108: 252301.

[16]　Alver B, Roland G. Collision geometry fluctuations and triangular flow in heavy-ion collisions [J]. Physical Review C, 2010, 81: 054905.

[17]　Ma G L, Wang X N. Jets, Mach cone, hot spots, ridges, harmonic flow, dihadron and γ - hadron correlation in high-energy heavy-ion collisions [J]. Physical Review Letters, 2011, 106: 162301.

[18]　Aamodt K, Abelev B, Quintana A A, et al. Higher harmonic anisotropic flow measurements of charged particles in Pb-Pb collisions at $\sqrt{s_{NN}} = 2.76$ TeV [J]. Physical Review Letters, 2011, 107: 032301.

[19]　Aad G, Abbott B, Abdallah J, et al. Measurement of the azimuthal anisotropy for charged particle production in $\sqrt{s_{NN}} = 2.76$ TeV lead-lead collisions with the ATLAS detector [J]. Physical Review C, 2012, 86: 014907.

[20]　Hwa R C, Wang X N. Quark Gluon Plasma 3 [M]. Singapore: World Scientific, 2004.

[21]　Adams J, Aggarwal M M, Ahammed Z, et al. Azimuthal anisotropy in Au+Au collisions at $\sqrt{s_{NN}} = 200$ GeV [J]. Physical Review C, 2005, 72: 014904.

[22]　Adam J, Adamova D, Aggarwal M M, et al. Anisotropic flow of charged particles

in Pb-Pb collisions at $\sqrt{s_{NN}} = 5.02$ TeV [J]. Physical Review Letters, 2016, 116 (13): 132302.

[23] Aad G, Abajyan T, Abbott B, et al. Measurement of the distributions of event-by-event flow harmonics in lead-lead collisions at $\sqrt{s_{NN}} = 2.76$ TeV with the ATLAS detector at the LHC [J]. Journal of High Energy Physics, 2013, 1311: 183.

[24] Adam J, Adamova D, Aggarwal M M, et al. Correlated event-by-event fluctuations of flow harmonics in Pb-Pb collisions at $\sqrt{s_{NN}} = 2.76$ TeV [J]. Physical Review Letters, 2016, 117: 182301.

[25] Khachatryan V, Sirunyan A M, Tumasyan A, et al. Evidence for transverse momentum and pseudorapidity dependent event plane fluctuations in PbPb and pPb collisions [J]. Physical Review C, 2015, 92(3): 034911.

[26] Niemi H, Eskola K J, Paatelainen R, et al. Predictions for 5.023 TeV Pb + Pb collisions at the CERN Large Hadron Collider [J]. Physical Review C, 2016, 93 (1): 014912.

[27] Wang X N, Gyulassy M. Gluon shadowing and jet quenching in A + A collisions at $\sqrt{s_{NN}} = 200$ GeV [J]. Physical Review Letters, 1992, 68: 1480.

[28] Qin G Y, Wang X N. Jet quenching in high-energy heavy-ion collisions [J]. International Journal of Modern Physics E, 2015, 24(11): 1530014.

[29] Adler C, Ahammed Z, Allgower C, et al. Disappearance of back-to-back high p_T hadron correlations in central Au+Au collisions at $\sqrt{s_{NN}} = 200$ GeV [J]. Physical Review Letters, 2003, 90: 082302.

[30] Chatrchyan S, Khachatryan V, Sirunyan A M, et al. Study of high-pT charged particle suppression in PbPb compared to pp collisions at $\sqrt{s_{NN}} = 2.76$ TeV [J]. The European Physical Journal C, 2012, 72: 1945.

[31] Vitev I, Zhang B W. Jet tomography of high-energy nucleus-nucleus collisions at next-to-leading order [J]. Physical Review Letters, 2010, 104: 132001.

[32] Aad G, Abbott B, Abdallah J, et al. Observation of a centrality-dependent dijet asymmetry in lead-lead collisions at $\sqrt{s_{NN}} = 2.77$ TeV with the ATLAS detector at the LHC [J]. Physical Review Letters, 2010, 105: 252303.

[33] Chatrchyan S, Khachatryan V, Sirunyan A M, et al. Modification of jet shapes in PbPb collisions at $\sqrt{s_{NN}} = 2.76$ TeV [J]. Physics Letters B, 2014, 730: 243 – 263.

[34] Chatrchyan S, Khachatryan V, Sirunyan A M, et al. Measurement of jet fragmentation in PbPb and pp collisions at $\sqrt{s_{NN}} = 2.76$ TeV [J]. Physical Review C, 2014, 90(2): 024908.

[35] Burke K M, Buzzatti A, Chang N B, et al. Extracting the jet transport coefficient from jet quenching in high-energy heavy-ion collisions [J]. Physical Review C, 2014, 90(1): 014909.

[36] Khachatryan V, Sirunyan A M, Tumasyan A, et al. Measurement of transverse

momentum relative to dijet systems in PbPb and pp collisions at $\sqrt{s_{NN}} = 2.76$ TeV [J]. Journal of High Energy Physics, 2016, 1: 6.

[37]　Stoecker H. Collective flow signals the quark gluon plasma [J]. Nuclear Physics A, 2005, 750: 121 - 147.

[38]　Solana J C, Shuryak E V, Teaney D. Conical flow induced by quenched QCD jets [J]. Journal of Physics: Conference Series, 2005, 27: 22 - 31.

[39]　Chesler P M, Yaffe L G. The wake of a quark moving through a strongly-coupled plasma [J]. Physical Review Letters, 2007, 99: 152001.

[40]　Abelev B I, Aggarwal M M, Ahammed Z, et al. Observation of an antimatter hypernucleus [J]. Science, 2010, 328: 58 - 62.

[41]　Adam J, Adamova D, Aggarwal M M, et al. $^{3}_{\Lambda}$H and $^{3}_{\Lambda}\overline{\text{H}}$ production in Pb-Pb collisions at $\sqrt{s_{NN}} = 2.76$ TeV [J]. Physics Letters B, 2016, 754: 360 - 372.

[42]　Adamczyk L, Adams J R, Adkins J K, et al. Measurement of the $^{3}_{\Lambda}$H lifetime in Au+Au collisions at the BNL Relativistic Heavy Ion Collider [J]. Physical Review C, 2018, 97(5): 054909.

[43]　Agakishiev H, Aggarwal M M, Ahammed Z, et al. Observation of the antimatter helium-4 nucleus [J]. Nature, 2011, 473: 353 - 356.

[44]　Xue L, Ma Y G, Chen J H, et al. Production of light (anti) nuclei, (anti) hypertriton and di-Λ in central Au+Au collisions at energies available at the BNL Relativistic Heavy Ion Collider [J]. Physical Review C, 2012, 85: 064912.

[45]　Adamczyk L, Adkins J K, Agakishiev G, et al. Measurement of interaction between antiprotons [J]. Nature, 2015, 527: 345 - 348.

[46]　Chen J H, Keane D, Ma Y G, et al. Antinuclei in heavy-ion collisions [J]. Physics Reports, 2018, 760: 1 - 39.

[47]　Adam J, Adamova D, Aggarwal M M, et al. Precision measurement of the mass difference between light nuclei and anti-nuclei [J]. Nature Physics, 2015, 11(10): 811 - 814.

[48]　Adam J, Adamczyk L, Adams J R, et al. Measurement of the mass difference and the binding energy of the hypertriton and antihypertriton [J]. Nature Physics, 2020, 16: 409 - 412.

[49]　Liu P, Chen J H, Keane D, et al. Recalibration of the binding energy of hypernuclei measured in emulsion experiments and its implications [J]. Chinese Physics C, 2019, 43(12): 124001.

[50]　Kumar L. Review of recent results from the RHIC beam energy scan [J]. Modern Physics Letters A, 2013, 28(36): 1330033.

[51]　Cheng M, Hegdeb P, Jung C, et al. Baryon number, strangeness and electric charge fluctuations in QCD at high temperature [J]. Physical Review D, 2009, 79: 074505.

[52]　Karsch F, Redlich K. Probing freeze-out conditions in heavy ion collisions with moments of charge fluctuations [J]. Physics Letters B, 2011, 695: 136 - 142.

[53]　Bazavov A, Bhattacharyab T, DeTar C, et al. Equation of state in (2+1)-flavor

QCD [J]. Physical Review D, 2014, 90: 094503.

[54] Stephanov M A. On the sign of kurtosis near the QCD critical point [J]. Physical Review Letters, 2011, 107: 052301.

[55] Luo X, Xu N. Search for the QCD critical point with fluctuations of conserved quantities in relativistic heavy-ion collisions at RHIC: an overview [J]. Nuclear Science and Techniques, 2017, 28(8): 112.

[56] 庞文宁, 马骏. 极化电子与分子碰撞中的手征效应研究进展[J]. 物理学进展, 2001, 121(3): 361 - 372.

[57] Kharzeev D E, Landsteiner K, Schmitt A, et al. Strongly interacting matter in magnetic fields: an overview [M]. Berlin: Springer Verlag, 2013.

[58] Fukushima K, Kharzeev D E, Warringa H J. The chiral magnetic effect [J]. Physical Review D, 2008, 78: 074033.

[59] Huang X G, Liao J. Axial current generation from electric field: chiral electric separation effect [J]. Physical Review Letters, 2013, 110(23): 232302.

[60] Bzdak A, Esumi S, Koch V, et al. Mapping the phases of quantum chromodynamics with beam energy scan [J]. Physics Reports, 2020, 853: 1 - 87.

[61] Kharzeev D E, Liao J, Voloshin S A, et al. Chiral magnetic and vortical effects in high-energy nuclear collisions — a status report [J]. Progress in Particle and Nuclear Physics, 2016, 88(1): 1 - 28.

[62] Voloshin S A. Parity violation in hot QCD: How to detect it [J]. Physical Review C, 2004, 70: 057901.

[63] Abelev B I, Aggarwal M M, Ahammed Z, et al. Observation of charge-dependent azimuthal correlations and possible local strong parity violation in heavy ion collisions [J]. Physical Review C, 2010, 81: 054908.

[64] Adamczyk L, Adkins J K, Agakishiev G, et al. Beam-energy dependence of charge separation along the magnetic field in Au + Au collisions at RHIC [J]. Physical Review Letters, 2014, 113: 052302.

[65] Bzdak A, Koch V, Liao J. Charge-dependent correlations in relativistic heavy ion collisions and the chiral magnetic effect [J]. Lecture Notes in Physics, 2013, 871: 503 - 536.

[66] Burnier Y, Kharzeev D E, Liao J F, et al. Chiral magnetic wave at finite baryon density and the electric quadrupole moment of quark-gluon plasma in heavy ion collisions [J]. Physical Review Letters, 2011, 107: 052303.

[67] Adamczyk L, Adkins J K, Agakishiev G, et al. Observation of charge asymmetry dependence of pion elliptic flow and the possible chiral magnetic wave in heavy-ion collisions [J]. Physical Review Letters, 2015, 114: 252302.

[68] Khachatryan V, Sirunyan A M, Tumasyan A, et al. Observation of charge-dependent azimuthal correlations in pPb collisions and its implication for the search for the chiral magnetic effect [J]. Physical Review Letters, 2017, 118: 122301.

[69] Zhao J, Tu Z, Wang F. Status of the chiral magnetic effect search in relativistic

heavy-ion collisions [J]. Nuclear Physics Review, 2018, 35(3): 225 - 242.

[70] Deng W T, Huang X G, Ma G L, et al. Test the chiral magnetic effect with isobaric collisions [J]. Physical Review C, 2016, 94: 041901.

[71] Dusling K, Li W, Schenke B. Novel collective phenomena in high-energy proton-proton and proton-nucleus collisions [J]. International Journal of Modern Physics E, 2016, 25(1): 1630002.

[72] Bzdak A, Ma G L. Elliptic and triangular flow in p + Pb and peripheral Pb + Pb collisions from parton scatterings [J]. Physical Review Letters, 2014, 113 (25): 252301.

[73] Dusling K, Venugopalan R. Comparison of the color glass condensate to dihadron correlations in proton-proton and proton-nucleus collisions [J]. Physical Review D, 2013, 87(9): 094034.

[74] Khachatryan V, Sirunyan A M, Tumasyan A, et al. Evidence for collective multiparticle correlations in p-Pb collisions [J]. Physical Review Letters, 2015, 115: 012301.

[75] Abelev B, Adam J, Adamová D, et al. Long-range angular correlations of π, K and p in p-Pb collisions at $\sqrt{s_{NN}} = 5.02$ TeV [J]. Physics Letters B, 2013, 726: 164 - 177.

[76] Aaboud M, Aad G, Abbott B, et al. Measurement of long-range multiparticle azimuthal correlations with the subevent cumulant method in p + p and p + Pb collisions with the ATLAS detector at the CERN Large Hadron Collider [J]. Physical Review C, 2018, 97(2): 024904.

[77] Khachatryan V, Sirunyan A M, Tumasyan A, et al. Charged-particle nuclear modification factors in PbPb and pPb collisions at $\sqrt{s_{NN}} = 5.02$ TeV [J]. Journal of High Energy Physics, 2017, 1704: 039.

[78] Broniowski W, Arriola E R. Signatures of α clustering in light nuclei from relativistic nuclear collisions [J]. Physical Review Letters, 2014, 112: 112501.

[79] Bozek P, Broniowski W, Arriola E R. α clusters and collective flow in ultrarelativistic carbon-heavy-nucleus collisions [J]. Physical Review C, 2014, 90: 064902.

[80] Zhang S, Ma Y G, Chen J H, et al. Nuclear cluster structure effect on elliptic and triangular flows in heavy-ion collisions [J]. Physical Review C, 2017, 95: 064904.

[81] Zhang S, Ma Y G, Chen J H, et al. Collective flows of α - clustering ^{12}C + ^{197}Au by using different flow analysis methods [J]. The European Physical Journal A, 2018, 54: 161.

[82] He J J, Zhang S, Ma Y G, et al. Clustering structure effect on Hanbury-Brown-Twiss correlation in ^{12}C + ^{197}Au collisions at 200 GeV [J]. The European Physical Journal A, 2020, 56: 52.

[83] Cheng Y L, Zhang S, Ma Y G, et al. Electromagnetic field from asymmetric to symmetric heavy-ion collisions at 200 GeV/c [J]. Physical Review C, 2019, 99: 054906.

第 10 章

激光核物理

本章介绍激光核物理新型基础交叉前沿学科发展,主要介绍利用强激光诱发核物理相关研究进展。首先,概述激光核物理背景,简介激光等离子体相互作用,以及激光加速技术和激光诱发各种粒子源的产生;其次,介绍激光诱发等离子体条件下的核反应;最后,对激光核物理的发展进行展望。

10.1 激光核物理背景

1985 年以来,基于啁啾脉冲放大(CPA)技术[1]、宽带激光晶体材料及克尔透镜锁模技术,超强激光的功率密度得到极大提升,超过 10^{22} W/cm² ,并且仍在不断地发展。这为超强激光条件下开展核物理交叉学科研究提供了新机遇,具体表现在以下三个方面:① 超强激光具有极高的光功率密度,电场强度超过 10^{15} V/m,磁场强度超过 10^7 T,可以加速电子和离子,产生各种高能粒子束,比如几个吉电子伏特的电子,每核子几十兆电子伏特的离子,以及 X 射线、伽马射线和中子[2-3]。这些高能粒子束具有与激光类似的时空特性,可以开展相关核物理实验研究[4-5]。② 超强激光与物质相互作用产生的等离子体有着极高温度(超过兆电子伏特)和能量密度。这样极端的物理条件目前只有在核爆中心、恒星内部、超新星爆发及黑洞边缘才存在。因此,这样的等离子体条件可为地面上直接模拟天体环境提供实验平台,为天体物理、核天体物理的研究提供全新的历史性机遇。③ 超强激光诱发的核聚变熔合反应,比如 D+D[6]、D+T 和 p+¹¹B 等熔合反应,是设计惯性约束聚变堆的重要依据,是解决未来清洁能源的重要手段。对其进行深入的基础研究,不仅是科学技术问题,也是关乎国计民生的大事。

图 10-1 显示激光强度的发展历史,随着调 Q(Q-switching)、锁模(mode locking),尤其是 CPA 的发明和应用,激光的输出功率由 GW(10^9 W)水平不

断发展到 PW(10^{15} W)水平,并且在 2019 年达到 10 PW。脉冲宽度也发展到了 fs(10^{-15} s),甚至到 as(10^{-18} s),这样的激光强度可以加速电子从 eV 到 PeV(10^{15} eV),为原子物理、核物理及粒子物理提供了新的机遇。目前,国际上对激光诱发核物理相关研究非常重视,国际上有几个实验室拥有几十 TW 到 PW 的超强激光系统,可以实现激光诱发的原子核熔合反应,主要包括美国劳伦斯利弗莫尔国家实验室 LLNL 的激光器系统,其中包括著名的美国国家点火装置 NIF;美国的激光能量学实验室的 OMEGA 装置;法国巴黎综合理工学院的 LULI 实验室的 Pico2000 激光系统,2013 年,科学家们在其上利用两束激光,完成了 p+^{11}B 质子打靶熔合反应实验[7-8];日本大阪大学的 Gekko XII+LFEX petawatt 激光系统;德国的 DRACO 及在建 10PW Helmholtz Beamline[9];美国得克萨斯大学的 Texas Petawatt Laser(利用该装置,Aldo Bonasera 的实验小组做了一系列关于 D+D 和 D+^{3}He 反应温度测量[10]及截面和天体物理 S 因子测量[11]);国内中国工程物理研究院、中国科学院上海光学精密机械研究所自主研发了神光系列[12]及星光系列[13];中国科学院物理研究所自行研制的极光系列装置;上海交通大学和北京大学引进了法国的 200 TW 超强激光装置;中国科学院上海光学精密机械研究所的强场激光物理国家重点实验室于 2015 年成功研制了当时国际最高峰值功率的 5 PW 超强超短激光放大系统,并在 2019 年实现 10 PW 压缩,这足以与 2019 年在欧盟建成的 ELI 超强激光装置媲美,并列成为当时世界最强超强超短激光装置。

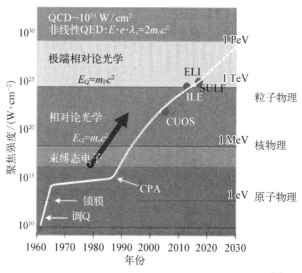

图 10 - 1　激光强度的发展及相关的物理学科领域[9]

　　我们先回顾氢原子的几个重要的物理量,以作为超强激光的强度参考。氢原子在玻尔半径处($r_0 = 0.529 \times 10^{-8}$ cm)的电场强度为

$$E_0 = \frac{e}{r_0^2} = 5.14 \times 10^9 \,(\text{V/cm}) \qquad (10-1)$$

其强度为

$$I_0 = \frac{c}{8\pi} E_0^2 = 3.52 \times 10^{16} \,(\text{W/cm}^2) \qquad (10-2)$$

其磁场强度为

$$B_0 = 1.7 \times 10^3 \,(\text{T}) \qquad (10-3)$$

　　目前的相对论超短超强激光,强度 $I > 1 \times 10^{18}$ W/cm^2,脉冲宽度小于 1 ps,其磁场强度超过 10^5 T,电场强度 E 超过 10^{10} V/cm,大于原子分子的电离阈值,处于这样强度的激光下的物质状态为等离子体状态。这样的激光可以把电子加速到较高的能量,目前可达到 GeV 水平,将来可能利用级联加速技术达到 TeV 水平。离子加速方面,激光可以加速离子到接近 100 MeV/nucleon,理论上随着激光强度的提升,离子可以达到相对论的速度,可以跟上激光加速电场,这时候离子加速反而比电子更有效些。被加速的电子和离子可以诱发产生其他次级粒子束,包括 X 射线、γ 射线、中子等,并且受原有激光的时空特性调制,也有明显的短脉冲和点源特性,这为开展核物理基础交叉学科及其他不同尺度下的物理基础研究和应用奠定了基础。

　　另外一类非相对论激光,功率不是很大,小于 10^{18} W/cm^2,但其激光总能量较大,达到千焦或兆焦,脉冲宽度较长,在纳秒级别。这样的激光与物质相互作用,可以产生天体等离子体的温度和密度环境,为开展天体物理和核天体物理提供直接的实验室条件。实际上,激光在这方面的应用研究典型的代表为 20 世纪 50 年代以来的惯性约束聚变(ICF)反应堆的研究,以及最近发展起来的高能量密度物理(HED)交叉学科[14]。1963 年,苏联的诺贝尔奖获得者巴索夫(Basov)提出可以利用激光将等离子体加热诱发核聚变。1964 年,我国核物理学家王淦昌也提出了利用大功率激光来诱发产生中子。这实际上就是最早的激光驱动的惯性约束可控核聚变方案(ICF)。目前世界上最大的几个激光器包括美国的国家点火装置(NIF)、我国的神光系列装置(SG),以及法国的兆焦激光装置(LMJ)等,除了国防需求外,最主要的正是为实现 ICF 目标而建立的。虽然 2012 年,

NIF 宣布没有点火成功,但在这些研究和应用过程中,激光等离子体相互作用的物理图像及等离子体的流体不稳定性、激波等得到了较好的描述,为开展激光诱发核物理和核天体物理研究奠定了很好的理论和实验基础。

目前国际上,激光核物理研究总体处于起步阶段。20 世纪 90 年代,研究主要是利用激光轰击氘化气体团簇诱发库仑爆炸,加速氘离子,产生核聚变[15]。2000 年左右,K. W. D. Ledingham 等人利用英国 VULCAN 拍瓦激光轰击钽金属靶,诱发电子产生轫致辐射从而产生高能伽马射线,进行了直接光核物理研究,包括 Cu(γ, n) 和 ^{238}U(γ, f) 等光核反应[16]。几乎同时,T. E. Cowan[17] 等人利用美国的劳伦斯利弗莫尔国家实验室的拍瓦激光装置也观测到了 ^{238}U(γ, f)。中国原子能科学研究院王乃彦院士在 2008 年提出"激光核物理"这一新交叉学科方向[4],并系统介绍了当时超强激光诱发各种粒子加速和产生情况,指出了激光和核物理交叉学科的新机遇。

这里对激光核物理做一个正式的定义。激光核物理是利用激光诱发等离子体,进行核(天体)物理研究,是一门新兴交叉学科。如图 10-2 所示,其涉及激光物理、等离子体物理、核物理三门学科,以及激光等离子体物理、光核物理、核天体物理三门交叉学科。激光核物理主要有两个方面研究内容。一是利用激光驱动加速产生的各种粒子包括质子、电子、中子及伽马射线和 X 射线等进行核物理研究,这方面有较大潜在应用前景。二是目前激光诱发等离子体温度 T 可以达到 1 MeV 以上,密度 ρ 可达到水密度的 1 000 倍以上,这样便可以利用强激光来进行核(天体)物理研究,直接在地面上实现实验室天体等离子体环境的模拟,研究激光诱发等离子体环境下的低能核反应截面、S 因子、电子库仑屏蔽效应,以及激光诱发等离子体中的核激发、衰变和裂变等(可以参考本书第 8 章核天体物理章节)。

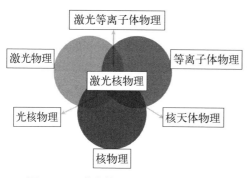

图 10-2 激光核物理交叉学科示意图

10.2 激光等离子体相互作用

我们先对激光等离子体相互作用的几个重要物理概念做初步介绍,包括临界密度、相对论透明及原质力(pondermotive force)。

激光与等离子体相互作用有一个极限密度——临界密度 n_c，此时等离子体的振荡频率与激光频率相同，即

$$\omega_p = (4\pi n_0 e^2 / m_e)^{1/2} = \omega = 2\pi c / \lambda \tag{10-4}$$

$$n_c = \frac{m_e \omega^2}{4\pi e^2} = \frac{1.1 \times 10^{21}}{\lambda^2} \tag{10-5}$$

超过这个密度 $(n_e > n_c)$ 时，激光在等离子体中的折射率 $n = (1 - \omega_p^2 / \omega^2)^{1/2} = (1 - n_e / n_c)^{1/2}$ 为虚数，这样的激光会被等离子体反射。激光和固体靶相互作用时，需要仔细考虑临界密度问题。

一般超强激光的强度比较高，电子在这样的场强下很快会被加速到很高的速度，需要考虑相对论效应，此时折射率存在非线性效应。假设线极化激光由传播中的平面波来描述，其矢势为 $\boldsymbol{A}(x, t)$，相对论因子 γ 为

$$\gamma = \sqrt{1 + \langle a^2 \rangle} = \sqrt{1 + a_0^2 / 2} \tag{10-6}$$

矢量 $\boldsymbol{a} = e\boldsymbol{A} / m_e c^2$，其中括号 $\langle\ \rangle$ 表示在一个振荡周期内平均，由 $I = c \langle \boldsymbol{E}^2 \rangle / 4\pi$ 知，电场强度 $\boldsymbol{E} = (-1/c)\partial \boldsymbol{A} / \partial t$，引入无量纲振幅来描述电场强度 a_0：

$$a_0 = 0.85 \left(\frac{I\lambda^2}{I_0 \lambda_0^2} \right)^{1/2} \tag{10-7}$$

式中，$\lambda_0 = 1\ \mu m^2$，$I_0 = 1 \times 10^8\ W/cm^2$，$\lambda$ 为激光波长。假设激光波长为 $1\ \mu m$，则当激光强度接近或者超过 $10^{18}\ W/cm^2$ 量级时，$a_0 = 1$，此时相对论效应比较明显，所以非线性折射率 n 需要考虑相对论因子 (η)，有

$$n = \left(1 - \frac{n_e}{\eta n_c} \right)^{1/2} \tag{10-8}$$

考虑了相对论效应后，等离子体电子密度满足 $n_e > \eta n_c$ 以后，激光在等离子体中的折射率为虚数，即激光被反射。此时，等离子体临界密度有个相对论因子，在很强的激光与固体靶相互作用时，这个密度也随之升高，该现象称为相对论透明。

实际激光等离子体相互作用过程往往比较复杂，但是在这些纷繁复杂的过程中一般有个比较重要的物理量是理解激光等离子体相互作用的关键物理量，即原质力。由于光是横波，如果没有相对论效应，则激光对等离子体中的

电子只有横向的加速行为,没有沿着光方向的加速动力,如图 10 - 3 所示[18],正是有了相对论效应,激光对等离子体中的电子可以产生沿激光传播方向的力,这个力就是原质力。在谐振场(激光场)的作用下,带电粒子的运动方程为

$$\frac{d^2 \boldsymbol{r}}{dt^2} = \frac{q}{m}\left(\boldsymbol{E} + \frac{d\boldsymbol{r}}{dt} \times \boldsymbol{B}\right) e^{-i\omega t} \qquad (10-9)$$

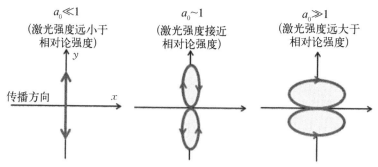

图 10 - 3　不同强度激光诱发电子轨道示意图[18]

将带电粒子运动分解成两部分,包括带电粒子围绕高速振荡中心的零级项简谐振动,以及振荡中心本身较慢的低频一级运动,$\boldsymbol{r} = \boldsymbol{r}_0 + \boldsymbol{r}_1$。零级项运动方程的解为 $\boldsymbol{r}_0 = -\frac{q}{m\omega^2}\boldsymbol{E} e^{-i\omega t}$,一级运动方程为

$$\ddot{\boldsymbol{r}}_1 = \frac{q}{m}\left[(\boldsymbol{r}_0 \cdot \nabla)\boldsymbol{E} + (\dot{\boldsymbol{r}}_0 + \dot{\boldsymbol{r}}_1) \times \boldsymbol{B}\right] \qquad (10-10)$$

对一个周期内运动进行平均,可以消去 $\dot{\boldsymbol{r}}_1 \times \boldsymbol{B}$ 项得

$$\ddot{\boldsymbol{r}}_1 = \frac{q}{m}\langle (\boldsymbol{r}_0 \cdot \nabla)\boldsymbol{E} + \dot{\boldsymbol{r}}_0 \times \boldsymbol{B} \rangle \qquad (10-11)$$

将零级项解代入得

$$\ddot{\boldsymbol{r}}_1 = -\left(\frac{q}{m\omega}\right)^2 \langle (\boldsymbol{E} \cdot \nabla)\boldsymbol{E} + \dot{\boldsymbol{E}} \times \boldsymbol{B} \rangle \qquad (10-12)$$

进一步化简,利用矢量算符运算,也可以消掉磁场项在一个周期内的平均值,

$$\ddot{\boldsymbol{r}}_1 = -\left(\frac{q}{m\omega}\right)^2 \left\langle \frac{\nabla E^2}{2} \right\rangle = -\left(\frac{q}{m\omega}\right)^2 \nabla \frac{\langle E^2 \rangle}{2} \equiv \frac{f_p}{m} \qquad (10-13)$$

其中引入带电粒子原质力定义

$$f_{\mathrm{p}} = -\frac{q^2}{m\omega^2} \nabla \frac{\langle E^2 \rangle}{2} \qquad (10-14)$$

原质力的方向与电荷正负无关,总是指向电场强度减弱的方向,但电子的原质力远大于离子。原质力是理解很多激光等离子体相互作用的关键物理量,比如激光在等离子体中的自聚焦现象,以及后面要讨论的激光尾波加速电子。

10.3　激光诱发产生各种粒子源

激光诱发产生各种粒子,最主要的粒子是等离子体的组成成分电子及离子,其他粒子,包括伽马射线、中子、正电子等粒子,则是在这两种粒子基础上产生的次级粒子。经过一个多世纪的发展,传统加速器推动了诸多基础和应用领域的发展,从一开始的粒子物理和核物理,一直扩展到固体物理、材料、生物、考古等。目前,最具代表性的应该属于欧洲核子中心的大型强子对撞机(LHC),它是目前世界上最大、能量最高的粒子加速器,可以把质子加速到 7 TeV,并实现两束质子对撞,以寻找粒子物理标准模型中的希格斯(Higgs)粒子、时空额外维度、超对称,以及暗物质、暗能量等。其加速器目前需要使用液氦制冷,总长 27 km,为了节省经费,其建造在原有的地下 100 m 深的电子加速器的隧道内,总造价几十亿美元。随着 Higgs 粒子的发现,科学家们进而把目标转向了更强、更大的加速器升级计划,包括 2014 年中国科学院高能物理研究所提出的 CEPC 建议,其规模大概为 LHC 的两倍,周长为 52 km,对撞能量达到 70 TeV,物理目标是 Higgs 工厂,初步经费约为 200 亿美元,引起了包括杨振宁在内的国内外科学家极大反响和讨论。讨论的焦点是花这么大财力、人力来建造一个超级加速器是否值得。传统基于射频腔的加速器,受腔壁物理材料和结构限制,其电场强度最高约为 200 MV/m,因此想要加速粒子到极端相对论的能量,需要很长的加速管道。而基于激光等离子体的新型加速方式正在受到越来越广泛的关注和应用,主要是因为激光等离子体可以产生并维持极高的电场梯度,可以加速电子,就好像冲浪选手从波浪中得到能量一样。等离子体中的等离子体波电场强度 $E_0 = cm_e\omega_{\mathrm{p}}/e$,其中等离子体频率 $\omega_{\mathrm{p}} = (4\pi n_0 e^2/m_e)^{1/2}$,则 $E_0 (\mathrm{V/cm}) = 0.96 n_0^{1/2} (\mathrm{cm}^{-3})$,等离子体密度 $n_0 = 10^{18}\ \mathrm{cm}^{-3}$,等离子体波的电场强度约为 100 GV/m,这比传统射频加速器的电场强度高 3 个数量级。基于这样新的加速机制的加速器有可能把高能加速器的空间规模大大降低,进而可能大幅度降低建造成本,但从现实可操作的角度来说,这样的大型加速器的实现还有很长的路要走,传统加速器技术仍然是不可或缺的。

10.3.1 激光诱发等离子体中电子加速

等离子体尾波场加速是目前各种等离子体加速中最具代表性的一种方式。等离子体尾波有各种驱动方式[19],为了加速高能的电子或者离子束,驱动源需要高速的或者相对论性速度的,其中最具代表性的是相对论的离子和电子束及激光来驱动等离子体尾波场。20 世纪 70 年代,T. Tajima 和 J. M. Dawson 理论上提出利用激光诱发等离子体的尾波场来加速电子,即激光电子加速器概念[20],由于潜在的巨大应用价值及基础研究价值,这个工作立即引起了广泛的关注。近年来,得益于激光技术的发展,尤其是基于 CPA 技术的 PW 级强激光,激光电子加速在理论和实验上得到了快速发展。截至 2018 年,利用激光可以加速产生 4.2 GeV 的电子,在 2019 年达到 8 GeV,有望将来在 10 PW 激光上达到 100 GeV,考虑了级联方案后可能可以达到 TeV 或更高,这种加速机制有潜在的巨大基础研究和应用研究价值。这里对激光尾波场加速做一个简要物理图像描述。激光是横波,如果只存在横波加速,则无法让电子沿着光的传播方向有效加速。得益于激光与等离子体相互作用产生的沿着激光方向传播的等离子体波,带电粒子有可能跟着激光产生加速运动。如果仅仅考虑一维情况,如图 10-4 所示,当激光脉冲在低于临界密度等离子体中传播时,电子质量小,激光脉冲前沿的纵向原质力会推动等离子体中的电子向前运动,使其偏离原来位置,等离子体中的离子质量大,几乎保持不动。当激光脉冲超越电子后,由于正负电荷分离而产生的静电力会将电子往平衡位置拉,造成电子在空间的纵向振荡,形成沿着激光方向传播的电子等离子体波。由于该等离子波是由激光脉冲激发且存在于激光脉冲后方,称为激光尾波,其波长为 λ_p。激光尾波的相速度与激光脉冲在等离子体中传播的群速度相同。电荷分离所形成的电场称为激光尾波场,该纵向电场向前传播相速度与激光脉冲在等离子体中传播的群速度相同。随着激光强度的增大,激发的尾波场的振幅也增大,产生的波形会逐渐畸变,最终产生波破。如果考虑二维或者三维情况,如图 10-5 所示,激光脉冲前沿的纵向原质力也会推动电子往横向方向运动,这样激光过后电子被横向排开,形成空泡,部分电子会沿着空泡底部注入空泡内部,从而实现更有效的电子空泡加速。一般电子被束缚在第一个空泡内加速,这个过程一般是非线性的过程。

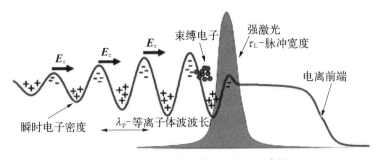

图 10 - 4　一维激光尾波场加速示意图

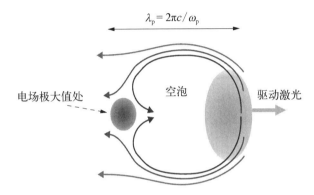

图 10 - 5　二维激光尾波场加速示意图(图片源自沈百飞报告 ppt)

激光尾波空泡加速是原质力作用在等离子体中电子的结果。假设激光为单色平面波,其电场为

$$E = E_0 \cos(\omega t) \tag{10-15}$$

电子在这样的电场中做横向简谐运动,运动方程为

$$\ddot{y} = \frac{F}{m} = \frac{eE}{m} = \frac{eE_0}{m} \cos(\omega t) \tag{10-16}$$

可以直接解出电子振荡方程

$$y = -\frac{eE_0}{m\omega^2} \cos(\omega t) \tag{10-17}$$

假设激光电场并不是简单的简谐波,而是额外叠加一部分空间电场分布,即

$$E = E_0(y)\cos(\omega t) \approx E_0 \cos(\omega t) + y\frac{\partial E_0}{\partial y}\cos(\omega t) \tag{10-18}$$

这样的电场作用在电子上的力在一段时间 t 内的平均为

$$\langle F \rangle_t = \left\langle -\frac{e^2 E_0}{m\omega^2}\cos(\omega t)\frac{\partial E_0}{\partial y}\cos(\omega t) \right\rangle_t = -\frac{e^2}{4m\omega^2}\frac{\partial E_0^2}{\partial y} \quad (10-19)$$

由于激光的强度 I 正比于光电场强度的平方,即原质力 $\boldsymbol{F}_p$ 为正比于激光强度的横向梯度,即

$$F_p = \langle F \rangle_t \propto -e^2\frac{\partial I}{\partial y} \quad (10-20)$$

只要激光强度在空间上有横向分布,则必然会产生原质力,推着电子往偏离激光方向运动。原质力的产生机制示意图如图 10-6 所示[21],只要激光的强度分布 $I(y)$ 在空间上有梯度分布,就会对其范围内的电子产生一个原质力 $\boldsymbol{F}_p$,这也是理解包括激光尾波等在内的各种激光等离子体相互作用现象的重要机制。

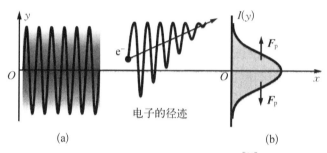

图 10-6　原质力产生机制示意图[21]

（a）激光强度在空间存在梯度分布；（b）强度梯度分布

10.3.2　激光诱发离子加速

　　高能离子束是极为重要的束流,有着各方面基础研究和应用研究的价值。离子束可以辐照材料,对材料进行改性;离子束可以精确地辐照癌症患者的肿瘤细胞,实现更为可靠的治疗方式,提高患者的存活率;离子束也可以用来开展核反应研究,如核物理或者粒子物理等基础研究;离子束还可以用来实现惯性约束中快点火驱动束,以及育种、杀菌等。近百年来,人们制造传统加速器甚至超导加速器来实现离子加速的小型化,目前超强激光诱发离子加速正开启全新离子加速方式,发展十分迅速。2000 年以前,激光与等离子体相互作用可以将离子加速到几个兆电子伏特,截至 2019 年,最高可以加速到每个核子接近 100 MeV。各种粒子加速方式中最具代表性的应该是靶后法向鞘层加速

(TNSA)、光压加速(RPA)，以及静电激波加速(ESA)，图 10-7[22] 为激光加速离子的几种典型加速的机制示意图。

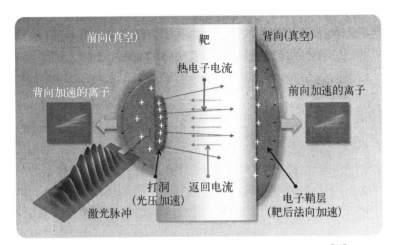

图 10-7　激光与厚靶相互作用可能的离子加速示意图[22]

TNSA 实验结果较多，也是相对比较成熟、研究较多的离子加速技术。目前 TNSA 可以加速质子到 85 MeV 左右，如图 10-8[22] 所示为目前国际上 TNSA 加速质子的情况。激光强度一般需要超过 10^{19} W/cm^2，靶可以比较厚，在几十个微米量级。当激光打到靶的表面时，电子被激光以各种方式加热，并在很短的时间内穿过靶，在靶的后表面形成沿着靶表面法向的鞘层电场。这个鞘层电场足够强，可以把靶表面的原子直接电离，离子随着鞘层电场的扩张得到连续加速，最终离子沿着靶后表面的法向张开一定的角度向前发射。根据离子加速过程，目前有两种 TNSA 模型。第一种是静态模型，认为轻离子在鞘电场形成的早期开始加速，后期的鞘电场是相对稳定的，轻离子对鞘电场的影响几乎可以忽略，而靶上的重离子则几乎不动，与热电子形成鞘场分布，不同热电子的模型可能对应着不同的鞘电场的描述。第二种是动态模型，认为离子在鞘电场演化形成过程中得到加速，TNSA 的过程与真空中等离子体的膨胀过程类似。这两种模型或者这两种模型的混合模型都是唯象的。这里对动态模型进行理论上的描述。由于 TNSA 过程的时间远远大于等离子体振荡的周期本身，因此可以假设电子有足够的时间得到热化，激光加热的电子遵循玻耳兹曼分布：

$$n_{\text{h}} = n_0 \text{e}^{e\phi/T_{\text{h}}} \tag{10-21}$$

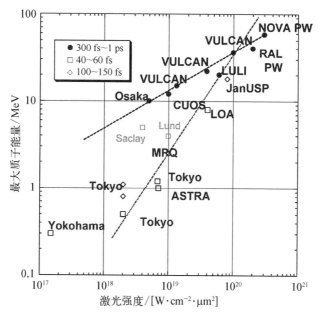

图 10 - 8 世界上各个实验室利用 TNSA 加速质子的最高能量与
激光强度的关系[22]

式中，T_h 为电子温度，ϕ 为标量场。相对论强度的激光的主要电子加热机制是原质力的机制，此时电子温度与原质力做功加热电子有关，这里定义一个原质势：

$$U_p \approx \left(\frac{I\lambda^2}{10 I_0 \lambda_0^2}\right) U_0 \qquad (10 - 22)$$

式中，$U_0 = 1\,\text{MeV}$，则电子的温度 T_h 与原质势差不多。由能量守恒，即鞘电场由热电子形成，可以估算靶后鞘电场的大小：

$$E = kT_h / e\lambda_d \qquad (10 - 23)$$

式中，德拜长度为 $\lambda_d = \left(\dfrac{kT_h}{4\pi e^2 n_h}\right)^{1/2}$，代入典型数值，比如密度为 $10^{19}\,\text{cm}^{-3}$ 量级，温度为 MeV 量级，则德拜长度约为 $2\,\mu\text{m}$。可得鞘电场的大小约为 $10^{12}\,\text{V/m}$ 量级，大于传统加速器的极限 3 个数量级以上。TNSA 加速机制的优点是实验相对简单，只需要强激光轰击到靶的表面，可相对容易产生离子加速。

辐射压加速（radiation pressure acceleration）（有时称为光压加速，light

pressure acceleration)是利用激光本身在移动物体表面反射的压力来进行整体加速。考虑到移动物体的速度 v 存在多普勒效应,这个光压大小为

$$p = \frac{2I}{c}\frac{c-v}{c+v} \qquad (10-24)$$

式中,I 是激光的强度,c 为光速。有意思的是,这个光压本身是洛伦兹不变量,在不同惯性系下是常量。这与人们提出利用太阳的光压来加速某些太空飞行器想法类似,只是早些时候激光的强度还不够,随着超强激光技术的发展,这样的研究也随之开始。沈百飞等人于 2001 年[23]发现激光强度达到 $a=100$ 的椭圆偏振激光,可以整体加速 10 倍临界密度的等离子体超薄膜。并且激光到离子的能量转换效率及加速后离子束流的单能性与发散度相比 TNSA 的情况改善了很多。颜学庆等人于 2008 年[24]提出稳相加速(phase stable acceleration)概念,即光压作用在等离子体中的压力与静电力达到平衡时,可以使离子在加速过程中的相位不变,这是实现稳定光压加速的关键条件。具体平衡条件如下:

$$a_{\rm L}(1+\eta)^{1/2} \sim (n/n_{\rm c})(D/\lambda) \qquad (10-25)$$

式中,$a_{\rm L}$ 为约化激光振幅,η 为激光的反射率,$n/n_{\rm c}$ 为等离子体的约化密度,D 为靶的厚度,λ 为激光波长。具体的物理过程如图 10-9 所示,激光光压推进靶中,并将电子压缩在表面的一个薄层中,形成正电荷分离电场 E_{x1}、负场 E_{x2},其中 E_{x1} 会加速离子,并且由于这个分离场很强可以不断加速离子,使之能赶上波前,一直待在分离场中,形成稳相持续加速,这种激光光压稳定持续加速离子的图像与传统射频加速器中的电子离子同步加速,与成团机制非常相似,称为稳相加速。当然,目前这种加速机制还存在各种不稳定性和不确定性情

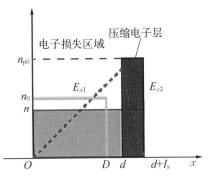

图 10-9　激光等离子体激波稳相加速模型[24]

况,实验上要实现这样的光压加速还有赖于激光功率密度和对比度的提升。中国科学院上海光学精密机械研究所及欧洲的极端光基础设施(ELI)目前正在建造 10 PW 的超强激光器,理论上这样的激光可以把离子光压加速到相对论区,即大概每核子吉电子伏特,是非常具有潜力的一种新型加速机制。

在超强激光诱发等离子体条件下,还有其他一些离子加速机制,这里做简单描述。其中静电激波加速(electrostatic shock acceleration)[25]是另外一种离子加速机制。激波是流体中一种高度非线性的结构。当非线性声波的振幅越大传播速度也越大时,声波本身会变形,在波前处产生密度、压强、温度、速度等分布的不连续性。由热压诱发的激波,其波前只有几个自由程的厚度。激波压缩对惯性约束的点火机制非常重要,美国国家点火装置及我们国家的神光系列点火装置就是基于激波压缩来准备实现点火的。另外,还有新型的离子加速机制,如激光尾波场加速、空泡加速、级联 TNSA 加速、级联复合纳米靶加速等。尤其是空泡加速将来有可能把离子加速到极端相对论区,即每核子几百个吉电子伏特的水平,长远来看是更为有效的激光离子加速机制。离子加速是激光核物理的最关注的目标之一,各种激光等离子体条件下的核反应都有赖于高能离子的产生。

10.3.3　激光诱发产生 X 射线、γ 射线、中子、正电子

强激光与等离子体相互作用可以通过多种机制产生 X 射线和 γ 射线及中子和正电子,有着潜在的极大的基础研究和应用研究价值。限于篇幅,我们这里只做简单叙述,具体可进一步参考相关的文献[26]。强激光通过光电离或者碰撞电子将原子电离到高电荷态离子,处在高电荷态的离子通过自发辐射可以产生 X 射线;强激光通过加速高能电子的韧致辐射产生 X 射线和 γ 射线;有些 γ 射线还可以进一步与原子核相互作用产生光中子;激光诱发含氘团簇气体可以产生聚变中子;高能电子可以通过逆康普顿散射产生 γ 射线;空泡或者尾波场加速高能电子与空泡横向场作用,产生回旋辐射;激光加速产生的电子也可能用于自由电子激光的产生;激光强度超过 10^{23} W/cm^2 时,激光与等离子体相互作用以产生辐射为主,此时可以高效地产生 X 射线、γ 射线,转换效率可以超过 1%;强激光与靶相互作用可以产生很强的高次谐波,产生阿秒 X 脉冲;强激光与等离子体相互作用加速产生相对论电子,可以通过韧致辐射高能 γ 射线产生正负电子对,也可以利用高原子序数材料的库仑场,经过虚光子产生正负电子对。

10.4　激光诱发等离子体条件下的核反应

强激光的电磁作用力远小于核力,另外强激光的场强目前还远远小于核

内的电磁场强度,因此,目前强激光还不能直接与核相作用。但强激光产生的高能电子、高能质子、γ射线等可以与原子核相互作用。激光等离子体中的电磁环境会影响核相互作用截面,尤其是低能区的情况,这为直接在地面实验室模拟核天体环境,比如太阳内部,或者比太阳稍微重些的恒星内部环境,以及宇宙大爆炸环境,提供了独一无二的条件,可以直接在实验室内研究天体等离子体环境下轻核反应截面、S 因子和反应率、库仑屏蔽效应等,这是传统加速器或者反应堆等装置所不能提供的。实际上,最早利用激光做核反应,是从惯性约束聚变堆开始的。激光发明后,人们很快认识到可以利用激光来压缩和加热聚变的燃料,最具代表性的是美国的国家点火装置,使用了 192 束总能量为 1.8 MJ 的纳秒激光,来压缩球形的氘氚(DT)靶丸,产生 DT 聚变,其中除了等离子体本身的物理外,等离子体中的 DT 聚变反应截面与点火条件息息相关。1999 年,美国 T. Ditmire 等人利用焦耳级别的飞秒小激光诱发团簇气体库仑爆炸产生聚变[15],如图 10 - 10 所示,让人看到了短脉冲小激光进行点火的希望,也开启了激光核物理研究热潮。2000 年,英国的 Vulcan 实验室的 K. W. D. Ledingham 等人[16]利用 50 J、1 ps、50 TW 的激光聚焦后强度为 10^{19} W/cm^2 的激光来轰击各种钽初级靶,产生大量的 γ 光进一步以(γ, n)、(γ, f)反应活化一系列次级靶,包括铜、银、氯化钾和铀等,开启了强激光研究核物理的新纪元。

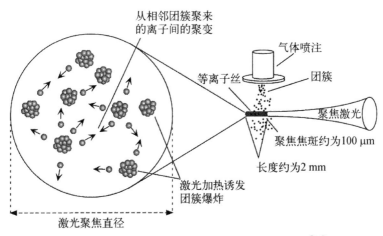

图 10 - 10　激光诱发氘团簇库仑爆炸聚变示意图[15]

激光等离子体条件下的核反应或者核物理研究分为两种类型。第一种是利用激光等离子体加速产生的各种粒子来轰击(非等离子体)靶诱发各种核反应。这与传统加速器能做的研究非常类似,激光加速代替传统加速器加速。利用激光产生的粒子束有非常短的时间脉冲结构,瞬时流强特别大,有多方面的应用价值,比如医院的各种粒子辐射源,很有可能只需利用一台强激光加速器打各种靶来实现肿瘤辐照、X 射线成像、医用同位素生产等功能,也可以作为一个小型非加速器的中子源,在工业探井、探伤及中子成像等方面有着潜在的重要应用。第二种是利用激光诱发等离子体环境进行核反应。这与传统加速器有很大的区别,核反应是直接在等离子体条件下进行的,或者可以说是等离子体靶的核反应。这样的环境与核天体环境最为接近,也是核爆中心及磁约束和惯性约束核聚变堆才有的条件,是理论和实验最想了解的。下面先给出激光诱发等离子体条件下核反应的理论描述。

等离子体中的核反应数目可以用类似核天体中的反应率来积分计算,即

$$N = \int \mathrm{d}t \int \mathrm{d}V \rho_1 \rho_2 \langle \sigma v \rangle \frac{1}{1 + \delta_{12}} \qquad (10-26)$$

式中,ρ_1、ρ_2 为核反应物,如果是全同粒子,则有个 0.5 的因子;t 和 V 分别为时间和体积;$\langle \sigma v \rangle$ 为核天体物理中的反应率,需要对等离子体的相空间进行平均,涉及等离子体的相空间分布函数。

假设等离子体为平衡热化等离子体,则离子相空间分布函数满足玻耳兹曼分布:

$$\langle \sigma v \rangle = \left(\frac{8}{\pi \mu} \right)^{\frac{1}{2}} \left(\frac{1}{kT} \right)^{\frac{3}{2}} \int_0^\infty \sigma E \exp\left(-\frac{E}{kT} \right) \mathrm{d}E \qquad (10-27)$$

为了除去库仑位垒的影响,考虑核力相互作用或者核共振影响,引入天体物理 S 因子:

$$S = \sigma E \exp(2\pi \eta) \qquad (10-28)$$

式(10-28)刚好把库仑位垒的效应去除掉了,如果没有共振则 S 因子应该为一个常数,适合往低能处外推,与核反应截面相比 S 因子更能体现核相互作用本质。这里的 η 是索末菲参数,其表达式为

$$\eta = \frac{Z_1 Z_2 e^2}{\hbar v} \qquad (10-29)$$

式中, v 为两核的相对速度, 使用约化质量 μ 和能量 $E(\mathrm{MeV})$ 来重新描述索末菲参数:

$$\eta = 0.157\,5Z_1Z_2\left(\frac{\mu}{E}\right)^{\frac{1}{2}} \tag{10-30}$$

用天体物理 S 因子替代反应截面, 代入反应率公式可得

$$\langle \sigma v \rangle = \left(\frac{8}{\pi\mu}\right)^{\frac{1}{2}}\left(\frac{1}{kT}\right)^{\frac{3}{2}}\int_0^\infty S(E)\exp\left(-\frac{E}{kT}-\frac{b}{E^{1/2}}\right)\mathrm{d}E \tag{10-31}$$

式中, $b = \pi(2\mu)^{\frac{1}{2}}Z_1Z_2e^2/\hbar = 0.989Z_1Z_2\mu^{\frac{1}{2}}$, b^2 称为伽莫夫能量。反应率为两部分的卷积, 一部分为玻耳兹曼分布, 另外一部分则为库仑位垒的贯穿概率, 卷积的大小由图 10-11 中灰色曲线以下部分围成的区域 (称为伽莫夫窗面积) 来决定。进一步假设 S 因子为常数, 则伽莫夫窗最高处的能量点为 $E_0 = (bkT/2)^{3/2} = 1.22(Z_1^2Z_2^2\mu T_6^2)^{1/3}$ keV, 反应率最大值为 $I_m = \exp(-3E_0/kT)$, 假设伽莫夫窗为高斯函数, 峰位和峰高为 E_0 和 I_m, 峰宽可由峰高的 $1/e$ 处来计算, 为 $\Delta E_0 = \dfrac{4}{\sqrt{3}}(E_0kT)^{1/2} = 0.749(Z_1^2Z_2^2\mu T_6^5)^{1/6}$ keV, 这样天体物理 S 因子不变, 对高斯函数进行积分, 可以近似简化反应率的计算公式为温度的函数:

$$\langle \sigma v \rangle \approx \left(\frac{2}{\mu}\right)^{\frac{1}{2}}\frac{\Delta E_0}{(kT)^{3/2}}S(E_0)\exp\left(-\frac{3E_0}{kT}\right) \tag{10-32}$$

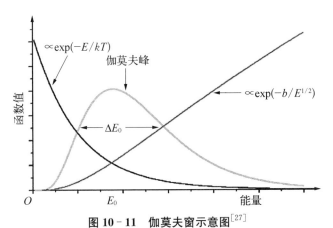

图 10-11　伽莫夫窗示意图[27]

　　以上反应率的公式适用于较大体积及较长时间的等离子体平衡体系,比如恒星内部等离子体,以及磁约束情况等离子体。强激光诱发等离子体有其特殊性。短脉冲强激光与等离子体相互作用时间很短,激光等离子体区域很小,相互作用过程非常剧烈、迅速且复杂,激光等离子体不一定达到热平衡。这就意味着具体实验或者理论计算时需要采用现实测量到的等离子体相空间分布来进行具体数值积分计算。热化平衡可能会影响实验或者理论数值计算结果。即使利用实验测量到的等离子体分布,也是激光等离子体相互作用时间积分后的末态结果,其具体的演化过程非常复杂,需要借助理论模型指导近似。对于激光等离子体,如果激光的焦斑很小(与离子平均自由比较),时间很短(与离子弛豫时间比较),实验上可使用以下公式来评估实际激光等离子体产生的核反应数:

$$N = \int dt \int dV \rho_1 \rho_2 \langle \sigma v \rangle \frac{1}{1+\delta_{12}} \approx \Delta t \, \Delta V \rho_1 \rho_2 \langle \sigma v \rangle \frac{1}{1+\delta_{12}} \quad (10\text{-}33)$$

式中,Δt 为等离子体的寿命,ΔV 为焦斑烧蚀体积,$\rho_1 \rho_2$ 为两种离子的密度乘积。通过测量进一步近似化简,反应率中的速度项提取出来,引入平均自由程或者射程 Λ:

$$N \approx \Lambda \Delta V \rho_1 \rho_2 \langle \sigma \rangle \frac{1}{1+\delta_{12}} \quad (10\text{-}34)$$

这样实验上需测量 Λ(激光等离子体体系的特征尺度)、ΔV(一般是焦斑或者靶的大小),以及 $\rho_1 \rho_2$,可以由等离子体离子探测器,比如法拉第筒来测量,同时测量离子的能谱分布。这样,测量反应产物的数目 N 就可以倒过来确定等离子体中的平均反应截面 $\langle \sigma \rangle$ 或者进一步测量天体物理 S 因子。如图 10-12 为 M. Barbui 等人实验上首次利用库仑爆炸(图 10-10 方案),测量等离子体环境下核反应截面[11]。与传统加速器相比,目前还没有看到在这个能量区间核反应截面明显的差异,如图 10-13 所示。这可能是因为此时等离子体温度比较高,等离子体环境及对应的加速器能区为 30~40 keV,这时不管是等离子体环境中的电子,还是固体靶中的电子,其影响可能很弱,几乎可以忽略不计,在能量更低时,电子对核的库仑屏蔽势相对于入射能量的比重才显现出来,两者的差异会逐步变大。

　　电子对核反应在低能时的影响很大,这是由于靶原子的电子的存在会额外引入一个吸引屏蔽势能,增加入射弹核与靶核之间的相对能量,增加截面。

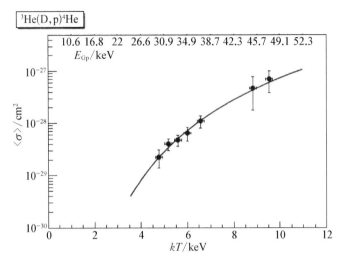

图 10 - 12　实验测量激光诱发等离子体条件下 D+³He 核反应
截面随着温度的激发函数[11]

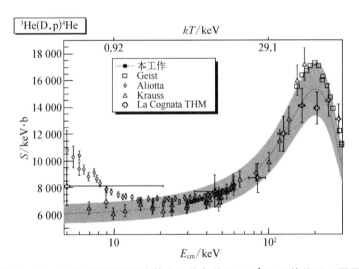

图 10 - 13　实验测量激光诱发等离子体条件下 D+³He 天体物理 *S* 因子
(本工作)与传统加速器上各种测量数据的比较[11]

引入电子屏蔽势 U_e、入射弹核能量 E，定义截面库仑屏蔽提升因子：

$$f_e = \frac{\sigma(E)}{\sigma_0(E)} \qquad (10-35)$$

σ 和 σ_0 分别为带有电子库仑屏蔽截面与没有电子时的截面，如果 U_e 为固定常
数，则 $\sigma(E) = \sigma_0(E + U_e)$，截面提升因子为

$$f_e = \frac{\sigma_0(E+U_e)}{\sigma_0(E)} \approx \exp\left[\pi\eta(E)\frac{U_e}{E}\right] \qquad (10-36)$$

由于弹核和靶核碰撞时的电子构型不定,需要数值模拟计算 U_e,然后才能计算库仑屏蔽因子。图 10-14(a)给出了利用 TDHF 模拟计算得到的 $D^+ + {}^3He$ 弹核为氘离子,靶为双电子时的库仑屏蔽势。可以看出在 30~40 keV 区间,库仑屏蔽势还未达到最大值,其效应刚好在一个拐点处,能量小于 10 keV 以后库仑屏蔽势的效应最大,此时等离子体环境与加速器上的弹靶实验截面差别最大。图 10-14(b)给出了目前理论和实验截面提升因子的情况,确实只有当反应能量小于 10 keV 时截面提升因子才会有大幅度的提升,这也可以解释为什么图 10-13 中 30~40 keV 几组数据差别不大。

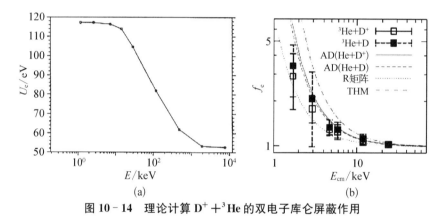

图 10-14　理论计算 $D^+ + {}^3He$ 的双电子库仑屏蔽作用

(a) 屏蔽势能源自文献[28];(b) 理论模拟计算和实验在低能区的提升因子[29]

注:图中 D 与 D^+ 表示氘原子与氘离子。

由于在核天体物理研究中的重大意义,精确地测量等离子体环境下低能区的核反应截面,并与非等离子体环境进行比较,是迫在眉睫的任务,随着强激光技术的发展,这样的工作可以在激光等离子体环境下系统地开展,也可以利用传统加速器与激光烧蚀等离子体靶结合来进行这方面的实验研究。

10.5　激光核物理展望

过去 20 年,我们见证了强激光技术的飞速发展,也看到了激光诱发各种高能粒子束的应用和发展。在激光等离子体环境下,各种前沿新现象新理论层出不穷,这为激光核物理的发展奠定了理论和技术储备。激光核物理作为一个基础前沿交叉学科,刚刚起步,很多方面的工作可以开展,主要如下:设计特殊微结构靶有可能提升激光到等离子体,进一步到离子的能量转换效率,开展核天体反应的系统研究;利用强激光等离子体可以更有效地激发和退激核的同核异能态,为探索 γ 激光奠定理论和实验技术基础,探索新型储能机制;探索超强激光诱发质子-硼的新聚变体系设计的关键问题,尤其是中等密度区域即固体密度附近的情况,结合磁约束探索可能的新型点火条件;基于新的加速机制,比如光压加速,探索激光产生各种放射性核束;探索新粒子的产生比如 π 介子和反质子。国内外强激光设备装置正处在发展的黄金时期,激光与等离子体、激光与核物理、激光与天体物理、激光与加速器、激光与材料物理,各个学科之间相互交叉、相互借鉴,激光核物理正迎来新的发展机遇。

参考文献

[1] Strickland D, Mourou G. Compression of amplified chirped optical pulses [J]. Optics Communications, 1985, 56(3): 219-221.

[2] Zhang G, Quevedo H J, Bonasera A, et al. Range of plasma ions in cold cluster gases near the critical point [J]. Physics Letters A, 2017, 381(19): 1682-1686.

[3] Quevedo H J, Zhang G, Bonasera A, et al. Neutron enhancement from laser interaction with a critical fluid [J]. Physics Letters A, 2018, 382(2): 94-98.

[4] 王乃彦. 激光核物理 [J]. 物理, 2008, 37(9): 621-624.

[5] Ledingham K W D. Laser induced nuclear physics and applications [J]. Nuclear Physics A, 2005, 752: 633-644.

[6] Zhang G, Huang M, Bonasera A, et al. Nuclear probes of an out-of-equilibrium plasma at the highest compression [J]. Physics Letters A, 2019, 383: 2285-2289.

[7] Labaune C, Baccou C, Depierreux S, et al. Fusion reactions initiated by laser-accelerated particle beams in a laser-produced plasma [J]. Nature Communications, 2013, 4: 2506.

[8] Labaune C, Baccou C, Yahia V, et al. Laser-initiated primary and secondary nuclear reactions in Boron-Nitride [J]. Scientific Reports, 2016, 6: 21202.

[9] Tajima T, Mourou G. Zettawatt-exawatt lasers and their applications in ultrastrong-field physics [J]. Physical Review Special Topics-Accelerators and Beams, 2002, 5(3): 031301.

[10] Bang W, Barbui M, Bonasera A, et al. Temperature measurements of fusion plasmas produced by petawatt-laser-irradiated D_2-^{3}He or CD_4-^{3}He clustering gases [J]. Physical Review Letters, 2013, 111(5): 055002.

[11] Barbui M, Bang W, Bonasera A, et al. Measurement of the plasma astrophysical S factor for the ^{3}He(d, p)^{4}He reaction in exploding molecular clusters [J]. Physical Review Letters, 2013, 111(8): 082502.

[12] 江少恩,丁永坤.神光系列装置激光聚变实验与诊断技术研究进展[J].物理,2010,39(8):531-542.

[13] 谷渝秋.星光Ⅲ装置——极端条件物理实验站:进展与前景[J].中国力学大会——2013论文摘要集,2013.

[14] Drake R P. High-energy-density physics: foundation of inertial fusion and experimental astrophysics [M]. 2nd ed. New York: Springer, 2018.

[15] Ditmire T, Zweiback J, Yanovsky V P, et al. Nuclear fusion from explosions of femtosecond laser-heated deuterium clusters [J]. Nature, 1999, 398(6727): 489-492.

[16] Ledingham K W D, Spencer I, Mccanny T, et al. Photonuclear physics when a multiterawatt laser pulse interacts with solid targets [J]. Physical Review Letters, 2000, 84(5): 899-902.

[17] Cowan T E, Hunt A W, Phillips T W, et al. Photonuclear fission from high energy electrons from ultraintense laser-solid interactions [J]. Physical Review Letters, 2000, 84(5): 903-906.

[18] Ji L. Ion acceleration and extreme light field generation based on ultra-short and ultra-intense lasers [M]. 1st ed. Springer Berlin Heidelberg, 2014.

[19] Esarey E, Sprangle P, Krall J, et al. Overview of plasma-based accelerator concepts [J]. IEEE Transactions on Plasma Science, 1996, 24(2): 252-288.

[20] Tajima T, Dawson J M. Laser electron accelerator [J]. Physical Review Letters, 1979, 43(4): 267-270.

[21] Seryi A. Unifying physics of accelerators, lasers and plasma [M]. Boca Raton: CRC Press, 2015.

[22] Macchi A, Borghesi M, Passoni M. Ion acceleration by superintense laser-plasma interaction [J]. Reviews of Modern Physics, 2013, 85(2): 751-793.

[23] Shen B, Xu Z. Transparency of an overdense plasma layer [J]. Physical Review E, 2001, 64(5): 056406.

[24] Yan X Q, Lin C, Sheng Z M, et al. Generating high-current mono energetic proton beams by a circularly polarized laser pulse in the phase-stable acceleration regime [J]. Physical Review Letters, 2008, 100(13): 135003.

[25] Ji L, Shen B, Zhang X, et al. Generating mono energetic heavy-ion bunches with laser-induced electrostatic shocks [J]. Physical Review Letters, 2008, 101(16): 164802.

[26] 核物理与等离子体物理发展战略研究编写组.核物理与等离子体物理-学科前沿及发展战略(下册:等离子体物理卷)[M].北京:科学出版社,2017.

[27] 李志宏.核天体物理[M].北京:中国原子能出版社,2019.

[28] Shoppa T D, Koonin S E, Langanke K, et al. One- and two-electron atomic screening in fusion reactions [J]. Physical Review C, 1993, 48(2): 837-840.

[29] Kimura S, Bonasera A. Chaos driven fusion enhancement factor at astrophysical energies [J]. Physical Review Letters, 2004, 93: 262502.

第 11 章
电子强子散射实验研究进展

电子和强子的散射是一种电磁相互作用,自 20 世纪 60 年代以来,电子束已被用于探测质子(和中子)的结构。电子相对于强子结构简单,是已经被人们充分认识理解的,因此可作为一个干净探针深入原子核内部直接感受到夸克的作用。图 11 - 1 可以直观地表现电子的这一特性。电子通过交换一个光子与核子发生相互作用(图中光子用连接电子与核子中任意一个夸克的波形线表示),光子交换作用非常弱以至于大部分的电子几乎不发生相互作用就直接穿过了物质,并且如果电子确实发生了相互作用,那么同时发生第二个光子交

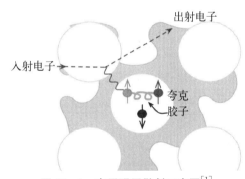

图 11 - 1 电子强子散射示意图[1]

换的概率低于 1/100。光子的这一简单性使得从理论上计算电子与核子的相互作用相对较容易,这就是建造电子加速器作为探针的一个非常显著的优越性,因此电子也被戏称为能够切开强子物质揭示其内部结构的"利刃"[1]。

我们以电子-质子散射为例,e - p→e - p 散射的结果强烈依赖于波长 $\lambda = hc/E$:

(1) 在非常低的电子能量 ($\lambda \gg r_p$,其中 r_p 是质子的半径)处,散射等同于来自点状无自旋物体的散射;

(2) 在低电子能量 ($\lambda \sim r_p$)处,散射等同于来自扩展带电物体的散射;

(3) 在高电子能量 ($\lambda < r_p$)处,波长足够短可以解析子结构,散射来自组分夸克;

(4) 在非常高的电子能量 ($\lambda \ll r_p$)处,质子可以看作是夸克和胶子海。

因此为了研究核子的内部结构,我们需要非常高能量的电子束流,高能电子

加速器曾在发现夸克中发挥了关键的作用。我们也见证了加速器技术和探测方法在过去 20 年的快速发展。用于电子强子散射实验的电子加速器包括固定靶加速器和对撞机,目前世界上主要的固定靶电子加速器有美国杰斐逊国家实验室（Thomas Jefferson National Accelerator Facility, JLab)的连续电子加速器装置（Continuous Electron Beam Accelerator Facility, CEBAF)、德国的美因茨电子回旋加速器（The Mainz Microtron, MAMI）和电子展宽加速器（The Electron Stretcher Accelerator, ELSA)。CEBAF 能提供连续的极化电子束流,电子能量覆盖 6～12 GeV 范围,可以提取质子和中子中夸克和胶子的结构信息;MAMI 能提供连续波长的高强度极化电子束流,电子能量最高可达 1.6 GeV;ELSA 可以提供极化和非极化的电子束流,电子束流能量可以调节,最高可达 3.5 GeV。电子强子对撞机只有德国电子同步加速器（Deutsches Elektronen - Synchrotron, DESY)的强子电子环形加速器（Hadron Electron Ring Accelerator, HERA),它于 1992 年开始运行,2007 年已经关闭,HERA 曾是世界上唯一可以加速电子与质子进行对撞的装置,质心系能量为 318 GeV。目前美国和欧洲都计划建造电子离子对撞机（Electron Ion Collider, EIC),包括美国能源部决定在布鲁克海文国家实验室（BNL)拟建的电子离子对撞机（EIC),以及欧洲的 LHeC,中国科学院近代物理研究所也计划建造电子离子对撞机（Electron - Ion Collider in China, EICC)。EIC 能提供更高质心系能量和亮度的电子质子碰撞及电子重离子碰撞,将对深入揭示核子的内部结构发挥巨大作用。接下来我们将从核子结构、核介质效应、核子谱学、质子半径测量及超出标准模型这五个方面介绍电子强子散射实验取得的研究进展及将来的发展方向。

11.1　核子结构

核子及由核子组成的原子核几乎组成了宇宙中所有的可见物质,但是我们对核子却缺乏从基本原理的深入理解。相比于对基于量子电动力学（QED)的原子核结构的认识,我们对基于量子色动力学（QCD)的核子中夸克和胶子的结构了解还处于初始阶段。

深度电子非弹散射提供了核子结构的一维视图,从中我们了解了部分子在平行于核子方向（纵向）的运动。纵向的动量分布可以由部分子分布函数（parton distribution functions, PDFs)来描述,它体现了核子内部分子携带强子纵向动量的概率,能够提供强子内部分子结构的重要信息。核子是被视为快速运动的夸克、反夸克及胶子的集合,普通的部分子分布函数无法描述横向动量,也不能解释自旋在核子中组分夸克和它们的轨道角动量之间的分配问题,而关于核子自旋的困惑一直是理解核子结构的一个关键问题,因此需要引入一个三维的描述来解决这些问题。

21 世纪以来,核子结构的描述进入了一个新时期,出现了一种全面、定量地描述核子结构的方法体系[2]。在这一框架下,人们对核子结构的认识融入了 Wigner 分布,类似于经典概念下的相空间分布[3]。从 Wigner 分布,可以通过广义部分子分布函数(generalized parton distributions,GPDs)和横向动量依赖分布函数(transverse momentum-dependent distributions,TMDs)来解释测得的结果。如图 11 - 2 所示,GPDs 为核子的"空间"成像,它能描述核子

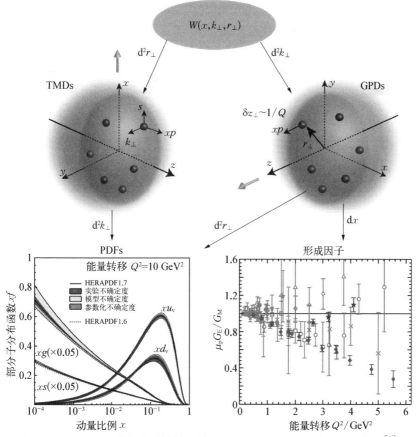

图 11 - 2　Winger 分布生成的基于核子组分位置和动量分布的统一描述[4]

注:图中 xg 是胶子分布函数;xs 是海夸克分布函数;xu_v 是 u 价夸克分布函数;xd_v 是 d 价夸克分布函数。

的三维结构：一维动量和二维空间坐标；TMDs 可以用于"动量"成像，这是三维动量空间上的分布。由不确定性原理，空间和动量不能同时确定，但是三维的 GPDs 和 TMDs 可以提供强有力的空间和动量成像。

广义部分子分布函数是部分子的 Winger 分布在横向动量和纵向位置积分之后的结果，因此 GPDs 包含了核子中夸克/胶子横向位置和纵向动量的关联，并且在大能量转移（能量转移用 Q^2 表示）范围可以由深度虚康普顿散射（deep virtual Compton scattering，DVCS）和深度虚介子产生（deep virtual meson production，DVMP）实验直接探测。电子与核子中的一个部分子通过交换一个虚光子发生相互作用，如果这个部分子辐射出一个真正的光子，那么这一过程就是 DVCS；如果这个部分子强子化为一个介子，那么这一过程就是 DVMP。它们提供了在横向坐标和纵向动量空间探索核子完整三维结构的方法，因此可以提供核子的空间成像。图 11 - 3 是深度虚康普顿散射和深度虚介子产生的示意图。(b)图中上部分的实心椭圆代表介子波函数[5]。

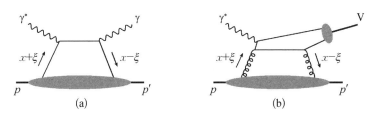

图 11 - 3　电子与部分子相互作用示意图

(a) 深度虚康普顿散射；(b) 深度虚介子产生

注：$x+\xi$ 与 $x-\xi$ 分别代表散射前后部分子相对于质子平均动量的纵向动量分数；V 代表矢量介子；γ^* 与 γ 代表光子；p 与 p' 为散射前后部分子的动量。

横向动量依赖分布函数是部分子的 Winger 分布在空间位置积分之后的结果，包含了夸克/胶子在核子内的内禀运动及夸克的横动量和夸克/核子自旋之间的关联。TMDs 可以提供核子的动量成像，是 GPDs 的空间成像的极大互补。TMDs 可以通过半单举深度非弹散射（semi-inclusive deep inelastic scattering，SIDIS）实验测量。接下来我们具体展开介绍空间及动量成像。

11.1.1　广义部分子分布函数

过去我们对核子结构的知识集中在空间密度（形状因子）和纵向动量密度（部分子分布）这两方面，GPDs 革新了描述核子结构的方法。GPDs 引入了核子对散射过程反应的统一描述，它描述了夸克的空间分布与纵向动量分数的关联,也就是核子的空间形状如何随探测的夸克的波长而变化。对于每一种味道的组分夸克,人们现在意识到 DVCS 和 DVMP 是提供核子空间成像观测量的最有力的工具。

可以通过 ep→epγ 反应来测量 DVCS,并且在以下几方面 DVCS 发挥着特殊的作用:

(1) DVCS 的理论描述是先进的,它的辐射修正可以达到 α_s^2 阶[6],在大能量转移极限下,可以实现 $1/Q$ 修正,由于有限靶质量和非零不变动量转移,甚至实现了 $1/Q^2$ 阶修正。

(2) 有大量的角度和极化观测量,它们可以用分解定理计算,从而约束 GPDs。

(3) 被 $1/Q$ 抑制的几个贡献项可以从适当的可观测量中提取出来,并且可以用 twist-three 分布来计算,这些分布与在高横向动量下的半单举过程中可探测的量密切相关。

(4) 康普顿散射与可在 QED 中计算的 Bethe‐Heitler 过程相关。这可使人们提取到康普顿散射幅度的复杂相位,从而提供更多关于 GPD 的详细信息。

并且,作为空间-动量关联的一个直接结果,可以获取夸克的轨道角动量对核子自旋的贡献[7]:

$$J^q = \frac{1}{2}\int_{-1}^{+1} x\mathrm{d}x[H^q(x,\xi,t)+E^q(x,\xi,t)] = \Delta\Sigma^q/2 + L^q \quad (11-1)$$

式中,$H^q(x,\xi,t)$ 和 $E^q(x,\xi,t)$ 代表两类部分子的广义部分子分布函数,$H^q(x,\xi,t)$ 针对螺旋度在散射前后不变的部分子,$E^q(x,\xi,t)$ 针对螺旋度在散射前后翻转的部分子;$\Delta\Sigma^q$ 是核子中测得的夸克的总自旋;J^q 是夸克携带的总角动量;L^q 是夸克的轨道角动量。

人们在 HERA 对撞机上进行了低动量分数的部分子的成像测量,其中实验 H1 和 ZEUS 测量了高达 28 GeV 的电子或正电子与 920 GeV 非极化质子散射的 DVCS 和独占矢量介子的产生。关于胶子空间分布的最精确信息来自 J/ψ 的光产生(在所有相关末态中具有最小统计误差),DVCS 为我们提供了第一个有关海夸克在动量分数 x 约为 10^{-3} 的信息。这些测量提供了小动量分数胶子、小动量分数夸克及价夸克空间分布存在差异的证据。对于胶子,它们的平均碰撞参数也表现出对动量分数的弱依赖性。对于积分亮度为 500 pb^{-1} 的 HERA 实验,许多关于成像的结果受到统计误差的限制,留下了许多尚需解决的重要问题,特别是关于海夸克和碰撞参数分布对能量转移的依赖性问题。

对于在中度至大动量分数区间,目前世界上包括美国杰斐逊国家实验室的 6 GeV 电子束及 HERMES 的 28 GeV 电子和正电子束固定靶实验都进行

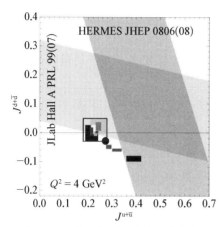

图 11 - 4　基于模型给出的 u 夸克和 d 夸克的总角动量限制范围[4]

了一些开创性研究,它们都给出了初始的可与模型相比较的核子 GPDs 的先驱性探索。这些实验证实了角度和极化的不对称性可以通过 DVCS 测量,并且可以根据 GPDs 解释。实验测到了较大的不对称性,在 10% ～ 20% 范围。图 11 - 4 是 DVCS 实验给出的 u、d 夸克总角动量的范围,以及基于格点 QCD 理论和 QCD 理论的一些模型计算结果。两条交叉带分别来自杰斐逊国家实验室的非极化中子靶 DVCS 实验和 HERMES 横向极化质子靶的 DVCS 实

验。小方块表示一些基于格点 QCD 理论和夸克模型计算的结果[4]。目前的测量大多数都处于相当小的能量转移 Q^2 或具有相当大的统计不确定性,这严

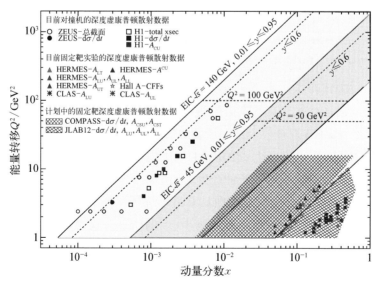

图 11 - 5　现有的及计划中的 DVCS 测量的动量分数、能量转移区间概览[5]

重限制了提取的 GPDs 的精确度。杰斐逊国家实验室的电子束升级至 12 GeV 以后将会进行部分子的精确成像,其结果将具有非常高的统计精度和足够高的能量转移,由此可探测高动量分数区间的部分子,包括极化效应。计划建造的 EIC 将能实现更高精度及极化部分子从小到中等动量分数区间的成像,在高动量分数区间,EIC 的测量也将补充杰斐逊国家实验室 12 GeV 项目在大能量转移的测量(见图 11 - 5)。

11.1.2　横向动量依赖分布函数

　　在过去的 20 年中,一些先驱实验包括 DESY(HERMES)、CERN (COMPASS)及美国杰斐逊国家实验室利用极化的轻子束流和极化靶(p、D、^3He)的半单举深度非弹散射(SIDIS)实验,人们努力探索了夸克的横向运动及其与夸克的自旋或核子的自旋之间的关联。在这些实验中,一个领头的高动量强子和散射的轻子同时被测量到。人们很快意识到 SIDIS 实验测量中就包含了 TMDs 的信息。图 11 - 6 是 SIDIS 过程强子产生示意图。TMDs 是部分子的内禀纵向动量分数 x_B 和横动量 k_T 的函数,获取核子

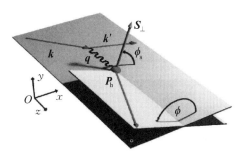

图 11 - 6　在靶静止系中,深度非弹散射的半单举强子产生过程(e+ N→e′+h+X)

中部分子的横动量信息可以帮助理解核子中夸克和胶子的轨道运动、自旋及核子自旋之间的关系,因此可以提供一个独特的视角来深入理解核子的内部动力学。

　　在领头阶扭度下,SIDIS 截面普遍表述为关于初始夸克的横向动量分布函数(TMDs)、基础的光子-夸克散射截面及描述夸克强子化的碎裂函数[8-11]。由散射的夸克碎裂而成的强子保存了夸克初始横向运动的记忆,因此可以展示核子中夸克横向动量依赖性。

　　在领头阶扭度下有 8 个独立的 TMD 夸克分布函数[11](见图 11 - 7),它们会提供一个三维的核子内部结构的图像,每一个分布函数可以分别通过测量截面对方位角 ϕ_h 和 ϕ_s 的依赖性得到,其中 ϕ_h 是轻子平面与强子生成平面的夹角,ϕ_s 是轻子平面和靶横向极化矢量方向的夹角[12]。在这 8 个分布函数中只有 3 个普通的分布函数,一个是没有极化的普通分布函数,另两个是螺旋性分布函数

和横向性分布函数,分别反映了在纵向/横向极化的核子中夸克纵向/横向极化的情况。另外 5 个 TMD 函数是测量自旋轨道关联,能提供夸克轨道角动量的独有信息,起源于夸克横向动量和夸克自旋或者核子自旋之间的关联,在无夸克轨道运动的情况下,这 5 个 TMD 函数为零。每一个 TMD 夸克分布函数探索极化或非极化核子内部夸克的一个独特特征。例如,Sivers 函数提供了横向极化质子内非极化部分子的数密度,而 Boer – Mulders 函数[9]给出了非极化质子内部横向极化夸克的数密度。虽然我们已经获得了关于共线 PDFs 和螺旋度分布的大量信息,但是我们对核子内部夸克与胶子的横向运动还知之甚少。研究者在杰斐逊国家实验室的 SIDIS 实验中测量了 π 介子多重性和双自旋不对称性的横动量依赖关系[13-14],结果表明横向动量分布可能取决于夸克的极化,也可能取决于它们的味道。不同的模型[15-17]和格点 QCD[18]计算了 TMDs 的横动量依赖性,结果表明横向动量分布对夸克极化和味道的依赖性可能是非常显著的。

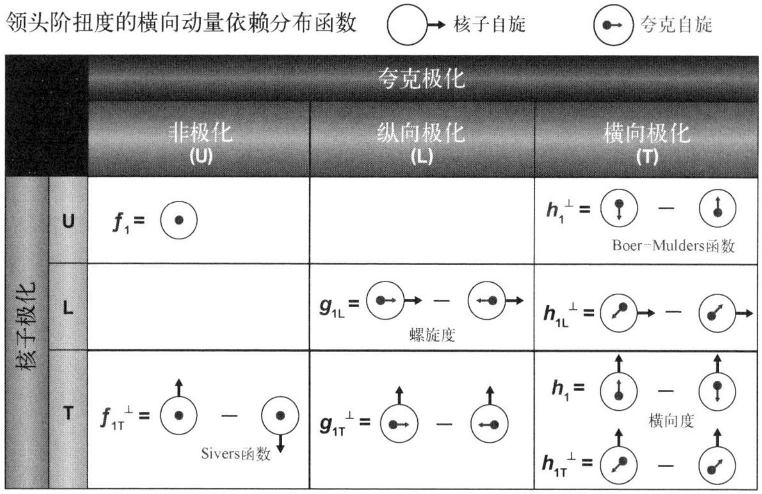

领头阶扭度的横向动量依赖分布函数　　核子自旋　　夸克自旋

		夸克极化		
		非极化 (U)	纵向极化 (L)	横向极化 (T)
核子极化	U	$f_1 =$		$h_1^{\perp} =$ Boer−Mulders 函数
	L		$g_{1L} =$ 螺旋度	$h_{1L}^{\perp} =$
	T	$f_{1T}^{\perp} =$ Sivers 函数	$g_{1T}^{\perp} =$	$h_1 =$ 横向度　　$h_{1T}^{\perp} =$

图 11 - 7　在领头阶扭度下,根据夸克(f、g、h)和核子(U、L、T)的极化分类的 8 个独立的 TMD 夸克分布函数(对于胶子有相似分类的 TMDs)[5]

目前我们对 TMD 的认识还不多,大多信息只局限在非极化的 TMD Sivers 函数,我们需要更多的高统计的精确观测值来提取不依赖于模型的 TMDs。世界上一系列的实验设施,包括 CERN 的 COMPASS、杰斐逊国家实验室升级到 12 GeV 的 CEBAF、布鲁克海文国家实验室的 RHIC、KEK 的 Belle,特别是计划中的电子强子对撞机(EIC)将在确定这些 TMD 部分子分布方面起到至关重要的作用。

11.2　核介质效应

原子核是由核子组成的,核子又是由夸克和胶子组成的束缚态。核子与核子的结合必然对这些限制在核子中的夸克和胶子非常敏感,并且影响它们在被束缚核子中的分布。

11.2.1　核屏蔽效应

核子中的夸克和胶子是否局限在单个核子内? 还是核环境对其分布有显著影响? 欧洲核子研究中心的 EMC 实验(European Muon Collaboration, EMC)[19]和随后 20 年的相关实验清楚地表明,在快速移动的原子核中夸克的动量分布不是它们在核子内的分布的简单叠加。相反,测量的核与核子结构函数之比如下:

$$R_2(x, Q^2) = \frac{F_2^{A}(x, Q^2)}{AF_2^{p}(x, Q^2)}$$

$$R_L(x, Q^2) = \frac{F_L^{A}(x, Q^2)}{AF_L^{p}(x, Q^2)} \tag{11-2}$$

显著地偏离 1,并且随着动量分数 x 的降低而被压低,如图 11-8 所示,数据来自 $Q^2 > 1\ \mathrm{GeV}^2$ 范围的固定靶 DIS 实验及 EPS09[20] 的 QCD 全局拟合,图中

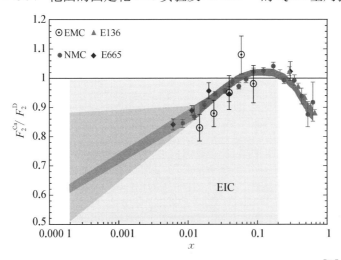

图 11-8　核与核子结构函数之比 R_2 与 Bjorken 变量 x 的关系[20]

还显示了将来计划建造的 EIC 预计能覆盖的动力学区间。在 x 为 0.01 附近观察到压低,通常认为是核屏蔽效应,它比核内核子的费米运动所能解释的要强得多,这种效应称为 EMC 效应。这一发现激发了全世界的研究力量,从实验和理论上研究夸克和胶子的性质及其在核环境中的动力学。EMC 效应是一个多种因素构成的复杂现象,至今还没有一个公认的 EMC 效应理论,尽管在实验和理论方面全世界都在努力,但 EMC 效应的起源仍不清楚,人们期望在广泛的核中测量 EMC 效应,以帮助解开这个谜团。随着 EMC 效应的解释,我们可以获得比较正确的核胶子分布函数,从而促进对夸克-胶子等离子体的研究。

11.2.2 电子原子核散射

单举电子散射 A(e, e′) 是研究原子核的有力工具,通过选择特定的运动学条件,特别是选择四动量和能量转移 ν 和 Q^2,可以集中研究核的不同方面。弹性散射已用于测量核电荷分布,在高 Q^2 和 $x_B \leqslant 0.7$($x_B = Q^2/2m\nu$,其中 m 是核子质量)范围的深度非弹散射对应于来自单个夸克的散射($x_B = 1$ 对应来自自由质子的弹性散射;内禀纵向动量分数 $x_B = 2$ 对应来自自由氘核的散射)。准弹性散射对应来自单个束缚核子的散射。在大 x_B($x_B > 1.5$)范围,准弹性散射对原子核中的高动量核子和核子-核子短程关联(short range correlation,SRC)比较敏感。人们发现在深度非弹和准弹性散射过程中,原子核中的散射截面相对于氘核都发生了修正,图 11-9 显示了在很宽的内禀纵向动量分数范围和不同原子核条件下原子核与氘核(每核子)散射截面的比率。

核子通过短程相互作用获得高动量,而不受核平均场的影响。因此,对于

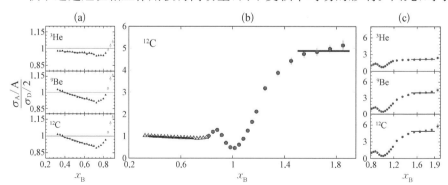

图 11-9 不同原子核相对于氘核(每核子)的电子散射横截面比率

(a) $0.2 < x_B < 0.9$ 区间的比率[21];(b) ^{12}C 在 $0.3 < x_B < 2$ 区间的比率[21-22];(c) $0.8 < x_B < 1.8$ 区间的比率[22]

费米海以上的动量,动量分布的形状应该是统一的,这可以通过在 $x_B > 1.5$ 处观察到的平台(截面比率稳定的区域)来显示[见图 11‑9(c)]。在这些平台上的比值 $a_2(A/d)$ 与找到属于短程关联对的核子的概率密切相关。

美国杰斐逊国家实验室的 12 GeV CEBAF 实验将研究氘核以更好地理解最简单的核系统。其他一些实验会将上述 SRC 研究扩展到更大范围的 x_B、动量转移和核种类(包括 ^{3}H 和 ^{3}He),以研究具有更高核子动量的两个和三个核子关联(包括它们的同位旋)。来自 $x_B > 1$ 测量的最高 Q^2 数据将探测核中超快夸克的分布,将会大大延伸我们对短距离核子的认识。

11.2.3 强子化过程

在布鲁克海文国家实验室的相对论重离子对撞机(RHIC)上的重离子碰撞实验中发现了夸克–胶子等离子体(QGP),使得有可能在实验室研究在极端高温高密环境下的夸克–胶子的性质。RHIC 及之后运行的大型强子对撞机(LHC)在解释 QGP 的产生及性质方面取得了巨大的成果,然而,对于夸克的能量损失机制还有很多不明确的地方,新的、干净的及独立的关于能量损失机制的测量是必需的。

由于强子中的色禁闭效应,独立的夸克在实验上是无法获得的。然而,在深度非弹性散射中电子撞击到夸克时,夸克可能会从其母体核子中被击出。随着夸克在核介质中的传播,它将与原子核相互作用,之后形成穿出核介质的最终的强子。通过改变传递到被撞击的夸克的能量和动量,我们可以改变夸克形成强子(强子化)的距离。另外,选择不同的靶核可以改变夸克在核中所穿过的距离。e+A 碰撞中的半单举 DIS 提供了一个已知和稳定的核物质("冷 QCD 物质"),具有可控的硬散射动力学及已知特性的末态粒子。高能碰撞中产生的夸克(或胶子)的颜色必须变成中性,这样它才能转化为强子。生成的夸克(或胶子)颜色变中性的时间取决于它产生时的动量和虚度。该过程可以发生在核介质内、核介质外或中间的某处,如

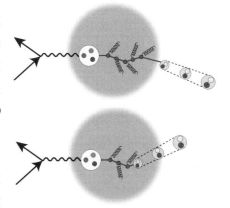

图 11‑10 部分子通过冷核物质的相互作用示意图(上图为生成的强子在原子核外形成,下图为生成的强子在原子核内形成)

图 11 - 10[23-24]所示。冷 QCD 物质通过与生成的夸克(或胶子)进行可控的相互作用,可视为强子化过程的飞秒尺度探测器。研究被击中的部分子如何在冷核物质中传播并演变为强子,可以在理解核介质对带色的快速运动夸克(重夸克或轻夸克)响应方面提供至关重要的信息。强子化是强相互作用的基本理论,是 QCD 不能微扰计算的难题。杰斐逊国家实验室的 12 GeV 实验将测量强子的产生如何随着运动学和核尺寸变化,由此了解强子的色场是如何恢复的。对于从较大原子核碰撞产生的强子的横向动量分布,预计传播的夸克会经历多次软散射。这会导致由介质引起的能量损失,并且应该可以测量到展宽的横动量分布,且会表现出奇特相干现象。这将是区分夸克/颜色相互作用与纯强子相互作用的明确方法。对于由胶子发射导致的色场恢复,夸克-胶子关联和夸克能量损失能够提供对 QCD 性质和禁闭的基本解释,更进一步,这些是理解相对论核-核(AA)和质子-核(pA)碰撞的基本要素。

11.2.4 宇称破缺和中子皮

电子核散射的标志性应用是核电荷密度的测定,核电荷密度主要是由质子决定的。另一方面,我们对中子密度的了解还远远不够精确,因为它主要由涉及非微扰强相互作用的强子散射实验来测定。然而,中子的弱荷远远大于质子,这意味着在极化电子的弹性散射中测量宇称破缺不对称性,A_{PV} 能够提供一个模型独立的中子密度探针,其没有大部分强相互作用的不确定性。在杰斐逊国家实验室的 CEBAF 实验的 Hall A 中第一次使用^{208}Pb 靶进行了测量[25],测量结果对应于中子与质子分布半径之差约为 0.3 fm(见图 11 - 11)。

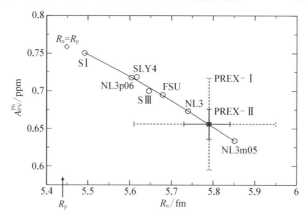

注:SⅠ、NL3p06、SLY4、SⅢ、FSU、NL3、NL3m05 代表不同的核子有效相互作用参数;PREX(Pb radius experiment)指铅半径实验;纵坐标的 ppm 表示百万分之一。

图 11 - 11 ^{208}Pb 中子半径与宇称破缺不对称性的关系[25]

虚线误差显示当前结果,实心误差线显示 CEBAF 12 GeV 实验的预期结果[26]。菱形图标表示中子和质子半径相同时的结果,空心圆圈显示不同模型的结果。这是对重的且富含中子的核的中子的第一次电弱观测。杰斐逊国家实验室 12 GeV 升级实验应该可以显著减少 ^{208}Pb 的不确定性[26],并且可以对 ^{48}Ca 进行可比较的测量。

11.3　核子谱学

在近代物理发展史上,强子谱学研究是人们探索物质微观世界的有力工具。比如,在 20 世纪中期,物理学家通过深入原子内部对原子核谱深入研究,成功提取出了壳模型和集体运动模型;从重子谱学的细致研究中发现的色自由度及味对称性也是从强子谱中首次发现的。随着加速器技术的发展,人们期待针对物质更深层次微观结构的强子谱开展研究并取得重要突破。

原子核和强子结构都是由强相互作用决定的,量子色动力学(QCD)是描述强相互作用的基本理论。由于 QCD 具有非阿贝尔低能非微扰特性,人们很难从 QCD 基本拉氏量出发直接推导出强子的性质和结构。由于解析求解 QCD 的困难,人们对禁闭区非微扰 QCD 的了解还很贫乏。我们现在对强子物理的认识在很大程度上基于唯象模型,具体来说就是组分夸克模型,介子和重子可以很好地由其组分夸克——价夸克来描述。夸克模型描述介子由夸克-反夸克对组成,重子由三个夸克组成。QCD 强相互作用理论还预言存在超出这些简单结构的更加复杂的强子,这些强子具有明确的胶子自由度。比如,完全没有组分夸克而纯粹由胶子组成的胶子球、同时具有组分夸克和激发胶子自由度的混合态及超出传统夸克模型的多夸克强子态等。

为了能够解释新共振态的性质,需要有一个模板,将观察到的状态与理论预测进行比较。夸克模型提供了对强子性质的最完整描述,可能是最成功的强子结构唯象模型。要将其作为寻找新物理学的模板,可将夸克模型与已知强子态进行比较。

在描述观测到的介子谱的总体特征时,人们首先注意到 π 介子的相对质量差,这表明轻夸克中的上夸克和下夸克存在近似手征对称性的自发破缺。相同的非微扰物理被认为会导致这些非常轻的夸克在几百个兆电子伏特区域中变成准粒子"组分"夸克。介子态的实验自旋和宇称分布及同位旋或奇异性超过 1 的介子态的缺乏,表明介子可以简单地用组分夸克和反夸克来描述。

自旋 1/2 的夸克和反夸克之间的耦合,可使它们之间的轨道角动量明确预测到介子状态的自旋和宇称量子数。在几乎所有允许的条件下,实验上已经观察到候选态 $J^{PC}=0^{-+},0^{++},1^{--},1^{+-},1^{++},2^{--},2^{-+},2^{++},\cdots$(见图 11-12)。图中系统误差的垂直高度表示每种状态的强子衰变宽度。最右边一栏是有争议的奇特强子候选态 $\pi_1(1\,600)$。

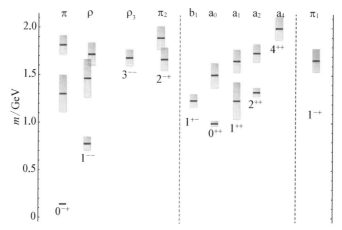

图 11-12 粒子数据组(Particle Data Group)[27] 总结的同位旋矢量介子的实验谱

在确定强子谱中,胶子场的作用已经部分显示出来,但这不是胶子场在强子谱中的唯一作用。作为一个强耦合系统,胶子场应该有自己的激发光谱,从而表现为超出上述 $q\bar{q}$ 结构的状态。即使在不含夸克的理论中,也会存在纯粹由胶子组成的束缚状态,即"胶子球"。随着夸克的出现,胶子球的基态可以与具有相同宇称的同位旋标量 $q\bar{q}$ 态强烈混合,从而阻碍从实验介子谱中提取有关胶子球的清晰信息。如果一个激发的胶子场与 $q\bar{q}$ 对耦合,这种类型的状态称为混合介子。如果胶子场激发具有除 0^{++} 之外的量子数,那么就可能生成仅仅由 $q\bar{q}$ 不能达到的介子宇称,比如 $J^{PC}=0^{+-},0^{--},1^{-+},2^{+-}$。这些就是奇特宇称,观测到具有这些量子数的粒子态就称为"smoking gun"信号,其超越了简单的 $q\bar{q}$ 图像,在强子谱的胶子激发中具有非常重要的作用。

除了奇特混合态(exotic hybrids),人们还预计存在具有非奇特自旋-宇称量子数的混合介子。如果我们能够区分这些态,那么就能更深入理解胶子激发的性质。近年采用格点 QCD 方法的一些理论工作[28-30]已经确定了最低位置的同位旋矢量混合介子(见图 11-13),比 ρ 介子大约高 1.3 GeV 能量范围

的非奇特 $J^{PC}=0^{-+},1^{--},2^{-+}$ 态伴随最轻的奇特 1^{-+} 态。对这种光谱的一种解释是由最低能量的胶子激发提供的,也观察到更重的奇特态 0^{+-}、2^{+-},除了同样的胶子激发,也与夸克轨道激发有关。也有观点认为,相同的胶子激发在确定混合重子谱中也起主导作用[31]。图 11-13 所示的光谱是由假定轻夸克质量大于它们的真实物理质量计算得到的,但是混合谱定性特征不随轻夸克的质量而改变,这一点可由图 11-13 中的插图看出。J. J. Dudek 对同位旋标量介子的格点计算[30]估计了(u、d、s)夸克味组成(见图 11-14),由此提出了一个问题:为什么一些态比如 ω 和 φ 理想地混合了夸克味($u\bar{u}+d\bar{d}+s\bar{s}$),

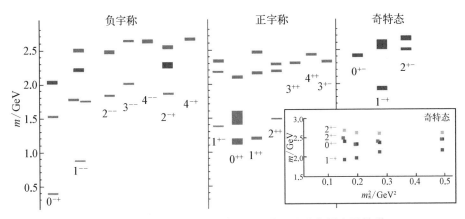

图 11-13　从格点 QCD 计算中提取的同位旋矢量介子的谱

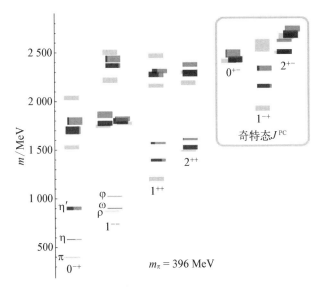

图 11-14　从格点 QCD 计算中提取的同位旋标量介子的部分谱

而另一些态比如 η 和 η' 则是完全不同的混合。随着高能实验数据的大量积累,研究者发现了大量新的强子共振态,将会极大地推动这一领域的进展。

重子谱学的基本要素是质子的基态特性:质量、自旋、磁矩、电荷半径。现代物理学实验的主要目标是完全确定激发态的光谱,确定光谱中可能的新对称性,并且阐明由三个夸克组成的重子态的微观结构。传统的势夸克模型在描述基态重子结构及其性质方面取得了成功,但是这一模型不能用于完整描述激发态的重子谱。随着更多、更精确的实验数据的累积,简单的三夸克组分自由度已经不能有效地描述实验观测量,人们由此预言了一些新重子态,包括介子束缚态、$qqq\bar{q}$ 四夸克态、双重子态及 $qqqq\bar{q}$ 五夸克态等。所有这些非标准强子都存在候选态,测试这些非标准强子态的理论和模型对发展核与核物质的可靠描述是非常重要的。

11.4　质子半径测量

质子是宇宙中可见物质的基本组成部分,现代物理学认为质子是由三个夸克及胶子组成的圆球,质子的半径不等于零,确定质子的均方根电荷半径这一基本物理量具有十分重要的意义。准确认识质子半径对其他一些基本常量的精确测定也十分重要,比如里德伯常数(Rydberg constant, R_∞);为了精确计算氢原子的能级和跃迁能(如兰姆位移),也需要质子半径的值。

质子半径的测量方法主要有两种,一种是通过电子与质子的弹性散射(e-p→e-p)来测量,另一种是利用兰姆位移的氢原子光谱学实验方法来测量。电子质子弹性散射测量方法是用电子束来撞击原子,通过测量这些散射电子的出射角度及能量来确定质子半径,入射电子通过一个虚(瞬变)光子的交换将能量传递给目标质子,这种测量方式与"形状因子"这一物理概念密切相关,形状因子表示电荷在动量空间的分布,在散射过程中,当传递电子与质子相互作用的虚光子质量趋近于 0 时,形状因子这条曲线的斜率正比于质子的半径。所以,只要通过实验测出形状因子,就可以得到质子的半径。为了确定质子电荷分布的全部范围,原则上应该使用无限波长的光子(传递零能量),但在这种情况下根本不会发生散射。因此,实验的目的是实现最低可能的能量转移,然后外推到零。这种外推依赖于实验数据的参数化,是精确确定质子半径的主要挑战之一。兰姆位移是指真空电磁场影响下氢原子光谱的精细结构,根据量子力学,如果电子处于无旋转状态(S 状态),则在质子内部发现电子的概率是非零的。因此当电子穿越质子内部时,质子的电荷对电子的影响比在其他情况下要小,质子的大小会影响兰姆位移(也就是原子的能谱)。原子物理学家通过测量兰姆位移再结合精确的量子场论微扰计算,成为确定质子半径的另一种方法。

通过这两种实验测量方法,物理学界曾经一度得到了一致的结论,这两种方法测量得到的质子半径都在 0.876 8 fm 左右,但是到了 2010 年,分歧出现了。在光谱学质子半径测量实验中,研究人员用 μ 子替代了电子。μ 子性质与电子相近,但质量是电子的 200 倍,因此在 μ 氢原子的质子中发现 μ 子的概率比在普通氢原子中发现 μ 子的概率要高得多,它们在质子中停留的时间更久,因而能级受质子大小的影响更显著。因此 μ 氢原子是测量质子半径的高度敏感的探针。通过测量 μ 氢原子能级之间的差异,研究人员获得了质子电荷半径前所未有的精度,估计的不确定度小于 0.1%,并且测得的质子半径小于所有先前实验得出的平均值,从而引发了"质子电荷半径之谜"的争论。更多的光谱学实验进一步印证了偏小的质子半径[32]。在 2019 年发表于 *Science* 的一项研究成果中,加拿大约克大学的 Bezginov 和他的同事在改进了实验设备后,用普通电子的兰姆位移测得的质子半径,也只有 0.833 fm[33]。随后,在一项发表于 *Nature* 的最新研究成果中,这两种测量方法的结论似乎终于达成了一致[34]。美国杰斐逊国家实验室的 Xiong 和他的同事改进了 e-p 散射测量质子半径的方法,测得的质子半径为 (0.831±0.014) fm。Bezginov 和 Xiong 他们两个团队独立测量的质子半径一致,并且与 μ 氢原子实验高精度的结果一致,氢原子具有与 2010 年之前结果相比更小的电荷半径,最新的质子半径测量结果如图 11-15 所示。至此,两种方法测量质子半径的分歧得以

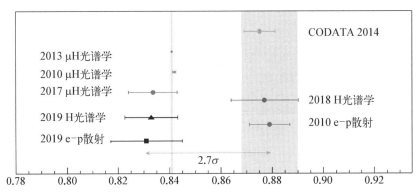

CODATA2014 全称是 Committee on Data for Science and Technology,科学技术数据委员会 2014 推荐数据。

图 11-15　质子电荷半径[32,34-36]

解决。但要最终解决质子半径之谜,我们还需要理解为什么最新的结果与以前的氢谱仪和电子-质子散射实验的数据之间存在差异。

接下来,我们以杰斐逊国家实验室 PRad 合作组的电子-质子散射实验为例,具体了解一下这一方法做了哪些改进以测得质子电荷半径。PRad 合作组的实验与之前的电子质子散射实验相比,他们的实验设计为不使用磁谱仪,而是基于量热计的方法。PRad 实验的设计比以往的电子质子散射实验有三大改进。首先,使用的混合电磁量能器(HyCal)具有较大的角接收度,在 $0.7°\sim7.0°$ 范围内,因此可以覆盖较大的能量转移区间,之前采用磁谱仪的实验时,为了覆盖所需要的能量转移区间,需要将磁谱仪摆放在许多不同的角度,而现在固定位置的 HyCal 可以消除很多之前基于磁谱仪实验的规范化参数。此外,PRad 实验能够达到非常前向的散射角,低至 $0.7°$,达到能量转移值为 $2.1\times10^{-4}\ \mathrm{GeV^2/c^2}$,这是目前从电子质子散射实验中获得的最低的能量转移值,比之前的结果低 1 个数量级[37],而达到较低范围的能量转移值对质子半径的提取至关重要。其次,提取的电子质子散射截面被标准化为著名的量子电动过程 e-e-→e-e-,该过程与电子质子散射同时测量,使用相同的探测器接收度,导致测量电子质子散射横截面的系统不确定性大大降低。最后,在 PRad 实验中,靶窗口产生的背景信号被高度抑制,而这一背景信号是所有先前电子质子散射实验中系统不确定性的主要来源之一。图 11 - 16 是 PRad 实验的布局图[34]。

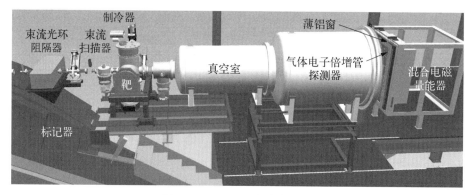

图 11 - 16　PRad 实验布局图

PRad 实验装置由四个主要元件组成。① 一个 4 cm 长的无窗冷氢流动靶,其面密度为每平方厘米 2×10^{18} 个原子,消除了来自靶窗的束流背景信号。② 高分辨率、大容量混合式电磁量能器(HyCal),HyCal 用来测量被测电子的能量和位置,HyCal 对前向散射角的全方位覆盖使得我们能够从 e - e 散射中同时检测电子对。③ 两个位于 HyCal 前面的高分辨率 X - Y 气体电子倍增管(GEM)坐标探测器,GEM 探测器测量横向(X - Y)位置。④ 两段真空室,从目标到探测器的距离为 5.5 m。

PRad 实验利用杰斐逊国家实验室的 CEBAF 加速器产生的 1.1 GeV 和 2.2 GeV 电子束撞击冷氢原子,穿过真空后的散射电子在 GEM 探测器和 HyCal 中检测到,其中包括弹性 e - p 散射和 e - e Møller 散射中的电子。GEM 探测器测量的横向(X - Y)位置用于计算每个事件的能量转移值。通过选择适当的 HyCal 中沉积的能量和重构角度可以获得 e - p 和 e - e 产额,通过对 PRad 实验的蒙特卡罗模拟,从产额中提取出了次领头阶的 e - p 散射截面。通过比较模拟和测量的 e - p 产额及模拟和测量的 e - e Møller 散射产额,可以得到 e - p 散射截面,利用 Rosenbluth 公式和 G_M^p 的参数化从 e - p 截面中提取 G_E^p 值。质子电荷半径通过用 Rational(1,1)函数形式来拟合提取出的 $G_E^p(Q^2)$ 并外推到 $Q^2 = 0$ 得到。Rational(1,1)函数形式被证明是从 PRad 数据中提取半径的最稳健函数,给出了与最小不确定性一致的结果。PRad 实验证明了基于 HyCal 的 e - p 实验测定 r_p 的明显优势。

11.5　超出标准模型

尽管标准模型被认为是粒子物理最成功的理论,但其作为基本相互作用的理论是不完整的,标准模型并不完美。它可能是一个更大的理论的一部分,新的粒子和相互作用有望解决许多突出的概念性问题,包括质量起源问题、中微子振荡问题、物质-反物质不对称及暗物质和暗能量的本质等问题。新物理可以通过杰斐逊国家实验室的低能实验及来自 LHC 的高能实验来揭示。LHC 具备直接产生超出标准模型的新粒子的能力,此外,与高能对撞机相对应,还可以通过精确测量标准模型预测的相互作用来寻找新物理[38-39]。尽管不直接产生新粒子,任何偏离标准模型预测的实验观测值都可以提供新物理的信号。在这个低能量区间,杰斐逊国家实验室做了大量的探索,并且,杰斐逊国家实验室将继续推行精密电弱测量和敏感重光子搜索计划,这些计划具有发现和阐明新物理学的巨大潜力。

电子散射对宇称破缺的主要贡献来自弱中性流和电磁振幅的干涉。实验上研究电子散射宇称破缺通常利用纵向极化的电子束流轰击非极化靶,测量不对称性 A_{PV}:

$$A_{PV} = \frac{d\sigma_R - d\sigma_L}{d\sigma_R + d\sigma_L} \qquad (11-3)$$

式中,$d\sigma_L$ 和 $d\sigma_R$ 分别为左手和右手螺旋度电子的微分截面。

对于低能量转移,人们普遍认为非对称性非常小,量级为百万分之一,因此精确的测量特别具有挑战性。一个基本的实验难题是在螺旋反转下控制束流性质,以减少束流涨落引起的系统误差(如轻微的位置或角度偏移)。杰斐逊实验室的 CEBAF 在电子散射宇称破缺方面进行了大量的探索。在过去的 15 年中,实验探测技术取得了长足的发展,包括极化量度的大幅提升,精确的束流稳定性和纵向束流极化的校准的提高。随着最终实现 A_{PV} 测量的精度达到十亿分之一,现在已经有可能探索电弱相互作用的标准模型的扩展。之后计划建造的 EIC 具有更高的质心系能量和亮度,以及能够碰撞极化的电子和强子束流,将在超出标准模型的新物理领域做出更多探索。

在标准模型中,费米子与 Z^0 玻色子的矢量和轴矢量耦合可以精确被预测。矢量耦合是弱混合角 θ_W(weak mixing angle θ_W)的函数。$e^+ e^-$ 对撞实验实现了在 Z 玻色子质量尺度下 θ_W 的最精确测定。其中最精确的两组实验测量值相差约 3σ(误差范围内分别为 $0.000\,29$ 和 $0.000\,26$)。费米子的辐射修正预言这个耦合参数是"跑动"的,在能量转移 $Q^2 = 0$ 时,$\sin^2\theta_W = 0.238\,8$。图 11-17 是标准模型预言的 $\sin^2\theta_W$ 与能量尺度 μ 的关系。图中画出了一类"跑动"的费曼图,图中圆点代表已经发表的测量结果[40],五角星的点是目前及

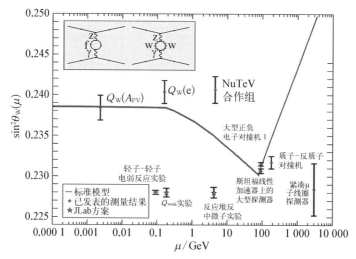

图 11-17　标准模型预言的 $\sin^2\theta_W$ 与能量尺度 μ 的函数关系

计划的杰斐逊实验室能取得的结果。其中显示了在 Z 玻色子质量以下的 3 个最精确的实验测量值：^{133}Cs 原子的 $6s \rightarrow 7s$ 跃迁的宇称破缺[41]、费米实验室 NuTeV 的中微子深度非弹散射截面[38] 及 SLAC E158 实验的电子-电子 (Møller)散射测量的 A_{PV}[39]。

随着中微子振荡的发现，我们现在知道，在基本相互作用中，轻子味不是一个守恒量。那么在带电轻子相互作用中能否观察到轻子味不守恒呢？另外，中微子具有质量导致了中微子是否是它们自己的反粒子(Majorana 中微子)这一问题，这可能对宇宙中物质-反物质不对称的起源产生深远影响。关于早期宇宙一些特定的新理论可以预测 Majorana 中微子及带电轻子味破缺 (CLFV)的观测率。因此，CLFV 是研究早期宇宙动力学和最小尺度物理学的最敏感的低能探针之一，是对大型强子对撞机在高能区域寻找新物理的重要补充。在轻子-强子散射实验中，人们可以探索电子转变为 μ 或 τ 轻子，或者 μ 转变为 τ 轻子。在固定靶实验中，由于背景信号较大，无法观察到信号，唯一成功探索 $e \rightarrow \tau$ 转变是 HERA 电子-强子对撞机的 ZEUS 和 H1 实验。在对撞机环境下，稀有信号事件的事件拓扑可以与传统的电弱深度非弹性散射(DIS)事件区分开来。计划建造的 EIC 将会有更高的能量和亮度，会对 CLFV 过程进行更深入的探索。图 11-18 列出了可能在 EIC 中观察到的 CLFV 转换的费曼图。对 CLFV 过程的明确观测将对核物理学、粒子物理学及宇宙学产生深远的意义，未来在利用反应堆中微子和宇宙学观测方面的潜在发现很有可能使得 EIC 中的 CLFV 搜索更加重要。

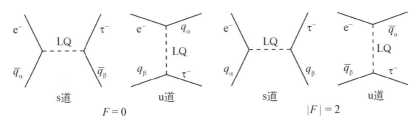

图 11-18　$e \rightarrow \tau$ 散射过程的费曼图[42]

11.6　电子强子散射未来发展方向

QCD 将夸克和胶子的强相互作用归因于它们的"色荷"。与量子电磁相互作用不同，光子是电中性的，而胶子自身却携带色荷。这导致胶子彼此之间存在相互作用,产生核子质量的很大一部分,并将导致一个难以探索的物质区间,其中丰富的胶子主宰其行为。当核子或原子核以接近光速的速度撞击时,这种质量区间变得更加明显,就像在 HERA、RHIC 和 LHC 等碰撞中那样。目前,人们对原子核内胶子的时间和空间分布还知之甚少。在强子谱中胶子的自由度消失,为了研究原子核波函数的胶子结构,需要高能量的探针。尽管高能强子碰撞能够很好地提供胶子性质的信息,但是许多观测量要求胶子参与到领头阶,而强子碰撞中软色相互作用发生在硬散射之前,解释观测数据变得非常困难。因此,要定量地研究胶子性质需要建造新的实验设施:电子离子对撞机(EIC)。电子束流与带电荷的夸克相互作用过程就是我们熟知的深度非弹散射(DIS),核波函数中的胶子部分会修改这一相互作用,因此可以提取胶子的性质。

21 世纪以来,核物理学家开发了一些新的现象学工具,以便能够在非极化和极化的质子或中子内部实现夸克和胶子的层析成像(见 11.1 节)。这些工具将进一步开发并用于 CERN 的 COMPASS 和美国杰斐逊国家实验室升级的 12 GeV CEBAF 中,主要研究核子中的价夸克。应用这些新工具来研究胶子和来自胶子的海夸克,则需要 EIC 的更高能量和极化束流。

自 1970 年以来,人们已经知道胶子必须承载核子动量的 50%,这也是胶子概念的起源。无质量的胶子和几乎无质量的夸克通过它们的相互作用似乎产生超过 98% 的核子质量。人们目前对胶子还不太了解,但怀疑胶子携带一部分核子的自旋。人们目前认为胶子相互作用的残余成分——称为“强相互作用范德瓦耳斯力”,就是控制原子核内部结构的核子-核子力。目前关于胶子分布的认知表明,随着动量分数 x 变得越来越小,胶子分布是发散的(见图 11 - 19)。然而,核子内的胶子密度必须最终饱和,以避免核子-核子相互作用强度的增长,这违反了归一性的基本原则。迄今为止,这种饱和胶子密度体系还没有被清楚地观察到。利用低动量分数和原子核,我们期望通过 EIC 观察到这种效应。当增加电子-核子碰撞的能量时,将逐渐提高探测的胶子密度的区域。通过碰撞电子和重核,许多核子的相干贡献将有效地放大被探测的胶子密度。

应用现有固定靶电子-核子散射实验需要太电子伏特量级的加速器,而用电子-核对撞,则通过吉电子伏特的电子与核对撞就可能观察到胶子密度饱和现象,吉电子伏特的电子与核对撞大大扩大了动量分数 x 与能量转移 Q^2 的运动学区域(见图 11 - 20),并且相对论高速运动的核会发生洛伦兹收缩,核内很

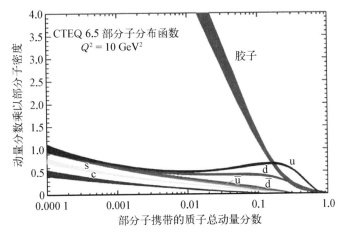

图 11 - 19　部分子分布随动量分数 x 的关系

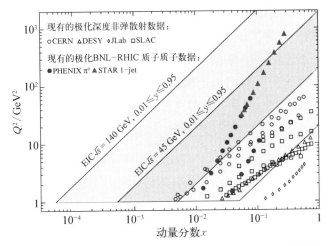

**图 11 - 20　世界上的一些自旋实验及预计可通过 EIC 覆盖的
动量分数与能量转移区域**

多核子的胶子互相重叠会形成高密度胶子靶。

　　目前国际核物理界已基本形成共识:电子-重离子对撞机(EIC)将是研究核子、原子核内部夸克-胶子分布的最有效设备。美国和欧洲都计划建造EIC。EIC 可被视为"超级电子显微镜",它将提供核子内部结构最清楚的图像。EIC 可以提供最有力的工具来精确测量胶子及不同味道的夸克的自旋对质子自旋的贡献,通过碰撞极化的电子束和核子束,可以促进人们对禁闭的胶子及海夸克运动的了解,通过电子束与不同种类的原子核碰撞,可以探测快速运动的原子核中海夸克和胶子的三维结构,并且 EIC 可以在比较广的动量分

数 x 区间定量测量原子核中胶子的分布,可以探测结构函数压低至非常低的 x 区间,达到胶子的饱和区间。EIC 将是高能核物理界研究核子结构的最主要的加速器装置,目前计划建造的 EIC 包括美国布鲁克海文国家实验室(BNL)的 eRHIC,欧洲核子研究中心(CERN)的 LHeC 和德国重离子研究中心(GSI)的 ENC,中国科学院近代物理研究所的 EICC[43]等。EIC 的建造将使人们对物质结构和强相互作用的认识上升到一个崭新的高度,并为超出标准模型物理研究发挥重要作用。

在图 11-20 中,现有的固定靶 DIS 实验的值以数据点显示,在不同的尺度下测量的动量分数范围很宽,并且具有大量的重叠。阴影区域显示了质心系能量分别为 $\sqrt{s}=45\,\mathrm{GeV}$ 和 $\sqrt{s}=140\,\mathrm{GeV}$ 的 EIC 能达到的动量分数 x 和能量转移 Q^2 的范围。

最近几年,随着第四代光源-自由电子激光(XFEL)装置在世界各国逐渐成熟和兴建,基于直线加速器的高能电子和自由电子激光(FEL)的高能量、窄带宽新康普顿伽马光源计划也逐渐提出和设计,进入一个新的发展阶段。上海正在建造的硬 X 射线自由电子激光(SHINE)装置能够提供亚纳米波段波长、飞秒级的超短脉冲、极强的通量和亮度、兆赫兹高重复频率的硬 X 射线和高能相对论电子。建成后提供的 8 GeV 能量的电子可用于开展高能电子散射实验研究。

参考文献

[1] Gross F. Making the case for jefferson lab [J]. Journal of Physics: Conference Series, 299: 012001.

[2] Ji X D. Viewing the proton through "color" filters [J]. Physical Review Letters, 2003, 91: 062001.

[3] Wigner E P. On the quantum correction for thermodynamic equilibrium [J]. Physical Review, 1932, 40: 749.

[4] Dudek J, Ent R, Essig R, et al. Physics opportunities with the 12 GeV upgrade at Jefferson Lab [J]. European Physical Journal A, 2012, 48(12): 187.

[5] Accardi A, Albacete J L, Anselmino M. et al. Electron-Ion Collider: the next QCD frontier [J]. European Physical Journal A, 2016, 52 (9): 268.

[6] Kumericki K, Mueller D, Passek-Kumericki K. Towards a fitting procedure for deeply virtual Compton scattering at next-to-leading order and beyond [J]. Nuclear Physics B, 2008, 794: 244 – 323.

[7] Ji X D. Quark orbital angular momentum and generalized parton distributions [J]. International Journal of Modern Physics A, 2003, 18: 1303 – 1309.

［8］ Mulders P J, Tangerman R D. The complete tree-level result up to order $1/Q$ for polarized deep-inelastic leptoproduction ［J］. Nuclear Physics B, 1996, 461: 197 - 237.

［9］ Boer D, Mulders P. Time-reversal odd distribution functions in leptoproduction ［J］. Physical Review D, 1998, 57: 5780.

［10］ Ji X D, Ma J P, Yuan F. QCD factorization for semi-inclusive deep-inelastic scattering at low transverse momentum ［J］. Physical Review D, 2005, 71: 034005.

［11］ Bacchetta A, Diehl M, Goeke K, et al. Semi-inclusive deep inelastic scattering at small transverse momentum ［J］. Journal of High Energy Physics, 2007, 0702: 093.

［12］ Bacchetta A, D'Alesio U, Diehl M, et al. Single-spin asymmetries: the trento conventions ［J］. Physical Review D, 2004, 70: 117504.

［13］ Mkrtchyan H, Bosted P E, Adams G S, et al. Transverse momentum dependence of semi-inclusive pion production ［J］. Physics Letters B, 2008, 665: 20 - 25.

［14］ Avakian H, Bosted P, Burkert V D, et al. (The CLAS Collaboration). Measurement of single- and double-spin asymmetries in deep inelastic pion electroproduction with a longitudinally polarized target ［J］. Physical Review Letters, 2010, 105: 262002.

［15］ Lu Z, Ma B Q. Sivers function in light-cone quark model and azimuthal spin asymmetries in pion electroproduction ［J］. Nuclear Physics A, 2004, 741: 200 - 214.

［16］ Pasquini B, Cazzaniga S, Boffi S. Transverse momentum dependent parton distributions in a light-cone quark model ［J］. Physical Review D, 2008, 78: 034025.

［17］ Bourrely C, Buccella F, Soffer J. Semi-inclusive DIS cross sections and spin asymmetries in the quantum statistical parton distributions approach ［J］. Physical Review D, 2011, 83: 074008.

［18］ Musch B U, Hägler Ph, Negele J W, et al. Exploring quark transverse momentum distributions with lattice QCD ［J］. Physical Review D, 2011, 83: 094507.

［19］ Aubert J J, Bassompierre G, Becks K H, et al. (European Muon Collaboration). The ratio of the nucleon structure functions F2N for iron and deuterium ［J］. Physics Letters B, 1983, 123: 275 - 278.

［20］ Eskola K J, Paukkunen H, Salgado C A. EPS09-A new generation of NLO and LO nuclear parton distribution functions ［J］. Journal of High Energy Physics, 2009 (04): 065.

［21］ Seely J, Daniel A, Gaskell D, et al. New measurements of the european muon collaboration effect in very light nuclei ［J］. Physical Review Letters, 2009, 103: 202301.

［22］ Fomin N, Arrington J, Asaturyan R, et al. New measurements of high-momentum nucleons and short-range structures in nuclei ［J］. Physical Review Letters, 2012,

108：092502.

[23] Kopeliovich B Z, Nemchik J, Predazzi E, et al. Nuclear hadronization：within or without? [J]. Nuclear Physics A, 2004, 740：211 - 245.

[24] Accardi A, Grünewald D, Muccifora V, et al. Atomic mass dependence of hadron production in deep inelastic scattering on nuclei [J]. Nuclear Physics A, 2005, 761：67 - 91.

[25] Abrahamyan S, Ahmed Z, Albataineh H, et al. (PREX Collaboration). Measurement of the neutron radius of ^{208}Pb through parity violation in electron scattering [J]. Physical Review Letters, 2012, 108：112502.

[26] Paschke K, Kumar K, Michaels R, et al. PREX - II：Precision parity-violating measurement of the neutron skin of lead [R]. Jefferson Lab Experiment E12 - 11 - 101.

[27] Beringer J, Arguin J F, Barnett R M, et al. (Particle Data Group). Review of particle physics [J]. Physical Review D, 2012, 86：010001.

[28] Dudek J J, Edwards R G, Peardon M J, et al. (The Hadron Spectrum Collaboration). Highly excited and exotic meson spectrum from dynamical lattice QCD [J]. Physical Review Letters, 2009, 103：262001.

[29] Dudek J J. The lightest hybrid meson supermultiplet in QCD [J]. Physical Review D, 2011, 84：074023.

[30] Dudek J J, Edwards R G, Joó B, et al. (The Hadron Spectrum Collaboration). Isoscalar meson spectroscopy from lattice QCD [J]. Physical Review D, 2011, 83：111502.

[31] Dudek J J, Edwards R G. Hybrid baryons in QCD [J]. Physical Review D, 2012, 85：054016.

[32] Beyer A, Maisenbacher L, Matveev A, et al. The Rydberg constant and proton size from atomic hydrogen [J]. Science, 2017, 358：79 - 85.

[33] Bezginov N, Valdez T, Horbatsch M, et al. A measurementofthe atomic hydrogen Lamb shift and the protoncharge radius [J]. Science, 2019, 365：1007 - 1012.

[34] Xiong W, Gasparian A, Gao H, et al. A small proton charge radius from an electron-proton scattering experiment [J]. Nature, 2019, 575：147 - 150.

[35] Antognini A, Nez F, Schuhmann K, et al. Proton structure from the measurement of 2S - 2P transition frequencies of muonic hydrogen [J]. Science, 2013, 339：417 - 420.

[36] Pohl R, Antognini A, Nez F, et al. The size of the proton [J]. Nature, 2010, 466：213 - 216.

[37] Bernauer J C, Achenbach P, Gayoso C A, et al. High-precision determination of the electric and magnetic form factors of the proton [J]. Physical Review Letters, 2010, 105：242001.

[38] Zeller G P, McFarland K S, Adams T, et al. (NuTeV Collaboration). Precise determination of electroweak parameters in neutrino-nucleon scattering [J]. Physical

Review Letters，2002，88：091802.

[39]　Anthony P L，Arnold R G，Arroyo C，et al. （SLAC E158 Collaboration）. Precision measurement of the weak mixing angle in møller scattering [J]. Physical Review Letters，2005，95：081601.

[40]　Noecker M C，Masterson B P，Wieman C E. Precision measurement of parity nonconservation in atomic cesium：a low-energy test of the electroweak theory [J]. Physical Review Letters，1988，61：310.

[41]　Nakamura K，Hagiwara K，Hikasa K，et al. （Particle Data Group Collaboration）. Review of Particle Physics [J]. Journal of Physics G，2010，37：075021.

[42]　Gonderinger M，Ramsey-Musolf M J. Electron-to-tau lepton flavor violation at the Electron-Ion Collider [J]. Journal of High Energy Physics，2010，1011：045.

[43]　曹须,常雷,畅宁波,等. 中国极化电子离子对撞机计划 [J]. 核技术(中文版),2020, 43：020001.

第 12 章
机器学习在核物理中的应用

"连接主义学习"是机器学习领域中的一个重要分支。进入 21 世纪后,由于数据量的增大和计算能力的增强,一度陷入沉寂的连接主义学习以"深度学习"为名卷土重来,引发了机器学习尤其是深度学习在包括物理学在内的多个领域的热潮。本章将基于当前连接主义学习热潮的背景,简要阐述机器学习的基本原理与现状,并举例介绍机器学习在高能与中低能重离子核物理及核结构中的应用。

12.1 机器学习概述

机器学习指的是不显式编程地赋予计算机能力[1]。基于某种学习算法,计算机可以从给定的数据集合中产生"模型"。我们将这一过程称为计算机对某组数据针对某个任务进行了"学习",或对计算机进行了"训练"。经过学习或训练得到的模型在面对新的同类数据时,会做出相应的判断。在著名的《人工智能手册》一书中[2],机器学习被分为"机械学习""示教学习""类比学习"和"归纳学习"。20 世纪 80 年代以来,研究最多、应用最广的为归纳学习,即从数据中归纳出学习结果并产生模型。

我们将包含某些特征的数据称为一个"样本"(sample),样本的集合称为"数据集"。如果要训练得到一个具有预测能力的模型,还需要关于样本结果的信息,我们将之称为"标记"(label),一个有标记的样本称为"样例"(example),样例的集合称为"样例集"。数据集或样例集又分成两组,即用来进行训练的"训练集"和用来评估训练结果的"测试集"。根据数据是否拥有标记,可以将学习任务分为"有监督学习"和"无监督学习"。有监督学习在图片识别等诸多领域有着广泛应用,而无监督学习在原理上更类似于人类或动物的真实学习过程,因此被认为有着更大的潜力[3]。

基于神经网络的连接主义学习是归纳学习中的一种主流技术。神经网络在很长一段时间内是高能物理实验中粒子鉴别的标准方法。由于早期的人工智能研究者对符号表示的偏爱及自身的诸多问题,连接主义学习曾一度陷入沉寂[1]。进入 21 世纪以后,数据量的增大和计算能力的增强使得深度学习、狭义地讲即包含了很多层的神经网络成为可能。深度学习在很多涉及语音、图像等复杂对象的应用中都有着傲人的性能。尤其是在 2016—2017 年,由谷歌(google)旗下 DeepMind 公司所开发的阿尔法围棋(AlphaGO)接连击败了包括世界围棋冠军在内的数十位围棋高手。

目前,除了在高能物理实验中粒子鉴别与分类等传统领域,基于神经网络的连接主义学习在物理学中还有很多新奇的应用。例如凝聚态物理中相变[4-5]与拓扑序[6]的研究,求解量子多体问题[7],对有效场论进行限制[8],对引力透镜的快速自动分析[9]。在本节中,我们将简要阐述神经网络的基本原理,在随后的两节中介绍新涌现的基于神经网络的机器学习在核物理中的应用。

12.1.1 神经网络

神经网络最基本的组成部分是神经元,神经元根据其他神经元传入的信号产生输出,该输出信号作为输入再传入另外的神经元,进而构成整个神经网络。图 12-1 为单个神经元的示意图。

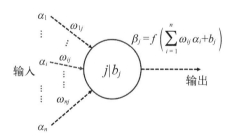

图 12-1 单个神经元示意图

神经元 j 接收来自其他 n 个神经元传入的输入信号,分别为 α_1, α_2, $\cdots$, α_n,这些输入信号首先通过"连接权"(weight)ω_{1j}, ω_{2j}, $\cdots$, ω_{nj} 传入神经元 j,结合"偏置"(bias)b_j(有些文献中称为阈值),再得到该神经元的响应:

$$z_j = \sum_{i=1}^n \omega_{ij}\alpha_i + b_j \qquad (12-1)$$

将 z_j 通过激活函数(activation function)f 做一个非线性映射,从而得到该神经元的输出

$$\beta_j = f(z_j) = f\left(\sum_{i=1}^n \omega_{ij}x_i + b_j\right) \qquad (12-2)$$

图 12-2 给出了几种较常用的激活函数示意图,例如修正线性单元
(rectified linear unit,RELU):

$$f(z) = \max(0, z) \tag{12-3}$$

超曲正切函数:

$$f(z) = \tanh(z) = \frac{\exp(z) - \exp(-z)}{\exp(z) + \exp(-z)} \tag{12-4}$$

以及 Sigmoid 函数:

$$f(z) = \frac{1}{1 + \exp(-z)} \tag{12-5}$$

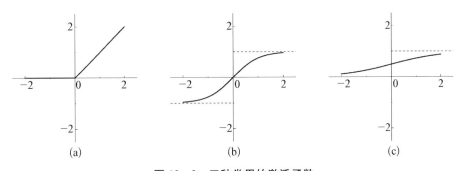

图 12-2 三种常用的激活函数

(a) 修正线性单元;(b) 超曲正切函数;(c) Sigmoid 函数

将多个神经元按照一定的层级结构连接在一起,就构成了神经网络。目前应用最广的神经网络是"多层前馈神经网络"(multi-layer feedforward neural network)。构造好的神经网络通过某种学习算法确定神经网络中的参数,即连接权和偏置,进而获得模型。其中"误差逆传播算法"(error back propagation,BP)是目前最成功的神经网络学习算法。

12.1.1.1 多层前馈神经网络

多层前馈神经网络是将输入层、若干层隐藏层及输出层的神经元连接起来,并且每层神经元与下一层神经元连接,同层、跨层的神经元不存在连接的神经网络。图 12-3 中给出了一个含有两层隐藏层的前馈神经网络的示意图。一个神经网络可以看成是一组维数为 d 的输入 x_1, x_2, $\cdots$, x_d 到一组维数为 m 的输出 y_1, y_2, $\cdots$, y_m 的非线性映射,即

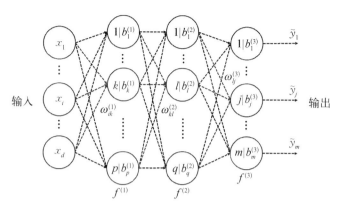

图 12 - 3　多层前馈神经网络及误差逆传播算法中的变量符号

$$\widetilde{y} = \widetilde{y}(x;\theta) \tag{12-6}$$

式中,我们用 $\theta=(W,B)$ 表示神经网络中的参数,其中 W 与 B 即为式(12-1)中的连接权与偏置。

对于某个给定的样例集 $\{x^{\{I\}},\ y^{\{I\}}\}$(注意此处的 I 表示样例集中的第 I 个样例,而非输入层的神经元),将 x 作为神经网络的输入得到的神经网络的输出 $\widetilde{y}$ 与样例的标记 y 的差别定义为误差 $E(\widetilde{y},y)$。误差又称"损失函数"(loss function),一般可以选取均方误差:

$$E(\widetilde{y},\ y)=\frac{1}{2}\sum_I(\widetilde{y}^{\{I\}}-y^{\{I\}})^2 \tag{12-7}$$

式中,$(\widetilde{y}^{\{I\}}-y^{\{I\}})^2$ 表示两个向量之差的模的平方。另一种较为普遍的损失函数为交叉熵:

$$E(\widetilde{y},\ y)=-\sum_I y^{\{I\}}\lg(\widetilde{y}^{\{I\}}) \tag{12-8}$$

式中,$y^{\{I\}}\lg(\widetilde{y}^{\{I\}})$ 表示先对向量 $\widetilde{y}^{\{I\}}$ 中的元素取对数,再与 $y^{\{I\}}$ 做内积。将损失函数作为目标函数进行极小化,就可以给定神经网络中的参数 θ,完成对神经网络的训练,得到可以给出预测的模型。

12.1.1.2　误差逆传播算法

逆传播算法基于梯度下降算法,以目标函数的负梯度方向对网络中的参数进行调整,即

$$\Delta\theta=-\eta\frac{\partial E}{\partial\theta} \tag{12-9}$$

式中，η 为学习率，参数 θ 对误差的偏导可以通过求导的链式法则得出。根据图 $12-3$ 所示的神经网络中的变量，将第 I 个样本作为输入，神经网络的第 j 个输出可以表示为

$$\widetilde{y}_j^{\{I\}} = f^{(3)}\Big(\sum_{l=1}^{q} \omega_{lj}^{(3)}\beta_l^{(2)} + b_j^{(3)}\Big) \tag{12-10}$$

$$= f^{(3)}\Big(\sum_{l=1}^{q} \omega_{jl}^{(3)} f^{(2)}\Big(\sum_{k=1}^{p} \omega_{kl}^{(2)}\beta_k^{(1)} + b_l^{(2)}\Big) + b_j^{(3)}\Big) \tag{12-11}$$

$$= f^{(3)}\Big(\sum_{l=1}^{q} \omega_{jl}^{(3)} f^{(2)}\Big(\sum_{k=1}^{p} \omega_{kl}^{(2)} f^{(1)}\Big(\sum_{i=1}^{d} \omega_{ik}^{(1)} x_i^{\{I\}} + b_k^{(1)}\Big) + b_l^{(2)}\Big) + b_j^{(3)}\Big)$$

$$\tag{12-12}$$

式中，$\beta_k^{(1)}$ 与 $\beta_l^{(2)}$ 分别为第一隐层和第二隐层神经元的输出。针对样例 I，以第二隐层与输出层的权重 $\omega_{lj}^{(3)}$ 为例，其对误差的偏导可以表示为

$$\frac{\partial E}{\partial \omega_{lj}^{(3)}} = \sum_{j=1}^{m} \frac{\partial E}{\partial y_j^{\{I\}}} \frac{\partial y_j^{\{I\}}}{\partial z_j^{(3)}} \frac{\partial z_j^{(3)}}{\partial \omega_{lj}^{(3)}} = \sum_{j=1}^{m} \frac{\partial E}{\partial y_j^{\{I\}}} f' \beta_l^{(2)} \tag{12-13}$$

式中，$z_j^{(3)}$ 表示第二隐层神经元的响应。式($12-13$)中第一个等号右边的第一项可由目标函数即误差的形式得出，第二项即为激活函数的导数，第三项由神经元的定义或式($12-10$)易知为 $\beta_l^{(2)}$。 其余参数对误差的偏导均可根据式($12-10$)、式($12-11$)与式($12-12$)求得。

我们将读取一遍训练集称为一轮(epoch)训练。一般来说，我们可以将训练集分为若干"批次"(batch)，每读取一个批次的样例就根据式($12-9$)对神经网络中的参数进行更新。每批次只包含一个样例时，称为标准 BP；每批次包含部分训练集中的样例称为小批量 BP；每批次包含训练集中的全部样例，即每一轮训练只更新一次网络中的参数，称为累积 BP。在很多任务中，采用累计 BP 进行多轮训练后，误差的下降就会非常慢，这时标准 BP 或小批量 BP 往往能更快地获得较好的解。

一般而言，应用逆传播算法的神经网络有巨大的参数空间，因而有强大的表达能力，这同时也为其带来了诸如最优化中的局部极小与过拟合的问题。尽管我们可以利用"模拟退火"或者随机梯度下降等手段跳出局部极小并尽量接近全局极小，但对于一个很大的参数空间，往往很难找到目标函数的最小值。实际上，对于一个较为复杂的网络，不论采用何种初始条件，完成训练的

网络虽然会处于不同的局部极小,但它们给出的预测往往十分相似[3]。

对于过拟合问题,可以采取"早停"(early stopping)的策略,即用训练集更新网络中的参数,用测试集来估计误差,当测试集的误差升高时则停止训练。另外一种防止过拟合的方法为 l_2 正则化,即在目标函数中增加一项用于描述网络复杂度的部分,例如权重与偏置的平方和。此外"dropout"方法也是一种非常成功的防止过拟合的方法。dropout 方法通过暂时随机丢弃一部分神经元及其连接权的办法来降低神经网络的泛化误差,以此防止过拟合。

12.1.2 卷积神经网络

随着神经网络深度的增加,神经网络在容量增大的同时,复杂程度也增高,此时神经网络会面临训练效率低,容易过拟合等诸多困难。如果让某些神经元使用相同的连接权重,即"权共享",则可以节省训练的开销。卷积神经网络(convolutional neuron network)是深度学习中应用"权共享"策略的典型代表。它在诸如手写识别、图像识别等多维数据集的学习中发挥着重要作用。在物理学中,卷积神经网络可以处理诸如自旋构型、末态粒子的动量分布等信息。

下面将以 MNIST 数据集为例简要介绍卷积神经网络的原理。MNIST是一个手写数字的数据集,它包含各种手写数字图片及其对应的数字标签。每张图片拥有 $28 \times 28 = 784$ 个像素点,这些像素点的灰度可以构成一个二维矩阵。图 12-4 给出了 MNIST 中的一个样本数据,该矩阵可以作为一个 784维的输入(图中的数据已被进一步压缩)。

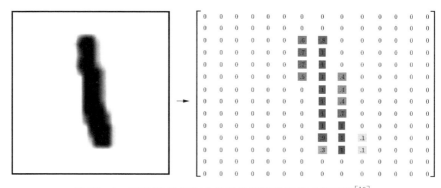

图 12-4 MNIST 数据集中的图片及其对应的二维矩阵[10]

卷积神经网络的主要特征是复合了多个"卷积层"和"采样层",然后再由连接层实现输入的图片到输出目标的映射。卷积层简而言之就是利用特征映射(feature map)依次在输入图像的某一小块区域上进行特征提取。具体操作是将 $n \times n \times m$ 的矩阵[称为"滤波器"(filter)]依次作用在输入图像上。滤波器中的元素在卷积层中就扮演了神经元之间连接权的角色。在图 12-5 中，由于输入的手写数字图片是深度为 1 的单色图片，因此第一个卷积层中滤波器的 m 取为 1，对于 RGB 的彩色图片此处的 m 应取 3。我们可以将滤波器看作一个滑窗，在输入矩阵中滑动，将输入矩阵中处于滑窗内的元素与滤波器中的对应元素相乘再求和得到一个值，作为该层输出的一个元素。这一操作类似数学中的卷积运算，故得名。一般对于每一个卷积层应设置若干个不同的滤波器。在图 12-5 中，第一个卷积层中使用了三个滤波器，并且滤波器每次滑动的"步长"(stride)为 1，最终得到了 $28 \times 28 \times 3$ 的输出。

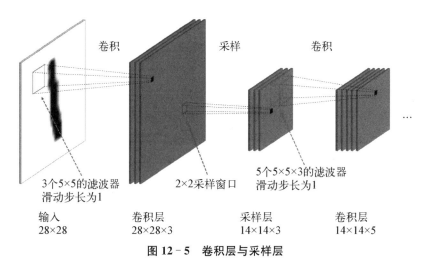

图 12-5　卷积层与采样层

得到卷积层的输出之后，将此输出矩阵作为输入，输入采样层。采样层又称为"池化层"(pooling)，该层基于局部相关性原理进行采样，在保留有用信息的同时减少了数据量。采样层即在输入的矩阵中选取一小块区域，按照一定的规则得到一个值作为该层输出中的一个元素。例如可以选取该区域中的最大值(max pooling)或该区域中元素的平均值(mean pooling)。在图 12-5 中，采样层采取了 2×2 的采样窗口，得到了 $14 \times 14 \times 3$ 的输出。由于输出的深度为 3，因此其后的卷积层采用了 5 个深度为 3 的 $5 \times 5 \times 3$ 的滤波器，并得到了 $14 \times 14 \times 5$ 的输出。卷积神经网络通常会设置几组卷积层与采样层的复合，以获取不同层次的特征；将经过卷积层与池化层处理过的数据输入若干全连接层，进而给出神经网络的输出。

卷积神经网络可以看作是一种特定的前馈神经连接网络,即根据数据集的特性为图 12-3 中所示的一般的多层前馈神经网络中的参数 W 与 B 设计一定的规则,使得网络能更有效地针对数据集进行学习。通过滤波器构造了一种非全连接的网络结构,某些神经元之间被赋予相同的连接权,即前面提到的权共享策略,以此完成对输入图片特性的提取。需要注意的是,由于采样层对数据进行了压缩,在应用逆传播算法更新神经网络的参数时,需要进行特殊的处理。对于平均采样,可以将当前的误差平均分配至前一层被压缩的神经元,而在最大采样中,则需记录前一层最大值的位置,并将误差传递给该神经元。

12.1.3 贝叶斯神经网络

贝叶斯神经网络指的是利用贝叶斯推断的方法来确定模型或神经网络中的参数 θ。从一个先验的分布(一般将其设为高斯形式) $P(\theta)$ 出发,对于某个给定的样例集,利用贝叶斯原理可以得到 θ 的后验分布 $P(\theta \mid E)$,意为在该样例集为真的情况下模型中参数 θ 的分布,即

$$P(\theta \mid E) = \frac{P(E \mid \theta)P(\theta)}{P(E)} \tag{12-14}$$

式中,$E = \{x^{\{I\}},\ y^{\{I\}}\}$ 表示某个给定的样例集,即多组数据及其对应的标记。式(12-14)中的 $P(E \mid \theta)$ 表示给定参数 θ 得到样例集 E 为真的概率,即给定 θ,能通过不同的 $x^{\{I\}}$ 得到相应的 $y^{\{I\}}$ 的概率。$P(E \mid \theta)$ 又称为似然函数(likelihood),一般假定其为高斯形式:

$$P(E \mid \theta) = \exp\left(-\frac{\chi^2}{2}\right) \tag{12-15}$$

式中,χ 为目标函数,定义为

$$\chi^2(\theta) = \sum_I \left(\frac{y^{\{I\}} - \widetilde{y}^{\{I\}}(x^{\{I\}};\ \theta)}{\sigma^{\{I\}}}\right)^2 \tag{12-16}$$

式中的求和遍历样例集中全部样本,$\widetilde{y}^{\{I\}}(x^{\{I\}};\ \theta)$ 表示在给定参数 θ 的情况下,将第 I 个样例的数据 $x^{\{I\}}$ 作为输入时神经网络给出的预测。$\sigma^{\{I\}}$ 则表示第 I 个样例标记的不确定度。此处我们可以看到,前面提到的误差逆传播算法是通过梯度下降的办法直接找到目标函数的最小(极小)值所对应的参数组 θ 进而给出预测值的。而贝叶斯神经网络方法则利用贝叶斯推断给出参数组 θ 的

分布,利用该分布,不仅可以通过求期望值给出模型的预测值,即

$$\widetilde{y}^{\{I\}}(x^{\{I\}}) = \langle \widetilde{y}^{\{I\}}(x^{\{I\}}\,;\,\theta) \rangle = \int \widetilde{y}^{\{I\}}(x^{\{I\}}\,;\,\theta) P(\theta \mid E) \mathrm{d}\theta \quad (12-17)$$

还可以利用

$$\Delta \widetilde{y}^{\{I\}}(x^{\{I\}}) = \sqrt{\langle [\widetilde{y}^{\{I\}}(x^{\{I\}}\,;\,\theta)]^2 \rangle - \langle \widetilde{y}^{\{I\}}(x^{\{I\}}\,;\,\theta) \rangle^2} \quad (12-18)$$

给出预测值的误差,这对估计模型的不确定性非常重要。

　　由于模型或神经网络的参数空间往往非常大,我们一般采用"马尔可夫链蒙特卡罗方法"(Markov chain Monte Carlo,MCMC)来获得 $P(\theta \mid E)$ 并给出式(12-17)与式(12-18)中的 $\widetilde{y}^{\{I\}}(x^{\{I\}})$ 与 $\Delta \widetilde{y}^{\{I\}}(x^{\{I\}})$。 MCMC 方法包含在参数空间中的无规行走与拒绝抽样(Metropolis Hastings 方法)两个步骤。其大致思想是在参数空间中做无规行走,根据当前点 θ_t 与前一点 θ_{t-1} 通过式(12-14)给出的值 $P(\theta_t \mid E)$ 与 $P(\theta_{t-1} \mid E)$ 的大小决定是否保留当前点。按此规则,当无规行走的步数足够多之后可以很好地近似给出后验分布 $P(\theta \mid E)$。

　　获得 $P(\theta \mid E)$ 的另一种方法是"变分推断"(variational inference),即用一个分布 $q(\theta\,;\,v)$ 来近似后验分布 $P(\theta \mid E)$,通过极小化描述两者相似程度的 Kullback - Leibler(KL)散度,亦称"相对熵"(relative entropy):

$$KL(q \parallel P) = \int q(\theta) \frac{\ln q(\theta)}{\ln P(\theta)} \mathrm{d}\theta \quad (12-19)$$

来确定 $q(\theta\,;\,v)$ 中参数 v 的取值。关于相对熵 KL 方法的内容此处不再赘述,更多有关贝叶斯神经网络的内容可参考文献[11]。

12.1.4　无监督学习

　　无监督学习指的是数据集中样本的标记信息是未知的,通过对无标记样本的学习,使得模型能够自动获得数据的内在性质及规律。"聚类"(clustering)问题即为无监督学习的典型代表。聚类意为将数据集中的样本划分为不同的"簇"(cluster)。例如将不同的二维自旋构型作为数据集,利用机器学习将其划分为铁磁与反铁磁两类。

　　"主成分分析"(principle component analysis,PCA)是一种常用的聚类手段。我们可以将数据集中的样本看作是分布在高维空间中的样本点,这个高

维空间的维数即为样本数据中元素的个数，例如上面提到的 MNIST 数据集就可以看作是大量分布在 784 维空间中的样本点。简要来讲，主成分分析将这些样本点投影到一个低维的超平面上，并使得这些样本点在这个超平面上的投影尽可能分开。在这个低维的超平面上可以更容易地对样本进行聚类。主成分分析是机器学习领域中"维数简约"(dimension reduction)的典型代表。

"自编码"(auto-encoder)网络[12]可以看作是一种非线性的维数简约。自编码网络是输入端与输出端以中间的隐变量(latent variable)层为镜像对称的前馈神经网络。神经网络中的输出层与输入层的神经元个数相同，中间的隐变量层一般包含一个或几个神经元(一般远低于输入或输出层的神经元个数)。将数据集中样本作为输入，将输入与输出的偏差作为目标函数对神经网络进行训练，完成训练的网络可以看作是将高维的数据集约化到低维的隐变量中。由于神经网络中用到了非线性激活函数，因此相比于主成分分析，自编码网络将非线性引入维数简约的过程中，进而可以更好地利用低维空间进行聚类分析。主成分分析与自编码网络都已应用于研究伊辛模型或与之相类似的凝聚态模型的相变。

12.2　机器学习在夸克物质与高能重离子核反应中的应用

在上一节中，我们了解了机器学习，主要是基于神经网络的连接主义学习的基本概念与原理。本节介绍基于神经网络的机器学习在高能重离子核反应中的应用，下一节则介绍其在核结构与中低能重离子核反应中的应用。

12.2.1　提取 QCD 相图的信息

在本书第 9 章中提到，对 QCD 相图的研究是目前高能重离子碰撞领域中的一个非常重要的方向，对我们认识夸克-胶子等离子体(QGP)这一新的物质形态及强相互作用的特性至关重要。格点 QCD 预言在零重子密度下随着温度的升高强子与夸克之间将会是一个"平滑过渡"(crossover)。然而在高重子密度区强子相与夸克相之间是否会存在一阶相变，以及一阶相变与平滑过渡的转变是在何处发生的，即临界中止点(critical end point)的位置如何确定，都是目前对 QCD 相图研究的前沿问题。

对 QCD 相图的研究需要借助高能重离子碰撞的手段。传统的方法通过分析高能重离子碰撞末态粒子的集体流、高阶矩或密度涨落等观测量来给出

QCD 相图的临界行为。由于高能重离子碰撞包含了非常复杂的末态粒子信息,因此利用机器学习对其进行研究不失为一种很好的方式。基于相对论重离子碰撞流体力学模型,人们发现卷积神经网络通过对末态粒子相空间信息的学习,可以区分来自不同状态方程的特性[13]。

基于流体力学模型,我们给定两个不同的夸克物质状态方程,其中一个对应强子相到夸克相的平滑过渡,另一个对应一阶相变,另外给定不同的剪切黏滞系数和熵密度的比值 η/s、初始条件,就可以产生多个事件。用两种不同夸克物质状态方程的流体力学模型给出的中心快度的末态 π 介子随横向动量大小 p_T 与方位角 θ 的分布 $\rho(p_T, \theta)$,及其对应的标记(平滑过渡或一阶相变)组成的样例集对图 12-6 中的卷积神经网络进行训练。之所以选用 π 介子是因为 π 介子是末态多重数最多的强子,更容易获得足够多的统计。

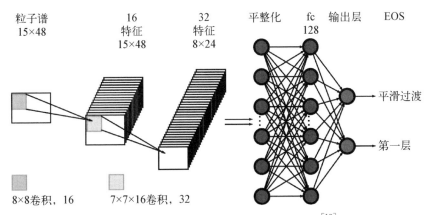

图 12-6　卷积神经网络对 QCD 相图的研究[13]

经过训练,图 12-6 中的神经网络可以给出超过 93% 的测试正确率[13]。该神经网络包括一组卷积层采样层组合,以及两个全连接隐层。值得一提的是,测试集中所选取的初始条件和 η/s 与训练集中所采用的并不相同,说明神经网络能够区分来自平滑过渡与一阶相变两种不同状态方程的特征。

预测差分分析(prediction difference analysis)方法所给出的"重要性图"(importance map)可以从另一个角度帮助我们理解神经网络在数据集中所获得的信息。图 12-7 中给出了不同 η/s 与初始条件(G1, G2)下,采用平滑过渡(EOSL)与一阶相变(EOSQ)夸克物质状态方程时所得 π 介子多重数分布 $\rho(p_T, \theta)$ 的重要性图[13]。在图中我们可以明显发现虽然不同 η/s 与初始条件所对应的重要性图有较大差别,但是采用 EOSL 所给出的重要性图在 p_T

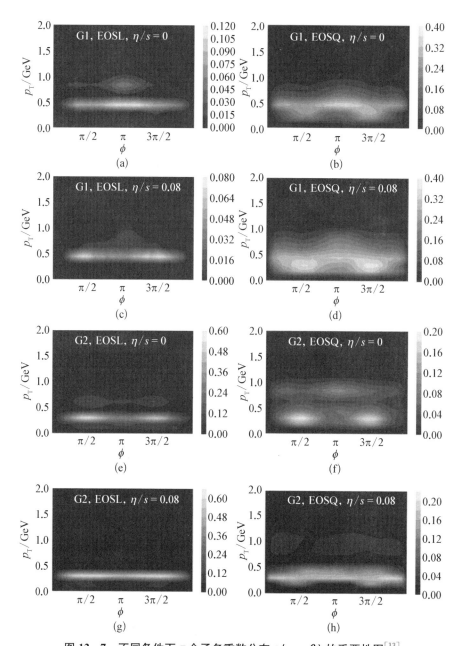

图 12-7 不同条件下 π 介子多重数分布 $\rho(p_T, \theta)$ 的重要性图[13]

方向上的分布相较于 EOSQ 具有明显更窄的宽度。经过卷积层与采样层,神经网络将这类信息转化成了与输出目标联系更密切的表示,进而对输入的 π 介子多重数分布 $\rho(p_\mathrm{T}, \theta)$ 来自哪一类状态方程做出判断。进一步,我们期望将实验观测结果作为输入,已完成学习的神经网络就可以判断出真实的 QCD 物质的状态方程更倾向于平滑过渡还是一阶相变。

12.2.2　相对论重离子碰撞流体力学模型仿真器

相对论流体力学模型是描述相对论重离子碰撞非常重要的理论工具。流体力学模型能够很好地描述与预言相对论重离子碰撞中对集体流的观测。在相对论流体力学模型中,一个以四维速度

$$u^\mu(x) = \gamma(x)[1, \, \boldsymbol{v}(x)] \qquad (12-20)$$

运动的流体的能动量张量可以表示为

$$T^{\mu\nu} = [\varepsilon(x) + P(x)]u^\mu(x)u^\nu(x) - g^{\mu\nu}P(x) \qquad (12-21)$$

其重子数密度流为

$$j_\mathrm{B}^\mu = n_\mathrm{B}(x)u^\mu(x) \qquad (12-22)$$

系统满足能动量守恒和重子数守恒,即

$$\partial_\mu T^{\mu\nu} = 0, \ \partial_\mu j_\mathrm{B}^\mu = 0 \qquad (12-23)$$

式(12-23)中包含 5 个方程,再考虑到系统的状态方程,即 $\varepsilon(x)$ 与 $P(x)$ 的关系,利用这 6 个方程可以求解系统中的 $\boldsymbol{v}(x)$、$n_\mathrm{B}(x)$、$\varepsilon(x)$ 及 $P(x)$,进而得到系统的其他属性。

然而,对相对论流体力学方程的求解往往会消耗大量的计算时间。一般来讲,用 2+1 维的流体力学模型(在极高能的情况下,根据 Bjorken 图像,碰撞中心产生的 QGP 在纵向上具有平移对称性[14])来计算一个典型的碰撞系统约需 500 个 CPU 小时,完整的 3+1 维模型更是需要惊人的 10 000 个 CPU 小时。为了克服这一困难,人们通过构建神经网络并对其进行训练来模拟流体力学模型给出的结果,换句话讲,也就是构造一个"流体力学模型的模型"。该做法在思路上与目前核物理尤其是核天体物理中常用的贝叶斯分析方法中所采用的"仿真器"(emulator)十分类似。利用图 12-8 中所示的堆叠 U 形网(stacked U-net)神经网络,可以很好地对 2+1 维相对论流体力学模型进行模拟[15]。

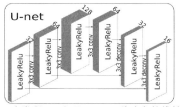

堆叠U形网

input—输入；conv—卷积；U-net—U形网；res—分辨率；deconv—去卷积；LeakyReLu——种改良的线性修正单元。

图 12 - 8　堆叠 U 形网神经网络的构造[15]

图 12 - 8 中的神经网络可以看作是自编码网络的变体。将 2+1 维相对论流体力学模型得到的 10 000 组结果作为样例集,其中系统的初始与末态变量在 x-y 平面内的分布分别作为样本 $x^{(I)}$ 与标记 $y^{(I)}$,对图 12 - 8 中的神经网络进行训练,给出"仿真器"。图 12 - 9 中给出了通过流体力学"仿真器"给出的末态 $\varepsilon(x)$、$v_x(x)$ 及 $v_y(x)$ 与流体力学模型在不同时刻 $\tau-\tau_0$ 的比较[15]。在测试中使用了不同的初始条件(MC - Glauber、MC - KLN、AMPT 及 TRENTo)。图中第一列为初始的 $\varepsilon(x)$,第二、四、六列分别为流体力学模

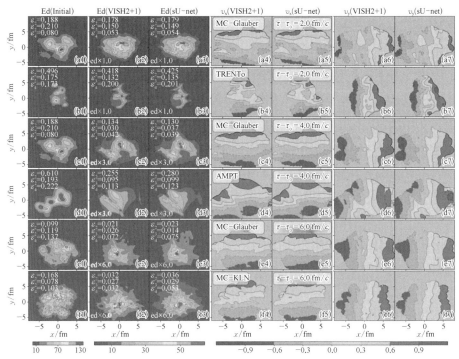

图 12 - 9　流体力学"仿真器"给出的末态 $\varepsilon(x)$、$v_x(x)$ 及 $v_y(x)$ 与流体力学模型在不同时刻 $\tau-\tau_0$ 的比较[15]

型给出的末态 $\epsilon(x)$、$v_x(x)$ 及 $v_y(x)$，第三、五、七列为流体力学模型"仿真器"给出的结果。图中我们可以看出神经网络可以很好地模拟流体力学模型的结果。对此类"仿真器"或与之类似的 3+1 维流体力学模型"仿真器"的构造，使得基于流体力学模型的贝叶斯分析成为可能。

12.3　机器学习在核结构与中低能重离子核反应中的应用

上一节举例介绍了机器学习在高能重离子碰撞中的应用，本节将举例介绍其在核结构及中低能重离子核反应中的应用，包括了利用贝叶斯神经网络对原子核质量和裂变产额的研究，以及利用无监督学习对原子核液气相变的研究。

12.3.1　贝叶斯神经网络与原子核观测量

12.1.3 节简要介绍了贝叶斯神经网络的原理，利用贝叶斯网络可以对原子核的某些观测量，如原子核质量[16]、中子分离能[17] 和裂变产额[18] 给出很好的描述。图 12-10 给出了一个单隐层前馈神经网络的结构，如果隐层采用式（12-4）给出的超曲正切函数作为激活函数，输出层不使用激活函数，即可将神经网络的输入与输出的关系写成

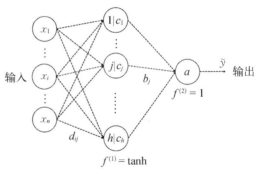

图 12-10　贝叶斯神经网络中使用的单隐层前馈神经网络

$$\widetilde{y}^{\langle I \rangle}(x^{\langle I \rangle}\,;\,\theta) = \sum_{j=1}^{h} b_j \tanh\left(\sum_{i=1}^{n} d_{ji} x_i + c_j\right) + a \qquad (12-24)$$

此处神经网络的参数 $\theta = \{a,\,b_j,\,c_j,\,d_{ij}\}$，输入 x_i 一般为原子核的中子数 N、质子数 Z 或质量数 A。输出 $\widetilde{y}$ 即为原子核的某个观测量，例如质量或裂变产额，因此一般输出维数为 1。

12.3.1.1　原子核质量

质量或结合能是最基本的核结构性质之一，它决定了原子核的稳定性、反应率、衰变率等诸多特性，同时对核素图中可存在核素的边界即原子核滴线、宇宙中重元素的合成、中子星外壳组分等研究至关重要。由于实验上能产生

的核素有限(截至 2014 年共有 800 个),对其他核素,尤其是大量丰中子核素的质量仍然依赖理论预言。目前对原子核质量的整体预言主要是通过各种半经验质量公式或者 Hartree - Fock 平均场理论(能量密度泛函)给出。以上两种模型中包含几个到几十个不等的参数,通过拟合已有的原子核质量将其确定,再对未知核素进行预言。目前质量公式或平均场理论对原子核质量的描述与实验值的平均偏差可以低至 1 MeV 以内,最好的理论模型甚至能给出接近 0.5 MeV 的平均偏差。

从机器学习的角度来看,我们可以将所有实验测得的原子核质量看作一个样例集,将中子数 N 质子数 Z 看作样本,即 $x^{(I)} = \{N, Z\}$,其对应的质量 $M(N, Z)$ 看作样本的标记。利用该样例集对神经网络进行训练,确定网络中的参数。

为了更好地描述实验数据并对未知核素的质量进行预言,通常会将理论模型与贝叶斯神经网络相结合,即在理论模型中加入一项残余项,该残余项根据图 12 - 10 中所示的神经网络给出:

$$M(N, Z) = M_{\text{th}}(N, Z) + \delta(x^{(I)}, \theta) \qquad (12 - 25)$$

根据实验测得的原子核质量的样例集,通过贝叶斯推断的方法确定参数组 θ 的后验分布,进而给出原子核质量及其误差。图 12 - 11 中以 ^{99}Kr 为例,分别给出了利用 5 种理论模型或参数(DZ、MN、FRDM、HFB19、HFB21)结合贝叶斯神经网络所预测的质量与实验值的偏差[16]。其中带误差棒的结果为利用了贝叶斯神经网络的结果。可以看到贝叶斯神经网络的引入很好地提升了模型的预言能力。图中的"World"代表对这 5 种理论模型或参数得到的结果的平均。值得一提的是,引入贝叶斯神经网络之后,对实验测得的原子核质量整体

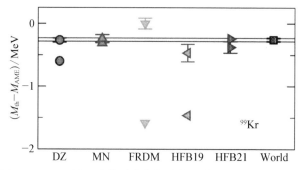

图 12 - 11　不同理论模型或参数结合贝叶斯神经网络给出的对 ^{99}Kr 质量的预测[16]

描述的平均偏差可以低至 $0.278\,\mathrm{MeV}$,该结果对更准确地给出中子星外壳组分至关重要[16]。

　　除了质量以外,我们可以将上述贝叶斯神经网络的方法用于计算双中子分离能。双中子分离能即从原子核中分离两个中子所需要的能量,类比式(12 - 25),我们可以给出:

$$S_{2n}(N,Z)=M_{\mathrm{th}}(N,Z)-M_{\mathrm{th}}(N-2,Z)+\delta_{\mathrm{S}}(x^{\{I\}},\theta)$$

$$(12\text{-}26)$$

式中,δ_{S} 同样可以用式(12 - 24)给出的单隐层前馈神经网络来表示。图 12 - 12 给出了 6 种不同理论模型或参数(UNEDF1、DD - ME2、FRDM-2012、SLy4、DD-PC1、HFB - 24)结合贝叶斯神经网络对锡(Sn)同位素链双中子分离能的预测[17]。在训练神经网络时,利用 2003 年的原子质量表,即 AME03[19-20] 得到的双中子分离能的实验数据(图中圆点)作为训练集,AME03 之后,即 2016 年的原子质量表 AME2016[21-22] 中新测得的实验数据(图中星号)作为测试集。在图中我们可以看出,相比于单纯的理论模型,结合了贝叶斯神经网络的混合模型(图中短画线)的预言能力显著提升。对丰中子核素双中子分离能的可靠

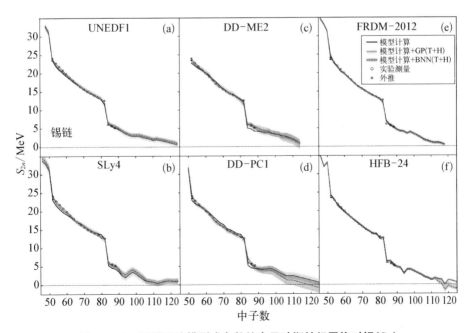

图 12 - 12　不同理论模型或参数结合贝叶斯神经网络对锡(Sn)同位素链双中子分离能的预测[17]

外推能够帮助我们更准确地计算快中子俘获过程路径(r - process path)和原子核中子滴线位置。在图中双中子分离能为零的中子数对应了锡同位素中子滴线的位置。图中阴影区域是贝叶斯神经网络给出的95%的置信区间,由此可以给出中子滴线的误差范围。

12.3.1.2 裂变产额

原子核的裂变产额在核物理应用领域发挥着巨大的作用。与原子核质量类似,结合已有的裂变产额理论模型与贝叶斯神经网络给出的残余项,可以极大地提升模型的预言能力。对于裂变产额,样例中的样本变为 $x^{(l)} = \{N, Z, A, E\}$,其中 N 和 Z 为裂变原子核的中子数与质子数,A 为裂变碎片的质量数,E 为入射中子与原子核形成的复合核的激发能。样本的标记 $y^{(l)}$ 即为给定 N、Z 与 E 时,质量数为 A 的裂变碎片的产额。所有的样例来自裂变产额数据库 JENDL[23]。

图 12 - 13 中给出了 TALYS 模型＋贝叶斯神经网络对中子入射能量为 0.5 MeV 与 14 MeV 的 n＋^{235}U 裂变反应的预言及与 JENDL 裂变产额数据库中实验数据的比较[18]。将 JENDL 库中除去^{235}U 以外的多种中子诱发的裂变反应的数据作为训练集对贝叶斯神经网络进行训练,得到的混合模型很好地改善了原始的 TALYS 模型给出的结果。图中阴影区域为贝叶斯神经网络给出的95%的置信区间。

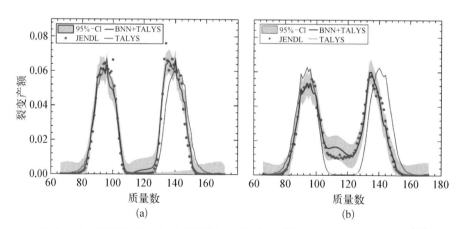

图 12 - 13 TALYS 模型＋贝叶斯神经网络对 n＋^{235}U 裂变反应产额的预言[18]

(a) 入射中子能量为 0.5 MeV;(b) 入射中子能量为 14 MeV

12.3.2 原子核液气相变

由于核子之间的相互作用"短程排斥长程吸引"的特性,在适当的条件下原子核也可能会出现由液相到气相的转变。原子核液气相变的可能性早在 20 世纪 80 年代就被提出[24]，随后人们围绕着原子核的液气相变进行了多种不同的实验，并提出了多种不同的探针来判定原子核的液气相变是否发生[25-26]。由于原子核的不可控性，往往不同于凝聚态系统，对原子核液气相变的研究依赖中低能重离子碰撞对原子核的激发，通过分析末态碎片的信息给出液气相变的探针。由于一阶相变（液气相变）与热力学中的"旋节不稳定性"（spinodal instability）之间的联系，考察旋节不稳定性对反应末态碎片的影响是研究原子核液气相变非常主流的一种方式[27]。

　　在凝聚态物理中，已经有了很多利用机器学习的方法研究相变的先驱性工作，主要是对伊辛模型相变的研究，所以可以很自然地利用机器学习来研究原子核的液气相变。

12.3.2.1　自编码方法

　　利用前面提到的自编码方法，可以通过反应末态碎片的电荷多重数随电荷的分布 $M_c(Z)$ 对不同的反应事件进行聚类分析[28]。将 $M_c(Z)$ 输入图 12-14 所示的自编码网络中，通过极小化输出与输入的偏差，从而利用网络完成对 $M_c(Z)$ 的重构，并将其信息编码至中间的隐变量。

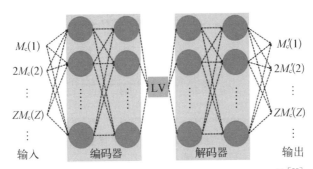

图 12-14　研究原子核液气相变时使用的自编码网络[28]

　　反应系统的每核子激发能 E_{ex} 和表象温度 T_{ap} 是表征反应系统的两个非常重要的变量。每核子激发能 E_{ex} 可以通过末态粒子的动能等量给出，表象温度 T_{ap} 可以通过末态轻同位素多重数的比值或者末态轻粒子动量的四极矩给出[29-30]。图 12-15 给出了具有不同激发能的事件的 $M_c(Z)$（虚线）及其重构 $M_c'(Z)$（圆点），图中的结果为对 500 个事件的平均[28]。在图中我们可以看出自编码网络能够很好地重构出 $M_c(Z)$。与此同时，不同激发能的事件其末态的电荷多重数分布的特性也在图 12-15 中很好地反映出来，在低激发能时主要表现为核子的蒸发,中激发能时表现为多重碎裂,高激发能时表现为原子核的气化。主流理论认为多重碎裂即为反应过程中旋节不稳定性的体现[27],因此多重碎裂的发生表明了原子核液气相变的存在。

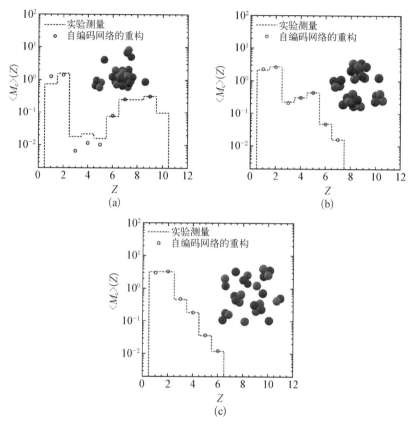

图 12 - 15 不同激发能事件对应的电荷多重数分布 $M_c(Z)$ 及其
自编码网络的重构 $M'_c(Z)$ [28]

(a) 低激发能事件;(b) 中激发能事件;(c) 高激发能事件

图 12 - 16 中给出了通过图 12 - 14 中自编码网络获取的隐变量随表象温度或每核子激发能的变化[28]。有趣的是,虽然自编码网络并没有利用 T_{ap} 和 E_{ex} 来进行学习,但隐变量与 T_{ap} 之间却呈现了一个明显的阶梯状。也就是说,通过对 $M_c(Z)$ 的学习,自编码网络能够将低温事件与高温事件明显地区分开,即区分了处于液态与处于气态的反应系统。中间连续过渡的区域即液气共存区,反应系统开始受旋节不稳定性的影响而发生或部分发生多重碎裂。在利用自编码网络对伊辛模型相变的研究中,自编码网络得到的隐变量与系

统总磁矩存在标度性,因此可以作为系统的序参量判断临界温度。文献[31]中将此类隐变量看作是"通过机器学习获取的系统的特征参量",并将其用于研究系统的某些特性。我们期望更深入的研究可以给出图 12-16 中的隐变量与某个物理量之间的联系。

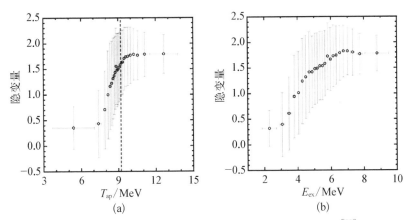

图 12-16　自编码网络得到的隐变量随系统变量的变化[28]

（a）隐变量随 T_{ap} 的变化；（b）隐变量随 E_{ex} 的变化

12.3.2.2　迷惑方法

对于类似相变,这种可以通过某个连续参量(对于相变,这个连续参量是温度 T)表征其数据集中样本的情况,我们可以利用"迷惑方法"(confusion scheme)[5]对其中样本进行分类。该方法可以看作是一种利用了有监督学习的无监督学习方法。在该方法中,我们人为地根据某个给定的临界温度 T'_c 为数据集中的样本设定标记,形成虚拟的样例集,让神经网络对该样例集进行有监督学习,再根据模型的整体表现随 T'_c 的变化,即表现曲线(performance curve) $P(T'_c)$ 来确定真实的 T_c 。

图 12-17 为利用重离子碰撞末态电荷多重数分布 $M_c(Z)$ 组成的数据集所给出的 T_{ap} 与 E_{ex} 的表现曲线 $P(T'_{ap})$ 与 $P(E'_{ex})$[28]。图中最小值对应的 T'_c 即为受旋节不稳定性影响最大的事件的温度,核物理中将此温度称为极限温度(limiting temperature) T_{lim}[32]。图中所给出的 T_{lim} 与通过传统的量热曲线方法[32-33],即 T_{ap} 与 E_{ex} 的关系所给出的结果相一致。

随着计算机技术的发展,人们处理庞大数据集的能力越来越强。核物理是一门十分依赖实验数据的学科,并且在过去的几十年中积累了大量的实验

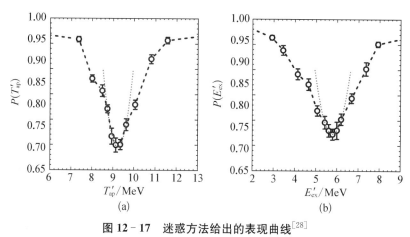

图 12 - 17　迷惑方法给出的表现曲线[28]

(a) 以 T_{ap} 为变量；(b) 以 E_{ex} 为变量

数据。通过构造精巧的神经网络并利用先进的学习算法处理核物理实验数据,机器学习无疑会为核物理研究带来新的生机。然而,基于神经网络产生的模型是一个"黑箱",虽然显著降低了机器学习应用者的门槛,但从知识获取的角度来讲,神经网络有着明显的弱点。如何从更深层次或者更物理的角度来理解机器学习所得到的结果,还需要核物理领域及机器学习领域研究人员的共同努力。

参考文献

[1]　周志华. 机器学习[M].北京:清华大学出版社,2016.

[2]　Cohen P R, Feigenbaum E A. The handbook of artificial intelligence [M]. New York: William Kaufmann, 1983.

[3]　LeCun Y, Bengio Y, Hinton G. Deep learning [J]. Nature, 2015, 521: 436 - 444.

[4]　Carrasquilla J, Melko R G. Machine learning phases of matter [J]. Nature Physics, 2017, 13: 431 - 434.

[5]　Nieuwenburg E P L van, Liu Y H, Huber S D. Learning phase transitions by confusion [J]. Nature Physics, 2017, 13: 435 - 439.

[6]　Rodriguez-Nieva J F, Scheurer M S. Identifying topological order through unsupervised machine learning [J]. Nature Physics, 2019, 15: 790 - 795.

[7]　Giuseppe C, Matthias T. Solving the quantum many-body problem with artificial neural networks [J]. Science, 2017, 355: 602 - 606.

[8]　Brehmer J, Cranmer K, Louppe G, et al. Constraining effective field theories with machine learning [J]. Physical Review Letters, 2018, 121(11): 111801.

[9]　Hezaveh Y D, Levasseur L P, Marshall P J. Fast automated analysis of strong

gravitational lenses with convolutional neural networks［J］. Nature，2017，548：555－557.

［10］　Visualizing MNIST：An exploration of dimensionality reduction［EB/OL］.（2014－10－9）. http：//colah. github. io/posts/2014-10-Visualizing-MNIST/.

［11］　Neal R. Bayesian learning of neural network［M］. New York：Springer，1996.

［12］　Bourlard H，Kamp Y. Auto-association by multilayer perceptrons and singular value decomposition［J］. Biological Cybernetics，1988，59(4)：291－294.

［13］　Pang L G，Zhou K，Su N，et al. An equation-of-state-meter of quantum chromodynamics transition from deep learning［J］. Nature Communications，2018，9：210.

［14］　八木浩辅,初田哲男,三明康郎.夸克胶子等离子体［M］.王群,马余刚,庄鹏飞,译.合肥：中国科学技术大学出版社,2016.

［15］　Huang H，Xiao B，Xiong H，et al. Applications of deep learning to relativistic hydrodynamics［J］. Nuclear Physics A，2019，982：927－930.

［16］　Utama R，Piekarewicz J，Prosper H B. Nuclear mass predictions for the crustal composition of neutron stars：A Bayesian neural network approach［J］. Physical Review C，2016，93(1)：014311.

［17］　Neufcourt L，Cao Y，Nazarewicz W，et al. Bayesian approach to model-based extrapolation of nuclear observables［J］. Physical Review C，2018，98(3)：034318.

［18］　Wang Z-A，Pei J，Liu Y，et al. Bayesian evaluation of incomplete fission yields［J］. Physical Review Letters，2019，123(12)：122501.

［19］　Wapstra A H，Audi G，Thibaultb C. The AME 2003 atomic mass evaluation：（I）. Evaluation of input data，adjustment procedures［J］. Nuclear Physics A，2003，729：129－336.

［20］　Wapstra A H，Audi G，Thibaultb C. The AME 2003 atomic mass evaluation：（II）. Tables，graphs and references［J］. Nuclear Physics A，2003，729：337－676.

［21］　Huang W J，Audi G，Wang M，et al. The AME 2016 atomic mass evaluation（I）. Evaluation of input data；and adjustment procedures［J］. Chinese Physics C，2017，41(3)：030002.

［22］　Wang M，Audi G，J Kondev F G，et al. The AME 2016 atomic mass evaluation （II）. Tables，graphs and references［J］. Chinese Physics C，2017，41(3)：030003.

［23］　Shibata K，Iwamoto O，Nakagawa T，et al. JENDL-4. 0：A new library for nuclear science and engineering［J］. Journal of Nuclear Science and Technology，2011，48 (1)：1.

［24］　Siemens P J. Liquid-gas phase transition in nuclear matter［J］. Nature，1983，305：410－412.

［25］　Ma Y G，Natowitz J B，Wada R，et al. Critical behavior in light nuclear systems：Experimental aspects［J］. Physical Review C，2005，71(5)：054606.

［26］　Borderie B，Frankland J D. Liquid-Gas phase transition in nuclei［J］. Progress in Particle and Nuclear Physics Series，2019，105：82－138.

[27] Chomaza P, Colonna M, Randrup J. Nuclear spinodal fragmentation [J]. Physics Reports, 2004, 389(5): 263 - 440.

[28] Wang R, Ma Y G, Wada R, et al. Nuclear liquid-gas phase transition with machine learning [J]. Physical Review Research, 2020, 2(4): 043202.

[29] Tsang M B, Lynch W G, Xu H, et al. Nuclear thermometers from isotope yield ratios [J]. Physical Review Letters, 1997, 78(20): 3836 - 3839.

[30] Wada R, Lin W, Ren P, et al. Experimental liquid-gas phase transition signals and reaction dynamics [J]. Physical Review C, 2019, 99(2): 024616.

[31] Schoenholz S S, Cubuk E D, Sussman D M, et al. A structural approach to relaxation in glassy liquids [J]. Nature Physics, 2016, 12: 469 - 471.

[32] Natowitz J B, Hagel K, Ma Y, et al. Limiting temperatures and the equation of state of nuclear matter [J]. Physical Review Letters, 2002, 89(21): 212701.

[33] Pochodzalla J, Möhlenkamp T, Rubehn T, et al. Probing the nuclear liquid-gas phase transition [J]. Physical Review Letters, 1995, 75(6): 1040 - 1043.

第 13 章
总结与展望

在前面的章节中,我们主要介绍了核物理的新进展,从低能的核结构、放射性核束物理、超重核合成、原子核的团簇结构、核天体物理、相对论重离子碰撞、激光核物理、电子-强子散射、机器学习在核物理中的应用等,展示了传统的核物理正在走向新的更宽阔的领域,产生了诸多新的热点问题。其中一些方面的发展,特别是与粒子物理有很大交集的部分,如强子物理、基本对称性等方面的内容则基本没有涉及。

原子核物理是一门实验科学,它的发展通常需要最前沿的技术与方法,并建造大科学装置与平台。尽管建设大科学装置的花费大、周期长,经常需要国际化合作,但原子核物理已经成为全球关注的关键性学科,也成为世界大国必须发展的学科之一。同时,其相关装置的功能与拓展,由其催生发展出来的尖端技术和方法,如粒子加速器及辐照探测、同位素应用等,为国家安全、能源需求、生命和医学、材料和环境、计算机与网络等提供了重大的支撑和应用。核物理前沿领域研究及应用研究的需求促进了加速器与探测器技术的发展,同时也带动了各个相关领域技术的发展。

我国的核科技在过去几十年中为基础物理探索、国防安全、民生健康等带来了诸多成果。比如,随着重离子加速器大科学装置的建设和运行,我国在原子核物理的基础研究领域取得了一批重要成果,如兰州重离子加速器上开展的质量数小于 100 的近质子滴线区质量的精确测量和重核素的合成。通过重大国际合作,我国科学家利用美国相对论重离子对撞机取得了若干高能核物理突破性成果,如开展了一系列反物质原子核的观测与性质研究。同时,由核物理发展所需求的加速器技术派生的同步辐射、散裂中子源和自由电子激光光源等,已为前沿交叉科学、生命科学、新药创制、纳米技术、新能源材料、环境健康、国家安全、工业核心创新技术等领域提供强大支撑。比如,全世界有 50

多台同步辐射光源在运行,我国在北京、合肥、上海和台北有多台先进光源,如属于第三代光源的上海同步辐射光源可以提供 3.5 GeV 电子束产生的同步辐射光。另外,散裂中子源也已经在广东东莞建成并开放应用。目前还有在上海开工建设的国家重大科技基础设施建设"十三五"规划项目之一:硬 X 射线自由电子激光装置(简称 SHINE),它的建设内容包括一台能量为 8 GeV 的超导直线加速器,可以覆盖 0.4~25 keV 光子能量范围的 3 条波荡器线、3 条光学束线及首批 10 个实验站。总装置长度为 3 110 m,隧道埋深为 29 m。同时,北京正在建设世界亮度最高的同步辐射光源(简称 HEPS 或北京光源),它也是国家重大科技基础设施建设"十三五"规划项目之一。该项目首期建设加速器、14 条公共光束线站及配套土建工程等,新建建筑面积为 12.5×10^4 m²,于 2019 年 7 月在怀柔科学城开工建设,建设周期为 6.5 年。HEPS 建成后,加速器储存环束流能量将达到 6 GeV,束流水平自然发射度不大于 0.1 nm·rad,束流强度为 100 mA,具备提供能量达 300 keV 的 X 射线的能力,该光源将为基础科学和工程科学等领域原创性、突破性创新研究提供重要支撑平台。

随着加速器及探测器技术的飞速发展,我国也正在建造一批核物理与核能技术相关的大科学装置。目前在广东惠州建设中的强流重离子加速器装置(HIAF)及加速器驱动的嬗变研究装置(CIADS)将为核物理的基础研究和核能应用研究提供强有力的平台,这两个项目也都是国家重大科技基础设施建设"十二五"规划项目之一。HIAF 将建设一台国际领先水平的重离子加速器综合研究装置,具备产生极端远离稳定线核素的能力。HIAF 由强流超导离子源、强流超导离子直线加速器、环形增强器、高精度环形谱仪、低能核结构谱仪、低能辐照终端、电子-离子复合共振谱仪、放射性束流线、外靶实验终端及相关配套设施等构成。CIADS 作为我国加速器驱动先进核能系统的燃烧器部分,将深入探索核废料嬗变过程中的科学问题,突破系列核心技术,检验系统稳定性和可靠性,为未来工业示范装置奠定基础。CIADS 主要由超导直线强流质子加速器系统、次临界快中子反应堆系统、高功率重金属散裂靶及其配套系统等组成。

同时,现存的兰州国家重离子实验室的冷却储存环(CSR)继续高质量运行,为基础核物理研究和材料辐照等交叉学科提供优越的实验平台。核相关的应用还在材料、医疗、工农业、科研、国防、安全检查等方面起到重要作用。如由兰州重离子加速器催生出的重离子治癌装置为健康产业发挥作用,上海正在研发的质子治疗装置也正在紧张调试中。目前,在深入拓展重大基础前沿研究的同时,我国的大型加速器装置及探测器正在向高能、强流、高功率前沿推进,同时不断开拓应用新领域,探索新原理,发展新技术。

从核物理的发展趋势看,我国以下几个方面可以作为重点方向:积极开展原子核物理的创新理论研究;依托国内核物理大科学装置开展重离子核反应、不稳定核的基本性质和衰变特性等核结构与动力学实验研究;通过重大国际合作开展强相互作用物理、QCD物质性质的重离子物理研究,并通过反物质原子核进一步检验电荷共轭(C)-宇称守恒(P)-时间反演(T)联合的 CPT 基本对称性;依托深地实验室和激光伽马源,开展核天体物理、无中微子双 β 衰变预研及光核物理实验;针对新建强流重离子加速器开展高重子密度物理研究和电子-离子物理预研,高能电子-激光-伽马束的产生预研和强子物理研究;积极探索学科交叉,特别是注重强激光与核物理的交叉;发展相关核理论方法和新型探测器等。以下分别加以叙述。

1) 原子核理论

原子核作为一个受限的强相互作用量子多体系统,既有起主导作用的强作用,也有电磁相互作用和弱相互作用。核力不是基本相互作用,它的具体形式还不是很清晰。由于核力的短程强排斥性质,以及求解多体问题的困难,所以至今尚无一个能够统一描述所有原子核结构的理论模型。目前,基于有效或者自由核力,以及各种理论模型,原子核理论在第一性原理计算、组态相互作用壳模型、密度泛函理论、团簇模型等方面都得到发展。今后在以下几方面有望取得重要进展:基于强相互作用基本对称性和基本理论的原子核性质研究;高精度普适原子核密度泛函理论的建立、检验和应用;基于高精度普适原子核密度泛函理论预言与描述原子核的新现象;发展新的原子核团簇模型,描述不稳定核的团簇态和团簇衰变,特别是超重核和超重新元素的衰变性质等;发展核力的理论描述和重整化方法;开展原子核结构与反应的第一性原理计算等。

2) 核结构与动力学

原子核结构与动力学涉及核力支配的量子复杂多体系统的基本问题,也直接关联一系列核能核技术的重大应用,所以一直以来所有科技强国均重点部署。从 1985 年在美国劳伦斯伯克利国家实验室运用放射性核束开展实验起,人类研究的核素数目迅速扩大,目前实验上已合成了 3 100 多个,而理论预言核素共有 8 000~10 000 个。原子核版图的扩张和其中展现的新物理成为近年来核结构和核反应研究的新领域。对远离稳定线核素的研究,又与平稳和爆发性天体过程及核物质状态方程密切相关,涉及当今国际重要前沿交叉科学问题。合成超重元素、登上"超重元素稳定岛",是人类半个多世纪以来的梦想。不稳定核区的大质量转移或丰中子核的熔合反应,有可能提供进入"超重元素稳定岛"的新途径,实现人类长期追求的重大突破。在原子核稳定性极限区域探索新现象、新规律的基础研究,必然产生众多新的核样本和核数据,引起实验方法和技术的重大变革和创新,从而有可能在核材料、核能装置、核探测技术等方面带来难以估量的重大应用。

从研究前沿来说,以下几个方面是发展的重点:不稳定核的基本性质和衰变研究;不稳定核的奇特结构研究;弱束缚核反应的新现象探索与新机制研究;非对称核物质状态方程的高密行为和核子自由度的相变研究;超重核性质和合成机制研究等。

3) 重离子物理

高能重离子物理的研究对象是量子色动力学的结构和物质状态,是研究物质深层次结构及其相互作用的学科,与粒子物理、宇宙早期演化等也紧密相关。在高能重离子对撞实验中,形成了一个类似宇宙大爆炸初期的极端高温、高密的物质环境,是研究物质起源和反物质的理想场所。考虑到高能重离子加速器、探测器技术复杂而且造价极高,国际合作是主要途径,因此建议我国相关科学家团队继续积极参与国际一流大型实验装置上的探测器研发和相关物理研究,例如参与美国布鲁克海文国家实验室(BNL)的相对论重离子对撞机(RHIC)、欧洲核子中心(CERN)的大型强子对撞机(LHC)、俄罗斯的 NICA 对撞机等大型实验,同时发展相关的理论工具,开展高能核物理实验和理论的国际合作研究,努力取得国际领先的科研成果。

从研究前沿来说,以下几个方面是发展的重点:寻找从强子态到夸克-胶子等离子体态的相变临界点;精确测定夸克-胶子等离子体的物理性质;系统确定核子中海夸克和海胶子分布等。相关学者可从如下几个方向重点开展研究工作:高阶矩守恒量测量相变点的涨落;喷注淬火机制研究及应用;QGP 流体力学性质及响应;QCD 手征对称性和拓扑结构研究;新奇异态和反物质态的寻找;重味夸克输运性质研究;核子中海夸克和胶子分布研究;发展格点 QCD 计算方法等。

4) 强子物理

强子内部的夸克-胶子结构及可能存在的新强子态是当今人类正在探索

的物质世界的最微观部分,是中高能核物理和粒子物理共同关心的交叉前沿热点。探索强子内部夸克-胶子结构主要有两个基本途径:一是通过高能探针探测核子的部分子(夸克、胶子)分布函数以及部分子到强子的碎裂函数,二是通过高能碰撞产生强子激发态、研究强子谱。国际上竞相建造大科学装置开展强子物理相关研究,正在运行的包括美国杰弗逊国家实验室的电子束流装置 CEBAF、布鲁克海文实验室的 RHIC、西欧核子中心 LHC 实验及谬子束流实验(COMPASS)、日本的伽马束流实验装置 Spring－8 和我国的北京正负电子对撞机(BEPC)等。

从研究前沿来说,以下几个方面是发展的重点:利用北京正负电子对撞机的谱仪(BEPCII)实验装置系统研究多夸克新强子态,取得强子结构研究的突破;利用国内外实验条件,开展对部分子分布与碎裂函数研究,如三维分布;积极开展预研,规划新的实验设施,如中国版的电子-离子对撞机 EICC 等。目前美国的电子-离子对撞机的选址已经明确,将落户在 BNL 实验室。另外,依托上海硬 X 射线自由电子激光装置(SHINE)建造超级伽马装置,也有望成为国际上能区覆盖宽度、束流强度、极化度和超短脉冲等指标全面领先的伽马装置,以开展光核强子物理研究。

5) 核天体物理

核天体物理具有多学科的交叉融合的特点,主体是低能核反应,但紧密相关于天体物理、天文学、中微子物理、引力波物理等。我国依托兰州重离子加速器、北京串列加速器和国家天文台郭守敬望远镜等大科学装置,结合国际合作,在核反应截面、原子核质量和衰变测量、理论计算、核合成网络计算及天文观测等关键科学问题方面开展了研究,取得了一批创新性研究成果,推动了我国核天体物理研究进入国际先进水平。

从研究前沿来说,以下几个方面是发展的重点:围绕解决"从铁到铀的元素是如何产生的?"这一 21 世纪待解决的 11 个重大物理问题之一,重点研究布局在地面实验室及深地实验室,针对天体环境中的核过程,开展关键反应截面、核素质量及衰变、核物质状态方程等物理问题的实验和理论研究;完善核天体物理数据库,发展天体物理网络模拟程序,系统研究元素核合成的过程、天体场所和核素丰度分布,以及核反应如何控制恒星的演化进程和结局;围绕从铁到铀的重元素合成等难题,加强核物理实验和理论、天体模型及天文观测等方面的交叉合作,充分发挥现有装置的潜力,为未来的大科学装置确定具体研究目标,储备技术和人才。

6) 基本对称性

原子核内的基本对称性是核物理的一个重要前沿,涉及精密测量技术。例如,与粒子物理交叉的中微子物理,其主要科学问题包括中微子是 Majorana 粒子(正反粒子同体)还是 Dirac 粒子(粒子具有正反粒子),中微子质量的排序,轻子系统是否具有电荷共轭(C)-宇称守恒(P)联合的 CP 对称性破缺,以及惰性中微子是否存在。无中微子双 β 衰变实验可以验证中微子是否 Majorana 粒子和确定中微子质量排序。实验寻找无中微子双 β 衰变是目前国际上核物理与粒子物理领域最重大的科学目标之一。美国和欧洲国家核物理领域在近 10 年来加大了在无中微子双 β 衰变实验研究方向的投入,推动了这一前沿研究相关的探测器技术快速发展。中国锦屏地下实验室具有国际一流的地下实验空间条件,是发展低本底前沿科学实验的理想实验室。在国内推动无中微子双 β 衰变实验是利用国内优越的低本底实验环境发展前沿科学研究的重要机会。新一代的无中微子双 β 衰变实验的目标是达到中微子有效质量近 10 meV/c^2 的灵敏度。这样如果中微子是 Majorana 粒子而且中微子的质量是反常排序,实验将发现无中微子双 β 衰变。

从研究前沿来说,以下几个方面是发展的重点:组织力量尽快利用锦屏地下实验室发展和验证新型的探测器技术,达到新一代无中微子双 β 衰变实验的灵敏度要求;支持国内不同探测器技术的研发,争取确定各种探测器技术的优缺点,在比较短的时间内确定国内发展下一代实验寻找无中微子双 β 衰变的技术路线;建设和运行吨量级大型无中微子双 β 衰变实验,实现中微子双 β 有效质量 5~15 meV/c^2 灵敏度的科学目标,取得国际引领的前沿成果;与此同时,推广高能量分辨率的晶体量热器用于其他稀有事件测量,如开展低质量暗物质、太阳轴子测量。

另外,通过寻找更重的反物质原子核及对反物质原子核的精确测量,如电荷、质量、寿命、相互作用等,进一步检验 CPT 基本对称性。这方面的研究需要大型国际合作,也是今后核物理发展的一个重点。

7) 激光/伽马光核物理

利用超强激光与物质相互作用产生的等离子体有着极高温度(超过 MeV)和能量密度,这样极端的物理条件目前只有在核爆中心、恒星内部、超新星爆发及黑洞边缘才存在,因此,这样的等离子体条件可为地面上直接模拟天体环境提供实验平台,为实验室环境下核(天体)物理的研究创造全新的历史性机遇。我国在超强激光装置建设方面正走在了世界的前列,基于这些超强激光装置建立专用核(物理)实验平台终端来开展激光驱动的核(天体)物理基础交叉研究。比如通过激光等离子加速可产生的质子,探索 $p + {}^{11}B \rightarrow 3\alpha + 8.7\ MeV$ 反应,为新型洁净聚变堆设计建造提供参考。利用激光-电子康普顿背散射技术产生的极化伽马光,可开展独特的光核物理研究。我国正在建设这样的伽马光源,基本具备开展相关实验的可能性。国内外强激光设备装置正处于发展的黄金时期,激光与等离子体、激光与核物理、激光与天体物理、激光与加速器、激光与材料物理,各个学科之间相互交叉、相互借鉴,为核物理的发展提供新的发展机遇。

从研究前沿来说,以下几个方面是发展的重点:设计特殊微结构靶提升激光到等离子体、进一步到离子的能量转换效率,开展核天体反应的系统研究;利用强激光等离子体可以更有效地激发和退激核的同核异能态,为探索 γ 激光奠定理论和实验技术基础,探索新型储能机制;探索超强激光诱发质子-硼的新聚变体系设计的关键问题,尤其是中等密度区域即固体密度附近的情况,结合磁约束探索可能的新型点火条件;基于新的加速机制,比如光压加速,探索激光产生各种放射性核束;探索新粒子的产生比如 π 介子和反质子等。

总之,原子核物理作为一门基础学科,也与其他物理学的分支一样,随着人们对自然的认识进一步深入,会不断地取得新的进展,特别是具有重大应用导向的方向,可能会取得更快的发展。

索　引